计算机组成原理

（基于x86-64架构）

INTRODUCTION TO
COMPUTER ORGANIZATION

AN UNDER THE HOOD LOOK AT HARDWARE AND X86-64 ASSEMBLY

[美] 罗伯特·G.普兰茨（Robert G. Plantz）◎ 著　　门佳 朱西方◎ 译

U0280251

人民邮电出版社

北　京

图书在版编目（ＣＩＰ）数据

计算机组成原理：基于x86-64架构／（美）罗伯特·G.普兰茨（Robert G. Plantz）著；门佳，朱西方译. -- 北京：人民邮电出版社，2025.4
ISBN 978-7-115-63960-8

Ⅰ．①计… Ⅱ．①罗… ②门… ③朱… Ⅲ．①计算机组成原理 Ⅳ．①TP301

中国国家版本馆CIP数据核字(2024)第056107号

版 权 声 明

Copyright © 2022 by Robert G. Plantz. Title of English-language original: Introduction to Computer Organization: An Under the Hood Look at Hardware and x86-64 Assembly, ISBN 9781718500099, published by No Starch Press, Inc. 245 8th Street, San Francisco, California United States 94103. The Simplified Chinese-edition Copyright © 2025 by Posts and Telecom Press Co., Ltd under license by No Starch Press, Inc. All rights reserved.

本书中文简体字版由 No Starch Press, Inc.授权人民邮电出版社独家出版。未经出版者书面许可，不得以任何方式复制或抄袭本书内容。

版权所有，侵权必究。

◆ 著　　　［美］罗伯特·G.普兰茨（Robert G. Plantz）
　　译　　　门　佳　朱西方
　　责任编辑　郭泳泽
　　责任印制　王　郁　焦志炜

◆ 人民邮电出版社出版发行　北京市丰台区成寿寺路 11 号
　　邮编　100164　电子邮件　315@ptpress.com.cn
　　网址　https://www.ptpress.com.cn
　　天津千鹤文化传播有限公司印刷

◆ 开本：787×1092　1/16
　　印张：24.5　　　　　　　2025 年 4 月第 1 版
　　字数：618 千字　　　　　2025 年 4 月天津第 1 次印刷
　　著作权合同登记号　图字：01-2022-4131 号

定价：119.80 元

读者服务热线：(010)81055410　印装质量热线：(010)81055316
反盗版热线：(010)81055315

内 容 提 要

　　了解计算机软硬件的工作原理可以为理解复杂代码打下坚实的基础，从而提升对代码的控制力。本书围绕如何将高级语言代码翻译成汇编语言、操作系统硬件资源管理、数据的编码、硬件的十进制数据处理、程序代码和机器代码等主题，解释了现代计算机的工作原理；从内存组织、二进制逻辑和数据类型等基本概念开始，逐步探讨它们在汇编语言层面的实现方式。全书共 21 章，涵盖了数据存储、逻辑门和晶体管、中央处理器、汇编和机器代码、数据结构、面向对象编程等内容。

　　本书适合作为高等院校计算机组成原理相关课程的参考教材，也适合有编程基础的人阅读。

前　　言

本书从程序员的角度介绍了计算机硬件的工作原理及其相关概念。硬件由一组机器指令控制。这些指令控制硬件的方式称为指令集架构（Instruction Set Architecture，ISA）。程序员的工作是设计这些指令的序列，使硬件执行操作来解决问题。

几乎所有的计算机程序都是用高级语言编写的，其中有些语言是通用的，有些则面向特定类型的应用。但它们都旨在为程序员提供一套编程结构，使其更适合用人类的语言解决问题，而不是直接涉及指令集架构和硬件细节。

目标读者

当你使用高级语言编写程序的时候，你有没有想过幕后发生了什么？你知道计算机可以通过编程来做出判断，但这是怎么实现的呢？你可能知道数据是以比特存储的，但是存储一个十进制数意味着什么呢？本书的目标是回答这些和其他很多关于计算机如何工作的问题。我们将着眼于硬件组件和用于控制硬件的机器指令。

我假设你了解高级语言编程的基本知识，但你不必是专业的程序员。在讨论了硬件组件之后，我们讲解并编写大量汇编语言程序，汇编语言是一种能够直接翻译成机器指令的语言。

与大多数汇编语言图书不同，本书没有把重点放在使用汇编语言编写应用程序上。诸如 C++、Java、Python 这样的高级语言在创建应用程序时效率更高。使用汇编语言编程是一个乏味、容易出错且耗时的过程，应该尽可能避免。我们的目标是学习编程概念，而不是创建应用程序。

关于本书

在创作本书的过程中，我秉持以下观点：

- 在已知概念的基础上学习会更容易；
- 现实世界中的硬件和软件为学习理论概念提供了一个更有趣的平台；
- 学习工具应该便宜且容易获得。

书中的编程

本书基于 x86-64 指令集架构，这是 x86 指令集架构的 64 位版本，也称为 AMD64、x86_64、x64 或 Intel 64。本书所有的编程都是在 Linux 操作系统 Ubuntu 下的 GNU 编程环境中完成的。这些程序稍作修改（如果需要），应该就可以在大多数常用的 Linux 发行版中运行。

本书使用 C 作为高级语言，后续会用到一些 C++。不过就算不懂 C/C++ 也不用担心。本书展示的所有 C/C++ 编程都非常简单，在编程过程中我会给出必要的讲解。

学习汇编语言时有一个重要问题是要在程序中使用键盘和终端屏幕。对键盘输入和屏幕输出进行编程不是件容易事，远远超出了初学者的专业知识范围。GNU 编程环境提供了 C 标准库。为了符合本书的"现实世界"标准，我们会用到标准库中的函数，这些库函数从汇编语言中调用起来非常方便，能够帮助我们在应用程序中使用键盘和屏幕。

x86-64 指令集架构包括大约 1500 条指令。确切的数量取决于对"怎样算是不同的指令"的界定，但是要记住的指令实在太多了。一些汇编语言图书通过发明一种"理想化的"指令集架构来阐述概念，从而解决了这个问题。同样，为了保持本书的"现实世界"性质，我将使用标准的 x86-64 指令集，但只从中选择了足以说明基本概念的一个指令子集。

为什么要阅读本书

鉴于有许多优秀的高级语言可供你编写程序，同时也不必关心机器指令如何控制硬件，你可能会好奇为什么还要阅读本书。所有高级语言最终都会被翻译成控制硬件的机器指令。熟悉硬件的功能以及指令如何控制硬件有助于你理解计算机的功能和局限性。我相信这种理解可以让你成为更优秀的程序员，哪怕你使用的是高级语言。

如果你的主要兴趣是硬件，理解程序如何使用硬件也很重要。

你可能喜欢汇编语言编程，并希望继续学习下去。例如，如果你对系统编程感兴趣——编写部分操作系统、编写编译器，甚至设计另一种更高级的语言——通常也离不开汇编语言层面的知识。

在嵌入式系统编程领域也存在很多具有挑战性的机会，在这些系统中，计算机承担着专门的任务。手机，家用电器，汽车，供暖、通风与空调系统，医疗设备等，都是我们日常生活中不可或缺的一部分。嵌入式系统是物联网技术的重要组成部分。对嵌入式系统进行编程通常需要理解计算机如何在汇编语言层面与各种硬件设备进行交互。

如果你已经学过其他处理器的汇编语言，本书可以作为参考手册。

章节组织

本书大致分为 3 部分——数学和逻辑、硬件、软件。数学部分旨在为你提供讨论概念所需的数学语言。硬件部分介绍了用于构建计算机的组件。

这两部分为讨论软件如何控制硬件提供了背景知识。我们将学习 C 语言中的每一种基本编程结构，本书的最后还会涉及一些 C++，并介绍编译器如何将 C/C++ 代码翻译成汇编语言，后者是一种直接访问指令集架构的语言。我还会向你展示程序员如何直接使用汇编语言编写等效的结构。

第 1 章讲述了计算机的 3 个子系统及其连接方式，还讨论了如何设置书中用到的编程工具。

第 2 章展示了如何使用二进制和十六进制数字系统存储无符号整数以及字符的 ASCII 编码。本章我们将编写本书的第一个 C 程序，并使用 gdb 调试器来探究这些概念。

第 3 章讲述了无符号和有符号整数的加法和减法，并解释使用固定位数表示整数的限制。

第 4 章讲述了布尔代数运算符和函数，以及使用代数工具和卡诺图的函数最小化。

第 5 章从电子学简介开始，然后讨论逻辑门以及如何使用 CMOS 晶体管构建逻辑门。

第 6 章讨论了没有记忆功能的逻辑电路，包括加法器、译码器、复用器和可编程逻辑设备。

第 7 章讨论了具有记忆功能的时钟和非时钟逻辑电路，以及使用状态转换表和状态图的电路设计。

第 8 章讲述了存储器层级结构——云、大容量存储、内存、缓存、CPU 寄存器。此外还讨论了寄存器、SRAM、DRAM 的存储器硬件设计。

第 9 章概述了 CPU 子系统。本章还解释了指令执行周期和主要的 x86-64 寄存器，并展示了如何在 gdb 调试器中查看寄存器内容。

第 10 章讨论了由编译器生成的汇编语言版本和直接使用汇编语言编写的最小 C 函数。本章介绍了汇编器指令和 CPU 指令。我列举了一个使用 gdb 文本用户界面作为学习工具的例子。在章末还提供了 AT&T 语法的简要说明。

第 11 章讲述了在寄存器中传递参数、位置无关代码以及使用调用栈传递返回地址和创建自动变量。

第 12 章着眼于指令如何在比特级编码，还介绍了寻址模式和跳转指令，以及汇编器和链接器。

第 13 章介绍 while、do-while、for、if-else 和 switch 控制流结构的汇编语言实现。

第 14 章讲述了函数如何访问外部变量——全局变量、按值传递、按指针传递和按引用传递。本章总结了栈帧的结构。

第 15 章展示了递归的工作原理，还讨论了使用汇编语言通过函数或内联汇编访问高级语法无法直接触及的 CPU 硬件特性。

第 16 章讲述了位掩码、移位以及乘法和除法指令。

第 17 章解释了数组和记录（结构体）的实现方式以及在汇编语言层面的访问方法。

第 18 章展示了结构体如何用作 C++对象。

第 19 章讲述了定点数和浮点数、IEEE 754 标准以及部分 SSE2 浮点指令。

第 20 章将 I/O 与内存和总线时序进行比较。讲述了隔离 I/O 和内存映射 I/O。本章概述了轮询式 I/O 编程，讨论了中断驱动 I/O 和直接内存访问。

第 21 章简要讲述了 x86-64 如何处理中断和异常。本章包括使用 int 0x80 和 syscall 在没有 C 运行时环境的情况下执行系统调用的例子。

高效使用本书

鉴于本书的组织形式，如果你遵循一些简单的指导方针，定能事半功倍。

许多章节的结尾都提供了练习，让你有机会实践章节的主要内容。这些只是练习，不是测试。事实上，我已经在我的 GitHub 主页（请搜索 rgplantz）上给出了大部分练习的答案和我的解决方案。

如果你是将本书作为教材的教师，实在抱歉，你只能自己出考试题了。许多练习都有相当明显的拓展空间，教师可以据此设计课堂作业。

为了有效地利用这些练习，我推荐一种迭代方法。

（1）试着自己解决问题。花些时间思考，但是不要太久。

（2）如果不知道答案，看看我的解决方案。在某些情况下，我会在提供完整的解决方案之前给出提示。

（3）回到步骤（1），请教有经验的汇编语言程序员，看他们如何解决这个问题。

我强烈建议你做的一件事是自己输入代码。我相信这能帮助你更快地学习。如果不出意外，你不得不阅读代码中的每个字符。我认为从在线解决方案中复制和粘贴代码没有任何好处。说实话，本书中的程序没有什么实用性。这些代码是为了你自己动手练习而准备的，所以请本着这种精神使用代码。

这种实操方法也适用于前几章中的数学内容，包括在多种基数之间转换数字。虽然大多数计算器都能轻松实现数制转换，但转换并不是重点，重点是了解如何用位模式表示数值。我相信纸笔运算有助于你理解这些位模式。

在第 1 章中，我们将首先对计算机的主要子系统展开宏观的概述。然后，介绍如何在计算机上设置编程环境，以创建和运行本书中的程序。

资源与支持

资源获取

本书提供如下资源：

- 配套代码文件；
- 本书思维导图；
- 异步社区 7 天 VIP 会员。

要获得以上资源，您可以扫描下方二维码，根据指引领取。注意：部分资源可能需要验证您的身份才能提供。

提交勘误信息

作者、译者和编辑尽最大努力来确保书中内容的准确性，但难免会存在疏漏。欢迎您将发现的问题反馈给我们，帮助我们提升图书的质量。

当您发现错误时，请登录异步社区（www.epubit.com），按书名搜索，进入本书页面，点击"发表勘误"，输入勘误信息，点击"提交勘误"按钮即可（见下图）。本书的作者、译者和编辑会对您提交的勘误进行审核，确认并接受后，您将获赠异步社区的 100 积分。积分可用于在异步社区兑换优惠券、样书或奖品。

与我们联系

我们的联系邮箱是 contact@epubit.com.cn。

如果您对本书有任何疑问或建议，请您发邮件给我们，并请在邮件标题中注明本书书名，以便我们更高效地做出反馈。

如果您有兴趣出版图书、录制教学视频，或者参与图书翻译、技术审校等工作，可以发邮件给我们。

如果您所在的学校、培训机构或企业想批量购买本书或异步社区出版的其他图书，也可以发邮件给我们。

如果您在网上发现有针对异步社区出品图书的各种形式的盗版行为，包括对图书全部或部分内容的非授权传播，请您将怀疑有侵权行为的链接通过邮件发给我们。您的这一举动是对作者权益的保护，也是我们持续为您提供有价值的内容的动力之源。

关于异步社区和异步图书

"异步社区"是由人民邮电出版社创办的 IT 专业图书社区，于 2015 年 8 月上线运营，致力于优质内容的出版和分享，为读者提供高品质的学习内容，为作译者提供专业的出版服务，实现作者与读者在线交流互动，以及传统出版与数字出版的融合发展。

"异步图书"是异步社区策划出版的精品 IT 图书的品牌，依托于人民邮电出版社在计算机图书领域 30 余年的发展与积淀。异步图书面向 IT 行业以及各行业使用 IT 的用户。

目　　录

第 1 章

预 备 知 识

 我们首先简要概述被视为由 3 个子系统组成的计算机硬件。其目的在于确保我们有一个公共框架来讨论事物的组织形式和结合形式。在该框架内，你将学习如何创建并执行一个程序。

本书涵盖了大量的编程内容。为了帮助你做好相关准备，本章用一节的篇幅，以作者的系统为例，讲述了如何搭建编程环境。

1.1 计算机子系统

你可以认为计算机硬件由 3 个独立的子系统组成：中央处理单元（Central Processing Unit，CPU）、内存（memory）[1]、输入/输出（Input/Output，I/O）。三者之间以总线相连，如图 1-1 所示。

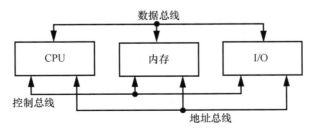

图 1-1 计算机子系统。CPU、内存、I/O 子系统之间通过 3 根总线彼此通信

我们来依次了解一下各个部分：

---

1 memory 一词经常被翻译为"内存"，指可由 CPU 直接寻址访问的存储器（internal memory），但这种译法并不准确，因为还有 flash memory 这种存储设备。更准确的译法应该是"存储器"。在本书中，考虑用词习惯以及准确性，会根据上下文选择将该词译为"内存"或"存储器"。

- CPU：控制内存和 I/O 设备之间往来的数据流。CPU 对数据执行算术和逻辑运算，根据算术和逻辑运算的结果决定操作顺序。CPU 还包含一部分容量很小的高速内存。
- 内存：为 CPU 和 I/O 设备提供易于访问的存储，用于存储 CPU 的指令及其处理的数据。
- I/O：与外部环境以及大容量存储设备（例如，磁盘、网络、USB、打印机）通信。
- 总线：一种物理通信路径，其协议明确规定了该路径的使用方式。

如图 1-1 中的箭头所示，信号可以在总线上双向流动。地址总线用于指定内存位置或 I/O 设备。程序数据和指令在数据总线上流动。控制总线上的信号指定了各个子系统应该如何使用其他总线上的信号。

图 1-1 所示的总线代表必须在 3 个子系统之间传递的信号的逻辑分组。特定总线实现可能不会为每种总线设计独立的物理路径。举例来说，如果你在计算机中安装过显卡，它可能使用的是 PCI-E（代表 peripheral component interconnect-express）总线。PCI-E 总线上相同的物理连接会在不同的时间传送地址和数据信号。

1.2　程序执行

程序由一系列存储在内存中的指令组成。在创建新程序时，你要使用编辑器编写源代码，多使用高级语言（例如，C、C++或 Java）。编辑器将新程序的源代码（通常存储为磁盘文件）视为数据。然后使用编译器将高级语言语句转换成机器代码指令（同样存储为磁盘文件）。和编辑器一样，编译器将源代码和最终的机器指令视为数据。

在执行程序时，CPU 将磁盘文件中的机器代码指令载入内存。大多程序包含的一些常量数据也一并被读入内存。CPU 通过读取［通常称为提取（fetching）］并执行内存中的指令来运行程序。此外还会根据程序的需要提取数据。

当 CPU 准备好执行程序的下一条指令时，该指令在内存中的位置会被放在地址总线上。CPU 还会将读信号放在控制总线上。内存子系统则将指令放在地址总线上，由 CPU 随后复制。如果 CPU 被指示从内存中读取数据，则同样的事件序列会再次发生。

如果 CPU 被指示将数据存入内存，那么它会将数据放在数据总线上，将保存数据的内存地址放在地址总线上，将写信号放在控制总线上。内存子系统则将数据总线上的数据复制到指定的内存位置。

这种"编辑-编译-执行"方案有多种变体。解释器是将编程语言转换成机器指令的程序，但不是将指令保存在文件中，而是立即执行。另一种变体是编译器将编程语言转换成中间速记语言，并将其保存在可以由解释器执行的文件中。

大多数程序还会访问 I/O 设备。有些是为了实现人机交互，例如，键盘、鼠标、屏幕。有些是为了机器可读的 I/O，例如，磁盘。I/O 设备要比 CPU 和内存慢得多，而且时序特性差异很大。由于其时序特性，I/O 设备与 CPU 和内存之间的数据传输必须明确编程。

I/O 设备编程要求全面理解设备的工作原理及其与 CPU 和内存的交互方式。我们将在本书接近尾声的时候介绍一些一般性概念。同时，书中编写的几乎每个程序至少都会用到终端屏幕，这是一种输出设备。操作系统包含可执行 I/O 的函数，C 运行时环境（C runtime environment）提供了一个面向应用程序的函数库来访问操作系统的 I/O 函数。我们将使用这些 C 库函数来执行大部分的 I/O 操作，I/O 编程相关的主题可以参阅其他更高阶的书籍。

上述内容旨在为你提供计算机硬件组织形式的概览。在更深入地探究这些概念之前，1.3 节会先帮助你设置好本书余下部分要用到的编程工具。

1.3　编程环境

在本节中，我将描述如何设置自己的计算机来完成本书中的所有编程任务。你可以根据使用的 Linux 发行版和个人偏好选择不同的设置方式。

我使用 Ubuntu 20.04 LTS 桌面版自带的 GNU 编程工具创建和执行本书中的程序，该发行版既作为主力操作系统，也作为 Windows Subsystem for Linux 下运行的操作系统。你可以在 Ubuntu 的网站免费下载它，其自带的编译器 gcc 和 g++版本为 9.3.0，汇编器 as 的版本为 2.34。

你可能刚接触 Linux 命令行。在我们讲解程序的同时，我会展示用于创建这些程序的命令，不过这些只是一些基础知识而已。如果你花些时间熟悉命令行的使用，必将获益匪浅。William Shotts 所著的 *The Linux Command Line, Second Edition*（No Starch Press, 2019）是一本不错的参考资料。

你还应该熟悉 Linux 提供的编程工具文档。最简单的就是大多数程序中内置的帮助系统。你可以通过输入命令名和--help 选项访问帮助系统。例如，gcc --help 会显示 gcc 的命令行选项列表以及各个选项的简要描述。

大多数 Linux 程序都包含手册，通常称为手册页，它提供了比帮助系统更完备的文档。只需输入 man 命令以及程序名称就可以阅读手册页。例如，man man 会显示 man 程序的手册页。

GNU 程序甚至还自带了更丰富的文档，可以通过输入 info 命令以及程序名称进行阅读。例如，info info 会显示 info 程序的文档，如下所示：

```
Next: Stand-alone Info, Up: (dir)

Stand-alone GNU Info
********************

This documentation describes the stand-alone Info reader which you can
use to read Info documentation.

    If you are new to the Info reader, then you can get started by typing
'H' for a list of basic key bindings. You can read through the rest of
this manual by typing <SPC> and <DEL> (or <Space> and <Backspace>) to
move forwards and backwards in it.

* Menu:

* Stand-alone Info::        What is Info?
* Invoking Info::           Options you can pass on the command line.
* Cursor Commands::         Commands which move the cursor within a node.
* Scrolling Commands::      Commands for reading the text within a node.
* Node Commands::           Commands for selecting a new node.
* Searching Commands::      Commands for searching an Info file.
* Index Commands::          Commands for looking up in indices.
* Xref Commands::           Commands for selecting cross-references.
```

```
* Window Commands::           Commands which manipulate multiple windows.
* Printing Nodes::            How to print out the contents of a node.
* Miscellaneous Commands::    A few commands that defy categorization.
* Variables::                 How to change the default behavior of Info.
* Colors and Styles::         Customize the colors used by Info.
* Custom Key Bindings::       How to define your own key-to-command bindings.
* Index::                     Global index.


-----Info: (info-stnd)Top, 31 lines --All------------------------------------
Welcome to Info version 6.7. Type H for help, h for tutorial.
```

以*起始并以::结尾的条目是指向其他 info 页的超链接。使用键盘上的方向键将光标定位在此类条目并按 ENTER 键就可以跳转到该页面。

要想获取 info 文档，必须安装以下 Ubuntu 包。

- binutils-doc：为 GNU 汇编器 as（有时也称为 gas）添加文档。
- gcc-doc：为 GNU gcc 编译器添加文档。

根据你使用的 Linux 发行版，需要安装的包可能会不一样。

在大多数例子中，我在编译程序的时候没有开启优化（-O0 选项），因为我们的目标是学习概念，而不是生成最高效的代码。这些示例应该可以在任何安装了 gcc、g++、as 的 x86-64 GNU 开发环境中正常运行。但是，编译器生成的机器码可能会因特定的配置和版本而有所不同。你会在本书的中间部分看到编译器生成的汇编语言。在你继续阅读本书的其余部分时，任何差异都应该是一致的。

编程的时候还要用到文本编辑器。不要使用字处理器。字处理器会添加很多隐藏的控制字符来格式化文本。这些隐藏字符会干扰编译器和汇编器，使其无法正常工作。

有一些不错的 Linux 文本编辑器可供选择，它们各有特色。我喜欢的编辑器不时变化。我建议你多尝试几种，选择你喜欢的那款。

我用过的文本编辑器如下。

- nano：大多数 Linux 发行版都自带的一款简单的文本编辑器，采用命令行用户界面。文本会被直接插入编辑器。CTRL 和 meta 键用于指定文本操作的组合键。
- vi：所有的 Linux（和 UNIX）系统应该都有安装，采用面向模式的命令行用户界面。通过键盘命令操作文本。有些命令可以将 vi 置于文本插入模式。ESC 键用于返回命令模式。大多数 Linux 发行版自带了 vim（Vi IMproved），添加了有助于程序源代码编辑的各种特性。
- emacs：采用命令行用户界面。文本被直接插入编辑器。CTRL 和 meta 键用于指定文本操作的组合键。
- gedit：GNOME 桌面提供的文本编辑器，采用图形用户界面，如果你用过字处理器，应该不会陌生。
- kate：KDE 桌面提供的文本编辑器，采用图形用户界面，如果你用过字处理器，应该不会陌生。
- Visual Studio Code：Microsoft 推出的免费编辑器，可以在 Windows 7/8/10、Linux 和 macOS 上运行，采用图形用户界面，可用于编辑远程服务器上的文本文件和安装 Windows Subsystem

for Linux。此外还允许打开命令终端面板。

vi 和 emacs 也提供了图形用户界面。

就本书涉及的编程而言，上述以及很多其他文本编辑器都是不错的选择。没必要花费过多的时间去挑选"最好的"。

动手实践
确保弄清楚你用来编程的计算机的配置。它使用的是什么 CPU？内存多大？连接了哪些 I/O 设备？你打算用哪款编辑器？

1.4　小结

中央处理单元（CPU）　　该子系统控制着计算机的大部分活动。它还包含一部分容量很小的高速内存。

内存　　该子系统为程序和数据提供存储。

输入/输出（I/O）　　该子系统提供了与外界以及大容量存储设备通信的手段。

总线　　CPU、内存、I/O 之间的通信路径。

程序执行　　概述了程序执行时 3 个子系统和总线的工作方式。

编程环境　　介绍了如何设置本书所需的编程工具。

在第 2 章中，你将开始学习数据在计算机中是如何存储的，了解 C 语言编程以及如何将调试器作为一种学习工具。

第 **2** 章

数据存储格式

在本书中，我们打算以另一种方式审视计算机：不再将其视为程序、文件和图形的集合，而是将其视为数十亿个双态开关和一个或多个能够检测和改变这些开关状态的控制单元。在第 1 章中，我们讨论了使用输入和输出与计算机外部世界进行通信。在本章中，我们将开始探索计算机如何编码存储在内存中的数据；然后用 C 语言编写一些程序来探究这些概念。

2.1 描述开关和开关组

计算机中发生的一切——你编写的代码、使用的数据、屏幕上的图像——都由一系列双态开关控制。开关的每种组合代表计算机可能处于的状态。如果你想描述计算机发生了什么，可以列出开关的组合。简单地说，这就像"第 1 个开关打开，第 2 个也打开，但是第 3 个关闭，而第 4 个打开。"但是这样描述计算机会很困难，特别是考虑到现代计算机使用了数十亿个开关。所以，我们将使用一种更简洁的数字符号。

2.1.1 使用位表示开关

你对十进制应该不陌生，这种进制使用 0～9 共计 10 个数码（digit）来书写数字（number）[1]。我们想要有一种用数字表示开关的方法，但是开关只有两个状态，而不是 10 个。在这里，二进制系统（一种使用 0 和 1 的两位数码系统）就要发挥作用了。

---

1 注意区分 digit 和 number。简单地说，digit 是 number 的最小单元。例如，360 是一个 number，而其中的 3、6、0 则分别都是 digit。在十进制中，每个 digit 取值为 0～9。故本书选择将 digit 译为"数码"，number 译为"数字"。

我们使用一个二进制数码（binary digit），通常简称为位（bit）[1]，来表示开关的状态。一个位有两个取值——0 和 1，前者表示开关的"关"（off），后者表示开关的"开"（on）。如果我们愿意，也可以给这些意义选择相反的值——重要的是保持一致。让我们用位来简化开关的描述。在先前的例子中，我们有一台计算机，其中第 1 个开关打开，第 2 个打开，第 3 个关闭，第 4 个打开。在二进制中，我们将其表示为 1101。

2.1.2　表示位组

即便采用了二进制，有时候位数还是太多，导致书写出的数字难以阅读。在这种情况下，我们使用十六进制数码（hexadecimal digit）来指定位模式（bit pattern）。十六进制系统的数码共有 16 种取值，分别表示某个 4 位组。

表 2-1 展示了 4 个位的 16 种组合以及每种组合对应的十六进制数码。使用一段时间之后，你应该就能记住这张表了，不过就算忘了也没关系，在网上可以搜到现成的"十六进制-二进制"转换器。

表 2-1　　　　　　　　　　　4 位二进制对应的十六进制表示

1 位十六进制	4 位二进制
0	0000
1	0001
2	0010
3	0011
4	0100
5	0101
6	0110
7	0111
8	1000
9	1001
a	1010
b	1011
c	1100
d	1101
e	1110
f	1111

有了十六进制，我们就可以将 1101，或者"开、开、关、开"写作单个十六进制数码：$d_{16} = 1101_2$。

注意　如果上下文不够清晰，我会使用下标指明数字的基数。例如，100_{10} 表示十进制，100_{16} 表示十六进制，100_2 表示二进制。

八进制系统（基于 8）不太常见，不过你偶尔也会遇到。八进制数码的取值为 0～7，一个数码代表 3 位组。表 2-2 展示了每个可能的 3 位组及其对应的八进制数码。例如，如果想要简单地

1　bit 是计算机存储的最小单位，多译为"位"，但本书还涉及"数位"的概念，因此在容易引起混淆时，将部分 bit 译为"比特"以作区分。

表示示例中的前 3 位，简单地写作 6_8 即可，这相当于 110_2。

表 2-2 3 位二进制对应的八进制表示

1 位八进制	3 位二进制
0	000
1	001
2	010
3	011
4	100
5	101
6	110
7	111

2.1.3 使用十六进制数码

当我们需要指定 16 或 32 个开关的状态时，十六进制数码尤为方便。可以将每个 4 位组写作 1 个十六进制数码。来看两个例子：

$$6c2a_{16} = 0110110000101010_2$$

和

$$0123abcd_{16} = 00000001001000111010101111001101_2$$

单个位对于数据存储通常没什么用处。计算机一次可以访问的最小位数被定义为字节（byte）。在大多数现代计算机中，一字节由 8 位组成，不过也有例外。例如，在 CDC 6000 系列科学大型计算机中，一字节由 6 位组成。

在 C 和 C++编程语言中，在数字前加上 0x（即数字 0 和小写字母 x）表示该数字以十六进制表示，如果在数字前仅加上 0，则表示八进制。C++允许在数字前加上 0b 来表示二进制。尽管用于指定二进制的 0b 记法并非标准 C 的一部分，但 gcc 编译器允许这样做。因此，本书在编写 C 或 C++代码时，以下都是等同的：

```
100 = 0x64 = 0144 = 0b01100100
```

但如果你使用的是其他 C 编译器，可能无法使用 0b 语法指定二进制。

动手实践
1. 用十六进制表示以下位模式：
a. 0100 0101 0110 0111
b. 1000 1001 1010 1011
c. 1111 1110 1101 1100
d. 0000 0010 0101 0010
2. 用二进制表示以下十六进制模式：
a. 83af
b. 9001

c. aaaa

d. 5555

3. 下列各个值需要用多少位表示？

a. ffffffff

b. 7fff58b7def0

c. 1111_2

d. 1111_{16}

4. 下列若干位可以用多少十六进制数位表示？

a. 8 位

b. 32 位

c. 64 位

d. 10 位

e. 20 位

f. 7 位

2.2 二进制和十进制的数学等价性

在 2.1 节中，你已经看到了二进制数码是表示计算机内部开关状态的一种自然方式。此外你还得知，我们可以使用单个十六进制数码来表示 4 个开关的状态。本节将介绍二进制数字系统的一些数学特性，并说明它是如何与更熟悉的十进制（基数为 10）数字系统进行转换的。

2.2.1 了解位置记数法

依据惯例，我们在书写数字的时候依据的是位置记数法（positional notation）。这意味着符号的值取决于其在一组符号中的位置。在熟悉的十进制数字系统中，我们使用符号 $0,1,\cdots,9$ 表示数字。

对于数字 50，符号 5 的值是 50，因为其位于十位，位于该位的任意数字都要乘以 10。对于数字 500，符号 5 的值是 500，因为其位于百位。符号 5 在任意位置都是一个样子，但它的值则取决于其在数字中的位置。

再进一步说，在十进制数字系统中，整数 123 可以被认为是

$$1 \times 100 + 2 \times 10 + 3$$

或者

$$1 \times 10^2 + 2 \times 10^1 + 3 \times 10^0$$

在这个例子中，最右侧的数码 3 是最低有效数码（least significant digit），因为它的值对于整个数字的值贡献最小。最左侧的数码 1 则是最高有效数码（most significant digit），因为它贡献了最多的值。

另一种数字系统

在发明位置记数法之前，人们使用计数系统（counting system）来记录数量。罗马数字系统（Roman numeral system）就是一种广为人知的计数系统。其中，用符号 I 代表 1，V 代表 5，X 代表 10，L 代表

50, 等等。要想表示数值 2, 你只需要用两个 I 即可: II。数值 20 可写作 XX。

罗马数字系统有两个主要规则: 代表较大值的符号先出现, 如果代表较小值的符号放在较大值符号之前, 则要将较小值从紧随其后的较大值中减去。例如, IV 代表 4, 因为 I (1) 小于 V (5), 所以要将其将从 V 代表的值中减去。

罗马数字系统中没有代表 0 的符号, 因为在该计数系统中并不需要。在位置记数系统中, 我们需要一个符号来表示这个位置没有值, 但是仍有位置意义。例如, 500 中的 0 告诉我们在十位和个位都没有值, 只有百位上的值为 5。

位置记数法的发明极大地简化了算术, 并催生了我们今天所知的数学。如果你不信, 试试用罗马数字系统中的 60 (LX) 除以 3 (III)。(答案: XX。)

十进制数字系统的基数或底数 (数码可用的符号数量) 是 10。这意味着表示数码 0～9 的符号共计 10 个。将数码向左移动一位会使其值扩大 10 倍; 将它向右移动一位, 其值会变为原来的 1/10。位置记数法可以推广到任何基数 r, 如下所示:

$$d_{n-1} \times r^{n-1} + d_{n-2} \times r^{n-2} + \cdots + d_1 \times r^1 + d_0 \times r^0$$

其中, 数字共有 n 个数码, 每个 d_i 代表单个数码 ($0 \leq d_i < r$)。

这个表达式告诉了我们如何确定数字中每个数码的值。从右开始累计每个数码在数字中的位置, 初始值为 0。在每个位置, 我们将基数 r 提升为该位置的幂, 然后将得数乘以数码的值。将所有结果相加就得到了此数字所表示的值。

二进制数字系统的基数为 2, 所以表示数码的只有两个符号。这意味着 $d_i=0$ 或 1, 我们可以将上述表达式写作:

$$d_{n-1} \times 2^{n-1} + d_{n-2} \times 2^{n-2} + \cdots + d_1 \times 2^1 + d_0 \times 2^0$$

其中, 数字共有 n 个数码, 每个 $d_i = 0$ 或 1。

在 2.2.2 节中, 我们将介绍如何在二进制数和无符号十进制数之间进行转换。有符号数可以是正数或负数, 但是无符号数没有符号。我们将在第 3 章讨论有符号数。

2.2.2 将二进制数转换为无符号十进制数

通过计算特定位置上的 2 的幂, 然后乘以该位置的比特值, 就可以轻松地将二进制数转换为十进制数。来看一个例子:

$$10010101_2 = 1 \times 2^7 + 0 \times 2^6 + 0 \times 2^5 + 1 \times 2^4 + 0 \times 2^3 + 1 \times 2^2 + 0 \times 2^1 + 1 \times 2^0$$
$$= 128 + 16 + 4 + 1$$
$$= 149_{10}$$

以下算法总结了二进制到十进制的转换过程:

```
    Let result = 0
❶ Repeat for each i = 0,...,(n - 1)
       add ❷dᵢ x ❸2ⁱ to result
```

在每个比特位置❶, 该算法计算 2 的幂❸并乘以该位置上的比特值 (0 或 1) ❷。

注意 虽然我们现在只考虑整数，但是该算法确实可以推广到小数值。只需让基数 r 的指数继续变成负值即可，也就是 $r^{n-1}, r^{n-2}, \cdots, r^1, r^0, r^{-1}, r^{-2}, \cdots$。详细讨论参见第 19 章。

动手实践

1. 查看本节中的通用表达式，试回答对于十进制数 29458254 和十六进制数 29458254，r、n 和每个 d_i 的值是多少？

2. 将以下 8 位二进制数转换为十进制数：

    a. 1010 1010

    b. 0101 0101

    c. 1111 0000

    d. 0000 1111

    e. 1000 0000

    f. 0110 0011

    g. 0111 1011

    h. 1111 1111

3. 将以下 16 位二进制数转换为十进制数：

    a. 1010 1011 1100 1101

    b. 0001 0011 0011 0100

    c. 1111 1110 1101 1100

    d. 0000 0111 1101 1111

    e. 1000 0000 0000 0000

    f. 0000 0100 0000 0000

    g. 0111 1011 1010 1010

    h. 0011 0000 0011 1001

4. 设计一个算法，将以下十六进制数转换为十进制数：

    a. a000

    b. ffff

    c. 0400

    d. 1111

    e. 8888

    f. 0190

    g. abcd

    h. 5555

2.2.3 将无符号十进制数转换为二进制数

如果我们想把一个无符号的十进制整数 N 转换为二进制数，设其等于先前的二进制数表达式，得到以下等式：

$$N = d_{n-1} \times 2^{n-1} + d_{n-2} \times 2^{n-2} + \cdots + d_1 \times 2^1 + d_0 \times 2^0$$

其中，$d_i = 0$ 或 1。我们将等式两边除以 2，右边底数为 2 的各项指数减 1，于是得到以下结果：

$$N_1 + \frac{r_0}{2} = \left(d_{n-1} \times 2^{n-2} + d_{n-2} \times 2^{n-3} + \cdots + d_1 \times 2^0\right) + d_0 \times 2^{-1}$$

其中，N_1 是整数部分，如果是偶数，余数 r_0 为 0；如果是奇数，则为 1。稍作改写，得到以下等价等式：

$$N_1 + \frac{r_0}{2} = \left(d_{n-1} \times 2^{n-2} + d_{n-2} \times 2^{n-3} + \cdots + d_1 \times 2^0\right) + \frac{d_0}{2}$$

右边括号内的所有项都是整数。等式两边的整数部分和小数部分必须分别相等。也就是：

$$N_1 = d_{n-1} \times 2^{n-2} + d_{n-2} \times 2^{n-3} + \cdots + d_1 \times 2^0$$

且

$$\frac{r_0}{2} = \frac{d_0}{2}$$

因此，我们看到 $d_0 = r_0$。从展开的等式的两边减去 $r_0/2$（等于 $d_0/2$），得到以下结果：

$$N_1 = d_{n-1} \times 2^{n-2} + d_{n-2} \times 2^{n-3} + \cdots + d_1 \times 2^0$$

两边再除以 2：

$$N_2 + \frac{r_1}{2} = d_{n-1} \times 2^{n-3} + d_{n-2} \times 2^{n-4} + \cdots + d_2 \times 2^0 + d_1 \times 2^{-1}$$

$$= \left(d_{n-1} \times 2^{n-3} + d_{n-2} \times 2^{n-4} + \cdots + d_2 \times 2^0\right) + \frac{d_1}{2}$$

使用与前面相同的推理，$d_1 = r_1$。我们可以通过从右到左反复除以 2，并使用余数作为相应位的值，以此产生一个数的二进制表示。这个过程可以总结为以下算法，其中正斜线（/）是整数除法运算符，百分号（%）是模运算符：

```
quotient = N
i = 0
dᵢ = quotient % 2
quotient = quotient / 2
While quotient != 0
    i = i + 1
    di = quotient % 2
    quotient = quotient / 2
```

一些编程任务（例如，硬件设备编程）需要特定的位模式。在这种情况下，使用位模式代替数值更为自然。我们可以将 4 位分成一组，用十六进制来表示每一组。例如，如果我们的算法要求 0 和 1 交错出现（0101 0101 0101 0101 0101 0101 0101 0101），我们可以将其转换为十进制值 431655765，或者用十六进制表示为 0x55555555（C/C++ 语法中的显示）。一旦记住了表 2-1，你就会发现用十六进制来表示位模式要容易得多。

这两节的讨论只涉及无符号整数。有符号整数的表示方法依赖于 CPU 的某些架构特性，我们留待第 3 章讨论。

动手实践

1. 将下列无符号十进制整数转换为十六进制（8 位）表示：

   a. 100

   b. 123

   c. 10

   d. 88

   e. 255

   f. 16

   g. 32

   h. 128

2. 将下列无符号十进制整数转换为十六进制（16 位）表示：

   a. 1024

   b. 1000

   c. 32768

   d. 32767

   e. 256

   f. 65535

   g. 4660

   h. 43981

3. 发明一种编码，允许我们存储带有加号或减号的字母评级（即评级 A、A−、B+、B、B−等，直到字母 F）。这种编码需要多少位？

2.3　在存储器中存储数据

我们现在有了必要的背景知识来讨论数据是如何在计算机存储器中存储的。首先，需要了解存储器（memory）[1]的组织形式。计算机通常配备了以下两种用于存储程序指令和数据的存储器。

随机存取存储器（Random Access Memory，RAM）

一旦某个位（开关）被设置为 0 或 1，该状态将一直保持不变，直到控制单元主动去改变或者断电。控制单元可以读取和改变位的状态。

"随机存取存储器"这个名字容易引起误解。这里的"随机存取"意思是说访问存储器中任意字节所花费的时间都是一样的，并不是说读取字节时的随意不定。不妨将 RAM 与顺序访问存储器（Sequential Access Memory，SAM）作一个对比，对于后者，访问字节所花费的时间取决于该字节在访问顺序中所处的位置。你可以将 SAM 看作磁带：访问字节需要的时间取决于该字节相对于磁盘当前位置的物理距离。

1　在本书中，memory 一词会根据具体上下文，翻译为"存储器"或"内存"。

只读存储器（Read-Only Memory，ROM）

ROM 也称为非易失性存储器（NonVolatile Memory，NVM）。控制单元可以读取但无法更改位的状态。通过专门的硬件能够对某些类型的 ROM 重新编程，即便是断电，位也能保持原先的状态。

2.3.1　内存地址的表示方式

内存中的每个字节都有一个位置或地址，这很像办公楼的房间号。特定字节的地址永远不会改变。也就是说，从内存开始的第 957 字节永远都是第 957 字节。但是，特定字节的各个位的状态（内容）（0 或 1）都是可以改变的。

计算机科学工作者通常使用十六进制表示内存中每个字节的地址，从 0 开始。因此，我们可以说第 957 字节的地址为 0x3bc（十进制的 956）。

内存的前 16 字节的地址分别为 0、1、2、3、4、5、6、7、8、9、a、b、c、d、e、f。采用以下记法：

<address>: <content>

我们可以像表 2-3 那样显示内存的前 16 字节的内容（其中的内容是随意的）。

表 2-3　　　　　　　　　　　　　　内存前 16 字节的内容

地址	内容	地址	内容
0x00000000:	0x6a	0x00000008:	0xf0
0x00000001:	0xf0	0x00000009:	0x02
0x00000002:	0x5e	0x0000000a:	0x33
0x00000003:	0x00	0x0000000b:	0x3c
0x00000004:	0xff	0x0000000c:	0xc3
0x00000005:	0x51	0x0000000d:	0x3c
0x00000006:	0xcf	0x0000000e:	0x55
0x00000007:	0x18	0x0000000f:	0xaa

每个字节的内容由 2 个十六进制数码表示，指定了该字节 8 个位的具体状态。

但是字节的状态又能告诉我们什么呢？在内存中存储数据时，程序员需要考虑以下两个问题。

- **存储数据需要多少位？** 要回答这个问题，我们需要知道特定数据项允许多少个不同的值。看看我们在表 2-1（4 位）和表 2-2（3 位）中可以表示的不同值的数量。可以看出，n 位能够表示多达 2^n 个不同的值。还要注意，我们未必会在已分配的存储空间内用完所有可能的位模式。
- **数据的编码是什么？** 我们日常处理的大部分数据并不是以 0 和 1 的形式表示的。要想将这类数据存入内存，程序员必须决定如何用 0 和 1 编码数据。

在本章余下的部分中，我们将看到如何使用一个或多个字节的位状态在内存中存储字符和无符号整数。

2.3.2　字符

在编程的时候，几乎少不了操作文本字符串，所谓的字符串就是一组字符。你编写的第一个程序可能就是"Hello, World!"程序。如果你使用 C 语言编写，就应该是下面这句：

```
printf("Hello, World!\n");
```

如果使用的是 C++，就应该是这句：

```
cout << "Hello, World!" << endl;
```

将这些语句转换为机器码之前，编译器必须做两件事。

- 将每个字符保存在控制单元能够访问的内存位置。
- 生成机器指令，将字符写到屏幕上。

我们先来考虑如何将单个字符存储到内存中。

字符编码

最常见的字符编码标准是 Unicode UTF-8。它使用 1～4 字节存储代表某个字符的数字，我们将这个数字称为码点（code point）。Unicode 码点写作 U+h，其中的 h 是 4～6 个十六进制数码。操作系统和显示硬件将一个或多个码点与字形（glyph）关联起来，字形是我们在屏幕或纸张上看到的字符外观。例如，U+0041 是拉丁大写字母 A 的码点，在本书所用的字体中，其字形为 A。

UTF-8 向后兼容旧标准 ASCII（American Standard Code for Information Interchange，美国信息交换标准码，读作"ask-ee"）。ASCII 使用 7 位指定大小为 128 的字符集合中每个字符的码点，这个字符集合包含英文字母（大写字母和小写字母）、数字、特殊字符、控制字符。在本书中，我们在编程时只使用 UTF-8 的 ASCII 子集（U+0000 至 U+007F）。

表 2-4 展示了用于表示十六进制数的字符所对应的 Unicode 码点及其在内存中的 8 位模式。在随后学习将字符的整数表示形式转换为二进制形式的时候，你还会用到这张表。目前，要注意尽管数字字符是按照连续的位模式序列组织的，但其与字母字符之间存在间隔。

表 2-4　　　　　　　　　　　　十六进制字符的 UTF-8 码点

码点	字符描述	字符字形	位模式
U+0030	数码 0	0	0x30
U+0031	数码 1	1	0x31
U+0032	数码 2	2	0x32
U+0033	数码 3	3	0x33
U+0034	数码 4	4	0x34
U+0035	数码 5	5	0x35
U+0036	数码 6	6	0x36
U+0037	数码 7	7	0x37
U+0038	数码 8	8	0x38
U+0039	数码 9	9	0x39

续表

码点	字符描述	字符字形	位模式
U+0061	拉丁小写字母 a	a	0x61
U+0062	拉丁小写字母 b	b	0x62
U+0063	拉丁小写字母 c	c	0x63
U+0064	拉丁小写字母 d	d	0x64
U+0065	拉丁小写字母 e	e	0x65
U+0066	拉丁小写字母 f	f	0x66

尽管十六进制的数字部分与代码点 U+0000 到 U+007F 的位模式相同，但这未必适用于其他字符。例如，U+00B5 是"微"词头符号（micro sign）[1]的码点，它以 16 位模式 0xc2b5 存储在内存中，在本书所采用的字体中呈现为字形 μ。

UTF-8 使用一字节存储码点在 U+0000 至 U+007F 范围内的字符。字节中的位 6 和位 5（位从右到左编号，以 0 为起始）指定了该字符属于四个分组中的哪一个，如表 2-5 所示。这些特殊字符主要是标点符号。例如，空格字符是 U+0020，而;字符是 U+003B。

表 2-5 码点 U+0000 至 U+007F 之间的字符分组

位 6	位 5	字符类型
0	0	控制字符
0	1	数字和特殊字符
1	0	大写字母和特殊字符
1	1	小写字母和特殊字符

你可以在 Linux 终端窗口中输入命令 man ascii 来生成与 ASCII 字符一致的码点表（可能需要在计算机上安装 ascii 程序）。这张表内容非常多，不会是你想要记住的那种东西，但粗略地了解其组织形式还是有用的。

Unicode 的更多信息可参见其网站。对于 Unicode 前世今生的详细讨论，推荐阅读 Joel Spolsky 的文章"The Absolute Minimum Every Software Developer Absolutely, Positively Must Know About Unicode and Character Sets (No Excuses!)"。

动手实践

1. 很多人使用大写字母书写十六进制字符。我知道的所有编程语言都接受大小写字母的形式。重制表 2-4，列出大写十六进制字符的位模式。
2. 创建小写字母字符的 ASCII 表。
3. 创建大写字母字符的 ASCII 表。
4. 创建标点符号的 ASCII 表。

---

1 "微"是国际单位制词头，指 10^{-6}（一百万分之一）。其语源为希腊语 μικρός，符号是希腊字母 μ。

存储字符串

回到"Hello, World!\n",编译器将此字符串存储为常量字符数组。为了指明数组大小,C 风格的字符串在末尾使用码点 U+0000(ASCII NUL)作为哨兵值(sentinel value),这个独特的值表示字符序列的结束。因此,编译器必须为这个字符串分配 15 字节:其中 13 字节用于"Hello, World!",1 字节用于换行符\n,1 字节用于 NUL。例如,表 2-6 展示了该字符串是如何在起始地址为 0x4004a1 的内存处存储的。

表 2-6 内存中存储的"Hello, World!"

地址	内容	地址	内容
0x4004a1:	0x48	0x4004a9:	0x6f
0x4004a2:	0x65	0x4004aa:	0x72
0x4004a3:	0x6c	0x4004ab:	0x6c
0x4004a4:	0x6c	0x4004ac:	0x64
0x4004a5:	0x6f	0x4004ad:	0x21
0x4004a6:	0x2c	0x4004ae:	0x0a
0x4004a7:	0x20	0x4004af:	0x00
0x4004a8:	0x57		

C 语言使用 U+000A(ASCII LF)作为单个换行符(在本例中位于地址 0x4004ae 处),即便 C 语法需要程序员书写两个字符\n。字符串结尾的 NUL 字符位于地址 0x4004af 处。

在 Pascal 中(另一种编程语言),字符串的长度由该字符串的第一字节指定,其中的值被视为 8 位无符号整数(这正是 Pascal 的字符串最长只能有 256 个字符的原因)。C++的字符串类提供了额外的特性,不过实际的字符串还是按照 C 风格字符串保存在 C++字符串实例内。

2.3.3 无符号整数

因为无符号整数可以用任意基数表示,所以最显而易见的存储方式就是使用二进制数字系统。如果我们按从右到左的顺序对字节中的各个位进行编号,那么最低位为 0,下一位为 1,以此类推。例如,整数 $123_{10} = 7b_{16}$,所以存储该整数的字节状态为 01111011_2。

如果只使用一字节,那么无符号整数的取值范围就被限制在了 $0 \sim 255_{10}$(因为 $ff_{16}=255_{10}$)。在我们的编程环境中,无符号整数的默认大小是 4 字节,允许的取值范围为 $0 \sim 4\ 294\ 967\ 295_{10}$。

二进制系统的局限之一是在执行算术运算之前,你需要将字符串的十进制数转换为二进制数。例如,十进制数 123 以字符串格式存储为 4 字节(0x31、0x32、0x33、0x00),而按照无符号整数格式,则存储为 0x0000007b。相反,为了满足现实世界的大部分显示需要,二进制数需要转换为十进制字符表示形式。

BCD(Binary Coded Decimal,二进制编码的十进制)是用于存储整数的另一种编码。每个十进制数码占用 4 位,如表 2-7 所示。

表 2-7 BCD 编码

十进制数码	BCD 编码
0	0000
1	0001

十进制数码	BCD 编码
2	0010
3	0011
4	0100
5	0101
6	0110
7	0111
8	1000
9	1001

例如，如果大小为 16 位，十进制数 1234 以 BCD 编码存储为 0001 0010 0011 0100（在二进制数字系统中，则为 0000 0100 1101 0010）。

16 种可能的组合形式只用到了其中 10 种，浪费了 6 种。这意味着如果使用 BCD，16 位的取值范围为 0～9 999，相较于二进制的取值范围 0～65 535，BCD 的内存利用率不足。使用 BCD 在字符格式和整数格式之间进行转换比较简单，参见第 16 章。

在主要处理商业数值数据的专有系统中，BCD 非常重要，这类系统更多的是打印数据，而非执行数学运算。COBOL 就是一门商业应用编程语言，支持压缩 BCD 格式（packed BCD format），其中使用 8 位字节保存 2 个数码（以 BCD 编码形式）。最后一个（4 位）数码用于存储数字符号，如表 2-8 所示。具体的编码取决于实现。

表 2-8   COBOL 压缩 BCD 格式的符号编码示例

符号	符号编码
+	1010
−	1011
+	1100
−	1101
+	1110
unsigned	1111

例如，0001 0010 0011 1010 表示+123，0001 0010 0011 1011 表示−123，0001 0010 0011 1111 表示 123。

2.4 使用 C 语言探究数据格式

在本节中，我们将用 C 语言编写第一个程序。这些程序演示了数字在内存中的存储方式和人类阅读数字的方式之间的差异。C 语言允许我们充分接近硬件来理解核心概念，同时又照顾到了许多底层细节。本书中用到的这些简单的 C 程序应该不会让你觉得太难，特别是如果你已经有其他编程语言经验。

如果你学习过高级语言编程，比如 C++、Java 或 Python，那么你有可能也懂得面向对象编程。C 语言不支持面向对象的范式，它是一种过程式编程语言。C 程序被划分为多个函数。函数是一组具名的编程语句。其他编程语言对此也使用术语"过程"（procedure）和"子程序"（subprogram），根据语言的不同，它们之间有一些细微的区别。

2.4.1 C 和 C++ I/O 库

大多数高级编程语言都包含标准库，可以将其视为该语言的一部分。标准库包含各种函数和数据结构，可在语言中用于处理一些常见任务，比如终端 I/O —— 向屏幕写入数据以及从键盘读取数据。C 语言提供了 C 标准库，C++语言提供了 C++标准库。

对于终端 I/O，C 程序员使用 stdio 库中的函数，C++程序员使用 iostream 库中的函数。例如，以下 C 代码从键盘读取一个整数，与 100 相加，然后将结果写入屏幕：

```
int x;
scanf("%i", &x);
x += 100;
printf("%i", x);
```

对应的 C++代码如下所示：

```
int x;
cin >> x;
x +=100;
cout << x;
```

在这两个例子中，代码从键盘读取字符，每个字符都作为 char 类型，接着将 char 类型序列转换为对应的 int 类型。然后将其与 100 相加。最后再将 int 类型的结果转换为 char 类型序列显示在屏幕上。上述代码中的 C 或 C++ I/O 库函数负责执行 char 类型序列和 int 类型之间的必要转换。

图 2-1 展示了 C 应用程序、I/O 库和操作系统之间的关系。

从键盘读取时，scanf 库函数首先调用 read 系统函数（操作系统提供的一个函数）。键盘输入是字符串形式，每个字符都是 char 类型。scanf 库函数为应用程序将该字符串转换为 int 类型。printf 库函数将 int 类型转换为相应的 char 类型字符串，并调用 write 系统函数将每个字符写入屏幕。

如图 2-1 所示，应用程序可以直接调用 read 和 write 函数来读写字符。这个话题留待第 16 章讨论，届时我们将编写自己的转换函数。尽管 C/C++的效果更好，但自己动手实践能让你更好地理解数据是如何在内存中存储以及如何被软件处理的。

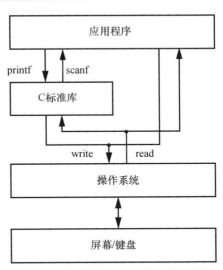

图 2-1　C 应用程序、I/O 库和操作系统之间的关系

注意　如果你尚不熟悉 GNU make 程序，强烈建议你学习如何使用 make 来构建程序。目前看来似乎有些大材小用，但使用简单的程序会更容易上手。make 提供了多种格式的使用手册（见 GNU make 官方文档网站），我也在自己的网站上发表了一些使用意见。

2.4.2 编写并执行第一个 C 程序

大多数编程书都是以一个在屏幕上打印出 "Hello, world" 的简单程序开篇的,但是我们另辟蹊径,选择从一个读取十六进制值(作为无符号整数以及字符串)的程序开始。参见清单 2-1。

清单 2-1 展示整数与字符串之间差异的程序

```
❶ /* intAndString.c
   * Read and display an integer and a text string.
   */

❷ #include <stdio.h>

❸ int main(void)
   {
❹ unsigned int anInt;
   char aString[10];

❺ printf("Enter a number in hexadecimal: ");
❻ scanf("%x", &anInt);
   printf("Enter it again: ");
❼ scanf("%s", aString);
❽ printf("The integer is %u and the string is %s\n", anInt, aString);

❾ return 0;
   }
```

代码最开始是一段文档,给出了文件名❶和程序用途的简要描述。当你自己编写源代码时,也应该把你的名字和编写日期作为文档的一部分(为了节省纸张,我在本书的示例程序中将其省略了)。/*和*/之间的所有内容都是注释。注释仅服务于人类读者,对程序本身没有任何影响。

实际影响程序的第一个操作是包含另一个文件❷,即 stdio.h 头文件。如你所知,C 编译器需要知道传入或传出函数的每项数据的类型。头文件用于提供每个函数的原型,后者指定了编译器所需的数据类型。stdio.h 头文件定义了 C 标准库中众多函数的接口,编译器由此得知在源代码中遇到这些函数调用时应该如何处理。stdio.h 头文件已经安装在编译器知晓的位置。

你接下来看到的是 main 函数的定义❸。所有的 C 程序都是由各种函数组成的,函数的一般格式如下:

```
return_data_type function_name(parameter_list)
{
  function_body
}
```

当执行 C 程序时,操作系统会先设置 C 运行时环境(C runtime environment),后者负责安排好运行程序所需的计算机资源。然后 C 运行时环境调用 main 函数,这意味着你编写的程序必须包含一个 *function_name* 为 main 的函数。main 函数则会调用其他函数,其他函数再调用别的函数。不过程序的控制权最后还是会返回 main 函数,然后再返回 C 运行时环境。

　　调用 C 函数时，调用函数（calling function）可以在调用时提供一系列实际参数（argument，简称"实参"）作为被调用函数（called function）的输入。这些输入对应于被调用函数所执行操作中用到的形式参数（parameter，简称"形参"）[1]。例如，在清单 2-1 中，当程序首次启动时，main 函数使用一个字符串实参调用 printf 函数❺。printf 函数使用字符串决定在屏幕上显示什么内容。我们将在第 14 章详细描述实参如何被传给函数以及如何作为函数中的形参使用。清单 2-1 中的 main 函数不需要从 C 运行时环境获取任何数据，这一点可以从其定义中使用 void 作为 *parameter_list* 看出。

　　函数结束后通常会返回调用函数。被调用函数在返回时可以将数据项传给调用函数。main 函数应该向 C 运行时环境返回一个整数，指明程序在运行过程中是否出现错误。因此，main 的 *return_data_type* 是 int。清单 2-1 中的 main 函数向 C 运行时环境返回整数 0❾，后者将该值传给操作系统。值 0 告诉操作系统一切顺利。

　　在清单 2-1 中，我们在 main 函数的函数体开头定义了两个变量❹，一个是无符号整型变量 anInt，另一个是字符串 aString。大多数现代编程语言都允许我们在代码的任意位置定义新变量，不过 C 要求在函数开头处定义它们（该规则存在一些例外情况，不过这超出了本书的范围）。你可以把它想象成在给出操作说明之前要先列出烹饪配方的配料。我们通过指定名称和数据类型来定义变量。语法[10]告诉编译器为 aString 变量分配能容纳 10 个 char 类型的存储空间，这允许我们存储一个长度为 9 个字符的 C 风格字符串（第 10 个字符将是终止字符 NUL）。我们将在第 17 章详细讨论数组。

　　该程序使用 C 标准库函数 printf 在屏幕上显示文本。printf 的第一个参数是格式字符串，它由要在屏幕上显示的普通字符（除了%）组成。

　　最简单的格式字符串只包含要打印的文本❺，不包含变量。如果你想打印变量，可以将格式字符串作为文本模板。需要在变量值出现的位置使用转换说明符（conversion specifier）标记。转换说明符以%字符起始❽。变量名在格式字符串之后列出，其顺序与它们各自的转换说明符在模板中出现的顺序一致。

　　转换说明符开头的%字符之后紧跟一个或多个转换代码，告诉 printf 该如何显示变量值。表 2-9 列出了一些常见的转换说明符。

表 2-9　　　　　　　　　　　printf 和 scanf 格式字符串常用的转换说明符

转换说明符	表示
%u	无符号十进制整数
%d 或%i	有符号十进制整数
%f	浮点数
%x	十六进制数
%s	字符串

　　转换说明符可以包括属性字符，如字段显示宽度、值在字段中是左对齐还是右对齐等。这里我们就不赘述了。你可以参阅 printf 的手册页以了解更多信息（在 shell 中输入 man 3 printf）。

1　在需要作出区分的语境中，本书选择将 argument 和 parameter 分别译为"实际参数"和"形式参数"。此外，在表示一般性概念或不会导致混淆的情况下，两者均译为"参数"。

C 标准库函数 scanf 的第一个参数也是格式字符串。我们在其中使用同样的转换说明符指示 scanf 函数该如何解释从键盘上输入的字符❻。我们通过对变量使用取值操作符（&anInt），告诉 scanf 将输入的整数存储在哪里。将数组名传入函数时，C 会直接使用该数组的地址，所以在调用 scanf 从键盘读取文本时不需要使用&操作符❼。

除了这些转换说明符，scanf 格式字符串中出现的其他字符必须与键盘输入严格匹配。例如：

```
scanf("1 %i and 2 %i", &oneInt, &twoInt);
```

要求输入为：

```
1 123 and 2 456
```

scanf 会从键盘读取整数 123 和 456。你可以参阅 scanf 的手册页以了解更多信息（在 shell 中输入 man 3 scanf）。

最后，main 函数向 C 运行时环境返回 0❾，后者将该值传给操作系统。值 0 告诉操作系统一切正常。

在我的计算机上编译并运行清单 2-1 的程序会产生以下输出：

```
$ gcc -Wall -masm=intel -o intAndString intAndString.c
$ ./intAndString
Enter a hexadecimal value: 123abc
Enter it again: 123abc
The integer is 1194684 and the string is 123abc
$
```

清单 2-1 中的程序展示了一个重要的概念：十六进制被用作一种便于人类表达位模式的手段。数字本身不分二进制、十进制或十六进制。数字只是一个值而已。任何值都能以这 3 种数制（基数为 2、10、16）等价表示。因为计算机由双态开关组成，故以 2 为基数来考虑存储在计算机中的数值是有意义的。

动手实践

1. 使用 C 语言编写一个十六进制-十进制转换器程序。该程序允许用户输入一个十六进制数，然后打印出与其等价的十进制数。输出格式类似于这样：0x7b = 123。

2. 使用 C 语言编写一个十进制-十六进制转换器程序。该程序允许用户输入一个十进制数，然后打印出与其等价的十六进制数。输出格式类似于这样：123 = 0x7b。

3. 将清单 2-1 中程序的最后一个 printf 语句内的%u 改为%i。如果输入 ffffffff，该程序会打印什么？

2.5   使用调试器检查内存

现在我们已经开始编写程序了，你需要学习如何使用 GNU 调试器 gdb。调试器是一种程序，允许你在运行另一个程序的同时观察和控制其行为。在使用调试器时，你有点像是一位木偶师，所调试的程序就是被精心控制的木偶。你的主要控制手段是断点；当程序运行到事先设置好的断点时，程序会暂停并将控制权返回给调试器。这时可以查看程序变量的值，这有助于你找出错误所在。

如果你觉得现在就谈论调试器似乎为时过早——我们的程序到目前为止都很简单，看起来用不着调试——我保证，对于学习使用调试器这件事，简单的例子绝对比复杂的例子效果好得多。

gdb 也是学习本书的一个有价值的工具，即便你写的程序没有 bug。例如，在后续的 gdb 会话中，我将向你展示如何确定变量在内存中的存储位置，以及如何以十进制和十六进制查看变量内容。你还会看到如何对正在运行的程序使用 gdb，以此来演示先前讨论的概念。

下列 gdb 命令应该足够你上手了。更详细的内容参见第 10 章。

- b *source_filename:line_number*：在源代码文件 *source_filename* 的第 *line_number* 行设置断点。代码会在断点（即 *line_number*）处停止运行，将控制权返回给 gdb，以便你检查代码的方方面面。
- c：从当前位置继续运行程序。
- h *command*：显示 *command* 的帮助信息。
- i r：显示 CPU 寄存器的内容（CPU 寄存器的内容参见第 9 章）。
- l *line_number*：显示以指定的 *line_number* 为中心的 10 行源代码。
- print *expression*：显示 *expression* 的求值结果。
- printf "*format*", *var1*, *var2*, ...：按照指定格式显示 *var1*、*var2* 等的值。*format* 字符串遵循与 C 标准库中的 printf 相同的规则。
- r：开始运行受 gdb 控制的程序。
- x/*nfs memory_address*：以格式 *f* 显示（检查）从 *memory_address* 开始，大小为 *s* 的 *n* 个值。

2.5.1 使用调试器

让我们使用 gdb 过一遍清单 2-1 中的程序，探究一些到目前为止所涉及的概念。我建议你坐在计算机前边练边读：动手操作的时候，gdb 会容易理解得多。注意，你的计算机上显示的地址可能与本例不同。

先使用 gcc 命令编译程序：

```
$ gcc -g -Wall -masm=intel -o intAndString intAndString.c
```

-g 选项告诉编译器在可执行文件中加入调试器信息。-Wall 选项告诉编译器对语法正确但可能与你的意图不符的代码发出警告。例如，编译器会警告你函数中存在没有用到的变量，这可能意味着你有遗漏。

当我们在本书后续部分编写汇编语言时，将用到 Intel 和 AMD 文档中指定的语法，我们会通过-masm=intel 选项告诉编译器采用相同的语法。你现在还不需要指定它，但我建议你要习惯于这个选项，因为随后会用到。

-o 选项指定了输出文件的名称，也就是可执行程序的名称。

程序编译好之后，我们就可以使用以下命令，在 **gdb** 的控制下运行该程序了：

```
$ gdb ./intAndString
--snip--
Reading symbols from ./intAndString…
(gdb) l
1        /* intAndString.c
2         * Using printf to display an integer and a text string.
3         */
4
5       #include <stdio.h>
6
7       int main(void)
8       {
9         unsigned int anInt;
10        char aString[10];
(gdb)
11
12        printf("Enter a number in hexadecimal: ");
13        scanf("%x", &anInt);
14        printf("Enter it again: ");
15        scanf("%s", aString);
16
17        printf("The integer is %u and the string is %s\n", anInt, aString);
18
19        return 0;
20      }
(gdb)
```

为了节省篇幅，我删除了以上输出中的 gdb 启动消息，这些消息包含了调试器的相关信息以及使用方法参考文档。

l 命令显示 10 行源代码，然后将控制权返回给 gdb（(gdb)提示符处）。按 ENTER 键重复前面的命令，l 显示接下来的（最多）10 行。

断点用于暂停程序，将控制权返回给调试器。我喜欢将断点设置在一个函数调用另一个函数的地方，以便在将参数传给被调用函数之前先检查参数的值。main 函数在第 17 行调用 printf，所以在此处设置断点。因为要设置的断点就在当前文件中，所以就不需要指定文件名了：

```
(gdb) b 17
Breakpoint 1 at 0x11f6: file intAndString.c, line 17.
```

如果 gdb 在运行程序的时候遇到了这句，就会在执行该语句之前暂停，将控制权返回给调试器。设置好断点，运行程序：

```
(gdb) r
Starting program: /home/bob/progs/chapter_02/intAndString/intAndString
Enter a hexadecimal value: 123abc
Enter it again: 123abc
```

```
Breakpoint 1, main () at intAndString.c:17
17              printf("The integer is %u and the string is %s\n", anInt, aString);
```
❶ 就在第17行前面

r 命令从头开始运行程序。当程序抵达断点时，控制权返回 gdb，后者显示出已经准备好执行的下一个语句❶。在继续执行之前，我要查看传给 printf 函数的两个变量：

```
(gdb) print anInt
$1 = 1194684
(gdb) print aString
$2 = "123abc\000\177\000"
```

我们可以使用 print 命令显示变量的当前值。gdb 根据源代码获知每个变量的类型。对于 int 类型变量，以十进制形式显示；对于 char 类型变量，gdb 会尽量显示与该码点值对应的字符字形。如果没有对应的字符字形，则显示码点（\之后跟 3 个八进制数码，参见表 2-2）。例如，因为 NUL 没有字符字形，所以 gdb 在字符串末尾显示\000。

printf 命令可以对显示的值进行格式化。格式字符串的用法与 C 标准库中的 printf 函数一样：

```
(gdb) printf "anInt = %u = %#x\n", anInt, anInt
anInt = 1194684 = 0x123abc
(gdb) printf "aString = 0x%s\n", aString
aString = 0x123abc
```

gdb 提供了另一个可以直接检查内存内容（也就是实际的位模式）的命令 x。该命令的帮助信息简明扼要，但你需要知道的一切都尽在其中：

```
(gdb) h x
Examine memory: x/FMT ADDRESS.
ADDRESS is an expression for the memory address to examine.
FMT is a repeat count followed by a format letter and a size letter.
Format letters are o(octal), x(hex), d(decimal), u(unsigned decimal),
 t(binary), f(float), a(address), i(instruction), c(char) and s(string).
Size letters are b(byte), h(halfword), w(word), g(giant, 8 bytes).
The specified number of objects of the specified size are printed
according to the format.
Defaults for format and size letters are those previously used.
Default count is 1. Default address is following last thing printed
with this command or "print".
```

x 命令需要待显示的内存区域的地址。我们可以使用 print 命令查找变量的地址：

```
(gdb) print &anInt
$3 = (unsigned int *) 0x7fffffffde88
```

接着使用 x 命令以 3 种不同的方式显示 anInt 的内容：以十进制形式显示一个字（1dw），以十六进制形式显示一个字（1xw），以十六进制形式显示 4 字节（4xb）。

```
(gdb) x/1dw 0x7fffffffde88
0x7fffffffde88: 1194684
```

```
(gdb) x/1xw 0x7fffffffde88
0x7fffffffde88: 0x00123abc
(gdb) x/4xb 0x7fffffffde88
0x7fffffffde88: ❶0xbc    0x3a    0x12    0x00
```

注意 字（word）的大小依赖于所使用的计算机环境。在我们的环境中，一个字是 4 字节。

4 字节的显示对你来说可能看起来有点乱。第一字节❶位于行左侧显示的地址处。行中的下一字节位于后续地址 0x7fffffffde89。因此，该行显示的 4 字节的内存地址分别为 0x7fffffffde88、0x7fffffffde89、0x7fffffffde8a、0x7fffffffde8b，从左到右读取，组成了变量 anInt 的值。当分别显示这 4 字节时，最低有效字节在内存中先出现。这称为小端序（little-endian）；我将在本次 gdb 之旅后进一步解释。

与此类似，我们先得到 aString 变量的地址，再显示其值：

```
(gdb) print &aString
$4 = (char (*)[50]) 0x7fffffffde8e
```

接着，我们以两种不同的方式显示 aString 的内容：10 个字符（10c）和 10 个十六进制字节（10xb）：

```
(gdb) x/10c 0x7fffffffde8e
0x7fffffffde8e: 49 '1'   50 '2' 51 '3' 97 'a' 98 'b' 99 'c' 0 '\000'
127 '\177'
0x7fffffffde96: 0 '\000' 0 '\000'
(gdb) x/10xb 0x7fffffffde8e
0x7fffffffde8e: 0x31    0x32    0x33    0x61    0x62    0x63    0x00
0x7f
0x7fffffffde96: 0x00    0x00
```

字符形式显示了每个字符十进制的码点及其对应的字形。十六进制字节形式只显示了每个字节的码点（十六进制）。在这两种显示形式中，NUL 字符都标记了 6 字符长的字符串的结尾。因为我们要求显示 10 字节，所以剩下的 3 字节都是与字符串无关的随机值，通常称为垃圾值。

最后，继续执行程序，然后退出 gdb：

```
(gdb) c
Continuing.
The integer is 1194684 and the string is 123abc
[Inferior 1 (process 3165) exited normally]
(gdb) q
$
```

2.5.2　理解内存字节存储序

使用 4 字节和单字节显示内存地址 0x7fffffffde88 处的整数值，两者之间的差异演示了称为字节序或字节存储顺序的概念。我们通常从左到右阅读数字。左边的数码比右边的数码更重要（代表更多的计数）。

小端（little-endian）

对于存储在内存中的数据，多字节值中的最低有效字节位于最低编号的地址。也就是说，"最小"（littlest）的字节（计数最少）位于内存的最前面。

当我们逐字节检查内存时，每个字节按照地址递增顺序出现：

```
0x7fffffffde88: 0xbc
0x7fffffffde89: 0x3a
0x7fffffffde8a: 0x12
0x7fffffffde8b: 0x00
```

猛一看，值的顺序似乎存储反了，因为最低有效字节（"小端"）最先存储在内存中。当我们命令 gdb 显示整个 4 字节值时，gdb 知道当前是小端序环境，会以正确的顺序重新安排显示字节：

```
7fffffffde88: 000123abc
```

大端（big-endian）

对于存储在内存中的数据，多字节值中的最高有效字节位于最低编号的地址。也就是说，"最大"（biggest）的字节（计数最多）位于内存的最前面。

在大端存储中，最高有效（"最大"）字节出现在内存区域的第一个（编号最低的）地址处。如果我们在采用了大端存储（比如 PowerPC 架构）的计算机上运行先前的程序，会看到以下输出（假设变量位于相同的地址）：

```
(gdb) x/1xw 0x7fffffffde88
0x7fffffffde88: 0x00123abc
(gdb) x/4xb 0x7fffffffde88                [BIG-ENDIAN COMPUTER, NOT OURS!]
0x7fffffffde88: 0x00     0x12     0x3a     0xbc
```

也就是说，大端计算机中的 4 字节是按照以下形式存储的：

```
0x7fffffffde88: 0x00
0x7fffffffde89: 0x12
0x7fffffffde8a: 0x3a
0x7fffffffde8b: 0xbc
```

同样，gdb 知道这是一台采用了大端存储的计算机，因此会按照正确顺序显示这 4 字节。

在大多数编程情况下，字节序不是问题。但是，这不代表你不需要了解它，因为在调试器中检查内存时，字节序可能会令人困惑。当不同的计算机相互通信时，字节序也是一件麻烦事。例如，传输控制协议/互联网协议（TCP/IP）使用大端序，有时也称为网络字节序。x86-64 架构使用的是小端序。操作系统会为网络通信调整字节序。但是如果你正在为操作系统或者可能没有操作系统的嵌入式系统编写通信软件，则必须要理解字节序。

动手实践

输入清单 2-1 中的程序。通过 gdb 跟踪程序。使用获取的数字，说明变量 anInt 和 aString 在内存中的存储位置以及每个位置存储的内容。

2.6　小结

位　计算机就是一组可以用位表示的双态开关。

十六进制　基数为 16 的数字系统。每个十六进制数码（0 至 f）代表 4 位。

字节　8 位组。可以使用两个十六进制数码描述该位模式。

十进制-二进制转换　这两种数字系统在数学上是等价的。

内存寻址　内存中的字节被依次编号（寻址）。字节的地址通常以十六进制表示。

字节序　多于一个字节的整数可以采用两种存储方式——最高字节位于最低地址（大端）或最低字节位于最低地址（小端）。x86-64 架构采用的是小端序。

UTF-8 编码　一种在内存中存储字符的编码方案。

字符串　C 风格的字符串是由 NUL 结尾的一组字符。

printf　C 库函数，用于将经过格式化的数据写入显示器屏幕。

scanf　C 库函数，用于从键盘读取经过格式化的数据。

调试　我们将 gdb 调试器作为一种学习工具。

在第 3 章中，你将学习无符号整数和有符号整数的二进制加法和减法。以此揭示使用固定位数表示数值所固有的一些潜在错误。

第 **3** 章

计算机算术

 在进行计算时，我们要面对的现实是位数有限。在第 2 章中，你了解到每个数据项都要占用固定数量的位，具体取决于其数据类型。本章将说明这一限制甚至会使最基本的数学运算复杂化。对于有符号数和无符号数，有限位数所带来的约束是我们在纸上或头脑中进行数学运算时通常不会考虑的。

幸运的是，在 CPU 的 rflags 寄存器的状态标志部分中，进位标志（Carry Flag，CF）和溢出标志（Overflow Flag，OF）允许我们检测二进制数相加和相减产生的结果是否超出了为该数据类型分配的位数。我们将在后续章节中进一步研究进位标志和溢出标志，但是目前，先来看看加法和减法是如何影响这些标志的。

3.1　无符号整数的加减

计算机是在二进制数字系统中执行算术运算的。这些运算乍一看似乎不容易，但是如果你还记得手动演算十进制数的细节，二进制运算其实也不难。由于现在大多数人都使用计算器，让我们先回顾一下手动演算加法的所有步骤。然后再编写一个算法来完成二进制和十六进制的加法和减法。

注意　大多数计算机架构都提供了用于其他数字系统的算术指令，但这些指令比较特殊，我们不在本书中考虑。

3.1.1　十进制数字系统的加法

我们先将讨论限制在两位数的十进制加法。考虑两个 2 位十进制数，$x = 67$ 和 $y = 79$。在纸上对这两个数手动相加的过程如下：

$$
\begin{array}{r}
1 \quad \leftarrow 进位 \\
6 \ 7 \quad \leftarrow x \\
+ \ 7 \ 9 \quad \leftarrow y \\
\hline
6 \quad \leftarrow 和
\end{array}
$$

从右开始，先把个位上的两个十进制数码相加。$7 + 9 = 16$，相加的结果比 10 多 6。我们将 6 放在和的个位上并向十位进 1。

$$
\begin{array}{r}
1 \ 1 \quad \leftarrow 进位 \\
6 \ 7 \quad \leftarrow x \\
+ \ 7 \ 9 \quad \leftarrow y \\
\hline
4 \ 6 \quad \leftarrow 和
\end{array}
$$

然后，把十位上的 3 个十进制数码相加：1（来自个位的进位）$+ 6 + 7$。相加的结果比 10 多 4，我们将 4 放在和的十位，然后记下最终的进位 1。因为我们只使用了两位数，所以这里没有百位。

下列算法给出了两个十进制整数 x 和 y 相加的过程。在该算法中，x_i 和 y_i 分别是 x 和 y 的第 i 位数码（从右到左计数）：

```
Let carry = 0
Repeat for each i = 0,...,(n - 1)        // starting in ones place
    sumᵢ = (xᵢ + yᵢ + carryᵢ) % 10       // remainder
    carryᵢ₊₁ = (xᵢ + yᵢ + carryᵢ) / 10   // integer division
```

这种算法之所以有效，是因为我们在书写数字时使用了位置记数法——一个数码向左移动一个位置要多计数 10 倍。从当前位置向左的进位总是 0 或 1。

我们在/和%运算中使用 10，是因为在十进制数字系统中有 10 个数位：0，1，2，…，9。因为我们是在一个 N 位数制系统（N-digit system）中工作，所以我们将结果限制在 N 个数码。最终进位要么是 0，要么是 1，连同 N 位总和作为最终结果。

3.1.2   十进制数字系统的减法

让我们转向减法运算。正如十进制数字系统中的减法，有时你必须从被减数（被减去的数字）的下一个高位数借位。我们使用先前的数字（67 和 79）来做减法。整个运算过程将分步演示。"演草"结果在两个数字上方的借位行（borrow row）中显示。

$$
\begin{array}{r}
6 \ 7 \quad \leftarrow x \\
- \ 7 \ 9 \quad \leftarrow y \\
\hline
\leftarrow 差
\end{array}
$$

首先，我们需要从十位借 1，将其与个位的 7 相加；然后从 17 中减去 9，得到 8：

$$
\begin{array}{r}
5 \ \ 17 \quad \leftarrow 借位 \\
6 \ \ 7 \quad \leftarrow x \\
- \ 7 \ \ 9 \quad \leftarrow y \\
\hline
8 \quad \leftarrow 差
\end{array}
$$

接着，需要从已有的两位数之外再借位，我们通过在"进位"位置放置一个 1 来标记，十位上变成了 15，然后从中减去 7：

```
   1  15      ← 借位
      5
   6  7       ← x
-  7  9       ← y
─────────
   8  8       ← 差
```

这个过程显示在下面的算法中，其中 x 是被减数，y 是从中被减去的数（减数）。如果在这个算法结束时 borrow 为 1，则表明你不得不从两个值的 N 位数之外借位，所以 N 位数的结果是不正确的。尽管名为进位标志，但它的目的是表明运算结果何时不适合数据类型的位数。因此，进位标志包含的就是减法运算完成时的借位值（超出数据类型的大小）。

```
Let borrow = 0
Repeat for i = 0,···,(N − 1)
  ❶ If yᵢ ≤ xᵢ
        Let differenceᵢ = xᵢ − yᵢ
    Else
     ❷ Let j = i + 1
     ❸ While (xⱼ = 0) and (j < N)
            Add 1 to j
     ❹ If j = N
        ❺ Let borrow = 1
           Subtract 1 from j
           Add 10 to xⱼ
     ❻ While j > i
           Subtract 1 from xⱼ
           Subtract 1 from j
           Add 10 to xⱼ
        ❼ Let differenceᵢ = xᵢ − yᵢ
```

该算法并不像看起来那么复杂（但是我花了很长时间才弄明白！）。如果相同数位上的被减数等于或大于减数❶，就将该数位相减。否则，需要向左边借位❷。如果我们试图借位的下一位是 0，那么继续向左移动，直到我们找到某一个非 0 位，或是到达数字的最左端❸。对于后一种情况❹，我们通过将 borrow 设置为 1 来表明这一点❺。

从左借位之后，我们再回到要处理的数位❻并执行减法❼。当你在纸上演算减法时，这一切都是在你脑子里自动完成的，但在二进制和十六进制系统中，可能就没那么直观了。这里，我把中间借位写成了十进制。

如果你理解上有困难，也不要担心。并不是非得弄明白这个算法才能阅读本书。但我认为，它可以帮助你学习如何为其他计算问题开发算法。将日常操作转化为编程语言所使用的逻辑语句往往是一项困难的任务。

动手实践

1. 存储单个十进制数需要多少位？发明一种在 32 位中存储 8 位十进制数的编码。使用该编码，二进制加法产生正确的结果吗？你将在本书随后部分看到这样的编码及其功用性的一些证明。

2. 开发一种算法，实现二进制数字系统中固定宽度整数的加法。

3. 开发一种算法，实现十六进制数字系统中固定宽度整数的加法。

4. 开发一种算法，实现二进制数字系统中固定宽度整数的减法。

5. 开发一种算法，实现十六进制数字系统中固定宽度整数的减法。

3.1.3   无符号二进制整数的加法和减法

在本节中，你将学习无符号二进制整数的加法和减法，但是在此之前，请仔细阅读表 3-1，尤其是其中的二进制位模式。一开始你可能记不住这个表，没关系，当你接触二进制和十六进制数字系统一段时间后，你会很自然地认为 10、a 或 1010 是相同的数字，只是数字系统不同而已。

表 3-1   十六进制数码对应的位模式和无符号十进制值

1 位十六进制	4 位二进制	无符号十进制
0	0000	0
1	0001	1
2	0010	2
3	0011	3
4	0100	4
5	0101	5
6	0110	6
7	0111	7
8	1000	8
9	1001	9
a	1010	10
b	1011	11
c	1100	12
d	1101	13
e	1110	14
f	1111	15

现在你已经熟悉了表 3-1，让我们来讨论一下无符号整数。同时别忘了，只要是数值，不管是十进制、十六进制还是二进制，它们在数学上都是等价的。然而，我们可能好奇，当计算机执行二进制算术时能否得到与我们执行十进制算术时同样的结果。下面让我们来仔细观察一些具体的运算。

二进制加法

在下列例子中，我们使用 4 位值。首先，考虑两个无符号整数 2 和 4 的加法：

$$0 \quad 000 \quad \leftarrow \text{进位}$$

$$\begin{array}{ccc}
0010_2 & = & 2_{16} & = & 2_{10} \\
+ \quad 0100_2 & = & 4_{16} & = & 4_{10} \\
\hline
0110_2 & = & 6_{16} & = & 6_{10}
\end{array}$$

十进制数 2 和 4 表示为二进制分别为 0010 和 0100。进位标志 CF 等于 0，因为两个数相加的结果依然为 4 位。和十进制加法一样，我们对相同位进行相加（以二进制和十六进制显示，不过进位仅以二进制显示）。

接下来，考虑两个更大的整数，依然使用 4 位的存储空间。我们将两个无符号整数 4 和 14 相加：

$$
\begin{array}{rlll}
1 \quad 100 & \leftarrow \text{进位} & & \\
0100_2 & = \quad 4_{16} & = \quad 4_{10} \\
+ \quad \underline{1110_2} & = \quad \underline{e_{16}} & = \underline{14_{10}} \\
0010_2 & = \quad 2_{16} & = \quad 18_{10}
\end{array}
$$

在本例中，进位标志等于 1，相加的结果超出了为存储整数准备的 4 位存储空间，因此产生了错误。如果我们将进位标志纳入结果，就得到了一个 5 位值，即 $10010_2 = 18_{10}$，这个结果是正确的。在编写软件时必须要考虑进位标志。

二进制减法

现在，让我们计算 4 减 14，或 0100 减 1110：

$$
\begin{array}{rll}
1 \quad 110 & \leftarrow \text{借位} & \\
0100_2 & = \quad 4_{10} \\
- \quad \underline{1110_2} & = \underline{14_{10}} \\
0110_2 & = \quad 6_{10} & \neq \ -10_{10}
\end{array}
$$

CPU 通过将进位标志设置为 1，表明必须从 4 位之外借位，这意味着减法的结果是错误的。

这些 4 位算术示例可以推广到任意大小的计算机算术。将两个数相加后，如果没有最终进位，进位标志会被设置为 0；如果有最终进位，则被设置为 1。如果不需要从"外部"借位，减法将把进位标志设置为 0；如果需要借位，则设置为 1。每次执行加法或减法运算时，CPU 总是将 rflags 寄存器中的 CF 标志相应地设置为 0 或 1。当没有进位时，CPU 会主动将 CF 设置为 0，不管其中先前保存的是什么值。

只要结果符合用于计算的数据类型的位数，就是正确的。如果结果有误，无论是因为加法需要进位还是减法需要借位，都会通过将进位标志设置为 1 来记录此错误。

3.2 有符号整数的加减

在表示非 0 有符号十进制整数时，有两种可能：正数或负数。因为只有这两种选择，所以用 1 位作为符号位即可。我们可以简单地使用最高位（假设 0 代表+，1 代表–）来表示有符号数，这种方法叫作原码（sign-magnitude code），但是在使用过程中会遇到一些问题。例如，考虑+2 和 –2 相加：

$$
\begin{array}{rll}
0010_2 & = \quad +2_{10} \\
+ \quad \underline{1010_2} & = \underline{-2_{10}} \\
1100_2 & \neq \quad 0_{10}
\end{array}
$$

按照我们的表示方法，结果 1100_2 等于 -4_{10}，这在算术上是错误的。当使用原码时，我们先前用于无符号数的简单加法并不适用于有符号数。

某些计算机架构在使用有符号十进制整数时确实将 1 位用作符号，并提供了一种特殊的有符号加法指令来处理这种情况。（题外话：这种计算机既有+0 又有-0！）但是大多数计算机对有符号的数字采用不同的编码，允许使用简单的加法指令。

3.2.1 补码

在数学中，一个量的补数是为了使其成为"整体"（whole）而必须相加的量。将此概念应用于数字时，"整体"的定义取决于你使用的基数以及表示数字的位数。一种说法是，如果 x 是基数为 r 的 n 位数字，则其基数的补数（radix complement）$\neg x$ 被定义为 $x + \neg x =$ 基数 ^{n}，其中基数 ^{n} 为 1 后面跟 n 个 0。例如，如果我们使用的是两位十进制数，则 37 的基数补码是 63，因为 $37 + 63 = 10^2 = 100$。另一种说法是，将一个数字与其基数的补数相加会得到 0，并在 n 位之外产生进位。

另一个有用的概念是减基数的补数（diminished radix complement），其定义为 $x +$ 减基数的补数 $=$ 基数 $^n-1$。例如，37 的减基数的补数是 62，因为 $37 + 62 = 10^2 - 1 = 99$。如果将一个数与其减基数的补数相加，结果是 n 个该基数中最大的数码，在这个以 10 为基数的两位数中是两个 9。

为了弄清楚如何使用基数的补码来表示负数，假设你有一台盒式磁带播放机。很多这种播放机都配备了一个表示磁带位置的 4 位数计数器。你可以插入一盒磁带，按下复位按钮将计数器设置为 0。当你前进和后退磁带时，计数器会记录此次移动。这些计数器以任意单位提供磁带位置的"编码"表示。现在，假设我们插入了一盒磁带，以某种方式移动磁带的中间位置，并按下重置按钮。向前（正向）移动磁带会使计数器增加。向后（反向）移动磁带会使计数器减少。尤其是，如果我们从 0 开始前进到+1，磁带计数器上的"代码"将显示 0001。如果我们从 0 开始后退到-1，磁带计数器上的"代码"将显示 9999。

我们可以使用磁带系统执行先前的算术(+2) + (-2)。

（1）将磁带前进到(+2)；计数器显示为 0002。

（2）通过将磁带后退两步来执行加(-2)；计数器显示为 0000，根据我们的编码规则，这表示 0。

我们重新执行同样的算术，但这次从(-2)开始，然后加上(+2)：

（1）将磁带后退到(-2)；计数器显示 9998。

（2）通过将磁带前进两步来执行加(+2)；计数器显示为 0000，但是有一个进位（9998 + 2 = 0000，进位 = 1）。

如果我们忽略进位，则答案是正确的。9998 是 0002 的十进制补数（基数为 10）。当使用基数的补数表示法将两个有符号整数相加时，进位并不重要。两个有符号数相加的结果可能超出了所分配的位数能够容纳的范围，就像无符号数一样。不过这里所举的磁带示例只是为了说明进位标志未必代表结果不合适。我们将在 3.2.3 节讨论这个问题。

计算机使用的是二进制系统，基数为 2。所以让我们看看有符号整数的补码表示法。它使用与磁带计数器相同的方法，以位模式表示有符号的十进制整数。表 3-2 显示了 4 位值的十六进制、二进制和有符号十进制（补码）之间的对应关系。在二进制中，"磁带"从 0 后退一位（负）将从 0000 变为 1111。

表 3-2 4 位补码表示法

1 位十六进制	4 位二进制	有符号十进制
8	1000	-8
9	1001	-7

1 位十六进制	4 位二进制	有符号十进制
a	1010	−6
b	1011	−5
c	1100	−4
d	1101	−3
e	1110	−2
f	1111	−1
0	0000	0
1	0001	+1
2	0010	+2
3	0011	+3
4	0100	+4
5	0101	+5
6	0110	+6
7	0111	+7

以下是关于此表的一些重要观察。

- 每个正数的高位都是 0，每个负数的高位都是 1。
- 尽管改变一个数的符号（求反）比简单地改变高位复杂得多，但通常还是称高位为符号位。
- 这种方法能够表示的负数比正数多一个。
- 可以用这种记法（4 位）表示的整数 x 的范围是：

$$-8_{10} \leqslant x \leqslant +7_{10}$$

或

$$-2^{(4-1)} \leqslant x \leqslant +(2^{(4-1)} -1)$$

对于 n 个位，最后一个观察结果可以概括如下：

$$-2^{(n-1)} \leqslant x \leqslant +(2^{(n-1)} -1)$$

使用补码表示法时，任何 n 位整数 x 的负数定义为：

$$x+(-x) = 2^n$$

注意，2^n 写成二进制是 1 后面跟着 n 个 0。换句话说，在 n 位的补码表示法中，将一个数与其负数相加会产生 n 个 0 和一个等于 1 的进位。

3.2.2 计算补码

现在我们将推导出一种使用补码来计算负数的方法。求解 $-x$ 的定义方程，我们得到：

$$-x = 2^n - x$$

对于数学家来说，这可能看起来很奇怪，但请记住，该方程中的 x 被限制为 n 位，而 2^n 为 $n+1$ 位（1 后面跟着 n 个 0）。

例如，如果我们想用 8 位二进制（使用补码表示法）计算 −123，则需要执行以下计算：

$$-123_{10} = 100000000_2 - 01111011_2$$
$$= 10000101_2$$

或是以十六进制形式表示：

$$-123_{10} = 100_{16} - 7b_{16}$$
$$= 85_{16}$$

这种减法运算容易出错，所以让我们对计算 $-x$ 的方程做点代数运算。从两边减去 1，然后重新排列一下：

$$-x - 1 = 2^n - x - 1$$
$$= (2^n - 1) - x$$

可以得到：

$$-x = ((2^n - 1) - x) + 1$$

如果这看起来比第一个方程更复杂，不用担心。让我们考虑数量 $(2^n - 1)$。因为 2^n 写成二进制形式是 1 后跟着 n 个 0，所以可以将 $(2^n - 1)$ 写成 n 个 1。例如，对于 $n = 8$：

$$2^8 - 1 = 11111111_2$$

因此，我们可以说：

$$(2^n - 1) - x = 11\ldots1_2 - x$$

其中，$11\ldots1_2$ 代表 n 个 1。

虽然可能不是很明显，但当你考虑到之前用 8 位二进制计算 -123 的例子时，就会发现这种减法有多简单。设 $x = 123$，可以得到：

```
  11111111   ← (2ⁿ −1)
−  01111011   ← x
  ─────────
= 10000100   ← 反码
```

或是以十六进制形式表示：

```
  ff   ← (2ⁿ −1)
−  7b   ← x
  ────
= 84   ← 反码
```

因为这里所有的值都包含了 n 位，所以计算起来很容易——简单地翻转所有位，就可以得到减基数的补数，在二进制数字系统中也称为反码（one's complement）。结果就是 1 变成 0，0 变成 1。

要计算负数，剩下的就是在结果上加 1。最终，我们得到以下结果：

$$-123_{10} = 84_{16} + 1_{16}$$
$$= 85_{16}$$
$$= 10000101_2$$

提示　仔细检查演算过程，注意要转换的值是偶数还是奇数。它在所有的数字基数中都是相同的。

动手实践

1. 开发一种算法，将有符号十进制整数转换为二进制补码。
2. 开发一种算法，将二进制补码形式的整数转换为有符号十进制整数。
3. 以下长度为 16 位的十六进制值以补码形式存储。与其等价的有符号十进制数是多少？
   a. 1234
   b. ffff
   c. 8000
   d. 7fff
4. 显示以下每个有符号十进制整数将如何以 16 位的补码形式存储。用十六进制给出你的答案。
   a. +1024
   b. -1024
   c. -256
   d. -32767

3.2.3 二进制有符号整数的加减

用于表示一个值的位数是在编写程序时由所使用的计算机架构和编程语言决定的。这就是为什么如果结果太大，你无法像纸笔演算那样添加更多数位。对于无符号整数，这个问题的解决方案是进位标志，该标志指明了两个无符号整数之和何时超出了为其分配的位数。 在本节中，你将看到两个有符号整数相加也会产生超出位数可表示范围的结果，但是进位标志未用于指示此类错误。

当有符号整数之和过大的时候，CPU 通过使用标志寄存器 rflags 中的溢出标志（Overflow Flag，OF）进行记录。溢出标志的值是由一个乍一看并不直观的操作设置的：次末级进位（penultimate carry）和最终进位（ultimate carry）的异或（XOR）操作。例如，假设我们要将两个 8 位的数字 15_{16} 和 $6f_{16}$ 相加：

```
最终进位 →   0  1      ← 次末级进位
           0001 0101   ← x
        +  0110 1111   ← y
        ─────────────
           1000 0100   ← 和
```

在这个例子中，最终进位为 0，次末级进位为 1。OF 等于这两者的 XOR 操作结果：OF = CF ⊻（次末级进位），其中 ⊻ 是 XOR 运算符。此处，OF = 0 ⊻ 1 = 1。

我们将逐一说明为什么 OF 能够表明两个补码形式的有符号整数相加的有效性。接下来，我们将讨论 3 种可能的情况：两个符号相反的数，两个正数，两个负数。

两个符号相反的数

设 x 为负数，y 为正数。我们可以将 x 和 y 以二进制形式表示为：

$$x = 1\ldots, y = 0\ldots$$

也就是说，一个数的高（符号）位是 1，另一个数的高（符号）位是 0，其他位可以是任意值。

$x + y$ 始终保持在补码表示范围内：

$$-2^{(n-1)} \leqslant x < 0$$
$$0 \leqslant y \leqslant +(2^{(n-1)} - 1)$$
$$-2^{(n-1)} \leqslant x + y \leqslant +(2^{(n-1)} - 1)$$

现在，如果我们将 x 与 y 相加，会出现以下两种可能的进位。

- 如果次末级进位为 0：

```
进位 →  0  0    ← 次末级进位
        1...    ← x
      + 0...    ← y
      _____
        1...    ← 和
```

相加结果会产生 $OF = 0 \veebar 0 = 0$。

- 如果次末级进位为 1：

```
进位 →  1  1    ← 次末级进位
        1...    ← x
      + 0...    ← y
      _____
        0...    ← 和
```

相加结果会产生 $OF = 1 \veebar 1 = 0$。

将两个符号相反的整数相加，溢出标志总是为 0，因此两数之和总是在可表示的范围内。

两个正数

因为两个数都是正数，所以我们可以将 x 和 y 以二进制形式表示为：

$$x = 0\ldots, y = 0\ldots$$

两个数的高（符号）位都是 0，其他位可以是任意值。现在，如果我们将 x 与 y 相加，会出现以下两种可能的进位。

- 如果次末级进位为 0：

```
进位 →  0  0    ← 次末级进位
        0...    ← x
      + 0...    ← y
      _____
        0...    ← 和
```

我们得到 $OF = 0 \veebar 0 = 0$。两数之和的高位为 0，因此是正数，在可表示的范围内。

- 如果次末级进位为 1：

```
进位 →  0  1    ← 次末级进位
        0...    ← x
      + 0...    ← y
      _____
        1...    ← 和
```

我们得到 $OF = 0 \veebar 1 = 1$。两数之和的高位为 1，因此是负数。两个正数相加的结果不应该是负数，所以和超出了可表示的范围。

两个负数

因为两个数都是负数，所以我们可以将 x 和 y 以二进制形式表示为：

$$x = 1..., y = 1...$$

两个数的高（符号）位都是 1，其他位可以是任意值。现在，如果我们将 x 与 y 相加，会出现以下两种可能的进位。

- 如果次末级进位为 0：

```
进位 →  1  0      ← 次末级进位
          1...    ← x
      +   1...    ← y
      ─────────
          0...    ← 和
```

我们得到 $OF = 1 \veebar 0 = 1$。两数之和的高位为 0，因此是正数。两个负数相加的结果不应该是正数，所以和超出了可表示的范围。

- 如果次末级进位为 1：

```
进位 →  1  1      ← 次末级进位
          1...    ← x
      +   1...    ← y
      ─────────
          1..     ← 和
```

我们得到 $OF = 1 \veebar 1 = 0$。两数之和的高位为 1，因此是负数，和在可表示的范围内。

这里我们不再讨论减法。同样的规则也适用，我诚邀你去自行探索！

让我们运用刚才所学的知识以及在 3.1.3 节中的实践内容，陈述一些关于两个 n 位数相加减的规则。

- 如果程序将结果视为无符号数，当且仅当结果在 n 位范围内时，进位标志 CF 为 0；OF 无关紧要。
- 如果程序将结果视为有符号数，当且仅当结果在 n 位范围内时，溢出标志 OF 为 0；CF 无关紧要。

注意 使用补码表示法意味着 CPU 不需要额外的指令来执行有符号数的加法和减法，从而简化了硬件。CPU 看到的只是位模式。无论程序如何处理数字，CF 和 OF 都是按照二进制算术的规则由每个算术运算设置的。有符号数和无符号数之间的区别完全是由程序决定的。在每次加减运算后，程序应检查无符号整数的 CF 状态或有符号整数的 OF 状态，当和有错误时至少要发出提示。许多高级语言并不进行这种检查，这可能导致一些令人费解的程序错误。

3.2.4 整数编码的环性质

无符号整数和有符号整数的表示法本质上是环（circular）——也就是说，对于给定数量的位，每种编码都会"回绕"（wrap around）。你可以从图 3-1 所示的 3 位数的"译码环"中直观地看到这一点。

按照以下步骤使用这个译码环对两个整数进行加减。

（1）挑选与所用整数类型（有符号或无符号）对应的环。

（2）移动到该环上对应于第一个整数的位置。

（3）沿着环移动，移动的"辐条"数量等于第二个整数。顺时针移动为加，逆时针移动为减。

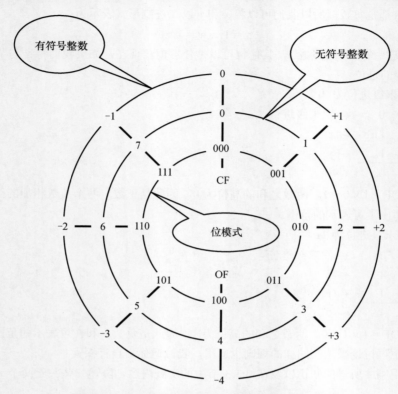

图 3-1　3 位有符号整数和无符号整数的"译码环"

如果没有超过无符号整数的顶部或有符号整数的底部，结果就是正确的。

动手实践

1. 使用图 3-1 的译码环执行以下算术运算。指明结果是对还是错。

    a. 无符号整数：1 + 3

    b. 无符号整数：3 + 4

    c. 无符号整数：5 + 6

    d. 有符号整数：(+1) + (+3)

    e. 有符号整数：(−3) − (+3)

    f. 有符号整数：(+3) + (−4)

2. 将以下各组 8 位数（以十六进制形式显示）相加并指明结果是对还是错。先将其视为无符号数，再将其视为有符号数（以补码形式存储）。

    a. 55 + aa

    b. 55 + f0

    c. 80 + 7b

    d. 63 + 7b

e. 0f + ff

f. 80 + 80

3. 将以下各组 16 位数（以十六进制形式显示）相加并指明结果是对还是错。先将其视为无符号数，再将其视为有符号数（以补码形式存储）。

a. 1234 + edcc

b. 1234 + fedc

c. 8000 + 8000

d. 0400 + ffff

e. 07d0 + 782f

f. 8000 + ffff

3.3　小结

二进制算术　计算机在二进制数字系统中执行加法和减法。两个数相加的结果可能会超出可用位范围。两个数相减的结果可能需要额外借位。

表示有符号整数/无符号整数　位模式可以被视为有符号整数或无符号整数。有符号整数通常使用补码表示。

进位标志　CPU 包括一个 1 位的进位标志，用于指明加法或减法的结果是否超出了无符号整数允许的范围。

溢出标志　CPU 包括一个 1 位的溢出标志，用于指明加法或减法的结果是否超出了有符号整数（补码表示形式）允许的范围。

在第 4 章中，你将学习布尔代数。乍一看虽然有点奇怪，不过一旦着手，你会发现它其实比初等代数更容易。首先，所有的计算结果要么是 0，要么是 1！

第 **4** 章

布 尔 代 数

布尔代数是由英国数学家 George Boole 在 19 世纪发展起来的，他当时正在研究利用数学的严密性来解决逻辑问题的方法。George Boole 形式化了一套处理逻辑值的数学系统，其中变量只能取值真或假，通常分别指定为 1 和 0。

布尔代数中的基本运算是合取（AND）、析取（OR）和非（NOT）。这是其区别于初等代数之处，初等代数包括实数的无穷集合，并使用算术运算（加、减、乘、除）。（求幂是重复相乘的简化表示。）

随着数学家和逻辑学家以越来越复杂和抽象的方式扩展布尔代数领域，工程师们正在学习利用电路中的开关来控制电流，以执行逻辑运算。这两个领域齐头并进，直到 20 世纪 30 年代中期，一位名叫 Claude Shannon 的研究生证明了电子开关能够实现所有的布尔代数表达式〔当用于描述开关电路时，布尔代数有时也被称为开关代数（switching algebra）〕。Shannon 的发现打开了一个全新的世界，布尔代数成为了计算机的数学基础。

本章首先描述了基本的布尔运算符，然后是相关的逻辑规则，这些规则构成了布尔代数的基础。接下来，我会解释如何将布尔变量和运算符组合成代数表达式，进而形成布尔逻辑函数。最后，我们将讨论简化布尔函数的技术。在后续章节中，你将学习如何使用电子开关来实现逻辑功能，这些功能可以在逻辑电路中组合在一起，执行计算机的主要功能——算术和逻辑运算以及存储器存储。

4.1 基本布尔运算符

有多个符号可用于表示每种布尔运算符，我会在描述布尔运算符时用到这些符号。在本书中，我采用的是逻辑学家所使用的符号。布尔运算符作用于称为操作数的单个值或一对值。

我将使用真值表展示每种运算的结果。真值表可以列出所有可能的操作数组合的结果。例如，考虑位 x 和 y 的加法。两者有 4 种可能的组合。加法的真值表包含了总和以及可能的进位。表 4-1

显示了真值表的用法。

表 4-1 两个位的加法真值表

x	y	进位	和
0	0	0	0
0	1	0	1
1	0	0	1
1	1	1	0

我还将提供门（实现布尔运算符的电子设备）的电路表示。我们会在第 5～8 章中介绍更多这些设备的相关知识，其中你还将看到物理设备的真实行为与真值表中的理想数学行为略有不同。

和初等代数一样，你可以将基本运算符组合起来定义次级运算符。当我们在本章末尾定义 XOR 运算符时，你会看到一个这样的例子。

AND

AND 是一个双目运算符，意味着其作用于两个操作数。当且仅当两个操作数均为 1 的时候，AND 的结果为 1；否则，结果为 0。在逻辑学中，该运算称为合取（conjunction）。本书将使用 ∧ 来表示 AND 运算。此外，· 符号或 AND 也很常见。图 4-1 显示了与门（AND gate）的电路符号以及定义输出的真值表，操作数为 x 和 y。

如真值表所示，AND 运算符的性质类似于初等代数中的乘法，这也是为什么有些人使用 · 符号表示该运算符。

OR

OR 也是双目运算符。至少有一个运算符为 1，OR 的结果才为 1；否则，结果为 0。在逻辑学中，该运算称为析取（disjunction）。本书将使用 ∨ 来表示 OR 运算。此外，+符号或 OR 也很见。图 4-2 显示了或门（OR gate）的电路符号[1]以及定义输出的真值表，操作数为 x 和 y。

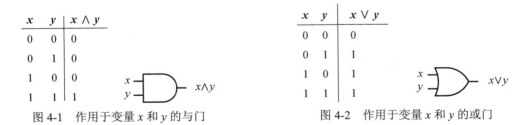

图 4-1 作用于变量 x 和 y 的与门 　　　　图 4-2 作用于变量 x 和 y 的或门

如真值表所示，OR 运算符的性质类似于初等代数中的加法，这也是为什么有些人使用+符号表示该运算符。

NOT

NOT 是一个单目运算符，意味着其作用于单个操作数。如果操作数为 0，则 NOT 的结果为 1；如果操作数为 1，则 NOT 的结果为 0。NOT 运算也称作求补或取反。本书将使用¬来表示 NOT 运算。此外，'符号或 NOT 也很常见。图 4-3 显示了非门（NOT gate）的电路符号以及定义输出的真值表，操作数为 x。

x	$\neg x$
0	1
1	0

图 4-3 作用于变量 x 的非门

---

1 本书逻辑电路和电气元件符号参考 IEEE（美国电气电子工程师学会）标准。

如真值表所示，NOT 运算符的部分性质类似于初等代数中的算术非（arithmetic negation），但也有一些显著的不同。

AND 是相乘，而 OR 是相加，这绝非偶然。George Boole 在发展布尔代数时，一直在寻找一种方法，将数学严密性应用于逻辑并使用加法和乘法来处理逻辑语句。Boole 为布尔代数制定了基于 AND（用于乘法）和 OR（用于加法）的法则。在 4.2 节中，你将看到如何使用这些运算符（包括 NOT）来表示逻辑语句。

4.2　布尔表达式

正如可以使用初等代数运算符将变量组合成类似$(x + y)$这样的表达式一样，你也可以使用布尔运算符这么做。

尽管如此，还是存在很大的不同。布尔表达式可以通过值（0 和 1）和字面量（literal）构造。在布尔代数中，字面量是表达式中的变量或变量之补（complement）的单个实例。对于下列表达式：

$$x \wedge y \vee \neg x \wedge z \vee \neg x \wedge \neg y \wedge \neg z$$

共有 3 个变量（x、y、z）和 7 个字面量。在布尔表达式中，你会看到变量以补和未补形式出现，因为每种形式都是单独的字面量。

我们可以使用 $\wedge$ 或 $\vee$ 运算符将字面量组合起来。与初等代数一样，布尔代数表达式由项（term）组成，即受运算符作用的字面量组，如$(x \vee y)$或$(a \wedge b)$。同样，运算优先级（或运算顺序）指定了在求值表达式时如何应用这些运算符。表 4-2 列出了布尔运算符的优先级规则。括号中的表达式首先被求值，遵循优先级规则。

表 4-2	布尔运算符的优先级规则	
运算	记法	优先级
NOT	$\neg$	高
AND	$x \wedge y$	中
OR	$x \vee y$	低

现在你已经知道了这 3 种基本的布尔运算符是如何工作的，接下来让我们了解一下其用于代数表达式时所遵循的一些规则。随后你会看到，我们可以利用这些规则来简化布尔表达式，进而简化表达式的硬件实现。

知道如何简化布尔表达式对于硬件制造者和软件编写人员来说都是一件重要的工具。计算机只是布尔逻辑的一种物理表现形式。即便你只对编程感兴趣，但你写的每一条编程语句最终都是通过完全由布尔代数系统描述的硬件来执行的。编程语言倾向于通过抽象来隐藏大量底层细节，但是仍然使用布尔表达式来实现编程逻辑。

4.3　布尔代数法则

当将布尔代数中的 AND 和 OR 与初等代数中的乘法和加法进行比较时，你会发现布尔代数的一些法则并不陌生，但有些法则截然不同。我们先从相同的法则开始，然后再看不同的。

4.3.1　与初等代数相同的布尔代数法则

AND 和 OR 满足结合律

如果某个运算符在表达式中出现了两次或多次，应用该运算符的顺序不会改变表达式的值，我们称这是一个满足结合律的运算符。在数学上：

$$x \wedge (y \wedge z) = (x \wedge y) \wedge z$$
$$x \vee (y \vee z) = (x \vee y) \vee z$$

为了证明 AND 和 OR 的结合律，我们使用了一份详尽的真值表，如表 4-3 和表 4-4 所示。表 4-3 列出了 3 个变量 x、y 和 z 的所有可能值，以及项$(y \wedge z)$和$(x \wedge y)$的中间计算。在最后两列中，我们计算了等式两侧表达式的值，以表明等式成立。

表 4-3　　　　　　　　　　　　　　AND 运算的结合律

x	y	z	$(y \wedge z)$	$(x \wedge y)$	$x \wedge (y \wedge z)$	$(x \wedge y) \wedge z$
0	0	0	0	0	0	0
0	0	1	0	0	0	0
0	1	0	0	0	0	0
0	1	1	1	0	0	0
1	0	0	0	0	0	0
1	0	1	0	0	0	0
1	1	0	0	1	0	0
1	1	1	1	1	1	1

表 4-4 列出了 3 个变量 x、y 和 z 的所有可能值，以及项$(y \vee z)$和$(x \vee y)$的中间计算。在最后两列中，我们计算了等式两侧表达式的值，以表明等式成立。

表 4-4　　　　　　　　　　　　　　OR 运算的结合律

x	y	z	$(y \vee z)$	$(x \vee y)$	$x \vee (y \vee z)$	$(x \vee y) \vee z$
0	0	0	0	0	0	0
0	0	1	1	0	1	1
0	1	0	1	1	1	1
0	1	1	1	1	1	1
1	0	0	0	1	1	1
1	0	1	1	1	1	1
1	1	0	1	1	1	1
1	1	1	1	1	1	1

这种方法适用于本节中介绍的所有法则，不过我只在这里展示结合律的真值表。其他法则的真值表留待本节末尾的动手实践环节供你练习。

AND 和 OR 具有自等值

自等值（identity value）是特定于某种运算的值，对量值和自等值执行该运算得到的还是原始量值。对于 AND 和 OR，自等值分别为 1 和 0：

$$x \wedge 1 = x$$
$$x \vee 0 = x$$

AND 和 OR 满足交换律

如果我们能够颠倒运算符的操作数的顺序，则称该运算符满足交换律：

$$x \wedge y = y \wedge x$$
$$x \vee y = y \vee x$$

AND 对 OR 满足分配律

应用于 OR 运算结果的 AND 运算符能够分别应用于 OR 的各个操作数，如：

$$x \wedge (y \vee z) = (x \wedge y) \vee (x \wedge z)$$

不同于初等代数，OR 运算符对 AND 运算的结果也满足分配律，参见 4.3.2 节。

AND 具有零一值（也称为湮没值）

对运算符的零一值（annulment value）和另一个值进行运算，结果为该零一值。AND 的零一值是 0：

$$x \wedge 0 = 0$$

我们习惯使用 0 作为初等代数中乘法的零一值，但是加法并没有零一值的概念。在 4.3.2 节你将学到 OR 的零一值。

NOT 的对合性

如果将运算符应用于某个量两次后得到了原始量，则该运算符具有对合性（involution）：

$$\neg(\neg x) = x$$

对合性只是简单地应用了双补数（double complement）：NOT(NOT true) = true。这类似于初等代数中的双重否定。

4.3.2 与初等代数不同的布尔代数法则

尽管 AND 是乘法运算，OR 是加法运算，但这些逻辑运算和算术运算之间存在显著差异。区别在于布尔代数处理的是逻辑表达式，其值为真或假，而初等代数处理的是实数的无限集合。在本节中，你看到的表达式可能会让你想起初等代数，但是布尔代数的法则是不同的。

OR 对 AND 满足分配律

应用于 AND 运算结果的 OR 运算符能够分别应用于 AND 的各个操作数：

$$x \vee (y \wedge z) = (x \vee y) \wedge (x \vee z)$$

因为在初等代数中，加法对乘法不满足分配律，所以你可能会漏掉这种处理布尔表达式的方式。首先，让我们来看初等代数。将上述等式中的 OR 换做加法，AND 换做乘法，得到以下等式：

$$x + (y \cdot z) \neq (x + y) \cdot (x + z)$$

我们可以将 $x = 1$、$y = 2$、$z = 3$ 代入等式。左边得到：

$$1 + (2 \cdot 3) = 7$$

右边得到：

$$(1 + 2) \cdot (1 + 3) = 12$$

因此，在初等代数中，加法对乘法不满足分配律。

展示布尔代数中 OR 对于 AND 的分配律的最好方法是使用真值表，如表 4-5 所示。

表 4-5   OR 对 AND 满足分配律

x	y	z	$x \vee (y \wedge z)$	$(x \vee y) \wedge (x \vee z)$
0	0	0	0	0
0	0	1	0	0

续表

x	y	z	$x \vee (y \wedge z)$	$(x \vee y) \wedge (x \vee z)$
0	1	0	0	0
0	1	1	1	1
1	0	0	1	1
1	0	1	1	1
1	1	0	1	1
1	1	1	1	1

比较右边两列，可以看到两个 OR 项共有的变量 x 可以被分解，因此分配律成立。

OR 具有零一值（也称为湮没值）

对运算符的零一值和另一个值进行运算，结果为该零一值。初等代数的加法没有零一值，但在布尔代数中，OR 的零一值为 1：

$$x \vee 1 = 1$$

AND 和 OR 都有补值

补值（complement value）是变量减基数的补数。从第 3 章可知，一个值与其减基数的补数之和等于基数减 1。因为布尔代数的基数为 2，故 0 的补数是 1，1 的补数是 0。布尔量的补数就是该量 NOT 运算的结果，由此得到：

$$x \wedge \neg x = 0$$
$$x \vee \neg x = 1$$

补值说明了逻辑运算的 AND 和 OR 与算术运算的乘法和加法之间的区别之一。在初等代数中：

$$x \cdot (-x) = -x^2$$
$$x + (-x) = 0$$

即便我们将 x 限制为 0 或 1，在初等代数中，$1 \cdot (-1) = -1$，$1 + (-1) = 0$。

AND 和 OR 具有幂等性

如果运算符具有幂等性（idempotent），则将其应用于两个相同的操作数，结果依然是该操作数。也就是说：

$$x \wedge x = x$$
$$x \vee x = x$$

这不同于初等代数，在后者中，重复地将一个数与自身相乘是取幂，而重复地将一个数与自身相加相当于乘法。

适用德摩根定律

在布尔代数中，AND 和 OR 运算之间的特殊关系符合德摩根定律，该定律指出：

$$\neg(x \wedge y) = \neg x \vee \neg y$$
$$\neg(x \vee y) = \neg x \wedge \neg y$$

第一个等式说明两个布尔量的 AND 的 NOT 等于两者的 NOT 的 OR。同样，第二个等式表明，两个布尔量的 OR 的 NOT 等于两者的 NOT 的 AND。

这种关系是对偶原理（principle of duality）的一个例子，在布尔代数中，如果你用 1 代替每个 0，用 0 代替每个 1，用 OR 代替每个 AND，用 AND 代替每个 OR，等式仍然成立。回顾一下先前给出的法则，你会发现除了对合，全都具有对偶运算。德摩根定律是说明对偶性的极佳示例。在动手实践环节，请证明德摩根定律，了解对偶原理的作用。

动手实践
1. 使用真值表证明本节给出的布尔代数法则。 2. 证明德摩根定律。

4.4 布尔函数

计算机的功能基于布尔逻辑，这意味着计算机的各种操作都可以由布尔函数指定。布尔函数看起来有点像初等代数中的函数，但是变量能以未补或补的形式出现。变量和常量由布尔运算符连接。布尔函数的值为 1 或 0（真或假）。

在 3.1.3 节中讲过，当二进制数中的两个位 x 和 y 相加时，必须将该数位上可能有的进位包括在内。导致进位为 1 的条件为：

- $x = 1$，$y = 1$，且当前位没有进位；
- $x = 0$，$y = 1$，且当前位有进位；
- $x = 1$，$y = 0$，且当前位有进位；
- $x = 1$，$y = 1$，且当前位有进位。

我们可以使用以下布尔函数更精确地表达上述条件：

$$C_{out}(c_{in}, x, y) = (\neg c_{in} \wedge x \wedge y) \vee (c_{in} \wedge \neg x \wedge y) \vee (c_{in} \wedge x \wedge \neg y) \vee (c_{in} \wedge x \wedge y)$$

其中，x 是一个位，y 是另一个位，c_{in} 是来自次低位的进位，$C_{out}(c_{in}, x, y)$ 是当前位相加产生的进位。在本节中我们都会使用这个等式，不过先来思考一下布尔函数和初等代数函数之间的不同。

与初等代数函数一样，布尔函数也可以进行数学运算，但两者的数学运算并不相同。初等代数中的运算对象是无限实数集，但布尔函数的运算对象仅为两个可能值 0 或 1。初等代数函数的求值结果可以是任何实数，但布尔函数的求值结果仅为 0 或 1。

这种差异意味着我们必须以不同的方式思考布尔函数。例如，以下初等代数函数：

$$F(x, y) = x \cdot (-y)$$

你可能会这样理解，"如果 x 的值乘以 y 的负值，就会得到 $F(x, y)$ 的值。"然而，如果换成布尔函数：

$$F(x, y) = x \wedge (\neg y)$$

只有 4 种可能。如果 $x = 1$，$y = 0$，那么 $F(x, y) = 1$。对于其他 3 种可能性，$F(x, y) = 0$。你可以在初等代数函数中代入任何数字，布尔函数则是告诉你使函数结果为 1 的变量值是什么。不妨将初等代数函数看作要求你代入变量值进行求值，而布尔函数是告诉你哪些变量值会导致函数结果为 1。

有更简单的方法来表达进位条件。通过这些简化方法，能够在硬件中用更少的逻辑门实现该函数，从而降低成本和功耗。在本节和接下来的几节中，你将了解到如何利用布尔代数的数学性质使函数化简变得更加容易和简洁。

4.4.1 规范和或最小项之和

布尔函数的规范形式（canonical form）明确显示了每个变量在定义该函数的各个项中是否为补，就像我们先前使用英语描述产生进位 1 的条件那样。这确保了你在函数定义中考虑到了所有可能的组合。我们前面看到的进位等式 $C_{out}(c_{in}, x, y) = (\neg c_{in} \wedge x \wedge y) \vee (c_{in} \wedge \neg x \wedge y) \vee (c_{in} \wedge x \wedge \neg y) \vee (c_{in} \wedge x \wedge y)$ 的真值表（如表 4-6 所示）应该有助于澄清这一点。

表 4-6　　　　　　　　　　　　　　　　　使进位为 1 的条件

最小项	c_{in}	x	y	$(\neg c_{in} \wedge x \wedge y)$	$(c_{in} \wedge \neg x \wedge y)$	$(c_{in} \wedge x \wedge \neg y)$	$(c_{in} \wedge x \wedge y)$	$C_{out}(c_{in}, x, y)$
m_0	0	0	0	0	0	0	0	0
m_1	0	0	1	0	0	0	0	0
m_2	0	1	0	0	0	0	0	0
m_3	0	1	1	1	0	0	0	1
m_4	1	0	0	0	0	0	0	0
m_5	1	0	1	0	1	0	0	1
m_6	1	1	0	0	0	1	0	1
m_7	1	1	1	0	0	0	1	1

尽管等式中的括号并不是必需的，但有助于你查看等式的形式。括号中有 4 个乘积项（product term），这些项中的所有字面量都仅执行 AND 运算。然后，这 4 个乘积项再由 OR 运算串联在一起。因为 OR 运算类似于加法，所以等式右边叫作乘积之和（sum of products），也称为析取范式（disjunctive normal form）。

现在让我们更仔细地看一下乘积项。每个乘积项以字面量形式包含了等式中的所有（补或未补的）变量。有 n 个变量的等式有 2^n 种变量值的排列组合；最小项（minterm）是只指定了其中一种排列组合的乘积项。因为 c_{in}、x 和 y 的值有 4 种组合可以产生为 1 的进位，所以上述等式共有可能的 8 个最小项中的 4 个。一个布尔函数如果是通过对所有值为 1 的最小项求和（或）来定义的，那么就可以称其为规范和（canonical sum）、最小项之和（sum of minterms）或完全析取范式（full disjunctive normal form）。当至少一个最小项的值为 1 时，由最小项之和定义的函数的值为 1。

对于每个最小项，只有一组变量值使其值为 1。例如，仅当 $c_{in} = 1$，$x = 1$，$y = 0$ 时，上述等式中的最小项 $(c_{in} \wedge x \wedge \neg y)$ 的值才为 1。不包含函数所有变量的乘积项，无论是补形式还是未补形式，对于比最小项更多的变量值集，其值总是为 1。例如，当 $c_{in} = 1$，$x = 1$，$y = 0$ 以及 $c_{in} = 1$，$x = 1$，$y = 1$ 时，$(c_{in} \wedge x)$ 的求值结果均为 1。因为它们能最大限度地减少值为 1 的情况，所以我们称其为最小项。

逻辑设计人员通常不会写出函数中的所有字面量，而是使用符号 m_i 来指定第 i 个最小项，如果将字面量的值按顺序排列并将其视为二进制数，i 代表的就是这个整数。例如，$c_{in} = 1$，$x = 1$，$y = 0$，由此得到 110，对应的（十进制）整数是 6；因此，该最小项为 m_6。表 4-6 展示了一个包含 3 个变量的等式所有 8 个可能的最小项，当 $c_{in} = 1$，$x = 1$，$y = 0$ 时，先前的 4 项等式中的最小项 $m_6 = (c_{in} \wedge x \wedge \neg y)$ 的值为 1。

使用这种记法将布尔等式写作规范和，并使用 Σ 符号表示求和，我们可以重新表述进位函数：

$$C_{out}\left(c_{in},x,y\right)=\left(\neg c_{in}\wedge x\wedge y\right)\vee\left(c_{in}\wedge\neg x\wedge y\right)\vee\left(c_{in}\wedge x\wedge\neg y\right)\vee\left(c_{in}\wedge x\wedge y\right)$$
$$=m_3\vee m_5\vee m_6\vee m_7$$
$$=\sum\left(3,5,6,7\right)$$

这里给出的例子比较简单。对于更复杂的函数，写出所有的最小项很容易出错。简化记法不仅更易于使用，还能减少错误。

4.4.2　规范积或最大项之积

根据可用组件和个人选择等因素，设计人员可能更喜欢处理函数值为 0 而不是 1 的情况。在我们的例子中，这意味着要指定何时进位补码为 0。要想弄清楚这是如何工作的，让我们利用德摩根定律，对指定进位的等式两边求补：

$$\neg C_{out}\left(c_{in},x,y\right)=\left(c_{in}\vee\neg x\vee\neg y\right)\wedge\left(\neg c_{in}\vee x\vee\neg y\right)\wedge\left(\neg c_{in}\vee\neg x\vee y\right)\wedge\left(\neg c_{in}\vee\neg x\vee\neg y\right)$$

因为我们对等式两边求补，现在就得到了$\neg C_{out}$的布尔等式，即进位的补数。因此，我们要找出使$\neg C_{out}$为 0 而非 1 的条件。如表 4-7 的真值表所示。

表 4-7　　　　　　　　　　　　　　　使进位的补数为 0 的条件

最大项	c_{in}	x	y	$(c_{in}\vee\neg x\vee\neg y)$	$(\neg c_{in}\vee x\vee\neg y)$	$(\neg c_{in}\vee\neg x\vee y)$	$(\neg c_{in}\vee\neg x\vee\neg y)$	$\neg C_{out}(c_{in},x,y)$
M_0	0	0	0	1	1	1	1	1
M_1	0	0	1	1	1	1	1	1
M_2	0	1	0	1	1	1	1	1
M_3	0	1	1	0	1	1	1	0
M_4	1	0	0	1	1	1	1	1
M_5	1	0	1	1	0	1	1	0
M_6	1	1	0	1	1	0	1	0
M_7	1	1	1	1	1	1	0	0

由于布尔运算符的优先级规则，该等式中的括号是必需的。括号中有 4 个求和项（sum term），这些项中的所有字面量都仅执行 OR 运算。然后，这 4 个求和项再由 AND 运算串联在一起。因为 AND 运算类似于乘法，所以等式右边叫作和的乘积（product of sums），也称为合取范式（conjunctive normal form）。

每个求和项以字面量形式包含了等式中的所有（补或未补的）变量。最小项是指定了变量值可能的 2^n 种排列组合之一的乘积项，而最大项是指定了这些排列组合之一的求和项。一个布尔函数如果是通过对所有值为 0 的最大项求积（或）来定义的，那么就可以称为规范积（canonical product）、最大项之积（product of maxterms）或完全合取范式（full conjunctive normal form）。

每个最大项确定了函数变量的一组值，当对这些值执行 OR 运算时结果为 0。例如，对于先前等式中的最大项$(\neg c_{in}\vee\neg x\vee y)$，仅当 $c_{in}=1$，$x=1$，$y=0$ 时，其值为 0。不包含函数所有变量的求和项，无论是补形式还是未补形式，对于多个变量值集，其值总是为 0。例如，对于本例中的 3 个变量的 2 组数值，即 $c_{in}=1$，$x=1$，$y=0$ 以及 $c_{in}=1$，$x=1$，$y=1$，求和项$(\neg c_{in}\vee\neg x)$的求值结果均为 0。因为能够使求值为 0 的情况的数量最少，从而使求值为 1 的情况的数量最多，所以称其为最大项。

逻辑设计人员通常不会写出函数中的所有字面量，而是使用符号 M_i 来指定第 i 个最大项，其中的 i 是通过将字面量的值依次拼接而成的二进制数所对应的十进制整数。例如，$c_{in}=1$，$x=1$，$y=0$，由此得到 110，对应的最大项即为 M_6。表 4-7 展示了使进位为 0 的最大项。注意，当 $c_{in}=1$，$x=1$，$y=0$ 时，最大项 $M_6=(\neg c_{in} \vee \neg x \vee y)$ 的值为 0。

使用这种记法将布尔等式写作规范积，并使用 $\prod$ 符号表示求积，我们可以重新表述进位补函数：

$$\neg C_{out}(c_{in},x,y) = (c_{in} \vee \neg x \vee \neg y) \wedge (\neg c_{in} \vee x \vee \neg y) \wedge (\neg c_{in} \vee \neg x \vee y) \wedge (\neg c_{in} \vee \neg x \vee \neg y)$$
$$= M_3 \wedge M_5 \wedge M_6 \wedge M_7$$
$$= \prod(3,5,6,7)$$

如果回头看表 4-7，你会发现这些是导致进位补为 0，从而进位为 1 的条件。这表明使用最小项或最大项是等价的。具体使用哪一个取决于多种因素，如实现函数的可用硬件组件以及个人偏好。

4.4.3 规范布尔形式的比较

表 4-8 展示了一个 3 变量问题的所有最小项和最大项。如果比较相应的最小项和最大项，就会发现两者的对偶性：使用德摩根定律，通过对每个变量求补并互换 OR 和 AND 来相互生成。

表 4-8　　　　　　　　　　　　　　　　　　　3 变量问题的规范项

	最小项=1	x	y	z		最大项=0
m_0	$\neg x \wedge \neg y \wedge \neg z$	0	0	0	M_0	$x \vee y \vee z$
m_1	$\neg x \wedge \neg y \wedge z$	0	0	1	M_1	$x \vee y \vee \neg z$
m_2	$\neg x \wedge y \wedge \neg z$	0	1	0	M_2	$x \vee \neg y \vee z$
m_3	$\neg x \wedge y \wedge z$	0	1	1	M_3	$x \vee \neg y \vee \neg z$
m_4	$x \wedge \neg y \wedge \neg z$	1	0	0	M_4	$\neg x \vee y \vee z$
m_5	$x \wedge \neg y \wedge z$	1	0	1	M_5	$\neg x \vee y \vee \neg z$
m_6	$x \wedge y \wedge \neg z$	1	1	0	M_6	$\neg x \vee \neg y \vee z$
m_7	$x \wedge y \wedge z$	1	1	1	M_7	$\neg x \vee \neg y \vee \neg z$

规范形式给出了完整且唯一的函数声明，因为其考虑到了变量值的所有可能组合。然而，问题往往有更简单的解决方案。本章的其余部分将专门讨论简化布尔函数的方法。

4.5 布尔表达式最小化

用硬件实现布尔函数时，每个 $\wedge$ 运算符变成与门，每个 $\vee$ 运算符变成或门，每个 $\neg$ 运算符变成非门。一般来说，硬件的复杂性与所使用的与门以及或门的数量有关（非门很简单，不会显著增加复杂性）。越简单的硬件使用的组件越少，从而节省成本、空间以及功耗。对于手持和可穿戴设备，这 3 个因素尤为重要。在本节中，你将了解如何处理布尔表达式来减少 AND 和 OR 的数量，从而简化其硬件实现。

4.5.1 最小表达式

在简化函数时，从其中一种规范形式开始，以确保你已经考虑了所有可能的情况。要将问题转化为规范形式，请创建一个真值表，列出问题中变量的所有可能组合。从真值表中，很容易列出定义函数的最小项或最大项。

有了规范语句，下一步是找出等价的最小表达式，也就是与规范语句做同样事情的表达式，但具有最少数量的字面量和布尔运算符。为此，我们应用布尔代数法则来减少项数和每个项中的字面量的数量，同时不改变表达式的逻辑含义。

根据你使用的是最小项还是最大项，有两种类型的最小表达式。

最小乘积和

当从问题的最小项描述开始时，最小表达式被称为最小乘积和（minimal sum of products），这是一个乘积和表达式（a sum of products expression），其中所有其他数学等价的乘积和表达式具有至少同样多的乘积项，并且那些乘积项数量相同的表达式具有至少同样多的字面量。

作为最小乘积和的示例，考虑以下等式：

$S(x, y, z) = (\neg x \wedge \neg y \wedge \neg z) \vee (x \wedge \neg y \wedge \neg z) \vee (x \wedge \neg y \wedge z)$

$S1(x, y, z) = (\neg x \wedge \neg y \wedge \neg z) \vee (x \wedge \neg y)$

$S2(x, y, z) = (x \wedge \neg y \wedge z) \vee (\neg y \wedge \neg z)$

$S3(x, y, z) = (x \wedge \neg y) \vee (\neg y \wedge \neg z)$

S 是规范形式，因为每个乘积项中都明确出现了所有 3 个变量。其他 3 个函数是 S 的简化。虽然这些函数具有相同数量的乘积项，但 $S3$ 是 S 的最小乘积和，因为它的乘积项中的字面量少于 $S1$ 和 $S2$。

最小和乘积

当从问题的最大项描述开始时，最小表达式称为最小和乘积（minimal product of sums），这是一个和表达式的乘积（a product of sums expression），其中所有其他数学等价的和表达式的乘积至少具有相同数量的求和项，并且那些求和项数量相同的表达式至少具有同样多的字面量。

作为最小和乘积的示例，考虑以下等式：

$P(x, y, z) = (\neg x \vee \neg y \vee z) \wedge (\neg x \vee y \vee z) \wedge (x \vee \neg y \vee z)$

$P1(x, y, z) = (x \vee \neg y \vee z) \wedge (\neg x \vee z)$

$P2(x, y, z) = (\neg x \vee y \vee z) \wedge (\neg y \vee z)$

$P3(x, y, z) = (\neg x \vee z) \wedge (\neg y \vee z)$

P 是规范形式，其他 3 个函数是 P 的简化。虽然这些函数具有和 P 相同数量的求和项，但 $P3$ 是 P 的最小和乘积，因为它的乘积项中的字面量少于 $P1$ 和 $P2$。

一个问题可能有不止一个最小解。优秀的硬件设计通常涉及找出若干最小解的解决方案，然后在可用的硬件环境中评估每种解决方案。这不只意味着使用更少的门。例如，当我们讨论实际的硬件实现时，你将会了解到，审慎地添加非门其实可以降低硬件的复杂性。

在 4.5.2 和 4.5.3 节中，你会看到找出最小表达式的两种方法。

4.5.2　使用代数操作实现最小化

为了说明降低布尔函数复杂性的重要之处，让我们回头再来看进位函数：

$$C_{out}(c_{in}, x, y) = (\neg c_{in} \wedge x \wedge y) \vee (c_{in} \wedge \neg x \wedge y) \vee (c_{in} \wedge x \wedge \neg y) \vee (c_{in} \wedge x \wedge y)$$

等式右边的表达式是最小项之和。图 4-4 展示了实现该函数的电路。它需要 4 个与门和 1 个或门。与门输入端的小圆圈表示此处的非门。

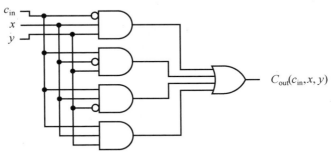

图 4-4　用于生成两数相加时所产生进位值的函数的硬件实现

现在让我们试着简化图 4-4 中实现的布尔表达式，看看能否降低硬件要求。注意，可能没有单一的解决方案，可能有多种正确的解决方案。我在这里只介绍一种。

首先，我们要做一些奇怪的操作。使用幂等法则将第 4 项复制两次：

$$C_{out}(c_{in}, x, y) = (\neg c_{in} \wedge x \wedge y) \vee (c_{in} \wedge \neg x \wedge y) \vee (c_{in} \wedge x \wedge \neg y) \vee (c_{in} \wedge x \wedge y)$$
$$\vee (c_{in} \wedge x \wedge y) \vee (c_{in} \wedge x \wedge y)$$

接着，对乘积项稍作重排，将 3 个原始项各自与$(c_{in} \wedge x \wedge y)$进行 OR 运算：

$$C_{out}(c_{in}, x, y) = ((\neg c_{in} \wedge x \wedge y) \vee (c_{in} \wedge x \wedge y)) \vee ((c_{in} \wedge x \wedge \neg y) \vee (c_{in} \wedge x \wedge y))$$
$$\vee ((c_{in} \wedge \neg x \wedge y) \vee (c_{in} \wedge x \wedge y))$$

现在，我们使用 AND 对 OR 的分配律来消去与 1 进行 OR 的项：

$$C_{out}(c_{in}, x, y) = (x \wedge y \wedge (\neg c_{in} \vee c_{in})) \vee (c_{in} \wedge x \wedge (\neg y \vee y)) \vee (c_{in} \wedge y \wedge (\neg x \vee x))$$
$$= (x \wedge y \wedge 1) \vee (c_{in} \wedge x \wedge 1) \vee (c_{in} \wedge y \wedge 1)$$
$$= (x \wedge y) \vee (c_{in} \wedge x) \vee (c_{in} \wedge y)$$

图 4-5 展示了该函数的电路。我们不仅消除了一个与门，而且所有的与门以及或门都减少了一个输入。

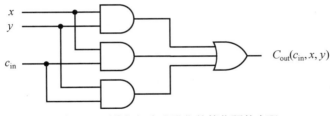

图 4-5　两数相加生成进位的简化硬件实现

比较图 4-5 和图 4-4 中的电路，布尔代数帮助你简化了硬件实现。你可以从导致进位为 1 的文字描述条件中看出这种简化：等式的原始规范形式指出，进位 $C_{out}(c_{in}, x, y)$ 在以下 4 种情况中均为 1：

- 如果 $c_{in} = 0, x = 1$，且 $y = 1$；
- 如果 $c_{in} = 1, x = 0$，且 $y = 1$；
- 如果 $c_{in} = 1, x = 1$，且 $y = 0$；
- 如果 $c_{in} = 1, x = 1$，且 $y = 1$。

最小化形式的表述要简单得多：如果 c_{in}、x 和 y 中至少有两个为 1，则进位为 1。

我们从最小项之和开始得到如图 4-5 所示的解决方案；换句话说，我们处理的是能够产生进位 1 的 c_{in}、x、y 的值。正如你在 4.4.2 节中所看到的，因为进位不是 1 就是 0，所以从生成 0 的 c_{in}、x、y 的值开始，并将等式写成最大项之积也同样有效：

$$\neg C_{out}(c_{in}, x, y) = (c_{in} \vee \neg x \vee \neg y) \wedge (\neg c_{in} \vee x \vee \neg y) \wedge (\neg c_{in} \vee \neg x \vee y) \wedge (\neg c_{in} \vee \neg x \vee \neg y)$$

为了化简该等式，我们将采用与最小项之和相同的方法，先将最后一项复制两次：

$$\neg C_{out}(c_{in}, x, y) = (c_{in} \vee \neg x \vee \neg y) \wedge (\neg c_{in} \vee x \vee \neg y) \wedge (\neg c_{in} \vee \neg x \vee y)$$
$$\wedge (\neg c_{in} \vee \neg x \vee \neg y) \wedge (\neg c_{in} \vee \neg x \vee \neg y)$$

添加一些括号，阐明简化过程：

$$\neg C_{out}(c_{in}, x, y) = ((c_{in} \vee \neg x \vee \neg y) \wedge (\neg c_{in} \vee \neg x \vee \neg y)) \wedge ((\neg c_{in} \vee x \vee \neg y) \wedge (\neg c_{in} \vee \neg x \vee \neg y))$$
$$\wedge ((\neg c_{in} \vee \neg x \vee y) \wedge (\neg c_{in} \vee \neg x \vee \neg y))$$

接下来，对 AND 运用 OR 的分配律。因为有一定难度，我将给出简化该等式中第一组乘积项的步骤——其他两组的简化步骤与此类似。OR 对 AND 的分配律具有以下一般形式：

$$(X \vee Y) \wedge (X \vee Z) = X \vee (Y \wedge Z)$$

看一下第一组中的求和项，可以看到它们均共享 $(\neg x \vee \neg y)$。因此，我们将其替换成一般形式：

$$X = (\neg x \vee \neg y)$$
$$Y = c_{in}$$
$$Z = \neg c_{in}$$

进行替换并运用 AND 的补值法则，我们可以得到：

$$(c_{in} \vee \neg x \vee \neg y) \wedge (\neg c_{in} \vee \neg x \vee \neg y) = (\neg x \vee \neg y) \vee (c_{in} \wedge \neg c_{in})$$
$$= (\neg x \vee \neg y)$$

对另外两个分组如法炮制，我们可以得到：

$$\neg C_{out}(c_{in}, x, y) = (\neg x \vee \neg y) \wedge (\neg c_{in} \vee \neg x) \wedge (\neg c_{in} \vee \neg y)$$

图 4-6 展示了该函数的电路实现。这个电路会生成进位的补。我们需要对输出 $\neg C_{out}(c_{in}, x, y)$ 求补来得到进位值。

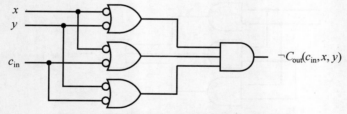

图 4-6 两数相加生成进位的补的简化硬件实现

将图 4-6 与图 4-5 相比较，你可以从图上看出德摩根定律：OR 变成了以补值作为输入的 AND。

图 4-5 中的电路在你看来可能更简单，因为图 4-6 中的电路需要在或门的 6 个输入端使用非门。但正如你将在第 5 章看到的，由于用于构建逻辑门的设备所固有的电子特性，实际情况可能并非如此。这里需要理解的重要一点是，解决问题的方法不止一种。硬件工程师的工作之一是根据成本、元件的可用性等因素来决定哪种解决方案是最好的。

4.5.3 使用卡诺图进行最小化

用于最小化布尔函数的代数操作可能并不总是那么明显。你也许会发现逻辑语句的图形化更易于使用。

处理布尔函数的一种常用图形化工具是卡诺图（Karnaugh map），也称为 K 图（K-map）。1953年，贝尔实验室的电信工程师 Maurice Karnaugh 发明了卡诺图，它提供了一种直观的方式找出与代数方法相同的简化。卡诺图既适用于使用最小项的乘积和，也适用于使用最大项的和乘积。为了说明其工作原理，我们先从最小项开始。

使用卡诺图简化乘积和

卡诺图是一个矩形网格，每个最小项占一个单元格。n 个变量有 2^n 个单元格。图 4-7 是一张卡诺图，显示了两个变量 x 和 y 的所有 4 种可能的最小项。纵轴用于绘制 x，横轴用于绘制 y。每行的 x 值由紧靠该行左侧的数字（0 或 1）显示，每列的 y 值显示在该列的顶部。

为了说明如何使用卡诺图，让我们来看一个包含两个变量的任意函数：

$$F(x, y) = (x \wedge \neg y) \vee (\neg x \wedge y) \vee (x \wedge y)$$

先在与等式中的最小项对应的单元格内放置 1，如图 4-8 所示。

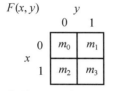

图 4-7　卡诺图上 2 变量最小项的映射

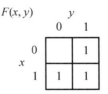

图 4-8　任意函数 $F(x, y)$ 的卡诺图

通过在每一个值为 1 的最小项所对应的单元格中放置 1，我们可以直观地看出等式求值何时为 1。右侧的两个单元格对应于最小项 m_1 和 m_3，即 $(\neg x \wedge y)$ 和 $(x \wedge y)$。由于这两项是 OR 运算，只要其中任何一项为 1，$F(x, y)$ 的结果就为 1。运用分配律和补值法则，我们可以看到：

$$(\neg x \wedge y) \vee (x \wedge y) = (\neg x \vee x) \wedge y$$
$$= y$$

这在代数上表明，当 y 为 1 时，$F(x, y)$ 的计算结果为 1，接下来你将通过简化该卡诺图看到这一点。

$(\neg x \wedge y)$ 和 $(x \wedge y)$ 这两个最小项的唯一不同就是 x 变成了 $\neg x$。卡诺图的排列使得共享一条边的两个单元格之间只有一个变量发生变化，这一要求称为邻接规则（adjacency rule）。

要使用卡诺图来进行简化，需要将图中相邻为 1 的两个单元格分组。然后消除二者之间不同的变量并合并两个乘积项。重复该过程就可以简化等式。每次分组都会消除最终乘积和中的一个乘积项。这可以扩展到含有两个以上变量的等式，但被分组的单元格数量必须是 2 的倍数，而且你只能划分相邻的单元格。相邻单元格可以从一边到另一边、从上到下进行划分。你很快就会看到相关的例子。

要想了解这一切是如何工作的，考虑图 4-9 所示的卡诺图中的分组。

该分组是我们先前执行的代数操作的图形化表示。你可以看到，无论 x 的值如何，只要 $y = 1$，$F(x, y)$ 的计算结果就是 1。因此，分组通过消除 x 将两个最小项合并为一个乘积项。

由上一次的分组，我们知道最终的简化函数会有一个 y 项。让我们再做一次分组，找出下一项。首先，我们以代数方法简化等式。回到 $F(x, y)$ 原先的等式，运用幂等性来复制其中的一个最小项：

$$F(x, y) = (x \wedge \neg y) \vee (\neg x \wedge y) \vee (x \wedge y) \vee (x \wedge y)$$

现在我们将对第一个乘积项和刚刚添加的那个乘积项执行一些代数操作：

$$(x \wedge \neg y) \vee (x \wedge y) = (\neg y \vee y) \wedge x$$
$$= x$$

我们可以不用代数方法，而是直接在卡诺图上执行此操作，如图 4-10 所示。图中显示了不同的组可以包含相同的单元格（最小项）。

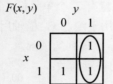

图 4-9 $F(x, y)$ 中的两个最小项分组

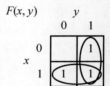

图 4-10 $(x \wedge \neg y) \vee (\neg x \wedge y) \vee (x \wedge y) = (x \vee y)$ 对应的卡诺图分组

最下面一行的分组代表 x 项，右边一列的分组代表 y，由此得到以下最小化形式：

$$F(x, y) = x \vee y$$

注意，包含在两个分组中的单元格 $(x \wedge y)$ 是我们先前在代数解决方法中使用幂等性法则复制而来的项。你可以将一个单元格纳入多个组中，就像在代数操作中使用幂等性法则添加单元格副本一样，然后与组中的其他单元格合并，从而将其删除。

当函数中只有两个变量时，会自动满足邻接规则。但是，如果我们添加另一个变量，则需要考虑如何对卡诺图的单元格进行排序，以便使用邻接规则来简化布尔表达式。

卡诺图单元格排序

二进制和 BCD 码的一个问题是，两个相邻数之差往往会引起一个以上的位被改变。1943 年，Frank Gray 推出了一种代码，即格雷码（Gray code），其中相邻两数之间只相差一位。格雷码的出现源于当时的开关技术更容易出错。如果某位有问题，那么在格雷码中，一组位所代表的值仅相差 1。如今这很少是一个问题，但该属性却告诉了我们如何在卡诺图中排列单元格。

构建格雷码非常容易。从一位开始：

十进制	格雷码
0	0
1	1

要添加一位，先书写现有位模式的镜像：

格雷码

0
1
1
0

然后在原先的每个位模式之前添加 0，在每个镜像之前添加 1，由此得到 2 位格雷码，如表 4-9 所示。

表 4-9 2 位格雷码

十进制	格雷码
0	00
1	01
2	11
3	10

这就是有时候将格雷码称为反射二进制码（Reflected Binary Code，RBC）的原因。表 4-10 展示了 4 位格雷码。

表 4-10 4 位格雷码

十进制	格雷码	二进制
0	0000	0000
1	0001	0001
2	0011	0010
3	0010	0011
4	0110	0100
5	0111	0101
6	0101	0110
7	0100	0111
8	1100	1000
9	1101	1001
10	1111	1010
11	1110	1011
12	1010	1100
13	1011	1101
14	1001	1110
15	1000	1111

比较表 4-10 中十进制值 7 和 8 的二进制码和格雷码。7 和 8 对应的二进制码分别是 0111 和 1000；当十进制值仅递增 1 时，所有位都会发生变化。但是比较 7 和 8 对应的格雷码 0100 和 1100，只有 1 位有变化，满足卡诺图的邻接规则。

注意，当位模式出现回绕时，相邻值之间仅变化 1 位的结论同样成立。从最高值（15）到最低值（0）时只有 1 位发生变化。

3 变量卡诺图

为了理解邻接性质的重要性，来看一个更复杂的函数。我们要使用卡诺图简化一个包含 3 个变量的进位函数。添加另一个变量意味着用于容纳最小项的单元格数量需要翻倍。为了保持依然为二维图表，我们将新变量添加到图另一侧的现有变量中。我们共计需要 8（2^3）个单元格，因此在绘制时采用 4×2 的形式（4 个单元格宽，2 个单元格高）。我们将 z 添加到 y 轴并绘制卡诺图，其中 y 和 z 位于水平轴上，x 位于垂直轴上，如图 4-11 所示。

3 变量卡诺图顶部的位模式依次为 00、01、11、10，这是表 4-9 中的格雷码的顺序，并非 00、01、10、11。当跨过卡诺图的边缘时，规则也同样适用——即从 m_2 到 m_0 或从 m_6 到 m_4——这意味着可以跨过图的边缘进行分组。（其他轴标记方案也可以使用，你会在本节末的动手实践环节看到。）

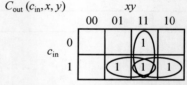

图 4-11　卡诺图上的 3 变量最小项映射

你在本章前面已经看到，进位可以表示为 4 个最小项之和：

$$C_{\text{out}}(c_{\text{in}}, x, y) = (\neg c_{\text{in}} \wedge x \wedge y) \vee (c_{\text{in}} \wedge \neg x \wedge y) \vee (c_{\text{in}} \wedge x \wedge \neg y) \vee (c_{\text{in}} \wedge x \wedge y)$$
$$= m_3 \vee m_5 \vee m_6 \vee m_7$$
$$= \sum(3, 5, 6, 7)$$

图 4-12 展示了卡诺图上的这 4 个最小项。

我们查找可以组合在一起的相邻单元格，以便从乘积项中消除一个变量。如前所述，组可以重叠，于是得到了图 4-13 所示的 3 个分组。

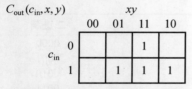

图 4-12　进位函数的卡诺图　　　　图 4-13　函数（进位为 1）的最小乘积和

使用图 4-13 中的 3 个分组，我们得到了与代数方法同样的等式：

$$C_{\text{out}}(c_{\text{in}}, x, y) = (x \wedge y) \vee (c_{\text{in}} \wedge x) \vee (c_{\text{in}} \wedge y)$$

使用卡诺图简化和乘积

使用显示进位补何时为 0 的函数同样有效。我们使用最大项来实现：

$$\neg C_{\text{max}}(c_{\text{in}}, x, y) = (c_{\text{in}} \vee \neg x \vee \neg y) \wedge (\neg c_{\text{in}} \vee x \vee \neg y) \wedge (\neg c_{\text{in}} \vee \neg x \vee y) \wedge (\neg c_{\text{in}} \vee \neg x \vee \neg y)$$
$$= M_7 \wedge M_6 \wedge M_5 \wedge M_3$$
$$= \prod(3, 5, 6, 7)$$

图 4-14 显示了 3 变量卡诺图上最大项的排列。

在处理最大项时，标记出值为 0 的单元格。最小化过程与使用最小项时一样，只不过要将其中包含 0 的单元格分组。

图 4-15 显示了 $\neg C_{\text{out}}(c_{\text{in}}, x, y)$ 的最小化结果，即进位的补值。

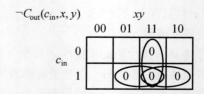

图 4-14　卡诺图上的 3 变量最大项映射　　图 4-15　函数（进位为 0）的最小和乘积

图 4-15 中的卡诺图所产生的和乘积与我们使用代数方法得到的相同:

$$\neg C_{\text{out}}(c_{\text{in}}, x, y) = (\neg x \vee \neg y) \wedge (\neg c_{\text{in}} \vee \neg x) \wedge (\neg c_{\text{in}} \vee \neg y)$$

如果你比较图 4-13 和图 4-15,可以看到德摩根定律的图形化展示。在进行这种比较时,记住,图 4-13 显示的是相加的乘积项,而图 4-15 显示的是相乘的求和项,结果互为补。因此,我们交换 0 和 1,交换 AND 和 OR,从一个卡诺图得到另一个卡诺图。

为了进一步强调最小项和最大项的对偶性,比较图 4-16(a)和图 4-16(b)。

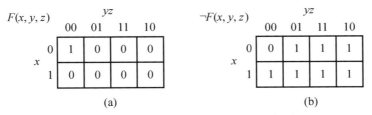

图 4-16 比较(a)最小项和(b)最大项

图 4-16(a)展示了以下函数:

$$F(x, y, z) = \neg x \wedge \neg y \wedge \neg z$$

虽然不是必需的,通常也不会这样做,但是我们在每个单元格中放置了一个 0,表示不在该函数中的最小项。

类似地,在图 4-16(b)中,我们在代表最大项的单元格中放置 0,在代表不在此函数中的最大项的单元格中放置 1:

$$\neg F(x, y, z) = x \vee y \vee z$$

这种比较直观地展示了最小项如何指定卡诺图中 1 的最小数量,以及最大项如何指定 1 的最大数量。

卡诺图中更大的分组

到目前为止,我们在卡诺图中只将两个单元格分组在一起。让我们看一个更大分组的例子。考虑一个函数,当 3 位数为偶数时输出 1。表 4-11 给出了真值表。其中,使用 1 表示该数字是偶数,使用 0 表示该数字是奇数。

表 4-11　　　　　　　　　　　　　　　　　一个 3 位数的偶数值

最小项	x	y	z	数值	Even(x, y, z)
m_0	0	0	0	0	1
m_1	0	0	1	1	0
m_2	0	1	0	2	1
m_3	0	1	1	3	0
m_4	1	0	0	4	1
m_5	1	0	1	5	0
m_6	1	1	0	6	1
m_7	1	1	1	7	0

该函数的规范乘积和为:

$$\text{Even}(x, y, z) = \sum(0, 2, 4, 6)$$

图 4-17 显示了卡诺图上的这些最小项,4 项为一组。这 4 项能被分组在一起是因为它们都有

相邻的边。

根据图 4-17 中的卡诺图，我们可以写出显示 3 位数何时为偶数的等式：

$$\text{Even}(x, y, z) = \neg z$$

卡诺图表明 x 和 y 的值是多少并不重要，重要的是 $z = 0$。

向卡诺图中添加更多的变量

每次向卡诺图添加另一个变量，就需要将单元格数量翻倍。卡诺图可行的唯一要求是根据邻接规则排列最小项或最大项。图 4-18 展示了最小项的 4 变量卡诺图。变量 y 和 z 位于水平轴，w 和 x 位于垂直轴。

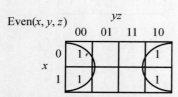

图 4-17　显示为偶数的 3 位数的卡诺图

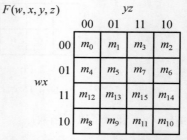

图 4-18　卡诺图上的 4 变量最小项映射

到目前为止，我们假设每个最小项（或最大项）都在函数中。但是设计并非凭空而来。我们可能对整体设计的其他部分有所了解，知道有些变量值的组合永远不会出现。接下来，我们将看到如何在函数简化过程中加入这方面的考虑。卡诺图提供了一种特别清晰的方式来可视化这种情况。

无关单元格

有时，你知道变量值的相关信息。如果你清楚哪些值的组合永远不会出现，那么代表这些组合的最小项（或最大项）就无关紧要了。例如，你可能需要一个函数来指明两个可能事件之一是否已经发生，但是你知道这两个事件不会同时发生。让我们将事件命名为 x 和 y，0 表示事件没有发生，1 表示事件已经发生。表 4-12 展示了函数 $F(x, y)$ 的真值表。

表 4-12　　　　　　　　　　指明发生事件 x 或 y（但非同时）的真值表

x	y	$F(x, y)$
0	0	0
0	1	1
1	0	1
1	1	X

通过在行中放置 X 来表明这两个事件不会同时发生。我们可以绘制一个卡诺图，用 X 表示系统中不存在的最小项，如图 4-19 所示。X 代表一个无关单元格——我们不关心这个单元格是否与其他单元格组合在一起。

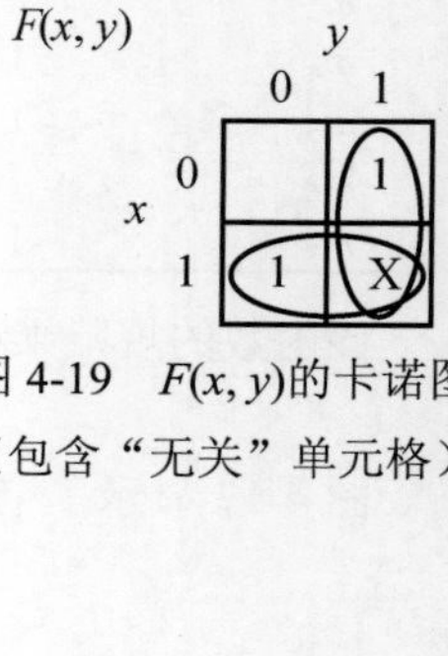

由于表示最小项$(x \wedge y)$的是一个"无关"单元格，我们可以将其包括或不包括在最小化分组中，从而得到所示的两个分组。由图 4-19 中的卡诺图得到解决方案：

$$F(x, y) = x \vee y$$

这是一个简单的或门。你可能无须使用卡诺图也能猜到答案。当你在第

图 4-19　$F(x, y)$的卡诺图
（包含"无关"单元格）

7 章末尾学习两种数字逻辑电路的设计时，会看到"无关"单元格更有趣的用法。

4.6 组合基本布尔运算符

正如本章先前提到的，我们可以将基本布尔运算符组合在一起来实现更复杂的布尔运算符。现在你已经知道了如何使用布尔函数，我们将使用 3 种基本运算符 AND、OR、NOT 来设计一个更常见的运算符 XOR（异或）。因为该运算符十分常见，所以有专门电路符号。

XOR

XOR 是一种双目运算符。如果两个操作数中有且仅有一个为 1，则结果为 1；否则，结果为 0。我们将使用 ⊻ 来表示异或运算。不过使用 ⊕ 符号也很常见。图 4-20 展示了输入 x 和 y 的异或门操作。

该操作的最小项实现为：

$$x \veebar y = (x \wedge \neg y) \vee (\neg x \wedge y)$$

XOR 运算符可以用两个与门、两个非门和一个或门来实现，如图 4-21 所示。

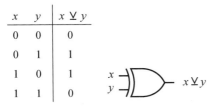

x	y	$x \veebar y$
0	0	0
0	1	1
1	0	1
1	1	0

图 4-20　作用于两个变量 x 和 y 的异或门

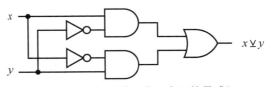

图 4-21　由与、或、非门实现的异或门

当然，我们可以设计更多的布尔运算符。在接下来的几章中我们将继续研究，看看如何在硬件中实现这些运算符。一切都是通过简单的开关实现的。

动手实践

1. 设计一个函数，能够检测出为偶数的所有 4 位数。

2. 找出以下函数的最小乘积和表达式：

$$F(x, y, z) = (\neg x \wedge \neg y \wedge \neg z) \vee (\neg x \wedge \neg y \wedge z) \vee (\neg x \wedge y \wedge \neg z) \vee (x \wedge \neg y \wedge \neg z)$$
$$\vee (x \wedge y \wedge \neg z) \vee (x \wedge y \wedge z)$$

3. 找出以下函数的最小和乘积表达式：

$$F(x, y, z) = (x \vee y \vee z) \wedge (x \vee y \vee \neg z) \wedge (x \vee \neg y \vee \neg z)$$
$$\wedge (\neg x \vee y \vee z) \wedge (\neg x \vee \neg y \vee \neg z)$$

4. 卡诺图中变量的排列是任意的，但是最小项（或最大项）需要与标签保持一致，使用图 4-11 的符号，通过卡诺图轴标签显示每个最小项的位置。

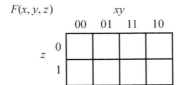

5. 卡诺图中变量的排列是任意的，但是最小项（或最大项）需要与标签保持一致。使用图 4-11 的符号，通过卡诺图轴标签显示每个小项的位置。

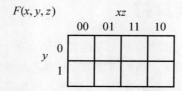

6. 创建 5 个变量的卡诺图。你可能需要复习一下表 4-10 中的格雷码，将其增加到 5 位。

7. 设计一个检测个位素数的逻辑函数。假设数字采用 4 位的 BCD 编码（参见表 2-7）。对于每个素数，该函数值为 1。

4.7　小结

布尔运算符　基本的布尔运算符是 AND、OR、NOT。

布尔代数法则　布尔代数提供了一种处理逻辑规则的数学方法。AND 类似于乘法，而 OR 类似于初等代数中的加法。

简化布尔代数表达式　布尔函数指定了计算机的功能。简化这些函数可以简化硬件实现。

卡诺图　提供了简化布尔表达式的图形化方式。

格雷码　展示了如何排列卡诺图中的单元格。

组合基本的布尔运算符　XOR 可以由 AND、OR 和 NOT 创建。

第 5 章首先介绍基础电子学，这将为理解如何使用晶体管实现开关提供基础。接着，我们将学习如何使用晶体管开关来实现逻辑门。

第**5**章
逻 辑 门

 在第 4 章中，你学习了布尔代数表达式以及如何用逻辑门实现它们。在本章中，你将学习如何使用晶体管在硬件中实现逻辑门，晶体管是一种固态电子设备，可用于实现我们在本书中一直讨论的通/断开关。

为了帮助你理解晶体管的工作原理，我们先简单介绍一下电子学。你将从中看到晶体管如何成对连接以加快开关速度以及消耗更少的电力。在本章末尾，我们会介绍一些关于使用晶体管构建逻辑门的实际考虑。

5.1　电子学入门

你不必先成为一名电气工程师再去理解逻辑门的工作原理，毕竟了解一些基本概念总会有所帮助。本节简要概述了电子电路的基本概念。我们先从两个定义着手。

电流是指电荷的运动。电荷以库仑为测量单位。每秒 1 库仑的流量被定义为 1 安培（ampere），通常缩写为 amp。只有当从电源的一端到另一端有完全连接的路径时，电流才会流过电路。

电压是指电路中两点之间每单位电荷的电力差，也称为电势差。1 伏特被定义为当流过导体的 1 安培电流消耗 1 瓦功率时，导体（电流流经的介质）上两点之间的电势差。

计算机由以下电子元件构成：

- 提供电力的电源；
- 影响电流和电压水平的无源元件，但其特性不能被其他电子元件改变；
- 在一个或多个其他电子元件的控制下，在电源、无源元件和其他有源元件的各种组合之间切换的有源元件；
- 将其他元件连接在一起的导体。

让我们来看看各种电子元件是如何工作的。

5.1.1   电源和电池

在几乎所有国家，电力都是以交流电（AC）的形式出现的。对于 AC，电压幅度与时间的关系曲线显示为正弦波形。计算机电路使用直流电（DC），与 AC 不同，它不会随时间变化。电源用于将 AC 转换成 DC，如图 5-1 所示。

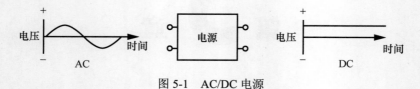

图 5-1   AC/DC 电源

电池也能提供 DC 电力。在绘制电路时，我们使用电池符号（图 5-2）来表示 DC 电源。图 5-2 中的电源提供了 5 V DC。

图 5-2   5 V DC
电源的电路符号

在本书中，你已经看到了计算机中发生的一切都是基于 1 和 0 的系统。但是这些 1 和 0 的物理表现形式如何呢？计算机电路通过区分两个不同的电压电平提供逻辑 0 和 1。例如，逻辑 0 可以由 0 V DC 表示，而逻辑 1 可以由 5 V DC 表示。也可以反过来实现：5 V 为逻辑 0，0 V 为逻辑 1。只要保持硬件设计一致即可。幸运的是，程序员不需要担心实际使用的电压——这是计算机硬件工程师的事。

注意   电子设备被设计为在一定的电压范围内可靠地运行。例如，一个在标称 5 V 电压下工作的设备通常有±5%的公差，也就是在 4.75 ～ 5.25 V 范围内。

由于计算机电路在两个电压电平之间不断切换，当电压突然从一个电平切换到另一个电平时，计算机硬件工程师需要考虑电路元件的时间相关特征。我们将在 5.1.2 节中展开讨论。

5.1.2   无源元件

所有的电路都存在电阻、电容和电感。这些电磁特性分布在任何电路中。

- 电阻：阻碍电流流动，从而耗散能量。电能转化为热能。
- 电容：在电场中存储能量。电容两端的电压不能瞬间改变。
- 电感：在磁场中存储能量。通过电感的电流不能瞬间改变。

能量以电场形式存储在电容中或以磁场形式存储在电感中都需要时间，这两个特性会阻碍电压和电流的变化。二者与电阻一起被称为阻抗。阻抗的变化会减慢计算机中的开关动作，而且电阻会消耗电能。我们将在本节的剩余部分介绍这些属性的一般时序特征，关于功耗的讨论可以参阅更高级的相关书籍。

为了感受各种特性的影响，我们考虑使用将这些特性置于电路中特定位置的分立电子设备：电阻、电容和电感。它们属于一类更广泛的电子元件，即无源元件，这种元件不受电子方式控制，仅仅只是消耗或存储能量。

图 5-3 展示了我们将要讨论的无源电子设备的电路符号。接下来将逐一描述。

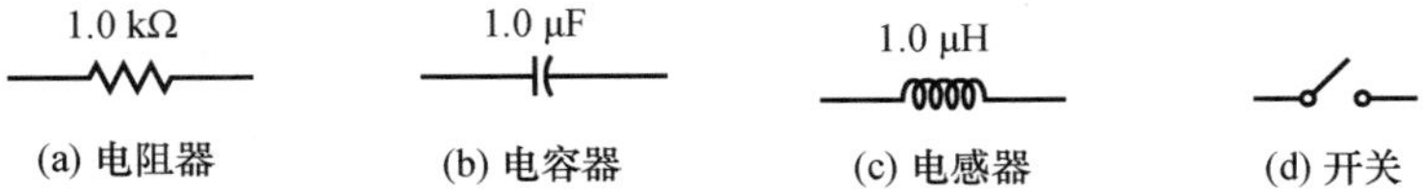

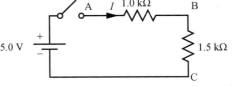

(a) 电阻器	(b) 电容器	(c) 电感器	(d) 开关
1.0 kΩ	1.0 μF	1.0 μH	

图 5-3 无源电子设备的电路符号

开关

开关可以处于两个位置（打开或闭合）之一。在打开位置，两端之间没有连接。闭合时，两端完成连接，从而实现导电。图 5-3（d）中的符号通常表示手动启动的开关。在 5.2 节中，你将了解到计算机使用晶体管作为通/断开关，通过电子方式控制，实现了构成计算机基础的开/关逻辑。

电阻器

电阻器用于限制电路中特定位置的电流量。通过限制流入电容或电感的电流，电阻器会影响其他设备储能所需的时间。选择多大的电阻通常要结合电容或电感的大小，以提供特定的时序特性。电阻器还用于将经过设备的电流限制在安全范围。

由于限制了电流的流动，电阻器不可逆地将电能转化为热能。电阻器不会存储能量，不像电容器或电感器，后者可以随后将存储的能量返回电路中。

欧姆定律给出了单个电阻器的电压和电流之间的关系：

$$V(t) = I(t) \times R$$

其中，$V(t)$ 是 t 时刻电阻器两端的电压差，$I(t)$ 是 t 时刻流经电阻的电流，R 是电阻值。电阻值以欧姆（ohms）为单位。

图 5-4 中所示的电路有两个电阻器通过开关连接到电源，该电源提供 5 V 电压。希腊字母 Ω 用来表示欧姆，$k\Omega$ 表示 10^3 欧姆。电流只能在闭合路径中流动，因此在开关闭合之前不会有电流。

图 5-4 与电源和开关串联的两个电阻器

在图 5-4 中，两个电阻器位于同一路径，所以当开关闭合时，相同的电流 I 会流过这两个电阻。处于同一电流路径中的电阻器称为串联。为了确定从电池流出的电流量，我们需要计算电流路径中的总电阻。

电流路径中的总电阻是两个电阻器之和：

$$R = 1.0 \text{ k}\Omega + 1.5 \text{ k}\Omega$$
$$= 2.5 \text{ k}\Omega$$

因此，5 V 的电压被施加在 2.5 kΩ 的两端。求解 I，省略 t，因为电源电压不随时间变化：

$$I = \frac{V}{R}$$
$$= \frac{5.0 \text{ V}}{2.5 \times 10^3 \ \Omega}$$
$$= 2.0 \times 10^{-3} \text{ A}$$
$$= 2.0 \text{ mA}$$

其中，mA 代表毫安（milliamps）。

将电阻值和电流相乘，确定图 5-4 电路中 A 点和 B 点之间的电压差：

$$V_{AB} = 1.0 \text{ k}\Omega \times 2.0 \text{ mA}$$
$$= 2.0 \text{ V}$$

与此类似，B 点和 C 点之间的电压差为：

$$V_{BC} = 1.5 \text{ k}\Omega \times 2.0 \text{ mA}$$
$$= 3.0 \text{ V}$$

因此，可以将电阻器串联起来作为分压器，在两个电阻之间分配 5 V 电压：1.0 kΩ 电阻器上分配 2.0 V 电压，1.5 kΩ 电阻器上分配 3.0 V 电压。

图 5-5 展示了并联方式连接的同样两个电阻器。

在图 5-5 中，当开关闭合时，电源的全部电压（5 V）施加在 A 点和 C 点之间。因此，每个电阻器上都被施加了 5 V 电压，我们可以使用欧姆定律来计算通过每个电阻器的电流：

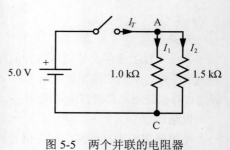

图 5-5　两个并联的电阻器

$$I_1 = \frac{V}{R_1}$$
$$= \frac{5.0 \text{ V}}{1.0 \text{ k}\Omega}$$
$$= 5.0 \times 10^{-3} \text{ A}$$
$$= 5.0 \text{ mA}$$

以及

$$I_2 = \frac{V}{R_2}$$
$$= \frac{5.0 \text{ V}}{1.5 \text{ k}\Omega}$$
$$= 3.3 \text{ mA}$$

当开关闭合时，由电源提供的总电流 $I_T = I_1 + I_2$ 在 A 点被分压，提供给两个电阻器。总电流一定等于流过电阻器的两个电流之和：

$$I_T = I_1 + I_2$$
$$= 5.0 \text{ mA} + 3.3 \text{ mA}$$
$$= 8.3 \text{ mA}$$

电容器

电容器以电场的形式存储能量，电场本质上是静止的电荷。电容器一开始允许电流流入自身。电容器并不是为电流提供连续的路径，而是存储电荷，产生电场，从而导致电流随着时间的推移而减少。

由于建立电场需要时间，电容器多被用来平抑电压的快速变化。当流入电容器的电流突然增加时，电容器倾向于吸收电荷。当电流突然减小时，存储的电荷就从电容器中释放出来。

电容器上的电压随时间变化的规律为：

$$V(t) = \frac{1}{C} \int_0^t I(t) \mathrm{d}t$$

其中，$V(t)$ 是 t 时刻电容器两端的电压差，$I(t)$ 是 t 时刻流经电阻器的电流，C 是电容值，单位为法拉（farad），法拉的符号是 F。

注意 如果你没有学过微积分，符号∫代表积分，可以认为是"无穷小求和"。这个等式表明，在时间从 0 增加到当前时间 t 的过程中，电压随之累加，如图 5-7 所示。

图 5-6 显示了通过 1.0 kΩ 电阻器充电的 1.0 μF（微法）电容器。

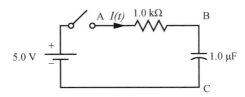

图 5-6 与电阻器串联的电容器。V_{AB} 是电阻器两端的电压，V_{BC} 是电容器两端的电压

在本章后续部分你会看到，该电路是对一个晶体管的输出与另一个晶体管的输入相连的粗略模拟。第一个晶体管的输出处有电阻，而第二个晶体管的输入处有电容。第二个晶体管的开关行为取决于（等效）电容器上的电压 $V_{BC}(t)$ 是否达到阈值。

让我们看看电容器两端的电压充电到阈值所需的时间。假设开关首次闭合时，电容器两端的电压 V_{BC} 为 0 V，电流通过电阻器并流入电容器。电阻器两端的电压加上电容器两端的电压一定等于电源提供的电压。也就是说：

$$5.0 = I(t)R + V_{BC}(t)$$

电容器两端的电压 V_{BC} 最初为 0 V，当开关首次闭合时，电源的全部电压（5 V）将出现在电阻器两端。因此，电路中的初始电流为：

$$I_{initial} = \frac{5.0\ V}{1.0\ k\Omega}$$
$$= 5.0\ mA$$

最初涌入电容器的电流导致电容器两端的电压升高至电源电压。先前的积分方程表明，当电容器上的电压接近其最终值时，这种积聚效应会呈指数级下降。当电容器两端的电压 $V_{BC}(t)$ 增加时，电阻器上的电压 $V_{AB}(t)$ 一定会减少。当电容器两端的电压最终等于电源电压时，电阻器两端的电压为 0 V，电路中的电流为 0。电流指数下降的速率由电阻值和电容值的乘积 RC 给出，称为时间常数（time constant）。

对于例子中给出的 R 和 C 的值，我们得到：

$$RC = 1.0 \times 10^3\ \Omega \times 1.0 \times 10^{-6}\ F$$
$$= 1.0 \times 10^{-3}\ s$$
$$= 1.0\ ms$$

假设图 5-6 中的电容器在开关闭合时两端的电压为 0 V，电容器两端电压随时间的变化由下式给出：

$$V_{BC}(t) = 5.0 \times \left(1 - e^{\frac{-t}{10^{-3}}}\right)$$

你可以在图 5-7 中看到这个图形。左边的 y 轴显示的是电容器上的电压，而右边的则是电阻器上的电压。注意，标度的方向是相反的。

在时间 $t = 1.0$ ms（一个时间常数）时，电容器两端的

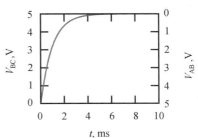

图 5-7 图 5-6 电路中的电容器充电过程

电压为：

$$V_{BC} = 5.0\left(1 - e^{\frac{-10^{-3}}{10^{-3}}}\right)$$
$$= 5.0(1 - e^{-1})$$
$$\approx 5.0 \times 0.63$$
$$= 3.15\ V$$

这高于计算机中使用的典型晶体管的阈值电压。同样，你会在本章后续部分学到更多的相关内容。

经过 6 个时间常数后，电容器两端的电压达到：

$$V_{BC} = 5.0\left(1 - e^{\frac{-6\times10^{-3}}{10^{-3}}}\right)$$
$$= 5.0(1 - e^{-6})$$
$$\approx 5.0 \times 0.9975$$
$$= 4.9876\ V$$

此时，电阻器两端的电压基本上为 0 V，电流非常低。

电感器

电感器以磁场的形式存储能量，而磁场是由运动中的电荷产生的。电感器最初会阻止电荷的流动，需要一段时间来建立磁场。通过为电荷（电流）的流动提供连续的路径，使得电感器产生磁场。

在计算机中，电感器主要用于电源以及连接电源和 CPU 的电路。如果能接触到计算机内部，你可能会在主板上靠近 CPU 的位置看到一个小的（直径约 1 cm）环状装置，上面缠绕着电线。这就是电感器，用于平滑提供给 CPU 的电源。

尽管可以使用电感器或电容器来平滑电源，但前者是通过抵抗电流变化来实现的，后者是通过抵抗电压变化来实现的。选择哪一个，或者是两者兼用，则是另一个更复杂的电子学话题。

t 时刻电感器两端的电压 $V(t)$ 与流经其的电流 $I(t)$ 之间的关系由以下等式给出：

$$V(t) = L\frac{dI(t)}{dt}$$

其中，L 是电感值，单位为亨利（henrys），其符号是 H。

注意 同样，这里用到了微积分。$dI(t)/dt$ 表示微分，即 $I(t)$ 相对于时间 t 的变化率，该等式表示 t 时刻的电压与 I 在此刻的变化率呈正比。（你会在图 5-9 中看到这种关系。）

图 5-8 显示了与 1.0 kΩ 电阻器串联的 1.0 μH 电感器。

当开关打开时，没有电流流过该电路。闭合开关后，电感器最初会阻止电流流动，花费一段时间在电感器中建立磁场。在开关闭合之前，没有电流流过电阻器，因此电阻器两端的电压 V_{BC} 为 0 V。电源全部的 5 V 电压 V_{AB} 出现在电感器两端。随着电流开始流过电感器，电阻器两端的电压 $V_{BC}(t)$ 随之增加。这导致电感器两端的电压呈指数下降。当电压最终达到 0 V 时，电阻器两端的电压为 5 V，电路中的电流为 5.0 mA。

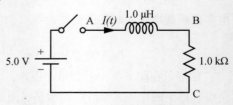

图 5-8 与电阻器串联的电感器

电压指数下降的速率由时间常数 L/R 给出。使用图 5-8 中的 R 和 L 值，我们得到：

$$\frac{L}{R} = \frac{1.0 \times 10^{-6} \text{ H}}{1.0 \times 10^{3} \text{ } \Omega}$$
$$= 1.0 \times 10^{-9} \text{ s}$$
$$= 1.0 \text{ ns}$$

当开关闭合时，电感器两端的电压随时间的变化由下式给出：

$$V_{AB}(t) = 5.0 \times e^{\frac{-t}{10^{-9}}}$$

如图 5-9 所示。左侧 y 轴显示电阻器两端的电压，右侧显示电感器两端的电压。注意，标度的方向是相反的。

在时间 $t = 1.0$ ns（1 个时间常数）时，电感器两端的电压为：

$$V_{AB} = 5.0(1 - e^{\frac{-10^{-9}}{10^{-9}}})$$
$$= 5.0(1 - e^{-1})$$
$$= 5.0 \times 0.63$$
$$= 3.15 \text{ V}$$

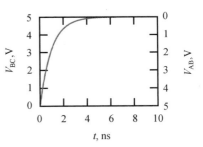

图 5-9 电感器在图 5-8 的电路中随时间建立磁场

大约 6 ns（6 个时间常数）后，电感器两端的电压基本上等于 0 V。此时，电阻器两端的电压为电源的全部电压，稳定流过的电流为 5.0 mA。

图 5-8 中的电路展示了电感器如何用于 CPU 电源。该电路中的电源模拟了计算机电源，而电阻器模拟了消耗电源电能的 CPU。电源产生的电压含有噪声，由加入直流电平的小的高频波动组成。如图 5-9 所示，供应给 CPU 的电压 $V_{BC}(t)$ 在短时间内变化很小。串联在电源和 CPU 之间的电感器起到了平滑 CPU 供电电压的作用。

功耗

硬件设计的一个重要部分是功耗，尤其是对于由电池供电的设备。在此讨论的 3 个电磁特性中，对功耗影响最大的就是电阻。

能量是引起变化的能力，而功率是衡量能量能以多快的速度促使变化产生的度量。能量的基本单位是焦耳（joule）。功率的基本单位是瓦特（watt），定义为每秒钟消耗 1 J。例如，我有一块可以存储 240 Wh 的备用电池。这意味着它足够提供 240 W 的电量一小时或 120 W 的电量两小时，即 240 Wh×3600 s/h=864 000 焦耳。伏特和安培的单位是这样定义的：1 W=1 V×1 A。由此得到功率的公式：

$$P = V \times I$$

其中，P 是功率，V 是元件两端的电压，I 是流经元件的电流。

短暂充电后，电容器阻止电流流动，因此电容器的功率为零。它只是以电场的形式存储能量。磁场很快产生之后，电感器两端的电压变为零，因此电感器的功率也变为零。电感器以磁场的形式存储能量。

然而，电阻器并不存储能量。只要电阻器两端有电压差，就会有电流流过。电阻器 R 的功率由下式给出：

$$P = V \times I$$
$$= I \times R \times I$$
$$= I^2 \times R$$

该功率在电阻器中转换为热量。功耗是以电流的平方增加的，因此硬件设计的常见目标之一就是减少电流量。

本节是对计算机工程师在其设计中所包含的无源元件的理想化讨论。在现实世界中，每种元件都包括硬件设计工程师需要考虑的所有 3 种特性：电阻、电容和电感。这些次要影响不易觉察，往往会给设计带来麻烦。

本章余下部分将专门讨论有源元件，即那些受电子方式控制的元件，它们用于实现作为计算机基础的开关。你会看到，有源元件也具有电阻和电容，它们会影响包含这类元件的电路设计。

5.2 晶体管

我们将计算机描述为双态开关的集合。在前几章中，我们讨论了如何通过将这些开关设置为 0 或 1 来表示数据。然后，介绍了如何使用逻辑门组合 0 和 1 来实现逻辑功能。在本节中，我们要学习如何使用晶体管来实现构成计算机的双态开关。

晶体管是一种可以通过电子方式控制其电阻的设备，因此属于有源元件。这种能力使得晶体管开关有别于本章先前看到的以机械方式控制的简单开关。在讲解制作晶体管开关之前，让我们先看看如何使用机械开关实现逻辑门。在这个例子中，我们要用到非门。

图 5-10 给出了两个串联在 5 V 和 0 V 之间的按钮开关。顶部开关通常是关闭的。当（从左侧）按下该开关的按钮时，两个小圆圈之间的连接断开，从而在这一点上断开电路。底部开关通常是打开的。当该开关的按钮被按下时，两个小圆圈之间形成连接，从而在这一点上接通电路。

现在我们用 5 V 代表 1，0 V 代表 0。这个非门的输入 x 同时按下两个按钮。我们按以下方式控制 x：当 $x = 1$ 时，按下两个按钮；当 $x = 0$ 时，不按下按钮。未按下按钮时，$x = 0$，5 V 电压连接到输出端 $\sim x$，代表 1。按下按钮时，$x = 1$，5 V 断开，0 V 连接到输出端，代表 0。因此，1 的输入得到 0 的输出，0 的输入得到 1 的输出，这就是非门。

早期的计算设备的确使用机械开关来实现逻辑功能，但以今天的标准来看，速度太慢了。现代计算机使用晶体管，这是一种由半导体材料制成的电子设备，可以在电子控制下在导电和不导电状态之间快速切换。

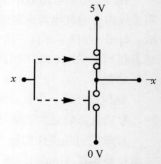

图 5-10　由两个按钮开关
构成的非门

就像机械按钮的例子一样，我们使用两个不同的电压来代表 1 和 0。例如，可以用高电压（比如+5 V）代表 1，用低电压（比如 0 V）代表 0。但是晶体管可以通过电子方式打开或关闭，这使其速度比最初计算机中使用的机械开关要快得多。晶体管不仅占用的空间更少，消耗的电能也更低。

接下来，我们将介绍现代计算机中常用的两种晶体管。

5.2.1 MOSFET 开关

当今计算机逻辑电路中最常用的开关晶体管是金属氧化物半导体场效应晶体管（Metal-Oxide-

Semiconductor Field-Effect Transistor，MOSFET）。MOSFET 的类型不止一种，使用不同的电压电平和极性。我将描述其中最常见类型（增强模式 MOSFET）的行为，其他类型 MOSFET 的相关细节可参考该主题的更高级书籍。这里的简短讨论应该有助于你理解 MOSFET 的工作原理。

　　MOSFET 的基本材料通常是硅，它是一种半导体，这意味着能够导电，但导电性不是很好。可以通过添加杂质来提高半导体的导电性，这个过程叫作掺杂（doping）。根据杂质的类型，导电性可以是电子导电或空穴导电。因为电子带有负电荷，所以传导电子的类型称为 N 型，传导空穴的类型称为 P 型。通过 MOSFET 的主要传导路径是沟道，它连接在 MOSFET 的源极和漏极端子之间。栅极由相反类型的半导体制成，控制着通过沟道的导电性。

　　图 5-11（a）和图 5-11（b）分别展示了两种基本类型的 MOSFET：N 沟道和 P 沟道。每种 MOSFET 通过电阻器连接到 5 V 电源。

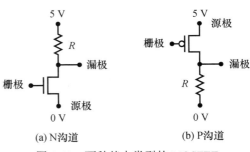

图 5-11　两种基本类型的 MOSFET

　　这些电路经过了简化，方便我们讨论 MOSFET 的工作原理。每个 MOSFET 都有 3 个连接点或端子。栅极用作输入端。施加到栅极的电压（相对于施加到源极的电压）控制流过 MOSFET 的电流。漏极用作输出。N 沟道 MOSFET 的源极与电源的低电压相连，P 沟道的源极与电源的高电压相连。

　　学习过布尔代数中的补之后，你可能不会对这两种 MOSFET 所具有的互补行为感到惊讶。在接下来的内容中，你将看到我们如何将它们连接成互补对，从而实现比单个开关更快、更高效的开关。

　　我们先从 N 沟道 MOSFET 开始，看看每种设备是如何作为单个开关工作的。

N 沟道 MOSFET

　　在图 5-11（a）中，N 沟道 MOSFET 的漏极通过电阻器 R 连接到电源的 5 V 端，源极连接到 0 V 端。

　　当施加到栅极的电压相对于源极为正时，N 沟道 MOSFET 的漏极和源极之间的电阻降低。当该电压达到阈值（通常在 1 V 的范围内）时，电阻变得非常低，从而为漏极和源极之间的电流提供了良好的传导路径。由此产生的电路相当于图 5-12（a）。

　　在图 5-12（a）的电路中，电流通过电阻器 R 从电源的 5 V 端流向 0 V 端。漏极电压为 0 V。这种电流的一个问题是，电阻器消耗功率，只是将其转化为热量。稍后，你会看到为什么我们不想通过增加电阻来限制电流，从而降低功耗。

　　当施加到栅极的电压与源极的电压几乎相同时（在本例中为 0 V），MOSFET 就会断开，产生如图 5-12（b）所示的等效电路。漏极通常连接到另一个 MOSFET 的栅极，当它从一种状态切换到另一种状态时，只短暂地汲取电流。在这种短暂的状态切换之后，漏极与另一个 MOSFET 栅极的连接不会产生电流。因为没有电流流过电阻器 R，所以其两端没有电压差。因此，漏极的电压为 5 V，该电阻充当了上拉设备（pull-up device），当 MOSFET 关闭时，电路通过此电阻器完成，它的作用是将漏极的电压拉高到电源的高电压。

P 沟道 MOSFET

　　现在，让我们看看 P 沟道 MOSFET，如图 5-11（b）所示。这里，漏极通过一个电阻器连接到低电压（0 V），源极连接到高电压（5 V）。当施加到栅极的电压与源极的电压几乎相同时，MOSFET 就会断开。这种情况下，电阻器 R 充当了下拉设备（pull-down device），将漏极电压拉低至 0 V。图 5-13（a）展示了等效电路。

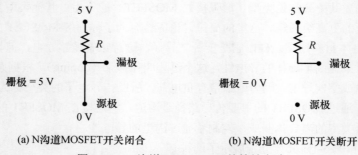

(a) N沟道MOSFET开关闭合　　　　　(b) N沟道MOSFET开关断开

图 5-12　N 沟道 MOSFET 开关等效电路

当施加到栅极的电压相对于源极为负时，P 沟道 MOSFET 的漏极和源极之间的电阻降低。如果电压达到阈值（通常在–1 V 范围内），电阻会变得非常低，从而为漏极和源极之间的电流提供了良好的传导路径。图 5-13（b）展示了当栅极相对于源极为–5 V 时的等效电路。

这两种 MOSFET 都存在一些问题。观察图 5-12（a）和图 5-13（b）中的等效电路，可以看到，处于导通状态的 MOSFET 就像一个闭合的开关，从而使电流流过上拉或下拉电阻器。当 MOSFET 处于导通状态时，流过电阻器的电流消耗功率，而这些功率只是转换为热量。

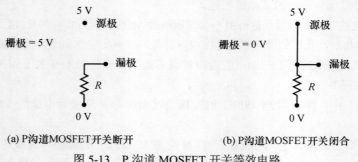

(a) P沟道MOSFET开关断开　　　　　(b) P沟道MOSFET开关闭合

图 5-13　P 沟道 MOSFET 开关等效电路

除了上拉和下拉电阻器在 MOSFET 处于导通状态时会消耗功率外，这种硬件设计还存在另一个问题。尽管 MOSFET 的栅极在保持导通或断开状态时基本不消耗电流，但要改变 MOSFET 的状态，需要有短暂的电流进入栅极。该电流由连接到栅极的设备提供，可能来自另一个 MOSFET 的漏极。本书对此不作详细讨论，但另一个 MOSFET 的漏极能够提供的电流量很大程度上受其上拉或下拉电阻器的限制。这种情况基本上与图 5-6 和图 5-7 相同，你可以从图中看到，电阻值越高，电容器充电所需的时间越长。

因此，这里有一个权衡：电阻越大，电流就越低，从而降低 MOSFET 处于导通状态时的功耗。但较大的电阻也会降低漏极可用的电流量，从而增加切换连接到漏极的 MOSFET 所需的时间。我们陷入了两难境地：小的上拉和下拉电阻器会增加功耗，而大的电阻器则会降低计算机的速度。

5.2.2　CMOS 开关

我们可以用互补金属氧化物半导体（Complementary Metal-Oxide Semiconductor，CMOS）技术来解决这个难题。要想了解其工作原理，让我们去掉上拉和下拉电阻器，并将 P 沟道和 N 沟道的漏极连接在一起。P 沟道取代 N 沟道电路中的上拉电阻器，N 沟道取代 P 沟道电路中的下拉电阻器。我们还将两个栅极连接在一起，得到了如图 5-14 所示的电路。

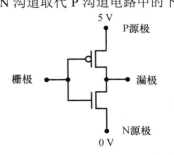

图 5-15（a）展示了栅极处于较高电源电压（5 V）时的等效电路。上拉 MOSFET（P 沟道）断开，下拉 MOSFET（N 沟道）导通，因此漏极被下拉到较低的电源电压（0 V）。在图 5-15（b）中，栅极处于较低的电源电压（0 V），这会导通 P 沟道 MOSFET 并断开 N 沟道 MOSFET。P 沟道 MOSFET 将漏极上拉至更高的电源电压（5 V）。

图 5-14　CMOS 反相器（非）电路

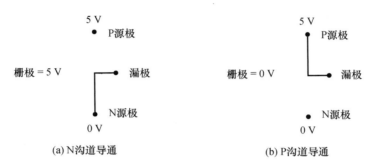

(a) N沟道导通　　　　　　(b) P沟道导通

图 5-15　CMOS 反相器等效电路：（a）上拉断开和下拉导通，（b）上拉导通和下拉断开

我们在表 5-1 中总结了该行为。

表 5-1　　　　　　　　　　　　　**单个 CMOS 的真值表**

栅极	漏极
0 V	5 V
5 V	0 V

如果我们使用栅极连接作为输入，使用漏极连接作为输出，5 V 代表逻辑 1，0 V 代表逻辑 0，那么 CMOS 就实现了一个非门。

使用 CMOS 电路有以下两个主要优势。

- 消耗能量很少。由于 N 沟道和 P 沟道 MOSFET 的开关速度不同，在开关期间只有少量电流流过。更少的电流意味着更少的热量，这通常是芯片设计的限制因素。

- 电路快得多。MOSFET 能够比电阻器更快地在其输出端提供电流，为之后的 MOSFET 栅极充电。这使我们得以打造更快的计算机。

图 5-16 展示了由 3 个 CMOS 实现的与门。

表 5-2 中的真值表给出了前两个 CMOS 的中间输出，即图 5-16 中的 A 点。

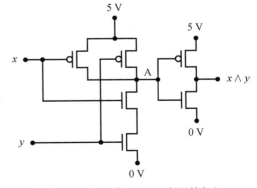

图 5-16　由 3 个 CMOS 实现的与门

从真值表中可知，A 点的信号是 $\neg(x \wedge y)$。从 A 点到输出端的电路是一个非门。A 点的结果称

为 NAND 运算。它比 AND 运算少用了两个晶体管。我们将在 5.3 节看到此结果的含义。

表 5-2　　　　　　　　　　　　图 5-16 中的与门的真值表

x	y	A	$x \wedge y$
0	0	1	0
0	1	1	0
1	0	1	0
1	1	0	1

5.3　与非门和或非门

正如我们在 5.2 节中看到的，晶体管的固有设计意味着大多数电路都会将信号反相。也就是说，对于大多数电路，输入端的高电压会在输出端产生低电压，反之亦然。因此，与门在输出端通常需要一个非门来实现真正的 AND 运算。

此外，与常规 AND 运算相比，NOT(AND)需要的晶体管更少。这种组合十分普遍，故得名与非门（NAND gate）。当然，对或门来说，我们有一个等效的或非门（NOR gate）。

NAND：双目运算符，当且仅当两个操作数都为 1 时，其结果为 0，否则为 1。我们使用 $\neg(x \wedge y)$ 来指定 NAND 运算。图 5-17 给出了与非门的硬件符号以及真值表，显示了以 x 和 y 作为输入时与非门的运算。

NOR：双目运算符，如果两个操作数中至少有一个为 1，则结果为 0，否则为 1。我们将使用 $\neg(x \vee y)$ 来指定 NOR 运算。图 5-18 给出了或非门的硬件符号以及真值表，显示了以 x 和 y 作为输入时或非门的运算。

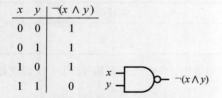

x	y	$\neg(x \wedge y)$
0	0	1
0	1	1
1	0	1
1	1	0

图 5-17　作用于变量 x 和 y 的与非门

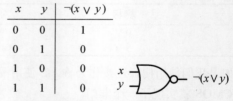

x	y	$\neg(x \vee y)$
0	0	1
0	1	0
1	0	0
1	1	0

图 5-18　作用于变量 x 和 y 的或非门

注意图 5-18 中与非门以及或非门输出端的小圆圈。这表示 NOT，就像非门一样（见图 4-3）。

尽管在第 4 章中我们明确地展示了对门的输入求补的非门，但通常只是在输入端用这些小圆圈来表示补。例如，图 5-19 显示了有两个输入端求补的或门。

x	y	$(\neg x \vee \neg y)$	$\neg(x \wedge y)$
0	0	1	1
0	1	1	1
1	0	1	1
1	1	0	0

图 5-19　绘制与非门的另一种方式

如真值表所示，这是与非门的另一种实现。正如你在第 4 章所学的，德摩根定律可以证实：

$$\neg(x \wedge y) = (\neg x \vee \neg y)$$

5.4 作为万能门的与非门

与非门有一个值得注意的特性：它可以用来构建与门、或门以及非门。这意味着与非门能够实现任何布尔函数。在这个意义上，你可以把与非门想象成一个万能门。回想一下德摩根定律，你大概不会惊讶，或非门也可以作为万能门。但是 CMOS 晶体管的物理特性使得与非门的速度更快，占用空间更少，因此几乎总是首选的解决方案。

让我们来看看如何使用与非门来构建与门、或门以及非门。如图 5-20 所示，要用与非门构建非门，只需将信号连接到与非门的两个输入端即可。

为了构建与门，观察图 5-21，可以发现其中第一个与非门产生$\neg(x \wedge y)$，将其连接到一个非门，产生$(x \wedge y)$。

我们可以用德摩根定律来推导出或门。考虑以下等式：

$$\neg(\neg x \wedge \neg y) = \neg(\neg x) \vee \neg(\neg y)$$
$$= x \vee y$$

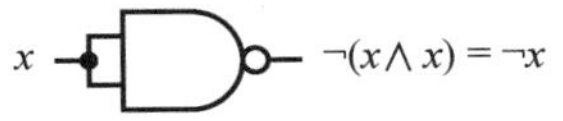

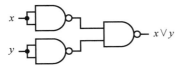

图 5-20   使用与非门构建非门

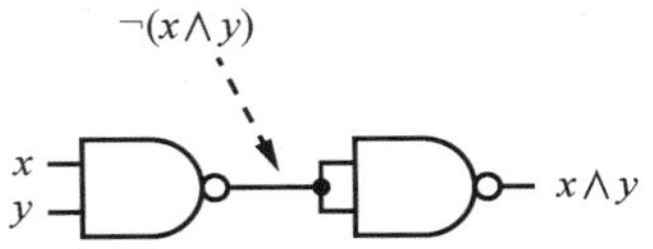

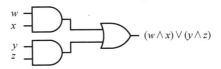

图 5-21   使用两个与非门构建与门

因此，要想实现 OR，我们需要 3 个与非门，如图 5-22 所示。输入端 x 和 y 的两个与非门在非门处连接，产生$\neg x$ 和$\neg y$，这在第三个与非门的输出端产生$\neg(\neg x \wedge \neg y)$。

我们使用与非门设计电路看起来搞得更复杂了，不过考虑以下函数：

$$F(w, x, y, z) = (w \wedge x) \vee (y \wedge z)$$

如果不知道逻辑门是如何构造的，用图 5-23 所示的电路来实现这个函数是合理的。

图 5-22   使用 3 个与非门构建或门   图 5-23   使用两个与门和一个或门的 $F(w, x, y, z)$

对合性指出$\neg(\neg x) = x$，所以我们可以在每条路径上添加两个非门，如图 5-24 所示。

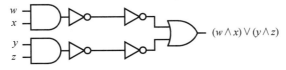

图 5-24   使用两个与门、一个或门和 4 个非门的 $F(w, x, y, z)$

将图 5-17 与对输入端 w、x、y、z 进行操作的两个与/非门组合进行比较，我们发现每个组合都是一个与非门。它们会在最左边的两个非门的输出端产生$\neg(w \wedge x)$和$\neg(y \wedge z)$。

从图 5-19 中德摩根定律的应用可知$(\neg a) \vee (\neg b) = \neg(a \wedge b)$。换句话说，我们可以用单个与非门代替最右边的两个非门和或门的组合。

$$\neg(\neg(w \wedge x) \wedge \neg(y \wedge z)) = (w \wedge x) \vee (y \wedge z)$$

图 5-25 中的最终电路使用了 3 个与非门。

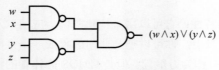

图 5-25 只使用 3 个与非门的 $F(w, x, y, z)$

仅从图 5-23 和图 5-25 的逻辑电路图来看，在这次电路改造中我们似乎没有得到任何好处。但是从 5.3 节中可知，与非门（图 5-16 中的 A 点）比与门少用两个晶体管。因此，与非门的实现功耗更少，速度更快。虽然我们在这里没有展示，但或门也是如此。

将"与/或/非"门的设计转换为仅使用"与非"门的设计非常简单：

（1）将函数表示为乘积的最小和；

（2）将乘积（AND 项）和最终总和（OR）转换为与非门；

（3）为只有单个字面量的乘积添加一个与非门。

我在这里所说的关于与非门的一切都适用于或非门。你只需应用德摩根定律求补即可。但是如前所述，与非门通常比或非门更快，占用空间更少，因此几乎总是首选的解决方案。

与软件一样，硬件设计也是一个迭代过程。大多数问题没有唯一的解决方案，你往往需要做出多种设计，在可用的硬件环境中分析每一种设计。正如前面的例子所示，理论上看起来一样的两种解决方案在硬件层面可能大不相同。

动手实践

1. 使用或非门分别设计非门、与门、或门。

2. 使用与非门设计一个电路，检测两个 2 位整数 x 和 y 的"低于"条件，$F(x, y) = 1$。通常使用低于/高于（below/above）进行无符号整数比较，使用小于/大于（less-than/greater-than）进行有符号整数比较。

5.5 小结

基本电子学概念 电阻、电容和电感影响电子电路中的电压和电流流动。

晶体管 可用作电子控制开关的半导体设备。

MOSFET 金属氧化物半导体场效应晶体管是计算机中实现逻辑门最常用的开关设备，分为 N 沟道和 P 沟道两种类型。

CMOS N 沟道和 P 沟道 MOSFET 成对互补配置，以提高开关速度并降低功耗。

与非门和或非门 由于晶体管固有的电子特性，它们比与门和或门需要更少的晶体管。

在第 6 章中，你将看到简单的逻辑门是如何在电路中相互连接，以实现构建计算机所需的复杂操作的。

第 **6** 章

组合逻辑电路

在第 5 章中，你学习了计算机的基本组件：逻辑门。计算机是由能够处理数字信息的逻辑门（称为数字电路）组合而成的。在本章和接下来的两章中，我们将介绍一些用于构建 CPU、内存和其他设备的逻辑电路。我们不会完整地描述这些单元，只会讲解几个小部分，并讨论其背后的概念。目标是简要地阐述这些逻辑电路背后的概念。

6.1　两类逻辑电路

逻辑电路分为以下两类。

- 组合型：组合逻辑电路的输出仅取决于在任何时刻给定的输入，而非先前的输入。
- 时序型：时序逻辑电路的输出取决于先前和当前的输出。

为了阐明这两种类型，让我们以电视遥控器为例。你可以通过在遥控器上输入数字来选择特定频道。频道选择仅取决于你输入的数字，和你正在收看的频道无关。因此，输入和输出之间是组合关系。

遥控器还有一个输入端，可以上下调整频道。该输入取决于之前选择的频道以及所按的上/下按钮。上/下按钮展示的就是顺序输入/输出关系。

我们会在第 7 章讲解时序逻辑电路。本章将通过一些组合逻辑电路的示例来讲解其工作原理。

信号电压电平

电子逻辑电路用高电压或低电压来表示 1 和 0，我们将表示 1 的电压称为有效电压。如果用一个较高的电压来表示 1，那么该信号就叫作高电平有效（active-high）。如果用一个较低的电压来表示 1，那么该信号就叫作低电平有效（active-low）。

高电平有效信号可以连接到低电平有效输入，但硬件设计人员必须考虑两者的差异。例如，假设低电平有效输入所需的逻辑输入为 1。因为是低电平有效输入，这意味着所需的电压是两个电压中较低的那个。如果要连接到该输入的信号是高电平有效信号，则逻辑 1 是两个电压中较高的那个，信号必须首先求补，才能在低电平有效输入端被解释为 1。

在本书的逻辑电路讨论中，我只使用逻辑电平 0 和 1，不谈硬件中实际使用的电压电平。不过你应该了解这些术语，因为在与他人交谈或是阅读元件规格表时用得着。

6.2 加法器

我们先从 CPU 基本的操作之一开始：两个位相加。我们的最终目标是将两个 n 位数相加。

从第 2 章可知，二进制数从右（最低有效位）到左（最高有效位）对各位从 0 开始编号。我们先展示如何对位置 i 上的两个位进行相加，然后讨论如何对两个 4 位数进行相加，同时考虑各位产生的进位。

6.2.1 半加器

加法可以通过几种电路来实现。我们先从半加器开始，它只是将一个数（用二进制表示）的当前位置上的两位相加，如表 6-1 中的真值表所示。在该表中，x_i 是数字 x 的第 i 位，y_i 列中的值代表数字 y 的第 i 位，Sum_i 是数字 Sum 的第 i 位，$Carry_{i+1}$ 是 x_i 和 y_i 相加产生的进位。

表 6-1　　　　　　　　　　　　用于两位相加的半加器

x_i	y_i	$Carry_{i+1}$	Sum_i
0	0	0	0
0	1	0	1
1	0	0	1
1	1	1	0

和（Sum）是两个输入的 XOR，进位（Carry）是两个输入的 AND。图 6-1 展示了半加器的逻辑电路。

但是这里有一个缺陷：半加器只处理两个输入位。它可以用来将两个数的相同位进行相加，但没有考虑到次低位可能产生的进位。为了能够处理进位，我们必须增加第三个输入。

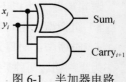

图 6-1　半加器电路

6.2.2 全加器

不同于半加器，全加器电路有 3 个位输入——$Carry_i$、x_i 和 y_i。$Carry_i$ 是两个次低位（右边的位）相加时产生的进位。例如，如果我们将第 5 位上的两个位相加，那么全加器的输入就是第 5 位上的两个位以及第 4 位的进位。结果如表 6-2 所示。

表 6-2　　　　　　　　　　　　用于两位相加的全加器

$Carry_i$	x_i	y_i	$Carry_{i+1}$	Sum_i
0	0	0	0	0
0	0	1	0	1
0	1	0	0	1
0	1	1	1	0

续表

Carry$_i$	x_i	y_i	Carry$_{i+1}$	Sum$_i$
1	0	0	0	1
1	0	1	1	0
1	1	0	1	0
1	1	1	1	1

要想设计全加器电路,我们从表 6-2 中的函数开始,该函数指定了当 Sum$_i$ 为 1 时的乘积项之和。

$$\text{Sum}_i(\text{Carry}_i, x_i, y_i) = (\neg\,\text{Carry}_i \wedge \neg x_i \wedge y_i) \vee (\neg\,\text{Carry}_i \wedge x_i \wedge \neg y_i)$$
$$\vee (\text{Carry}_i \wedge \neg x_i \wedge \neg y_i) \vee (\text{Carry}_i \wedge x_i \wedge y_i)$$

这个等式没有明显简化,所以让我们看看 Sum$_i$ 的卡诺图(见图 6-2)。

图 6-2 中没有明显的分组,所以我们只能用 4 个乘积项来计算前一个等式中的 Sum$_i$。

从第 4 章可知,Carry$_{i+1}$ 可以表示为以下等式:

$$\text{Carry}_{i+1}(\text{Carry}_i, x_i, y_i) = (x_i \wedge y_i) \vee (\text{Carry}_i \wedge x_i) \vee (\text{Carry}_i \wedge y_i)$$

这两个函数共同得到了图 6-3 所示的全加器电路。

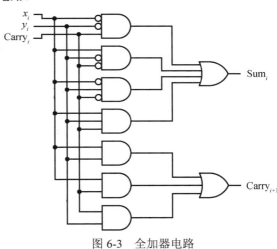

图 6-3 全加器电路

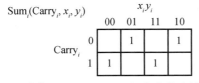

图 6-2 3 个位(Carry$_i$、x_i、y_i)之和的卡诺图

如你所见,全加器电路使用了 9 个逻辑门。在 6.2.3 节中,我们将探讨是否能够用更简单的电路来实现。

6.2.3 由两个半加器组成的全加器

为了看看能否找到一种更简单的解决方案,用于将两个位与次低位产生的进位相加,让我们回到 Sum$_i$ 的等式。运用分配律重新排列:

$$\text{Sum}_i(\text{Carry}_i, x_i, y_i) = \neg\,\text{Carry}_i \wedge \left((\neg x_i \wedge y_i) \vee (x_i \wedge \neg y_i)\right)$$
$$\vee\, \text{Carry}_i \wedge \left((\neg x_i \wedge \neg y_i) \vee (x_i \wedge y_i)\right)$$

由第 4 章可知,第一个乘积项括号中的值是 x_i 和 y_i 的 XOR:

$$(\neg x_i \wedge y_i) \vee (x_i \wedge \neg y_i) = x_i \veebar y_i$$

因此,我们得到:

$$\text{Sum}_i(\text{Carry}_i, x_i, y_i) = \neg \text{Carry}_i \wedge (x_i \vee y_i) \vee \text{Carry}_i \wedge ((\neg x_i \wedge \neg y_i) \vee (x_i \wedge y_i))$$

现在让我们处理第二个乘积项括号中的值。回想一下，在布尔代数中 $x \wedge \neg x = 0$，所以我们可以将其写成如下形式：

$$
\begin{aligned}
(\neg x_i \wedge \neg y_i) \vee (x_i \wedge y_i) &= (x_i \wedge \neg x_i) \vee (\neg x_i \wedge \neg y_i) \vee (x_i \wedge y_i) \vee (y_i \wedge \neg y_i) \\
&= x_i \wedge (\neg x_i \vee y_i) \vee \neg y_i \wedge (\neg x_i \vee y_i) \\
&= (x_i \vee \neg y_i) \wedge (\neg x_i \vee y_i) \\
&= \neg(x_i \veebar y_i)
\end{aligned}
$$

因此：

$$
\begin{aligned}
\text{Sum}_i(\text{Carry}_i, x_i, y_i) &= \neg \text{Carry}_i \wedge (x_i \veebar y_i) \vee \text{Carry}_i \wedge \neg(x_i \veebar y_i) \\
&= \text{Carry}_i \veebar (x_i \veebar y_i)
\end{aligned}
$$

我们要做的是为 Carry_{i+1} 创建一个布尔函数，这可能看起来反常。让我们从表示 3 个位相加时所产生进位的卡诺图（图 4-13）开始，但要去掉其中的两个分组，如图 6-4 中的虚线所示。

从而得到以下等式：

$$
\begin{aligned}
\text{Carry}_{i+1}(\text{Carry}_i, x_i, y_i) &= (x_i \wedge y_i) \vee (\text{Carry}_i \wedge \neg x_i \wedge y_i) \vee (\text{Carry}_i \wedge x_i \wedge \neg y_i) \\
&= (x_i \wedge y_i) \vee \text{Carry}_i \wedge ((\neg x_i \wedge y_i) \vee (x_i \wedge \neg y_i)) \\
&= (x_i \wedge y_i) \vee (\text{Carry}_i \wedge (x_i \veebar y_i))
\end{aligned}
$$

注意，该等式中的两项：$(x_i \wedge y_i)$ 和 $(x_i \veebar y_i)$，已经由半加器生成（参见图 6-1）。因此，通过第二个半加器和一个或门，我们就可以实现图 6-5 所示的全加器。

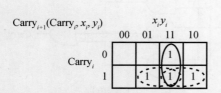

图 6-4　图 4-13 中表示进位的卡诺图，重新绘制时去掉了两个重叠的分组（虚线部分）

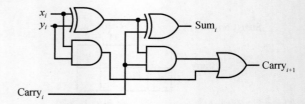

图 6-5　使用了两个半加器的全加器

现在你应该知道术语"半加器"和"全加器"的由来了。

简单的电路未必更好。事实上，从逻辑电路的角度来看，我们没法说图 6-3 和图 6-5 这两种全加器电路哪个更出色。良好的工程设计取决于诸多因素，例如每种逻辑门的实现方式、成本及其可用性等。这里给出这两种设计是为了说明不同的方法可以产生形式不同但功能相当的设计。

6.2.4　波动进位加法和减法电路

现在我们知道如何将给定数位上的两位相加，再加上次低位产生的进位。但是，程序所处理的大多数值都不止一位，所以我们需要一种方法将两个 n 位数的各位进行相加。这可以通过由 n 个全加器实现的 n 位加法器来完成。图 6-6 展示了一个 4 位加法器。

加法开始时，右边的全加器接收两个最低位：x_0 和 y_0。因为这是最低位，所以不存在进位且 $c_0=0$。

这两位之和是 s_0，加法产生的进位 c_1 被连接到左边下一个全加器的进位输入，在那里与 x_1 和 y_1 相加。

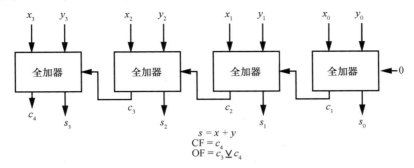

$$s = x + y$$
$$CF = c_4$$
$$OF = c_3 \veebar c_4$$

图 6-6　4 位加法器

因此，第 i 个全加器将操作数位置 i 上的两位相加，再加上来自第（i–1）个全加器的进位（0 或 1）。每个全加器处理被加值的其中一位〔通常称为位片(slice)〕。每位产生的进位被加到次高位。整个相加的过程以一种波动效应从最低位流向最高位，这种加法称为"波动进位加法"（ripple-carry addition）。

注意图 6-6 中的 CF 和 OF，即进位标志和溢出标志。我们在第 3 章介绍了进位和溢出。每当 CPU 执行算术运算时（本例中为加法运算），都会在 **rflags** 寄存器中记录是否发生进位和溢出。你将在第 9 章学习该寄存器。

现在让我们看看如何使用类似的思路来实现减法。回想一下，在补码中，一个数通过对其求补、翻转所有位并加 1 来取反。因此，我们可以这样从 x 中减去 y：

$$x - y = x + (y\text{的补码})$$
$$= x + \left((\text{翻转} y \text{的所有位}) + 1 \right)$$

如果我们对每个 y_i 求补并将初始进位设置为 1 而不是 0，就能使用图 6-5 中的加法器执行减法。每个 y_i 可以通过与 1 执行 XOR 运算来求补。由此得到了图 6-7 所示的 4 位电路，当 func = 0 时将两个 4 位数相加，当 func = 1 时将其相减。

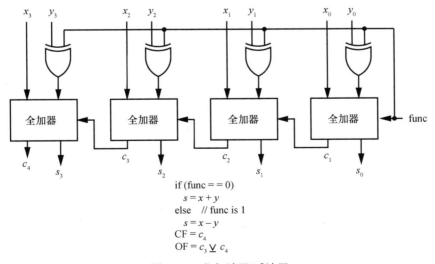

if (func == 0)
　$s = x + y$
else　// func is 1
　$s = x - y$
$CF = c_4$
$OF = c_3 \veebar c_4$

图 6-7　4 位加法器/减法器

当然，在从右到左计算和的过程中会有时间延迟。通过更复杂的电路设计，预先计算 CF 的进位和 OF 的值，能够显著减少计算时间，但我们不打算在本书中讨论这些细节。接下来，我们看看另一种类型的电路。

动手实践

你在第 3 章中学习过 rflags 寄存器中的进位标志（CF）和溢出标志（OF）。rflags 寄存器还包含一个零标志（Zero Flag，ZF）和一个负标志（Negative Flag，NF）。当算术运算的结果为 0 时，ZF 为 1；当结果为负数（如果该数被认为采用了补码表示法）时，NF 为 1。设计一个电路，使用图 6-7 中全加器的输出 s_0、s_1、s_2、s_3、c_3、c_4，输出 CF、OF、NF、ZF。

6.3 译码器

计算机中的许多操作都需要根据数字从多个连接中选择一个。例如，在随后几章你会看到，CPU 有少量内存被组织成寄存器的形式以用于计算。x86-64 架构有 16 个 64 位寄存器。如果一条指令使用了某个寄存器，则必须通过该指令中的 4 位来选择要使用 16 个寄存器中的哪一个。

译码器（decoder）可用于完成这种选择。译码器的输入是寄存器中的 4 位，输出是指向特定寄存器的 16 种连接之一。

译码器有 n 个二进制输入，最多可产生 2^n 个二进制输出。最常见的类型是线译码器（line decoder），对于每个输入的位模式，只选择一条输出线设置为 1。译码器包括一个 Enable 输入，这也很常见。表 6-3 中带有 Enable 输入的 3×8（3 个输入，8 个输出）译码器的真值表展示了其工作原理。当 Enable = 0 时，所有的输出线均为 0；当 Enable =1 时，输入的 3 位数（$x = x_2 x_1 x_0$）用于选择哪个输出线被设置为 1。因此，这个译码器可以用于从 8 个 3 位寄存器中选择一个（为了使这里的表格保持合适的大小，我没有使用 x86-64 架构中的 16 个寄存器）。

表 6-3   带有 Enable 输入的 3×8 译码器

Enable	输入			输出							
	x_2	x_1	x_0	y_7	y_6	y_5	y_4	y_3	y_2	y_1	y_0
0	0	0	0	0	0	0	0	0	0	0	0
0	0	0	1	0	0	0	0	0	0	0	0
0	0	1	0	0	0	0	0	0	0	0	0
0	0	1	1	0	0	0	0	0	0	0	0
0	1	0	0	0	0	0	0	0	0	0	0
0	1	0	1	0	0	0	0	0	0	0	0
0	1	1	0	0	0	0	0	0	0	0	0
0	1	1	1	0	0	0	0	0	0	0	0
1	0	0	0	0	0	0	0	0	0	0	1
1	0	0	1	0	0	0	0	0	0	1	0
1	0	1	0	0	0	0	0	0	1	0	0

续表

Enable	输入			输出							
	x_2	x_1	x_0	y_7	y_6	y_5	y_4	y_3	y_2	y_1	y_0
1	0	1	1	0	0	0	0	1	0	0	0
1	1	0	0	0	0	0	1	0	0	0	0
1	1	0	1	0	0	1	0	0	0	0	0
1	1	1	0	0	1	0	0	0	0	0	0
1	1	1	1	1	0	0	0	0	0	0	0

表 6-3 中指定的 3×8 译码器可以使用 4 输入的与门实现，如图 6-8 所示。

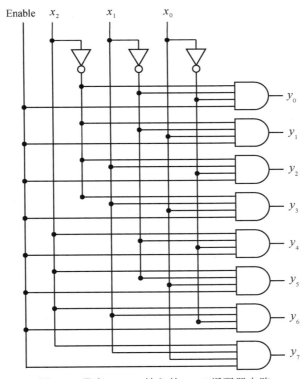

图 6-8　带有 Enable 输入的 3×8 译码器电路

译码器的功能乍看之下似乎更全面。每个可能的输入都可以看作一个最小项（关于最小项，参见第 4 章）。表 6-3 中的线译码器表明，当最小项计算结果为 1 且 Enable 也为 1 时，只有单个输出为 1。因此，译码器可以被视为"最小项生成器"。我们从本书先前部分可知，任何逻辑表达式都能够表示为最小项的 OR 运算，因此我们可以通过对译码器的输出进行 OR 运算来实现任何逻辑表达式。

例如，如果你回头翻看全加器的卡诺图（图 6-2 和图 6-4），可能会发现以最小项的 OR 运算表示的 Sum 和 Carry：

$$\text{Sum}_i\left(\text{Carry}_i, x_i, y_i\right) = m_1 \vee m_2 \vee m_4 \vee m_7$$

$$\text{Carry}_{i+1}\left(\text{Carry}_i, x_i, y_i\right) = m_3 \vee m_5 \vee m_6 \vee m_7$$

其中，x、y、Carry 的下标 i 表示位片（bit slice），m 的下标是最小项记法的一部分。我们可以用一个 3×8 译码器和两个 4 输入的或门来实现全加器的每个位片，如图 6-9 所示。

图 6-8 中的译码器电路需要 8 个与门和 3 个非门。图 6-9 中的全加器添加了 2 个或门，总计 13 个逻辑门。与图 6-5 中的全加器设计相比，后者只需要 5 个逻辑门（2 个异或门，2 个与门，1 个或门），使用译码器来构造全加器似乎增加了电路的复杂性。但是请记住，设计往往基于其他因素，例如元件的可用性以及成本等。

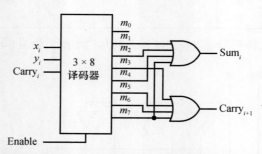

图 6-9　用 3×8 译码器实现的全加器的单个位片。一个 n 位加法器需要 n 个这样的电路

动手实践

你可能见过用来显示数字的七段显示器（见图 6-10）。

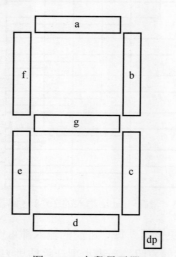

图 6-10　七段显示器

七段显示器中的每一段都是通过将 1 施加到与相应段相连的输入引脚来点亮的。我有一个七段显示器，配备了 8 位输入，可以点亮各段和小数点，如表 6-4 所示。

表 6-4　　　　　　　　　　　图 6-10 中七段显示器的输入位分配

位	段
0	a
1	b

	续表
位	段
2	c
3	d
4	e
5	f
6	g
7	dp

例如，我们可以使用位模式 0110 1101 显示 5。然而，更方便的做法是编写程序，使用 BCD 处理单个数字。设计一个译码器，将 BCD 编码的数字转换成七段显示器上的段模式。

6.4 复用器

在 6.3 节中，你学习了如何使用一个 n 位数将 2^n 个输出线之一设置为 1。相反的情况也会出现：我们需要在多个输入中选择一个进行传递。在执行算术运算（如加法）时，操作数可以来自 CPU 内的不同位置（详见后续几章）。运算本身将由某个算术单元执行，而 CPU 需要从所有可能的位置选择该运算的输入。

能够做出这种选择的设备称为复用器（MUX）。它可以通过使用 n 条选择线在 2^n 条输入线之间切换。图 6-11 展示了一个 4 路复用器的电路。

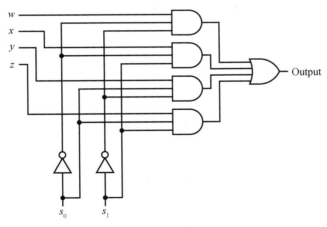

图 6-11　4 路复用器的电路

输出如下所示：

$$\text{Output} = \left(\neg s_0 \wedge \neg s_1 \wedge w\right) \vee \left(\neg s_0 \wedge s_1 \wedge x\right)$$
$$\vee \left(s_0 \wedge \neg s_1 \wedge y\right) \vee \left(s_0 \wedge s_1 \wedge z\right)$$

当使用与门和或门时，实现复用器所需的晶体管数量会随着输入数量的增加而增加。复用器的每个输入都需要有一个 3 输入的与门（three-input AND gate），或门的输入数等于复用器的输入数。与门用于向或门提供复用器的单个输入。接下来，我们会看到一种设备，只需断开输入信号与输出信号的连接，就能实现同与门和或门组合一样的功能。

三态缓冲器

被称为三态缓冲器（tristate buffer）的逻辑设备有 3 种可能的输出——0、1 和 "无连接"。"无连接"输出实际上是高阻抗连接，也称为高 Z 或开路。"无连接"输出允许我们将许多三态缓冲器的输出物理连接在一起，但只从中选择一个，将其输入传递到公共输出线。

三态缓冲器具有数据输入和 Enable 特性，其行为如表 6-5 所示。

表 6-5 三态缓冲器真值表

Enable	输入	输出
0	0	高 Z
0	1	高 Z
1	0	0
1	1	1

图 6-12 是三态缓冲器的电路符号。

当 Enable = 1 时，输出（等于输入）连接到三态缓冲器之后的任何电路元件。但是当 Enable = 0 时，输出基本上是断开的。这与 0 不同；断开意味着它对它所连接的电路元件没有影响。

Enable
输入 ▷ 输出
图 6-12 三态缓冲器

为了说明如何使用三态缓冲器，回想一下 6.4 节中的 4 路复用器。该复用器需要 4 个与门、2 个非门和一个 4 输入的或门。如果我们尝试扩大规模，对于更大的 n 而言，n 输入的或门会带来一些电子技术方面的问题。可以使用 n 个三态缓冲器来避免 n 输入的或门，如图 6-13 中的 4 路复用器所示。

图 6-13 中的复用器使用了 1 个 2×4 的译码器和 4 个三态缓冲器。2×4 译码器选择用哪个三态缓冲器将某个输入（w、x、y 或 z）连接到输出。

图 6-14 展示了复用器的电路符号，表 6-6 展示了复用器的行为。

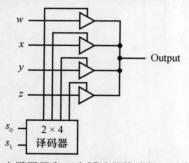

图 6-13 由译码器和三态缓冲器构建的 4 路复用器

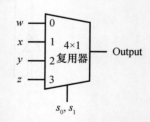

图 6-14 4 路复用器的电路符号

表 6-6 4 路复用器的真值表

s_1	s_0	输出
0	0	w
0	1	x
1	0	y
1	1	z

作为图 6-14 中 4 路复用器的一个例子，考虑一台配备了 4 个寄存器（将其分别命名为 w、x、

y、z）和 1 个加法器的计算机。如果我们将每个寄存器的各位与复用器相连，就可以使用双位选择器（two-bit selector）s_1s_0 来选择由哪个寄存器为加法器提供输入。例如，各个寄存器的位置 5（w_5、x_5、y_5、z_5）作为复用器的输入之一。如果 $s_1s_0 = 10$，那么加法器的输入为 y_5。

6.5 可编程逻辑设备

到目前为止，我们一直在讨论使用单个逻辑门的硬件设计。如果设计发生变化，逻辑门的配置也会随之改动。这几乎总是意味着布设逻辑门的电路板以及逻辑门之间的连接电路需要重新设计。变更也往往意味着订购各种类型的逻辑门，有可能价格不菲，而且得花费时间。通过使用可编程逻辑设备（Programmable Logic Device，PLD）来实现所需的逻辑函数，可以减少这些问题。

PLD 包含大量与门和或门，可以通过编程实现布尔函数。输入及其补值连接到与门。与门合起来称为与平面（AND plane）或与阵列（AND array）。与门的输出连接到或门，后者称为或平面（OR plane）或或阵列（OR array）。根据类型，可以对单个或两个平面进行编程，实现组合逻辑。使用 PLD 时，设计改动意味着只需更改设备的编程方式，不用购买不同的设备，也不必重新设计电路板。

PLD 有多种类型，其中大多数是用户可编程的。有些在制造期间经过预编程，有些甚至可以被用户擦除并重新编程。编程技术涉及从指定制造掩模（manufacturing mask，用于预编程设备）到廉价的电子编程系统。

PLD 分为三大类。

6.5.1 可编程逻辑阵列

在可编程逻辑阵列（Programmable Logic Array，PLA）中，与平面和或平面都是可编程的。PLA 用于实现逻辑函数。图 6-15 展示了包含两个输入变量及其可能的两个输出函数的 PLA。

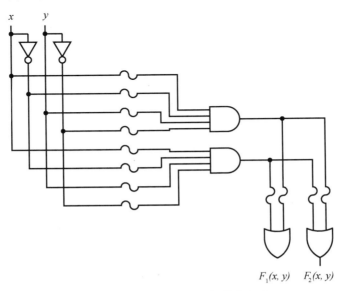

图 6-15　可编程逻辑阵列的简化电路

配套资源验证码 212414

每个输入变量，无论是未补还是补的形式，都是通过熔断器（fuse）输入与门的。熔断器是一片用来保护电路的薄导体。如果流过其的电流足够大，导体就会熔化，从而断开电路，阻止电流流动。可编程逻辑设备可以通过断开（或烧断）相应的熔断器进行编程，从而省去了逻辑门的输入。有些设备使用反熔断器（antifuse）代替熔断器。反熔断器通常是断开的，其编程是通过连接电路来实现的。能够重新编程的设备，熔断器可以被烧断，然后重制。

在图 6-15 中，电路图中的 S 形线代表熔断器。熔断器可以被烧断或保留在原处，以便对每个与门进行编程，使其输出 x、$\neg x$、y 和 $\neg y$ 这些输入的乘积。因为各个输入及其补数被作为与门的输入，所以可以对任何与门进行编程以输出最小项。

与门平面产生的乘积通过熔断器连接到或门的输入端。因此，取决于哪个或门熔断器保留在原处，每个或门的输出是乘积和。在不同的输出之间可能还有额外的逻辑电路进行选择。我们已经看到，布尔函数都可以表示为乘积和，所以此逻辑设备可以通过烧断熔断器来编程实现任何布尔函数。

PLA 通常比图 6-15 所示的要大，绘制起来比较复杂。为了简化绘图，通常使用类似于图 6-16 的图表来指定设计。

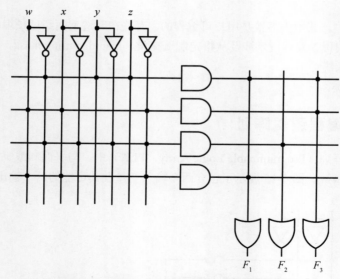

图 6-16　可编程逻辑阵列图。点代表连接

这张图可能有点不太好理解。在图 6-15 中，每个与门都有多个输入：一部分对应于各个变量，一部分对应于变量的补数。在图 6-16 中，我们使用一条指向每个与门输入的水平线来表示多条线路（变量和补数）。因此，即使我们只画了一条线，图 6-16 中的每个与门也包含 8 个输入。

垂直线和水平线相交处的点表示熔断器完好无损的位置，从而建立了连接。例如，最上面水平线上的 3 个点表示有 3 个输入连接到该与门。最上面的与门会产生如下输出：

$$\neg w \wedge y \wedge z$$

再次参考图 6-15，我们看到每个与门的输出都通过熔断器与每个或门相连。因此，或门也有多个输入（每个与门对应一个），指向或门输入的垂直线代表多条线路。图 6-16 中的 PLA 经过编程，提供了下列 3 个函数：

$$F_1(w, x, y, z) = (\neg w \wedge y \wedge z) \vee (w \wedge x \wedge \neg z)$$
$$F_2(w, x, y, z) = \neg w \wedge \neg x \wedge \neg y \wedge \neg z$$
$$F_3(w, x, y, z) = (\neg w \wedge y \wedge z) \vee (w \wedge x \wedge \neg z)$$

因为与平面可以产生所有可能的最小项，而或平面能够提供任意最小项之和，所以 PLA 可用于实现任何逻辑函数。如果我们想修改函数，只需再编写另一个 PLA，替换掉旧的即可。

6.5.2 只读存储器

尽管 PLD 没有记忆功能（意味着当前状态不受先前输入状态的影响），但可用来制作非易失性存储器，即断电时不会丢失数据的存储器。只读存储器（Read-Only Memory，ROM）用于存储代表数据或程序指令的位模式。程序只能读取 ROM 中存储的数据或程序，无法向其中写入新数据或程序指令。ROM 通常用于具有固定功能集的设备，如手表、汽车发动机控制单元和电器。事实上，我们生活中随处可见的设备都是被 ROM 中的程序所控制的。

ROM 可以作为可编程的逻辑设备来实现，其中只有或门平面能够被编程。与门平面仍然保持连接，以提供所有的最小项。我们可以将 ROM 的输入看作地址。然后对或门平面进行编程，以提供每个地址处的位模式。例如，图 6-17 中的 ROM 有两个输入：a_1 和 a_0，两者提供了一个 2 位地址。

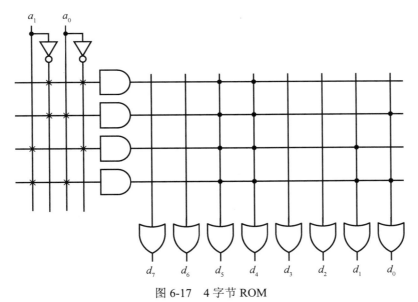

图 6-17 4 字节 ROM

图 6-17 中的 "×" 连接代表永久连接，表示与门平面是固定的。每个与门都会在此 ROM 中的每个地址处产生一个最小项。或门平面最多产生 2^n 个 8 位字节，其中 n 是输入与门平面的地址宽度（位数）。与或门的连接（图中的点）表示存储在相应地址的位模式。表 6-7 中展示了一个或门平面经过编程的 ROM，其中存储了 4 个字符 A、B、C、D（以 ASCII 码表示）。

尽管本例中我们只存储了数据，但计算机指令同样是位模式，所以我们也可以将整个程序轻松地存入 ROM。和可编程逻辑阵列一样，如果需要更改程序，只需要对另一个 ROM 编程，然后替换掉旧的即可。

表 6-7		存储了 4 个 ASCII 字符的 ROM	
最小项	地址	内容	ASCII 字符
$\neg a_1 \neg a_0$	00	01000001	A
$\neg a_1 \neg a_0$	01	01000010	B
$a_1 \neg a_0$	10	01000011	C
$a_1 a_0$	11	01000100	D

ROM 有多种类型。在制造期间设置 ROM 中位模式时，可编程只读存储器（Programmable Read-Only Memory，PROM）设备由其操作人员进行编程。还有可通过紫外光擦除并重新编程的可擦除可编程只读存储器（Erasable Programmable Read-Only Memory，EPROM）设备。

6.5.3 可编程阵列逻辑

在可编程阵列逻辑（Programmable Array Logic，PAL）设备中，每个或门都永久连接到一组与门。只有与门平面是可编程的。图 6-18 所示的 PAL 有 4 个输入。它提供了两个输出，每个输出可以是最多 4 个乘积之和。或门平面中的 "×" 连接表明，顶部 4 个与门经过 OR 运算产生 $F_1(w, x, y, z)$，底部 4 个经过 OR 运算产生 $F_2(w, x, y, z)$。该图中的与门平面经过编程，可生成以下函数：

$$F_1(w, x, y, z) = (w \wedge \neg x \wedge z) \vee (\neg w \wedge x) \vee (w \wedge x \wedge \neg y) \vee (\neg w \wedge \neg x \wedge \neg y \wedge \neg z)$$

$$F_2(w, x, y, z) = (\neg w \wedge y \wedge z) \vee (x \wedge y \wedge \neg z) \vee (w \wedge x \wedge y \wedge z) \vee (w \wedge x \wedge \neg y \wedge \neg z)$$

在这里介绍的 3 种 PLD 中，PLA 是最灵活的，因为我们可以对或平面和与平面进行编程，但它的价格也是最贵的。ROM 的灵活性较差，可以对其编程以生成最小项的任意组合，然后共同执行 OR 运算。我们知道函数都可以实现为最小项的 OR 运算，所以我们可以用 ROM 生成任意函数。然而，ROM 不允许我们最小化函数，因为所有的乘积项都必须是最小项。

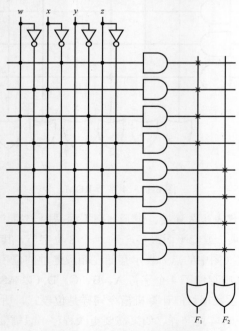

图 6-18 双函数可编程阵列逻辑

PAL 的灵活性最差，因为在与平面中编程的所有乘积项都将一并执行 OR 运算。因此，我们无法通过对或平面编程来选择函数中的最小项。然而，PAL 允许我们做一些布尔函数最小化。如果所需的功能可以在 PAL 中实现，其成本要比 ROM 或 PLA 低。

动手实践
比较两个值，确定哪个更大或者是否相同，这是计算中的常见操作。执行这种比较的硬件设备称为比较器。使用可编程逻辑设备设计一个比较两个两位值的比较器。该比较器产生 3 种输出：等于、大于和小于。

6.6 小结

组合逻辑电路 仅取决于任意时间点的输入。与前一时刻输入形成的状态无关。例子包括加法器、译码器、复用器和可编程逻辑设备。

半加器 该电路有两个 1 位输入。产生两个 1 位输出——输入之和以及该和的进位。

全加器 该电路有 3 个 1 位输入。产生两个 1 位输出——输入之和以及该和的进位。

波动进位加法 使用 n 个全加器将 n 位数相加。每个全加器的进位输出是次高位的全加器的 3 个输入之一。

译码器 一种设备，根据 2^n 个输入从 n 个输出中选择一个。

复用器（MUX） 一种设备，根据 n 位选择器信号从 2^n 个输入中选择一个。

可编程逻辑阵列（PLA） 一种设备，用来产生最小项的 OR 运算组合，以便在硬件中实现布尔函数。

只读存储器（ROM） 非易失性存储器，以数据或指令地址作为输入。

可编程阵列逻辑（PAL） 用于在硬件中实现布尔函数的设备。不如 PLA 或 ROM 灵活，但价格便宜。

在第 7 章中，你将学习时序逻辑电路，这种电路使用反馈来保持对其活动的记忆。

第 **7** 章

时序逻辑电路

第 6 章介绍了组合逻辑电路，这种电路只依赖于其电流输入。你也可以将组合逻辑电路看作瞬时的（除了电子元件达到稳态所需的时间）：它们的输出仅取决于产生输出时的输入。而时序逻辑电路的输出则依赖于当前和过去的输入。时序逻辑电路的时间历史可以由电路的当前状态来概括。

从形式上看，系统状态是对系统的描述，知道了 t_0 时刻的状态和 $t_0 \sim t_1$ 时间的输入，就能唯一地确定 t_1 时刻的状态和 $t_0 \sim t_1$ 时间的输出。换句话说，系统状态涵盖了能够对系统造成影响的方方面面。只要知道系统在任意给定时刻 t 的状态，就可以知道从那一刻起，控制系统行为所需的一切。如何进入该状态并不重要。

系统状态的概念体现在有限状态机中，这是一种计算的数学模型，可以处于有限数量的状态中的任何一种。有限状态机的外部输入导致其从一种状态转换到另一种状态或停留在同一状态，同时可能会产生输出。时序逻辑电路可以实现有限状态机。如果时序逻辑电路的设计使其输出仅取决于其所处的状态，则称为摩尔型状态机。如果输出还依赖于导致状态发生转换的输入，则称为米利型有限状态机。

在本章中，我们将研究如何在逻辑电路中通过反馈使门在一段时间内处于特定的状态，从而实现记忆功能。我们使用状态图来展示输入如何使时序逻辑电路在不同状态之间转换，及其相应的输出。你还会学习到时序逻辑电路如何与时钟同步，以提供可靠的结果。

7.1 锁存器

我们要介绍的第一个时序逻辑电路是锁存器（latch），这是一种独位（one-bit）存储设备。根据输入的不同，它可以处于两种状态中的一种。锁存器可以通过连接两个或多个逻辑门来构造，这样一个门的输出被反馈到另一个门的输入；只要通电，就会使两个门的输出保持相同状态。锁存器的状态不依赖于时间（术语锁存器也可用于多位存储设备，其行为类似于此处描述的独位设备）。

7.1.1 使用或非门的 SR 锁存器

最基本的锁存器是"置位-复位"（Set-Reset，SR）锁存器。它有两个输入（S 和 R）和两种状态（Set 和 Reset）。Q 状态被作为主要输出。通常还会提供互补输出$\neg Q$，当输出 $Q = 1$ 且$\neg Q = 0$ 时，SR 锁存器处于 Set 状态；当 $Q = 0$ 且$\neg Q = 1$ 时，则处于 Reset 状态。

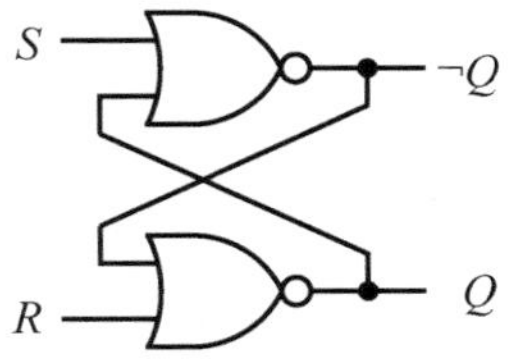

图 7-1 展示了使用或非门实现的一个简单的 SR 锁存器。每个或非门的输出都被馈送到另一个或非门的输入。当我们在本章中描述电路的行为时，你会看到正是这种反馈使得锁存器能够保持在一种状态。

SR 锁存器有 4 种可能的输入。我们逐一讲解。

图 7-1 使用或非门实现的 SR 锁存器

S = 0，*R* = 0：**保持当前状态**

如果锁存器处于 Set 状态（$Q = 1$ 且$\neg Q = 0$），则 $S = 0$ 和 $R = 0$ 的输入会导致上方的或非门的输出$\neg Q$ 产生$\neg(0 \lor 1) = 0$，下方的或非门的输出 Q 产生$\neg(0 \lor 0) = 1$。相反，如果锁存器处于 Reset 状态（$Q = 0$ 且$\neg Q = 1$），那么上方的或非门的输出产生$\neg(0 \lor 0) = 1$，下方的或非门的输出产生$\neg(1 \lor 0) = 0$。因此，两个或非门之间的交叉反馈维持锁存器的当前状态。

S = 1，*R* = 0：**Set（*Q* = 1）**

如果锁存器处于 Reset 状态，这些输入导致上方的或非门的输出为$\neg(1 \lor 0) = 0$，从而将$\neg Q$ 变为 0。这会被反馈到下方的或非门的输入，产生$\neg(0 \lor 0) = 1$。由下方或非门的输出进入上方或非门的输入所形成的反馈使得上方或非门的输出保持在$\neg(1 \lor 1) = 0$。锁存器随后进入 Set 状态（$Q = 1$ 且$\neg Q = 0$）。

如果锁存器处于 Set 状态，上方的或非门的输出产生$\neg(1 \lor 1) = 0$，下方的或非门的输出为$\neg(0 \lor 0) = 1$。锁存器因此保持在 Set 状态。

S = 0，*R* = 1：**Reset（*Q* = 0）**

如果锁存器处于 Set 状态，下方的或非门的输出产生$\neg(0 \lor 1) = 0$，从而将 Q 变为 0。这被反馈到上方或非门的输入端，产生$\neg(0 \lor 0) = 1$。由上方或非门的输出进入下方或非门的输入的反馈使下方或非门的输出保持在$\neg(1 \lor 1) = 0$。锁存器随后进入 Reset 状态（$Q = 0$ 且$\neg Q = 1$）。

如果锁存器已处于 Reset 状态，则下方或非门的输出产生$\neg(1 \lor 1) = 0$，上方或非门的输出产生$\neg(0 \lor 0) = 1$，所以锁存器保持在 Reset 状态。

S = 1，*R* = 1：**不允许**

如果 $Q = 0$ 且$\neg Q = 1$，上方的或非门的输出产生$\neg(1 \lor 0) = 0$。这会被反馈到下方或非门的输入，产生$\neg(0 \lor 1) = 0$。由此得到 $Q = \neg Q$，这不符合布尔代数法则。

如果 $Q = 1$ 且$\neg Q = 0$，下方或非门的输出产生$\neg(0 \lor 1) = 0$。这会被反馈到上方或非门的输入，产生$\neg(1 \lor 0) = 0$。由此得到 $Q = \neg Q$，这不符合布尔代数法则。

设计电路时必须避免这种输入组合。

为简化起见，我们以可视化的形式表示此逻辑。图 7-2 引入了一种展示或非门 SR 锁存器行为的图形化方式：状态图。在这个状态图中，气泡中显示的是当前状态，对应的主要输出位于状态下方。带箭头的线条显示了状态之间可能的转换，并标有导致转换到下一个状态的输入。

图 7-2 中的两个圆圈显示了 SR 锁存器的两种可能状态：Set 和 Reset。连线上的标签给出了造成状态转换的 SR 输入组合。例如，当锁存器处于 Reset 状态时，有两种可能的输入（$SR = 00$ 和 $SR = 01$）使其保持该状态。输入 $SR = 10$ 使其转换到 Set 状态。因为输出只取决于状态，而非输入，所以锁存器属于摩尔型状态机。

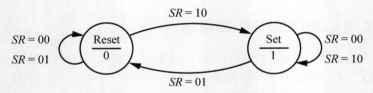

图 7-2　或非门 SR 锁存器的状态图

熟悉图论的人会发现状态图是一个有向图：状态是顶点，导致状态转换的输入是边。尽管这超出了本书的讨论范围，但图论工具在设计过程中占有一席之地。

就像在图论中一样，我们也可以用一个状态转换表来展示同样的行为，如表 7-1 所示。其中，S 和 R 是输入，Q 是当前状态下的输出，Q_{next} 显示了由相应输入所导致的状态下的输出。底部两行中的 X 表示不可能出现的情况。

表 7-1   或非门 SR 锁存器

S	R	Q	Q_{next}
0	0	0	0
0	0	1	1
0	1	0	0
0	1	1	0
1	0	0	1
1	0	1	1
1	1	0	X
1	1	1	X

或非门 SR 锁存器的两个输入通常为 0，从而保持当前状态，输出为 Q。瞬间仅将 R 更改为 1 会导致进入 Reset 状态，从而将输出更改为 $Q = 0$，如状态转换表中 Q_{next} 列所示。瞬间仅将 S 更改为 1 会导致进入 Set 状态，输出 $Q = 1$。

如前所述，不允许输入组合 $S = R = 1$，因为这会导致 SR 锁存器的状态不一致。在状态转换表中，我们在被禁止行的 Q_{next} 列中放置 X 来表明这一点。

7.1.2　使用与非门的 SR 锁存器

与非门的物理结构使其速度快于或非门。回想一下与非和或非具有互补特性，通过与非门构建 SR 锁存器应该不会让你感到惊讶。与非门是或非门的逻辑补，因此我们使用 $\neg S$ 和 $\neg R$ 作为输入，如图 7-3 所示。为了强调与非和或非这两种设计的逻辑对偶性，在我绘制的电路中，输出 Q 位于顶部、$\neg Q$ 位于底部。

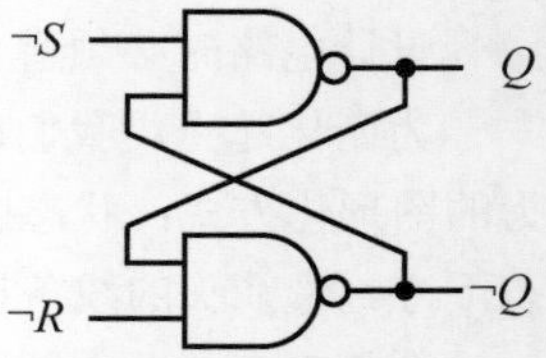

和或非门 SR 锁存器一样，当输出为 $Q = 1$ 且 $\neg Q = 0$ 时，与非门 SR 锁存器处于 Set 状态，当 $Q = 0$ 且 $\neg Q = 1$ 时，与非门 SR 锁存器处于 Reset 状态。有 4 种可能的输入组合。

$\neg S = 1$，$\neg R = 1$：保持当前状态

如果锁存器处于 Set 状态（$Q = 1$ 且 $\neg Q = 0$），则上方的与非门产生 $\neg(1 \wedge 0) = 1$，下方的与非门产生 $\neg(1 \wedge 1) = 0$。如果 $Q = 0$ 且 $\neg Q = 1$，则锁存器处于 Reset 状态，上方的与非门产生 $\neg(1 \wedge 1) = 0$，下方的与非门产生 $\neg(0 \wedge 1) = 1$。因此，两

图 7-3　使用与非门实现的 SR 锁存器

个与非门之间的交叉反馈维持了锁存器的状态。

¬S = 0，¬R = 1：Set（Q = 1）

如果锁存器处于 Reset 状态，则上方的与非门产生¬(0 ∧ 1) = 1，从而将 Q 变为 1。这会被反馈到下方的与非门的输入，产生¬(1 ∧ 1) = 0。从下方与非门的输出到上方与非门的输入所形成的反馈使得上方与非门的输出保持在¬(0 ∧ 0) = 1。锁存器进入 Set 状态（Q = 1 且¬Q = 0）。

如果锁存器已经处于 Set 状态，那么上方的与非门产生¬(0 ∧ 0) = 1，下方的与非门的输出是¬(1 ∧ 1) = 0。因此，锁存器保持在 Set 状态。

¬S = 1，¬R = 0：Reset（Q = 0）

如果锁存器处于 Set 状态，则下方的与非门产生¬(1 ∧ 0) = 1。这会被反馈到上方的与非门的输入，产生 Q = ¬(1 ∧ 1) = 0。从上方与非门的输出到下方与非门的输入所形成的反馈使得下方与非门的输出保持在¬(0 ∧ 0) = 1。锁存器进入 Reset 状态（Q = 0 且¬Q = 1）。

如果锁存器已经处于 Reset 状态，则下方的与非门产生¬(0 ∧ 0) = 1，上方的与非门的输出为¬(1 ∧ 1) = 0。锁存器保持 Reset 状态。

¬S = 0，¬R = 0：不允许

如果锁存器处于 Reset 状态，则上方的与非门产生¬(0 ∧ 1) = 1。这会被反馈到下方的与非门的输入，产生¬(1 ∧ 0) = 1。由此得到 Q = ¬Q，这不符合布尔代数法则。

如果锁存器处于 Set 状态，则下方的与非门产生¬(1 ∧ 0) = 1。这会被反馈到上方的与非门的输入，产生¬(0 ∧ 1) = 1。由此得到 Q = ¬Q，这也不符合布尔代数法则。

设计电路时必须避免这种输入组合。

图 7-4 使用状态图展示了与非门 SR 锁存器的行为。

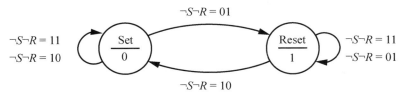

图 7-4　与非门 SR 锁存器

与图 7-2 中的或非门 SR 锁存器比较，你会发现两者描述的是相同的行为。例如，到或非门 SR 锁存器的输入 SR = 10 会使其处于 Set 状态，而到与非门 SR 锁存器的输入¬S ¬R = 01 也会使其处于 Set 状态。我发现在分析电路时必须仔细考虑这个问题。当只有两个选择时，差一错误（off-by-one error）会造成截然相反的行为。

表 7-2 是与非门 SR 锁存器的状态转换表。将 0 同时置于两个输入端会导致一个问题：两个与非门的输出都会变为 1。也就是说，Q = ¬Q = 1，这在逻辑上是不可能的。设计电路时必须避免这种输入组合。最后两行中的 X 表示不可能出现的情况。

表 7-2　　　　　　　　　　　　　与非门 SR 锁存器

¬S	¬R	Q	Q_{next}
1	1	0	0
1	1	1	1
1	0	0	0
1	0	1	0
0	1	0	1

续表

¬S	¬R	Q	Q_{next}
0	1	1	1
0	0	0	X
0	0	1	X

用两个与非门实现的 SR 锁存器同或非门 SR 锁存器这两者可以看成是互补的。通过将¬S 和 ¬R 都置为 1 来维持状态。瞬间将¬S 更改为 0 会导致进入 Set 状态，同时输出 $Q = 1$，而¬R=0 会导致进入 Reset 状态，输出 Q=0。

到目前为止，我们讲的只是单个的锁存器。这里的问题是，只要输入有变，锁存器的状态及其输出就会改变。在计算机中，锁存器会与许多其他设备互连，各自都会由新的输入改变状态。每个设备改变状态以及将其输出传送至下一个设备都需要时间，精确的时序取决于元件细微的制造差异。结果未必可靠。我们需要一种同步活动的方法，以便有序地操作。首先向 SR 锁存器添加一个 Enable 输入，这样能够更精确地控制何时允许影响状态的输入。

7.1.3　带有 Enable 的 SR 锁存器

我们可以添加两个与非门，提供 Enable 输入，以便更好地控制 SR 锁存器。将这两个与非门的输出端与¬S¬R 锁存器的输入端连接，这样就得到了一个门控 SR 锁存器（gated SR latch），如图 7-5 所示。

在该电路中，只要 Enable = 0，两个控制与非门的输出都保持为 1。这会将¬S = 1 和¬R = 1 发送到此电路的¬S¬R 锁存部分的输入端，使状态保持不变。通过将额外的 Enable 输入与 S 和 R 输入线路进行 AND 运算，我们可以控制状态改变到下一个值的时间。

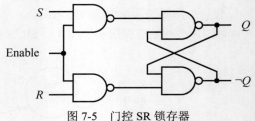

图 7-5　门控 SR 锁存器

表 7-3 展示了带有 Enable 控制的 SR 锁存器的状态变化。

表 7-3 　　　　　　　　　　　　　门控 SR 锁存器

Enable	S	R	Q	Q_{next}
0	–	–	0	0
0	–	–	1	1
1	0	0	0	0
1	0	0	1	1
1	0	1	0	0
1	0	1	1	0
1	1	0	0	1
1	1	0	1	1
1	1	1	0	X
1	1	1	1	X

在此表中，-表示输入无关紧要，X 表示禁止出现的结果。如前所述，设计电路时必须避免出现被禁止的结果。只有当 Enable = 1 且 S 和 R 的值相反时，锁存器的状态才会改变。在 7.1.4 节中，我们将利用这一观察来简化门控 SR 锁存器并创建一个锁存器，该锁存器接受单一数据输

入 D，能够控制该输入影响锁存器状态的时间。

7.1.4　D 锁存器

D 锁存器允许我们存储一位的值。我们从表 7-4 所示的真值表开始，其中包括表 7-3 中 Enable = 1 和 $R = \neg S$ 的行。我们需要一种有两个输入的设计：一个用于 Enable，另一个用于 D（data 的缩写）。当 Enable 变为 1 时，我们希望由 $D = 1$ 设置状态，使输出 $Q = 1$；由 $D = 0$ 设置状态，使输出 $Q = 0$。这种设计称为 D 锁存器。

表 7-4　　　　　　　　　　　　　　带有 Enable 的 D 锁存器

Enable	S	R	D	Q	Q_{next}
0	-	-	-	0	0
0	-	-	-	1	1
1	0	1	0	0	0
1	0	1	0	1	0
1	1	0	1	0	1
1	1	0	1	1	1

我们可以通过增加一个 D 输入和一个非门，根据门控 SR 锁存器构造出图 7-6 所示的门控 D 锁存器。

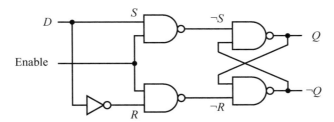

图 7-6　根据 SR 锁存器构造的门控 D 锁存器

数据输入 D 被馈送至 SR 锁存器的 S 端；其补值被送至 R 端。

现在，我们得到了一个能够使用 D 输入存储一位数据的电路，并可以使用 Enable 输入与其他操作同步。然而，D 锁存器存在一些问题，主要与其他电路元件连接时的可靠性有关。应用 D 输入并开启电路后，所有电子元件需要一段短暂的时间才能达到新的电压电平，这称为稳定时间。即使在稳定之后，在 D 锁存器启用时，其状态也会受到输入的影响。因此，D 锁存器的输出可能会改变，难以与其他设备可靠同步。

然而，当锁存器应该长时间保持在一种状态时，这种方案效果很好。一般来说，锁存器适用于希望选择一种状态并在计算机无法控制的一段时间内保持该状态不变的操作。I/O 端口就是这样一个例子，其中的时序取决于连接到 I/O 端口的设备的行为。例如，一个正在运行的程序无法知道用户何时会按下键盘上的某个键。当键被按下时，程序可能还没有做好读取的准备，所以该字符的二进制编码应该在输入端口锁存。一旦字符被存储，锁存器会被禁用，直至程序从锁存器中读取字符代码。

但是 CPU 和主存储器内的大多数计算操作必须及时协调。你将看到时钟是如何控制时序逻辑电路的。将许多电路连接到同一个时钟，可以让我们同步这些电路的操作。

让我们考虑如何同步电路中连接的 D 锁存器。我们向这个 D 锁存器提供输入并将其启用。即使经过短暂的稳定时间，如果输入有变，输出也会改变，使其在启用期间无法得到可靠的输出。如果 D 锁存器的输出连接到另一个设备的输入，当 D 锁存器启用时，第二个设备的输入不可靠。由于连接的物理特性，D 锁存器的输出到达第二个设备的输入端也存在传播延迟。在 D 锁存器的输入变得可靠之前，应该禁用第二个设备，同时要考虑传播延迟。一旦我们的 D 锁存器稳定下来，就将其禁用。传播延迟之后，就可以启用 D 锁存器所连接的设备。

D 锁存器所连接的设备在等待 D 锁存器的可靠输入时会被禁用，其输出（来自前一个时钟周期）是可靠的。因此，如果该设备与另一个设备的输入相连，后者可以被启用。这就产生了一种方案：启用所有其他设备，禁用备用设备。等待一段时间后（所有相连设备的最长稳定时间和传播延迟之和），启用被禁用的设备，禁用先前启用的设备。数字 1 和 0 通过这种交替的启用/禁用周期在电路中传播。

如你所想，协调启用和禁用之间的来回切换不是件容易的事。我们将在 7.2 节给出这个问题的解决方案。

7.2 触发器

虽然锁存器可以由时钟信号控制，但是在时钟信号启用锁存器那段时间内，锁存器的输出会受到输入变化的影响。触发器（flip-flop）电路是一种存储单个位的设备，设计用于在部分时钟信号期间接受输入，然后在另一部分时钟信号期间将输出锁定为单一值。这为在电路中连接多个触发器并使用时钟同步其操作提供了所需的可靠性。本节先从讨论时钟开始，然后看几个触发器的例子。

注意　术语各不相同。有些人也将锁存器称为触发器。我将使用术语"锁存器"来表示存储单个位的设备，不考虑时序因素，而使用"触发器"来表示在半个时钟周期内存储一位，然后在另外半个时钟周期内将其作为输出的设备。

7.2.1 时钟

时序逻辑电路具有时间历史，可以用状态来概括。我们使用时钟来记录时间，时钟是一种提供电子时钟信号的设备，通常是在 0 和 1 电平之间交替的方波，如图 7-7 所示。该信号用于启用/禁用需要同步的设备的输入。

时间 ➡

图 7-7　用于同步时序逻辑电路的典型时钟信号

每一级花费的时间通常是相等的。为了实现可靠的行为，大多数电路被设计成使得时钟信号的转变触发电路元件开始它们各自的操作。可以使用正向（0 到 1）或负向（1 到 0）转换。时钟频率必须足够慢，使得所有电路元件在下一个时钟转换（在相同方向上）发生之前有时间完成它们的操作。

让我们来看几个由时钟控制的触发器电路的例子。

7.2.2　D 触发器

我们首先将一个时钟信号连接到图 7-6 中门控 D 锁存器的 Enable 输入端。在这里，只要 Enable = 1，输入就会影响输出。问题在于，如果 Enable = 1 时输入发生变化，输出也会发生变化，从而导致设计不可靠。

隔离输出与输入变化的一种方法是将一个 D 锁存器的输出与另一个 D 锁存器的输入以主/次配置（primary/secondary configuration）相连。电路的主级部分处理输入并存储状态，然后将其输出传给次级部分进行最终输出。这就形成了一个 D 触发器，如图 7-8 所示。主级 D 锁存器的非补输出（uncomplemented output）被馈送至 S 输入，其补输出（complemented output）被馈送至次级 SR 锁存器的 R 输入，实际上使次级锁存器成为 D 锁存器，无须在 R 输入端设置非门。

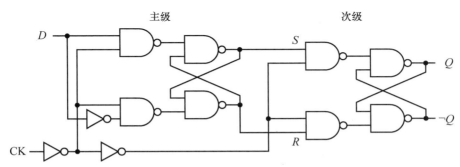

图 7-8　正沿触发的 D 触发器

在图 7-8 的 D 触发器中，要存储的位（0 或 1）被馈送至主级 D 锁存器的 D 输入端。时钟信号被馈送至 CK 输入端。

让我们来看看该电路是如何工作的。从 CK = 0 开始，CK 信号穿过非门，从 0 变为 1，因此启用了主级 D 锁存器，将其置于写模式。该锁存器将在 D 输入为 0 或 1 后处于 Reset 或 Set 状态。

当 CK 输入保持在 0 电平时，第二个非门再次反转 CK 信号，从而向次级 D 锁存器提供原始信号（Enable = 0 的信号）。这又会禁用次级 D 锁存器并将其置于读取模式。主级 D 锁存器输入的任何变化都会影响其输出，但对次级 D 锁存器没有影响。因此，在次级部分处于读模式的半个时钟信号周期期间，D 触发器的整个输出 Q 是可靠的。

当 CK 输入转换到 1 电平时，主级 D 锁存器的控制信号变为 0，将其禁用并置于读取模式。同时，次级 D 锁存器的 Enable 输入变为 1，从而将其置于写模式。主级 D 锁存器的输出目前是可靠的，可以在半个时钟信号周期期间向次级 D 锁存器提供可靠的输入。在短暂的稳定时间（实际上可以忽略不计）之后，由次级 D 锁存器的输出提供可靠的输出。因此，触发器在接受输入和提供输出之间提供半个时钟周期的时间间隔。由于输出在 0 到 1 转换时可用，这称为正沿触发。

如果去掉图 7-8 中连接到 CK 信号的第一个非门，就会产生一个负沿触发的 D 触发器。

有时候，触发器必须在时钟开始之前被设置为已知值，例如当计算机首次启动时。这些已知值是独立于时钟过程的输入，因此被称为异步输入。图 7-9 展示了一个添加了异步预置输入的 D 触发器。

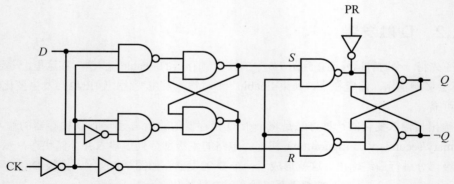

图 7-9 正沿触发的 D 触发器，带有异步预置输入

当 PR 输入为 1 时，Q 变为 1，$\neg Q$ 变为 0，无论其他输入（甚至包括 CLK）是什么。异步清零输入将状态（和输出）设为 0 也很常见。

有更高效的电路可用于实现边沿触发的 D 触发器，但本讨论表明其也可以通过普通的逻辑门来构建。这些触发器既经济又高效，因此被广泛应用于超大规模集成（Very-Large-Scale Integration，VLSI）电路中，这种电路在单个半导体微芯片上包含数十亿亿个晶体管门电路。电路设计人员会使用图 7-10 所示的符号，而并不绘制每个 D 触发器的实现细节。

图中标出了各种输入和输出。硬件设计人员一般使用 Q 而不是 $\neg Q$，通常将触发器标记为 Qn，其中 $n = 1, 2, \cdots$，用于标识整个电路中的触发器。图 7-10（b）中时钟输入端的小圆圈表示这个 D 触发器是由负向时钟转换触发的。

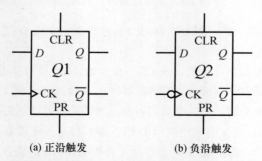

(a) 正沿触发   (b) 负沿触发

图 7-10 D 触发器的符号，包括异步清零（CLR）和预置（PR）

7.2.3 T 触发器

你可能对在两种状态之间切换的开关并不陌生。计算机上的 CAPS LOCK 键就是一个很好的例子。如果字母键处于小写模式，按下 CAPS LOCK 键会将其切换到大写模式。再按一次，就会返回到小写模式。与"置位/复位"的触发器不同，切换器接受单个输入，反转（或求补）当前状态。

我们可以使用一个简单地对其状态求补的触发器（称为 T 触发器）来实现可切换开关。要想通过 D 触发器构建 T 触发器，我们需要反馈输出并将其与 D 触发器的输入相结合。接下来，我们来看看具体的实现方法。

在处理 T 触发器的设计之前，我们先做一些布尔代数的操作，了解可能采取的设计方向。首先，看看 T 触发器的状态图（见图 7-11），以及表 7-5 中的状态转换情况。

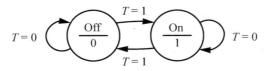

图 7-11 T 触发器状态图

表 7-5   **T 触发器状态转换表**

T	Q	Q_{next}
0	0	0
0	1	1
1	0	1
1	1	0

参考 D 锁存器的表 7-4，我们在 T 触发器的状态转换表中增加一列，由此得到了表 7-6，后者展示了造成与 T 触发器相同状态转换的 D 值。

表 7-6   **具有与 T 触发器相同效果的 D 值**

T	Q	Q_{next}	D
0	0	0	0
0	1	1	1
1	0	1	1
1	1	0	0

根据表 7-6，不难写出 D 的等式：

$$D = (\neg T \wedge Q) \vee (T \wedge \neg Q)$$
$$= T \veebar Q$$

因此，我们只需要增加一个异或门，就得到了图 7-12 所示的 T 触发器的设计。

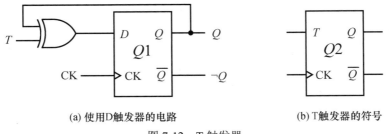

(a) 使用D触发器的电路   (b) T触发器的符号

图 7-12   T 触发器

你已经知道了如何使用 D 触发器将一位存储为 1（Set）或 0（Reset）状态，并保持状态不变，或者通过添加逻辑门来切换该位的状态。在 7.2.4 节中，你将看到我们如何修改 SR 触发器，在单个设备中实现 4 种操作——置位、复位、保持、切换。

7.2.4   JK 触发器

实现 4 种可能的操作（置位、复位、保持、切换）需要两个输入：J 和 K，这就得到了 JK 触发器。与 T 触发器一样，我们要看看状态图和转换表是否能带来一些设计灵感。图 7-13 是 JK 触发器状态图，表 7-7 是 JK 触发器状态转换表，其中最左边一列给出了 JK 触发器对每个 JK 值执行的具体操作。

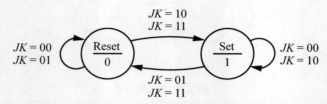

图 7-13　JK 触发器状态图

表 7-7　　　　　　　　　　　　　　　　JK 触发器状态转换表

操作	J	K	Q	Q_{next}
保持	0	0	0	0
保持	0	0	1	1
复位	0	1	0	0
复位	0	1	1	0
置位	1	0	0	1
置位	1	0	1	1
切换	1	1	0	1
切换	1	1	1	0

　　JK 触发器状态转换表的前 6 行与 SR 锁存器状态转换表的 Enable = 1 部分的前 6 行相同（表 7-3）。我们在讨论 SR 锁存器时看到过，条件 $S = R = 1$ 是不允许的。也许我们可以添加一些逻辑电路，以便可以使用 $J = K = 1$ 条件来实现 JK 触发器中的切换功能。我们从 SR 触发器电路开始，向每个输入与非门添加另一个信号，如图 7-14 所示。$\neg S$ 和 $\neg R$ 处显示了主级 $\neg S$-$\neg R$ 触发器部分（与图 7-3 中相同）的输入。

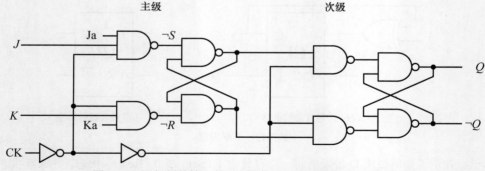

图 7-14　添加额外输入的 SR 触发器，由此得到 JK 触发器

　　当 CK = 0 时，图 7-14 中的主级 SR 锁存器处于写模式。当 $J = K = 1$ 时，我们希望它能切换输出 Q。根据这些条件，表 7-8 展示了 $\neg S$ 和 $\neg R$ 如何依赖 Q 的两个可能值 Ja 和 Ka。我们在表 7-2 中看到过 $\neg S$ 和 $\neg R$ 的值是如何影响 Q 的，这些被复制到表 7-8 中。

　　从表 7-8 的第 3 行和第 6 行可知，JaKa = 10 将状态 Q 由 0 切换到了 1，JaKa = 01 将状态 Q 由 1 切换到了 0。由此得到了如图 7-15 所示的设计，其中 Ja = $\neg Q$ 且 Ka = Q。

表 7-8 为 SR 触发器增加切换功能的额外输入

Ja	Ka	$\neg S$	$\neg R$	Q	Q_{next}
0	0	1	1	0	0
0	1	1	0	0	0
1	0	0	1	0	1
1	1	0	0	0	X
0	0	1	1	1	1
0	1	1	0	1	0
1	0	0	1	1	1
1	1	0	0	1	X

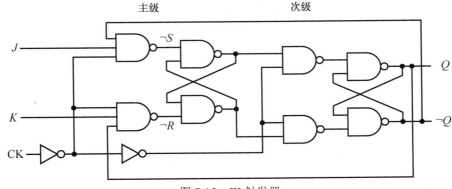

图 7-15 JK 触发器

我们应该检查该电路中的反馈连接是否保留了 JK 触发器的其他功能。表 7-9 展示了图 7-15 中添加了 $\neg S$、$\neg R$、$\neg Q$ 之后的 JK 触发器的状态转换情况。$\neg S$、$\neg R$、Q_{next} 的关系参见表 7-2。

表 7-9 图 7-15 中所示电路的 JK 触发器状态转换表

操作	J	K	Q	$\neg Q$	$\neg S$	$\neg R$	Q_{next}
保持	0	0	0	1	1	1	0
保持	0	0	1	0	1	1	1
复位	0	1	0	1	1	1	0
复位	0	1	1	0	1	0	0
置位	1	0	0	1	0	1	1
置位	1	0	1	0	1	1	1
切换	1	1	0	1	0	1	1
切换	1	1	1	0	1	0	0

在 JK 触发器的输入端使用 3 输入与非门确实增加了电路的复杂性。额外带来的复杂度大约相当于给 D 触发器添加一个 XOR 门而得到的 T 触发器（参见图 7-12）。虽然在不需要切换功能的情况下，SR 触发器比 JK 触发器稍微简单一些，但是只有一种设计具有制造成本优势。JK 触发器通过提供 4 种功能，在设计中提供了更大的灵活性，进而有助于节省成本。

7.3 设计时序逻辑电路

现在我们将考虑一套更通用的时序逻辑电路设计步骤。任何领域的设计通常都是迭代的，这一点你无疑已经从你的编程经验中了解到了。

从设计开始，分析，改进，使其更快、更便宜等。有了一些经验之后，设计过程的迭代通常就不用那么多了。下列步骤是构建首个工作设计的好方法。

（1）根据问题的文字描述，创建状态转换表和状态图，表明电路必须实现的功能。这些构成了你所设计电路的基本技术规格。

（2）选择状态的二进制编码，创建状态转换表或状态图的二进制编码版本。如果有 N 个状态，编码需要 $\log_2 N$ 位。不管哪种编码都行，但有些编码会使得电路中的组合逻辑更简单。

（3）选择触发器类型。这种选择通常是由你手头的组件决定的。

（4）在状态表中添加一列，显示造成状态转换所需的触发器输入。

（5）简化每个触发器的输入。卡诺图或代数方法是不错的简化工具。

（6）绘制电路。

简化步骤可能会让你重新思考所选的触发器类型。选择触发器、确定输入、简化，这 3 个步骤也许要重复多次才能产生优秀的设计。下面用两个例子来演示这个过程。

7.3.1　设计计数器

目前我不会要求你事事亲力亲为，由我来讲解两个例子。如果你手边有数字电路模拟器，或是所需的硬件，不妨跟着操作。这就像一次手把手的"动手实践"。

在本例中，我们打算设计一个具有 Enable 输入的计数器。当 Enable = 1 时，计数器按照序列 0, 1, 2, 3, 0, 1…，每个时钟周期递增一次。当 Enable = 0 时，计数器保持当前状态。输出为两位二进制的序列号。

步骤 1：创建状态转移表和状态图

如果 Enable = 1，则在每个时钟周期，计数器递增 1。如果 Enable = 0，则保持当前状态。图 7-16 显示了 4 种状态（0、1、2、3）以及每种状态对应的两位输出。

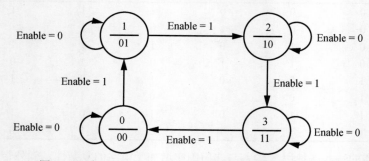

图 7-16　在 0、1、2、3、0…之间循环的计数器的状态图

表 7-10 给出了状态转换表。

表 7-10　　　　　　　　在 0、1、2、3、0…之间循环的计数器的状态转换表

当前 n	Enable = 0	Enable = 1
	下一个 n	下一个 n
0	0	1
1	1	2

当前 n	Enable = 0	Enable = 1
	下一个 n	下一个 n
2	2	3
2	3	0

当 Enable = 0 时，计数器实际上是关闭的；当 Enable = 1 时，计数器自动递增 1，当达到上限值 3 时，绕回到 0。

步骤 2：创建二进制编码版本的状态转换表和状态图

4 种状态，我们需要两位。设 n 为状态，用两位二进制数 $n_1 n_0$ 表示。表 7-11 的状态转换表展示了计数器的行为。

表 7-11 两位计数器的状态转换表

Enable	当前		下一个	
	n_1	n_0	n_1	n_0
0	0	0	0	0
0	0	1	0	1
0	1	0	1	0
0	1	1	1	1
1	0	0	0	1
1	0	1	1	0
1	1	0	1	1
1	1	1	0	0

步骤 3：选择一种触发器

JK 触发器是一个不错的入手点，因为这种触发器提供了所有的功能。设计完成之后，我们也许会发现更简单的触发器也可以工作。到时候可以返回这一步，再次进行余下的步骤。有经验的设计师可能对这个问题有自己的见解，会建议选择另一种类型的触发器。通常情况下，任何潜在的成本或功耗的节省都不足以证明改用另一种触发器是合理的。

步骤 4：向状态转换表中添加显示所需输入的列

我们需要两个触发器，每位对应一个。添加到状态转换表中的列显示了每个 JK 触发器产生正确的状态转换所需的输入（Enable、n_1、n_0）。从本章先前对于 JK 触发器的描述中可知，$JK = 00$ 为保持当前状态，$JK = 01$ 为复位（0），$JK = 10$ 为置位（1），$JK = 11$ 为切换状态。当输入可以是 0 或 1，或"无关"时，我们使用 X。表 7-12 展示了所需的 JK 输入。

表 7-12 使用 JK 触发器实现的两位计数器

Enable	当前		下一个		J_1	K_1	J_0	K_0
	n_1	n_0	n_1	n_0				
0	0	0	0	0	0	X	0	X
0	0	1	0	1	0	X	X	0
0	1	0	1	0	X	0	0	X
0	1	1	1	1	X	0	X	0
1	0	0	0	1	0	X	1	X
1	0	1	1	0	1	X	X	1
1	1	0	1	1	X	0	1	X
1	1	1	0	0	X	1	X	1

在这个表中，JK 触发器有相当多的"无关"条目。这表明我们可以做不少简化工作。此外还反映出卡诺图是一种很好的方法，因为其图形化描述往往更容易将"无关"条目的影响可视化。

步骤 5：简化所需的输入

我们将使用卡诺图找到一种更简单的解决方案，如图 7-17 所示，其中 E 表示 Enable。

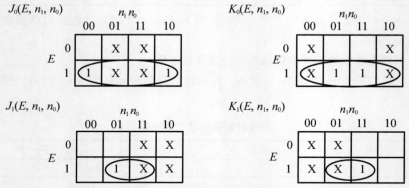

图 7-17　使用 JK 触发器实现的两位计数器的卡诺图

我们可以根据卡诺图轻松地写出解决此问题的等式，如下所示：

$$J_0\left(E, n_1, n_0\right) = E$$
$$K_0\left(E, n_1, n_0\right) = E$$
$$J_1\left(E, n_1, n_0\right) = E \wedge n_0$$
$$K_1\left(E, n_1, n_0\right) = E \wedge n_0$$

$J = K = 1$ 导致 JK 触发器在不同状态之间切换。这些等式表明低位 JK 触发器随着每个时钟周期而切换。Enable 为 1 时，其输出 n_0 于每个时钟周期内在 0 和 1 之间变化。也就是与高位 JK 触发器的 Enable 输入执行 AND 运算，使其每两个时钟周期在 0 和 1 之间切换。（你会在图 7-19 中看到这个时序。）

步骤 6：绘制电路

图 7-18 展示了计数器的电路实现。参考表 7-8，我们可以看到两个 JK 触发器在设计中均被用作切换器。

图 7-19 展示了二进制计数器按照序列 3、0、1、2、3（11、00、01、10、11）进行计数时的时序。

Qi.JK 是第 i 个 JK 触发器的输入，n_i 是其输出。（回想一下，该设计中 $J = K$。）当第 i 个输入 Qi.JK 应用于其 JK 触发器时，记住，该触发器的输出直到时钟周期的下半周期才会改变。对比图中相应输出 n_i 的轨迹时，就可以看出这一点。

在时钟转换之后，每个输出值实际发生变化之前的短暂延迟代表了电子器件完全稳定到新值所需的时间。

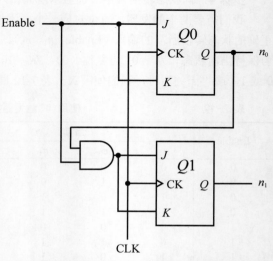

图 7-18　使用两个 JK 触发器实现的两位计数器

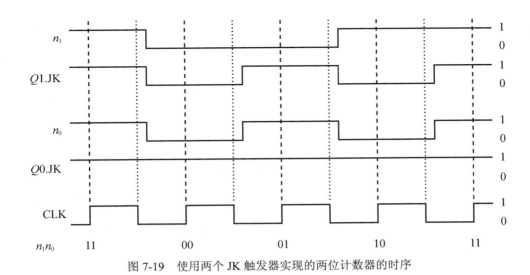

图 7-19 使用两个 JK 触发器实现的两位计数器的时序

7.3.2 设计分支预测器

我们接着进行另一项手把手的"动手实践"。这个例子比上一个要复杂一点。

除了非常便宜的微控制器，大多数现代 CPU 都是分阶段执行指令的。每个阶段[1]都由专门执行该阶段操作的硬件组成。一条指令以装配线方式经过各个阶段。例如，如果你要创建一条装配线来制造木椅，可以分为 3 个阶段：锯木头制造椅子的零件，组装零件，给椅子上漆。每个阶段所需的硬件分别是锯子、锤子和螺丝刀以及油漆刷。

CPU 中为此配备了称为流水线的专用硬件。第一阶段的硬件是用于从内存中获取指令的，参见第 9 章。从内存中取出指令后，将其传给流水线的下一阶段，在那里对指令进行译码。同时，流水线的第一阶段从存储器中取出下一条指令。如此一来，CPU 就能够同时处理多条指令。这提供了一定程度的并行性，从而提高了执行速度。

几乎所有的程序都包含条件分支点：在此处，下一条要提取的指令位于两个不同的内存位置之一。遗憾的是，在决策指令（decision-making instruction）进入流水线一定阶段之前，无法知道究竟要提取哪一条指令。为了保持执行速度，一旦条件分支指令从提取阶段传来，如果 CPU 能够预测从哪里提取下一条指令将会大有帮助。CPU 可以提前提取出预测到的指令。如果预测有误，则 CPU 忽略对预测指令所做的工作，冲刷流水线并提取另一条指令，该指令进入流水线从头开始。

在本例中，我们要设计一个电路，预测某个条件分支是否会被采用。预测器继续预测相同的结果，该分支将被采用或者不被采用，直到连续犯两次错误。

步骤 1：创建状态转移表和状态图

我们使用 Yes 表示分支被采用，No 表示不被采用。图 7-20 中的状态图展示了 4 种可能的状态。

让我们从 No 状态开始。这里，至少在最后两次执行该指令时，分支没有被采用。输出是预测这一次也不会被采用。电路的输入是当指令已经执行完成时，分支是否已经被实际采用。

1　流水线中的"阶段"（stage）也称为"级"。

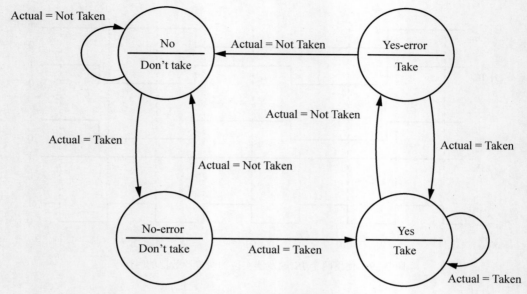

图 7-20　分支预测器

标记为 Actual = Not Taken 的弧线返回 No 状态，预测结果（输出）为下次不会采用该分支。如果分支被采用，则 Actual = Taken 的弧线表示电路进入 No-error 状态，指明预测出现一次错误。但是因为必须连错两次才能改变我们的预测，所以电路的预测仍以 "Don't take" 作为输出。

从 No-error 状态开始，如果未采用分支（预测正确），则电路返回 No 状态。但是，如果采用了分支，则电路连续两次预测错误，因此转为 Yes 状态并输出 Take。

我将把跟踪这个状态图的剩余部分作为练习留给你。如果你觉得没有问题，看一下表 7-13，它提供了电路的技术规格。

表 7-13　　　　　　　　　　　　分支预测器状态表

当前状态	预测	Actual = Not Taken		Actual = Taken	
		下一个状态	预测	下一个状态	预测
No	Don't take	No	Don't take	No-error	Don't take
No-error	Don't take	No	Don't take	Yes	Take
Yes-error	Take	No	Don't take	Yes	Take
Yes	Take	Yes-error	Take	Yes	Take

当条件分支的结果（采用或不采用）在流水线中确定时，表 7-13 显示了下一个状态和相应的预测。此预测用于确定两个可能地址（下一条指令的地址或分支目标的地址）中的哪一个要被存储，以供下次在程序中遇到该指令时使用。

步骤 2：表示状态

对于这个问题，我们将为状态选择二进制编码 $s_1 s_0$，如表 7-14 所示。

预测对应 s_1，如果预测结果是 "Don't take"，则 s_1 是 0；如果预测结果是 "Take"，则 s_1 是 1。

假设输入 Actual 在不采用分支时为 0，采用分支时为 1，使用表 7-14 的状态符号，我们得到表 7-15 所示的状态转换表。

表 7-14 分支预测器状态

状态	s_1	s_0	预测
No	0	0	Don't take
No-error	0	1	Don't take
Yes-error	1	0	Take
Yes	1	1	Take

表 7-15 分支预测器的状态转换表

Actual	当前状态		下一个状态	
	s_1	s_0	s_1	s_0
0	0	0	0	0
0	0	1	0	0
0	1	0	0	0
0	1	1	1	0
1	0	0	0	1
1	0	1	1	1
1	1	0	1	1
1	1	1	1	1

当条件分支指令到达流水线中负责确定是否应该采用分支的处理阶段时，该信息被用作预测器电路的输入（Actual），在下一次遇到该指令时将状态从当前状态转换为下一个状态。

步骤 3：选择触发器

和计数器示例中的原因一样，我们在这里使用 JK 触发器。

步骤 4：向状态转换表中添加显示所需输入的列

表 7-16 展示了实现表 7-15 中所示的状态转换表所需的 JK 触发器输入。

表 7-16 分支预测器的 JK 触发器输入

Actual	当前状态		下一个状态		J_1	K_1	J_0	K_0
	s_1	s_0	s_1	s_0				
0	0	0	0	0	0	X	0	X
0	0	1	0	0	0	X	X	1
0	1	0	0	0	X	1	0	X
0	1	1	1	0	X	0	X	1
1	0	0	0	1	0	X	1	X
1	0	1	1	1	1	X	X	0
1	1	0	1	1	X	0	1	X
1	1	1	1	1	X	0	X	0

步骤 5：简化所需的输入

我们使用图 7-21 所示的卡诺图来寻找最小解。输入是"分支是否被采用"：Actual = 0 表示未采用；Actual = 1 表示被采用。

我们可以根据这些卡诺图直接写出等式：

$$J_0(\text{Actual}, s_1, s_0) = \text{Actual}$$

$$K_0(\text{Actual}, s_1, s_0) = \neg \text{Actual}$$

$$J_1(\text{Actual}, s_1, s_0) = \text{Actual} \wedge s_0$$

$$K_1(\text{Actual}, s_1, s_0) = \neg \text{Actual} \wedge \neg s_0$$

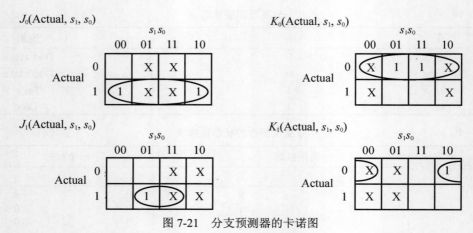

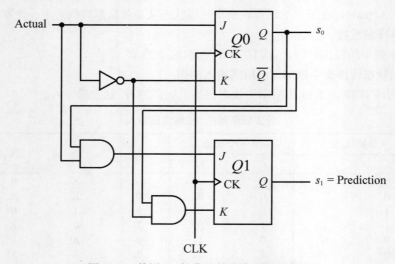

图 7-21   分支预测器的卡诺图

对于这个电路，我们需要两个 JK 触发器、两个与门、一个非门。

步骤 6：绘制电路

在此电路中，如果分支上一次未采用，输入为 Actual = 0；如果采用过，则输入为 Actual = 1。我们需要在 JK 触发器的输入端增加两个与门和一个非门，如图 7-22 所示。

图 7-22   使用 JK 触发器的分支预测器电路

这个例子展示了最简单的分支预测方法。还有更复杂的预测方法。关于分支预测的有效性，是一个持续不断的研究主题。虽然能够提高一些算法的速度，但是分支预测所需的额外硬件会消耗更多的电力，这在由电池供电的设备中值得留意。

7.4   小结

SR 锁存器   SR 锁存器的状态取决于其输入（Set 或 Reset）。可以包括 Enable 输入。

D 触发器   D 触发器存储 1 位数据。通过在主/次配置中连接两个锁存器，来隔离输出与输入，允许触发器与时钟信号同步。D 触发器的输出在每个时钟周期只能改变一次。

T 触发器 当 T 触发器被启用时，其状态随着每个时钟周期在 0 和 1 之间切换。

JK 触发器 JK 触发器能够提供 4 种主要功能——保持、置位、复位、切换，因此被称为通用触发器。

你还看到了两个使用 JK 触发器的时序逻辑电路设计示例。在第 8 章中，你将学习计算机系统中所用到的一些不同的存储器结构。

第 **8** 章

存 储 器

在第 5~7 章中，我们讲解了部分用于实现逻辑功能的硬件。现在，我们将从内存开始，看看如何实现组成计算机的子系统。

每位计算机用户都想要大容量存储器和飞快的计算速度。然而，越快的存储器越贵，所以存在一些权衡。本章首先讨论如何使用不同类型的存储器来提供速度和成本之间的合理折中。然后我们将讨论实现存储器硬件的几种不同方法。

8.1　存储器层级结构

一般来说，距离 CPU 越近的存储器，速度越快，价格越贵。最慢的存储器是云，同时也是最便宜的。我的电子邮箱账户在云端提供了 15 GB 的存储空间，而且我一分钱都不用花（如果忽略看几个广告的"成本"）。但是云存储的速度受到网络连接的限制。还有一个极端是，CPU 内部存储器的运行速度与 CPU 相当，但价格相对昂贵。在 x86-64 架构中，CPU 中只有大约 1 KB 的存储空间可供程序员使用。

图 8-1 显示了这种一般的层次结构。越接近 CPU（该图的顶部），存储器速度越快，成本越高，所以容量也越少。

图 8-1 中的上三层通常位于现代计算机的 CPU 芯片内。在到达内存之前，可能还隔着一级或两级以上的缓存（cache）。内存和磁盘通常与 CPU 在同一个机箱中，其中的磁盘可能不止一个。

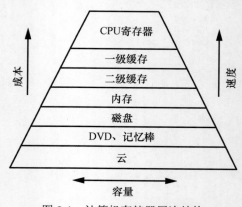

图 8-1　计算机存储器层次结构

远离 CPU 的下一层代表离线数据存储设备。DVD 和记忆棒（memory stick）[1]只是其中两个例子。你可能还有 U 盘、磁带驱动器等。你通常需要对这些设备执行一些手动操作，例如将 DVD 插入播放器或将记忆棒插入 USB 端口，然后才能在计算机中访问。

该层次结构中的最底层是云存储。尽管大多数人都设置了自动登录，但云存储未必总是可用。

在本章中，我们将从云上的两层（即离线存储设备和磁盘）开始，逐步介绍 CPU 寄存器。然后，我们将描述用于构建寄存器的硬件，并最终回归内存。

8.1.1　大容量存储器

大容量存储器（mass storage）用于以机器可读的格式保存程序和大量的数据。包括硬盘、固态驱动器、记忆棒、光盘等。其存储的内容是非易失性的，这意味着当电源关闭时，数据不会丢失。与 CPU 相比，速度很慢。访问这种存储器的内容需要明确编程。

在图 8-2 中，输入/输出（Input/Output，I/O）部分包含专门的电路，用于和大容量存储器打交道。

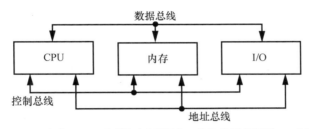

图 8-2　计算机子系统。CPU、内存、I/O 子系统之间通过 3 种总线进行通信。（本图与图 1-1 是一样的）

例如，我的计算机配备了实现 SATA（Serial Advanced Technology Attachment）接口协议的电路。其中一个 SATA 端口插入了一张 SSD 卡。操作系统提供了可供应用程序调用的软件（设备驱动程序），能够通过 SATA 端口访问 SSD 卡中的数据和应用程序。我们将在第 20 章讨论 I/O 编程，不过设备驱动的细节已经超出了本书的范围。

在本章余下部分，我们将介绍易失性存储器，这种存储器在断电时会丢弃其中存储的数据。

8.1.2　内存

接下来，我们谈谈内存。这就是你购买计算机时在说明书中看到的 RAM。如图 8-2 所示，内存通过数据总线、地址总线、控制总线与 CPU 通信。我们将在第 9 章讨论这些总线的工作原理。内存在硬件上与 CPU 同步。因此，程序员可以通过简单地指定地址以及读或写操作来访问内存中的数据。

整个程序和数据集通常不会全部加载到内存中。只有当前正在处理的部分才会被操作系统从大容量存储器载入内存。现代计算机中的大多数大容量存储设备只能以预定大小的块来访问。例如，我的 Ubuntu 系统的磁盘块大小为 4 KB。当需要加载指令或数据项时，计算机会将包含所需项的整个指令或数据块载入内存。程序的邻近部分（指令或数据）很有可能马上就会被用到。由于事先已经被载入内存，操作系统就不用再次访问大容量存储设备，从而提高程序的执行速度。

1　也称为 MS 卡、记忆卡等，是一种可移除式的快闪存储卡格式，由日本索尼公司最先研发，于 1998 年 10 月推出。

内存最常见的组织形式是将程序指令和数据都存储在其中。这称为冯·诺依曼架构（von Neumann architecture），是由 John von Neumann 提出的（"First Draft of a Report on the EDVAC"，Moore School of Electrical Engineering, University of Pennsylvania, 1945），尽管当时其他的计算机科学先驱也在研究同样的概念。

冯·诺依曼架构的缺点在于，如果一条指令需要读/写内存，那么在当前指令完成数据传输之前，无法通过同一总线从内存读取程序的下一条指令，这就是所谓的冯·诺依曼瓶颈（von Neumann bottleneck）。这种冲突拖慢了程序的执行速度，由此产生了另一种存储程序（stored-program）架构：哈佛架构（Harvard architecture），在这种架构中，程序和数据分别存储在不同的内存中，各自都有自己的总线连接到 CPU。这使得 CPU 能够同时访问程序指令和数据。这种特殊化降低了内存使用的灵活性，增加了所需的内存总量。同时还需要额外的内存访问硬件。这些都提高了成本。

冯·诺依曼架构的另一个缺点是，程序可以将自身视为数据进行改写，从而实现自我修改的程序，这通常不是什么好主意。像大多数现代通用操作系统一样，GNU/Linux 禁止程序自我修改。

8.1.3　缓存

我使用的大多数程序都占用几十或几百 MB 的内存。但是大部分执行时间都被循环占用了，循环重复执行同样的几条指令，访问相同的几个变量，自身不过数十或几百字节。大多数现代计算机在内存和 CPU 之间都加入了高速缓存，这为当前正在处理的程序指令和变量提供了快得多的访问速度。

缓存按级别组织，一级最靠近 CPU，容量最小。我使用的计算机共配备了三级缓存：64 KB 的一级缓存、256 KB 的二级缓存和 8 MB 的三级缓存。当程序需要访问指令或数据时，硬件首先检查其是否位于一级缓存。如果不是，再检查二级缓存。如果在二级缓存中，硬件会将包含所需指令或数据的内存块先后复制到一级缓存和 CPU 中，直到程序再次用到，或者一级缓存需要将其重用于二级缓存中的其他指令或数据。一次性复制到缓存中的内存量称为行（line），远小于从大容量存储器中复制的数量。

如果所需的指令或数据不在二级缓存中，则硬件会检查三级缓存。如果找到了，就将包含所需指令或数据的行先后复制到二级缓存和一级缓存，然后复制到 CPU。如果数据不在三级缓存，则检查内存。通过这种方式，硬件将当前正在运行程序的一部分复制到三级缓存，较小一部分复制到二级缓存，更小一部分复制到一级缓存。一级缓存通常采用哈佛架构，从而为指令和数据提供了独立的 CPU 路径。我的计算机的一级缓存（哈佛架构）共 64 KB，其中 32 KB 用于指令，32 KB 用于数据。我的计算机的一级指令缓存的行大小为 32 字节，其他缓存的行大小为 64 字节。

当向内存写入数据时，先从一级缓存开始，然后是下一级缓存，最后是内存。有许多缓存使用方案，这些方案可能会相当复杂。对于缓存的进一步讨论，可参阅其他资料。

一级缓存的访问速度接近 CPU 的速度，二级缓存大约要慢 10 倍，三级缓存大约要慢 100 倍，内存大约要慢 1000 倍。这些都是近似值，在不同的实现中差异很大。现代处理器都将缓存置于芯片内，有些处理器的缓存还不止三级。

计算机性能通常受限于 CPU 读取指令和数据所用的时间，而非 CPU 本身的速度。将指令和数据放在一级缓存中可以缩短这一时间。当然，如果指令和数据不在一级缓存中，硬件需要将其从二级缓存或三级缓存或内存依次复制到三级缓存、二级缓存、一级缓存，这要比简单地直接从内存获取指令和数据花费更长的时间。缓存的有效性取决于引用的局部性，即程序在短时间内引用附近内存地址的趋势。这也是优秀的程序员将程序（尤其是重复的部分）分解成小单元的原因之一。小的程序单元更有可能放进若干行缓存，便于随后的重复访问。

动手实践

1. 确定你所用计算机的缓存大小。在我的 Ubuntu 20.04 LTS 系统中，可以使用命令 lscpu。你可能需要在你的计算机中使用其他命令。
2. 确定你所用计算机的各级缓存的行大小。在我的 Ubuntu 20.04 LTS 系统中，可以使用命令 getconf -a| grep CACHE。你可能需要在你的计算机中使用其他命令。

8.1.4　寄存器

最快的存储器位于 CPU 内部：寄存器。寄存器通常提供 1 KB 左右的存储空间，访问速度与 CPU 相同。寄存器主要用于数值计算、逻辑运算、临时数据存储和类似的短期操作——有点像我们使用草稿纸进行手动计算。许多寄存器可由程序员直接访问，而另一些则是隐藏的。部分寄存器用作 CPU 和 I/O 设备之间的硬件接口。CPU 的寄存器组织形式特定于具体的 CPU 架构，这是在汇编语言级别对计算机进行编程的重要原因之一。在第 9 章中，你将学习到程序员在 x86-64 架构中用到的主要寄存器。

首先，让我们看看如何使用前几章讨论过的逻辑设备实现存储器硬件。我们先从图 8-1 中最高处的 CPU 寄存器开始，向下一直到内存。随着我们对此层次结构的学习，你就会懂得为什么更快的存储器价格更昂贵，这也正是以目前这种层次结构方式组织存储器的原因。大容量存储系统的实现不在本书讨论之列。

8.2　实现存储器硬件

现在我们位于图 8-1 中层次结构的最上方，来学习如何实现 CPU 寄存器中的存储器。然后，我们跳出 CPU，你会看到将这些设计应用到更大的存储器系统（如缓存和内存）时碰到的一些限制。我们将以这些大型系统中的存储器设计来结束本节。

8.2.1　4 位寄存器

让我们从简单的 4 位寄存器的设计开始，在价格敏感型消费产品（如咖啡机、遥控器等）的廉价 CPU 中使用的可能就是这种寄存器。图 8-3 展示了一个 4 位寄存器的设计，每一位使用一个 D 触发器。每当时钟发生正跃迁时，寄存器的状态（内容）$r = r_3r_2r_1r_0$ 就被设置为输入 $d = d_3d_2d_1d_0$。

该电路的问题在于，在下一个时钟周期，d_i 的任何变化都会改变相应存储位 r_i 的状态，因此寄存器的内容实际上仅在一个时钟周期内有效。对于某些应用来说，位模式能有一个周期的缓冲就足够了，但是我们还需要寄存器在被明确改变之前能够将值保存一段时间，这段时间可能是数十亿个时钟周期。

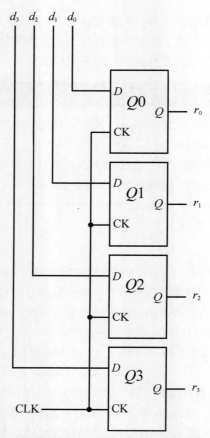

图 8-3   4 位寄存器，每一位使用一个 D 触发器

让我们添加一个 Store 信号和来自每个位的输出 r_i 的反馈。我们希望当 Store = 0 时，每个 r_i 保持不变；当 Store = 1 时，以输入 d_i 为准，如表 8-1 所示。

表 8-1   使用带有 Store 信号的 D 触发器实现的一位存储

Store	d_i	r_i	D
0	0	0	0
0	0	1	1
0	1	0	0
0	1	1	1
1	0	0	0
1	0	1	0
1	1	0	1
1	1	1	1

由表 8-1 可得 D 的布尔等式：

$$D(\text{Store}, d_i, r_i) = \neg(\neg(\neg\text{Store} \wedge r_i) \wedge \neg(\text{Store} \wedge d_i))$$

该等式可以通过在每个 D 触发器的输入端使用 3 个与非门来实现，如图 8-4 所示。

这种设计还具有另一个源于 D 触发器的主/次属性的重要特点。次级部分的状态直到后半个时钟周期才会改变。因此，连接到该寄存器输出端的电路可以在前半个时钟周期读取当前状态，而主级部分则准备有可能要将状态更改为新内容。

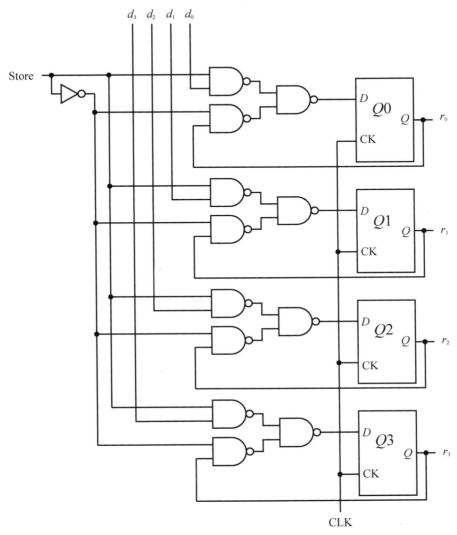

图 8-4　带有 Store 信号的 4 位寄存器

　　例如，我们现在有了一种存储加法器电路运算结果的方法。寄存器的输出可以用作对数据执行算术或逻辑运算的另一个电路的输入。

　　寄存器也可以设计为对存储在其中的数据执行简单的操作。接下来，我们来看一种能够将串行数据转换为并行格式的寄存器设计。

8.2.2　移位寄存器

　　我们可以将移位寄存器作为一种串入并出（Serial-In Parallel-Out，SIPO）设备。移位寄存器使用一系列 D 触发器，如图 8-4 中简单的存储寄存器，但是每个触发器的输出连接到序列中下一个触发器的输入，如图 8-5 所示。

在图 8-5 所示的移位寄存器中，串行比特流在 s_i 处输入。在每个时钟周期，$Q0$ 的输出被作为 $Q1$ 的输入，从而将先前的 r_0 值复制到新的 r_1。$Q0$ 的状态变为新的 s_i 的值，从而将其复制为 r_0 的新值。串行比特流继续在移位寄存器的 4 位中进行连锁反应。在任何时候，串行比特流的最后 4 位在 4 个输出端 r_3、r_2、r_1、r_0 同时可用，其中 r_3 在时间上最早。

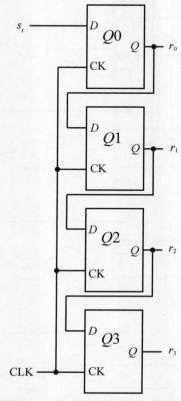

图 8-5   4 位的串入并出移位寄存器

相同的电路可用于在串行比特流中提供 4 个时钟周期的延迟。只需将 r_3 作为串行输出即可。

8.2.3   寄存器文件

CPU 中用于类似操作的寄存器被组合为一个寄存器文件（register file）。例如，正如你将在第 9 章中看到的，x86-64 架构包括 16 个 64 位通用寄存器，可用于整数计算、临时存储地址等。我们需要一种机制来寻址寄存器文件中的每个寄存器。

考虑一个由 8 个 4 位寄存器（r0～r7）组成的寄存器文件，该寄存器文件由 8 个图 8-4 所示的 4 位寄存器电路实现。为了读取这 8 个寄存器之一中的 4 位数据（例如，寄存器 r5 中的 $r5_3$、$r5_2$、$r5_1$、$r5_0$），我们需要使用 3 位来指定 8 个寄存器之一。第 7 章介绍过复用器能够从若干输入中选择一个。我们可以将一个 3 × 8 复用器连接到 8 个寄存器的各个对应位，如图 8-6 所示。复用器 $r0_i$～$r7_i$ 的输入是来自 8 个寄存器 r0～r7 的第 i 位。穿过 RegSel 线的斜线以及数字 3 用于表示这里有 3 条线符号。

一个 4 位寄存器需要 4 个这样的复用器输出电路。相同的 RegSel 将同时应用于 4 个复用器，以输出同一个寄存器的全部 4 位。当然，更大的寄存器需要更多的复用器。

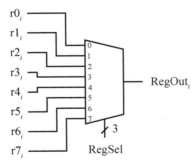

图 8-6　用于选择寄存器文件输出的 8 路复用器。这里仅展示了第 i 位的输出；n 位寄存器需要 n 个复用器

8.2.4　读−写存储器

在图 8-3 中，你看到了如何构建一个 4 位寄存器来存储 D 触发器的值。我们现在需要能够选择何时读取存储在寄存器中的值，并在不读取时断开输出。三态缓冲器可以做到这一点，如图 8-7 所示。该电路仅用于单个 4 位寄存器。计算机中的每个寄存器都需要配备。$addr_j$ 来自译码器，选择其中一个寄存器。

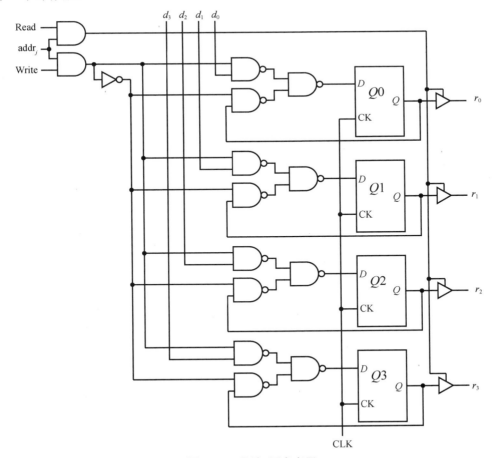

图 8-7　4 位读−写寄存器

Write = 1 导致 4 位数据 $d_3d_2d_1d_0$ 存储在 D 触发器的 $Q3$、$Q2$、$Q1$、$Q0$。当 Read = 0 时，4 位输出 $r_3r_2r_1r_0$ 与 D 触发器保持断开。Read = 1 时连接输出。

我们将沿着图 8-1 所示的存储器层次结构继续向下到缓存，缓存通常由触发器构成，类似于寄存器文件。

8.2.5　静态随机存取存储器

我们一直在讨论的使用触发器的存储器称为静态随机存取存储器（Static Random Access Memory，SRAM）。之所以称之为"静态"，是因为只要不断电，存储的数据就保持不变。正如我们在第 2 章中看到的。所谓的"随机"，是指访问存储器内的任意（随机）字节所使用的时间都是一样的。SRAM 多用于缓存，其大小可高达数 MB。

让我们来看看在大容量存储器中寻址单个字节的方法。寻址 1 MB 内存中的 1 字节需要 20 位地址。这要求一个 20×2^{20} 的地址译码器，如图 8-8 所示。

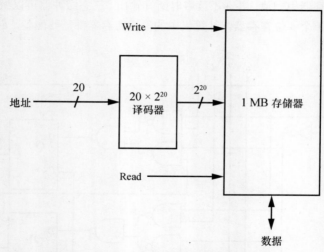

图 8-8　使用一个 20×2^{20} 的地址译码器寻址 1 MB 存储器

回想一下，$n \times 2^n$ 译码器需要 2^n 个与门。所以一个 20×2^{20} 译码器需要 1 048 576 个与门。我们可以将存储器组织成 1024 行和 1024 列的网格来简化电路，如图 8-9 所示。然后，通过选择某行和某列来选择一字节，行和列都使用 10×2^{10} 译码器。

虽然需要两个译码器，但是每个译码器需要 $2^{n/2}$ 个与门，合计共需要 $2 \times 2^{n/2} = 2^{(n/2)+1} = 2048$ 个与门。当然，访问存储器中的单个字节要稍微麻烦一些，将 20 位地址分成两个 10 位部分也会增加一些复杂性，但这个例子应该能让你体会到工程师是如何简化设计的。

沿着存储器层级结构继续向下，我们来到了内存部分，这是计算机内部容量最大的存储器单元。

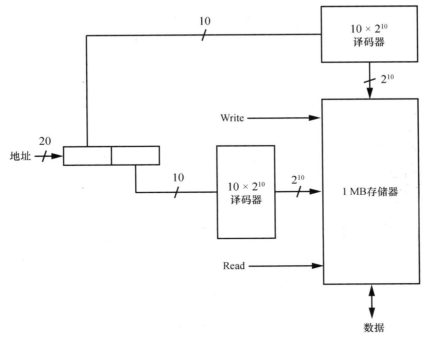

图 8-9　使用两个 10×2^{10} 的地址译码器寻址 1 MB 存储器

8.2.6　动态随机存取存储器

SRAM 中的每一位大约需要 6 个晶体管来实现。用于内存的动态随机存取存储器（Dynamic Random-Access Memory，DRAM）比较便宜。

DRAM 中的一位通常通过将电容器充电到两种电压之一来实现。这种电路只需要一个晶体管给电容充电，如图 8-10 所示。这些电路以矩形阵列形式排列。

当行选择被设置为 1 时，该行中的所有晶体管全部导通，从而将相应的电容器连接到感测放大器/锁存器。存储在电容器中的值（高电压或低电压）被放大并存储在锁存器内，在其中可供读取。此操作会使电容器放电，因此必须根据锁存器中存储的值刷新电容器。有单独的电路负责刷新。

当数据要存储在 DRAM 中时，新值（0 或 1）首先存储在锁存器中。然后将行选择设置为 1，感测放大器/锁存器电路将对应于逻辑 0 或 1 的电压施加到电容器。电容器被相应的充电或放电。

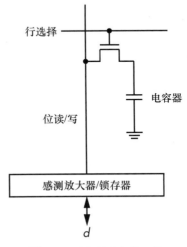

图 8-10　DRAM 中的一位

这些操作比简单地切换触发器需要更多的时间，所以 DRAM 比 SRAM 要慢得多。此外，电容器会随着时间的推移而掉电，因此每行电容器必须每 60 毫秒读取和刷新一次。这需要额外的电路，进一步降低了存储器的访问速度。

现在，我们已经清楚地了解到现代计算机的存储器层次结构是如何将硬件成本保持在合理的水平的同时提高程序运行速度的。尽管 DRAM 比 CPU 慢得多，但其较低的位成本使其成为内存的不错选择。在存储器层次结构中，更靠近 CPU 时，速度更快的 SRAM 被用作缓存。缓存容量比内存小得多，因此 SRAM 较高的位成本也是可以接受的。由于 CPU 正在执行的程序所需的指令和数据通常都位于缓存中，不难看出速度更快的 SRAM 在程序执行过程中所带来的优势。

> **动手实践**
>
> 从表 8-1 中推导出 $D(\text{Store}, d_i, r_i)$ 的等式。

8.3 小结

存储器层级结构 计算机在组织存储器的时候，将少量更快、更昂贵的存储器放在更靠近 CPU 的位置。当程序执行时，一小部分程序指令和数据被复制到速度依次提升的多级存储器。这种做法是可行的，因为程序所需的下一个内存位置很有可能位于当前位置附近。

寄存器 位于 CPU 内部的存储器，大小为数千字节，其访问速度与 CPU 相同。使用触发器实现。

缓存 位于 CPU 外部的存储器，但往往在同一芯片上，大小从数千到数百万字节。速度比 CPU 慢，但两者同步。通常以多级形式组织，速度更快、容量更小的缓存更接近 CPU。通常以 SRAM 实现。

内存 大小从数亿到数十亿字节，与 CPU 不在一起。速度比 CPU 慢很多，但两者同步。通常以 DRAM 实现。

静态随机存取存储器（SRAM） 使用触发器存储二进制位。SRAM 速度快，但价格昂贵。

动态随机存取存储器（DRAM） 使用电容器存储二进制位。DRAM 速度快，但价格要便宜得多。

在第 9 章中，你将从程序员的视角学习 x86-64 CPU 是如何组织的。

第 9 章

中央处理单元

现在，你已经学习了用于构建中央处理单元（Central Processing Unit，CPU）的电子元件，是时候着手 x86-64 CPU 的一些细节了。CPU 的两大制造商是 Intel 和 AMD。x86-64 CPU 可以在 32 位或 64 位模式下运行。32 位模式称为兼容模式（compatibility mode），允许你运行为 32 位或 16 位环境编译的程序。

在本书中，我们将重点介绍 64 位模式，Intel 手册和 AMD 手册中分别称为 IA-32e 和长模式（long mode），本书中称为 64 位模式。我将指出兼容模式（本书中称为 32 位模式）的一些主要区别。你不能在同一个程序中混合使用这两种模式，但是大多数 64 位操作系统允许你运行 32 位程序或 64 位程序。

本章从一个典型 CPU 的概述开始。接下来，我们将介绍 x86-64 CPU 中的寄存器以及程序员如何访问这些寄存器。本章最后给出了一个使用 gdb 调试器查看寄存器内容的例子。

9.1 CPU 概述

你应该清楚，CPU 是计算机的核心。它按照你在程序中指定的执行路径完成所有的算术和逻辑运算。此外还会根据程序的需要从内存中获取指令和数据。

我们先来介绍典型 CPU 的主要子系统。接着讲解 CPU 在执行程序时如何从内存中获取指令。

9.1.1 CPU 子系统

图 9-1 展示了一个典型 CPU 的主要子系统的总体框图。子系统通过内部总线相连，内部总线包括硬件路径和控制通信的软件协议。记住，这是一个高度简化的示意图。实际的 CPU 结构要复杂得多，不过本章中讨论的一般概念适用于大多数 CPU。

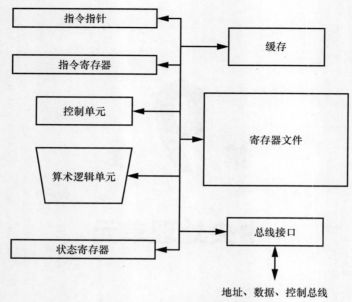

图 9-1 CPU 的主要子系统

让我们简单看一下图 9-1 中的各个子系统。这里给出的一般性描述适用于大多数 CPU。经过简短的介绍之后,我们将注意力转向程序员最感兴趣的子系统及其在 x86-64 架构中的用法。

- **指令指针**:该寄存器始终包含待执行的下一条指令的内存地址。
- **缓存**:尽管可以说缓存并非 CPU 的组成部分,但大多数现代 CPU 都在芯片上集成了缓存。在本章后续部分会看到,CPU 在执行程序时从内存中获取每条指令。CPU 执行指令的速度要比通过总线接口从内存获取指令的速度快得多。内存接口使得 CPU 可以更有效地一次性获取多条指令,将其存储在 CPU 能够快速访问的缓存中。
- **指令寄存器**:该寄存器中包含当前被执行的指令。其位模式决定了控制单元要求 CPU 执行何种操作。指令结束后,指令寄存器中的位模式就变成了下一条指令,由 CPU 执行新的位模式指定的操作。
- **寄存器文件**:寄存器文件是一组用法相似的寄存器。大多数 CPU 都有多个寄存器文件。例如,x86-64 CPU 有一个用于整数操作的寄存器文件和一个用于浮点数操作的寄存器文件。编译器和汇编器为每个寄存器指定了名称。几乎所有的算术和逻辑运算以及数据移动操作都涉及寄存器文件中的至少一个寄存器。
- **控制单元**:指令寄存器的内容由控制单元负责译码。为了执行指令指定的操作,控制单元产生信号,控制 CPU 的其他子系统。控制单元通常以有限状态机的形式实现,包含译码器、复用器和其他逻辑元件。
- **算术逻辑单元**(**ALU**):ALU 用于执行程序中指定的算术和逻辑运算。当 CPU 需要自行运算的时候(例如,将两个值相加来计算内存地址)也会用到 ALU。
- **状态寄存器**:ALU 执行的各种运算都会产生各种条件,这些条件必须被记录下来以备程序使用。例如,加法会产生进位。在 ALU 完成可能产生进位的运算之后,状态寄存器中的某一位将被设置为 0(无进位)或 1(进位)。
- **总线接口**:这就是 CPU 与其他计算机子系统(图 1-1 中的内存和输入/输出)进行通信的

方式（参见第 1 章）。它包含在地址总线上放置地址、在数据总线上读取和写入数据以及在控制总线上读取和写入信号的电路。许多 CPU 的总线接口与外部总线控制单元连接，外部总线控制单元又与存储器和不同类型的 I/O 总线（例如，USB、SATA 或 PCI-E）连接。

9.1.2　指令执行周期

在本节中，我们将更详细地讨论 CPU 如何执行存储在内存中的程序。这是使用第 1 章学过的 3 条总线（地址总线、数据总线、控制总线），通过总线接口从内存中提取指令来实现的。

指令指针寄存器 rip 中的地址总是指向程序中要执行的下一条指令。CPU 通过从指令指针所含的内存地址处提取指令来执行程序。提取指令后，CPU 开始对该指令进行译码。根据指令的不同，第一或第二字节告诉 CPU 该指令的长度（字节数）。然后，CPU 将这个数字与 rip 寄存器的值相加，使得 rip 包含程序中下一条指令的地址。因此，rip 记录了程序当前指令的位置。

有些指令会改变 rip 中的地址，从而使程序从一个位置跳转到另一个位置。在这种情况下，直到导致跳转的指令被实际执行时，才知道下一条指令的地址。

x86-64 架构还支持 rip 相对寻址，允许程序访问距离 rip 中当前地址有一段固定距离的内存位置。这允许我们创建一个可以加载到内存任意位置执行的程序，获得更好的安全性。详见第 11 章，届时我们将在汇编语言层面上深入了解函数的细节。

当 CPU 从内存中提取出一条指令时，会将其载入指令寄存器。指令寄存器中的位模式使 CPU 执行该指令所指定的操作。一旦操作完成，另一条指令会被自动载入指令寄存器，CPU 接着执行下一个位模式所指定的操作。

大多数现代 CPU 都使用了指令队列。若干条指令在队列中等待执行。当常规控制单元执行指令时，由单独的电路保持指令队列满。但这只是一个执行细节，可以让控制单元运行得更快。控制单元执行程序的本质可以用单指令寄存器模型来表示，这正是我在这里要描述的。

从内存中提取指令并执行程序的步骤如下。

（1）指令序列被存储在内存中。

（2）第一条指令的内存地址被复制到指令指针。

（3）CPU 将指令指针中的地址发送到地址总线上的内存。

（4）CPU 向控制总线发送"读"信号。

（5）内存将该地址处的位状态副本发送至数据总线，CPU 将其复制到自己的指令寄存器。

（6）指令指针自动增加，包含内存中下一条指令的地址。

（7）CPU 执行地址寄存器中的指令。

（8）返回步骤（3）。

步骤（3）、（4）、（5）称为指令提取（instruction fetch）。注意，步骤（3）～（8）形成了一个周期，称为指令执行周期（instruction execution cycle），如图 9-2 所示。

程序中的大多数指令要用到至少一个寄存器文件中的至少一个寄存器。程序通常将数据从内存加载到寄存器中，对数据进行操作，然后将结

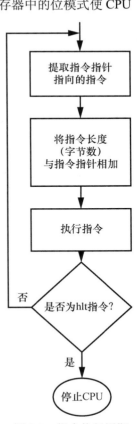

图 9-2　指令执行周期

果存储在内存中。寄存器也用于保存内存中数据的地址，从而作为指向数据或其他地址的指针。

本章的剩余部分主要描述 x86-64 架构中的通用寄存器。你将学到如何在 gdb 调试器中查看寄存器的内容。第 10 章将介绍如何在汇编语言中使用寄存器。

9.2　x86-64 寄存器

CPU 内部的一部分存储器被组织为寄存器。机器指令通过地址访问 CPU 寄存器，就像访问内存一样。当然，寄存器的寻址空间与内存寻址空间是分开的。寄存器地址出现在 CPU 内部总线上，而非总线接口的地址部分，因为寄存器位于 CPU 内部。从程序员的角度来看，区别在于汇编器为寄存器预定义名称，而程序员则为内存地址创建符号名称。因此，在使用汇编语言编写的程序中，会出现以下情况：

- 使用汇编器预定义的名称访问 CPU 寄存器；
- 使用程序员为内存位置指定的名称访问内存，在程序中使用这些名称。

表 9-1 列出了 x86-64 架构的寄存器，根据其在程序中的一般用途进行分类。在每一类中，表格的各列依次显示了寄存器的数量、寄存器的大小以及寄存器在程序中的用途。

表 9-1　　　　　　　　　　　　　　x86-64 寄存器

分类	数量	大小	用途
基础编程寄存器	16	64 位	通用
	1	64 位	标志
	1	64 位	指令指针
	6	16 位	段
浮点寄存器	8	80 位	浮点数据
	1	16 位	控制
	1	16 位	状态
	1	16 位	标签
	1	11 位	操作码
	1	64 位	FPU 指令指针
	1	64 位	FPU 数据指针
MMX 寄存器	8	64 位	MMX
XMM 寄存器	16	128 位	XMM
	1	32 位	MXCR
模型特定寄存器（MSR）	视实现情况而定。仅由操作系统使用		

我已经讲过指令指针寄存器。本书中介绍的大多数编程概念仅用到了通用寄存器。这类寄存器用于整数数据类型，比如 int 值和 char 值（有符号和无符号）、字符表示、布尔值和地址。在本节的余下部分，我们将介绍通用寄存器和标志寄存器。浮点寄存器的讨论留到本书结尾部分。MMX 和 XMM 寄存器用于更高级的编程技术，不在我们的讨论范围。

9.2.1 通用寄存器

如前所述，通用寄存器处理整数数据类型和内存地址。每个寄存器中的各位从右向左编号，起始为 0。因此，最右位的编号是 0，左边下一位是 1，以此类推。因为通用寄存器中有 64 位，所以最左位的编号是 63。

计算机指令将若干位作为一个单元来处理。在早期，这个单元被称为字（word）。每种 CPU 架构都有特定的字长。在现代 CPU 架构中，不同的指令操作的位数各不相同，但该术语从早期的 Intel 8086 指令集架构一直延续到了现在的 64 位指令集架构 x86-64。因此，一个字为 16 位，双字为 32 位，四字为 64 位。

你可以在程序中使用以下分组来访问各个通用寄存器中的相应位。

- 四字：全部的 64 位（0~63）。
- 双字：低 32 位（0~31）。
- 字：低 16 位（0~15）。
- 字节：低 8 位（0~7），以及 4 个寄存器中的位（8~15）。

汇编器对寄存器中的各个位组使用不同的名称。表 9-2 列出了位组在汇编器中的名称。表中的每行为一个寄存器，每列为此寄存器中该位组的名称。

表 9-2　　　　　　　　　　CPU 通用寄存器中各部分对应的汇编语言名称

位 0~63	位 0~31	位 0~15	位 8~15	位 0~7
rax	eax	ax	ah	al
rbx	ebx	bx	bh	bl
rcx	ecx	cx	ch	cl
rdx	edx	dx	dh	dl
rsi	esi	si		sil
rdi	edi	di		dil
rbp	ebp	bp		bpl
rsp	esp	sp		spl
r8	r8d	r8w		r8b
r9	r9d	r9w		r9b
r10	r10d	r10w		r10b
r11	r11d	r11w		r11b
r12	r12d	r12w		r12b
r13	r13d	r13w		r13b
r14	r14d	r14w		r14b
r15	r15d	r15w		r15b

在 64 位模式下，写入寄存器的 8 位或 16 位部分不会影响到余下的 56 位或 48 位。然而，当写入低 32 位时，高 32 位会被设置为 0。（我也不知道 CPU 设计师为什么会选择这种做法，实在是很奇怪。）在 32 位模式下运行的程序只能使用表 9-2 中阴影部分的寄存器。64 位模式下可以使用所有寄存器。ah、bh、ch 和 dh 寄存器（位 8~15）不能与阴影部分以外的寄存器共用同一条指令。例如，无法使用一条指令将 ah 寄存器中的 8 位值复制到 sil 寄存器，但可以将其复制到 dl 寄存器。

大多数 CPU 架构将其寄存器命名为 r0、r1 等。在 Intel 推出 8086/8088 指令集架构时，使用了表 9-2 中线以上的名称代表位 0～15、8～15、0～7。4 个 16 位寄存器 ax、bx、cx、dx 比另外 4 个更通用，被用于 CPU 的大多数计算。程序员可以访问整个寄存器或半个寄存器。低位字节被命名为 al、bl、cl、dl，高位字节被命名为 ah、bh、ch、dh。

为了向后兼容，对这些 8 位和 16 位寄存器的访问在 32 位模式下保持不变，但在 64 位模式下受到限制。在 x86-64 架构中，对 rsi、rdi、rsp、rbp 寄存器的低 8 位部分的访问是随着转向 64 位而添加的，但不能在同一指令中与 ah、bh、ch、dh 寄存器的 8 位部分一起使用。

寄存器的 32 位部分的名称中的 e 前缀与 x86 架构的历史有关。1986 年推出的 80386 将寄存器的大小从 16 位增加到 32 位。没有增添新的寄存器，只是将旧的寄存器进行了简单的扩展。除了将寄存器大小增加到 64 位，x86-64 架构增添了 8 个寄存器，命名为 r8～r15。设计者没有对前 8 个寄存器的名称进行相应的更改，而是决定在旧名称前加上 r 前缀。

当寄存器中用到的位少于全部 64 位时，假定其余部分处于某种特定状态的代码往往不是什么好主意。这种代码不仅难以阅读，还会在维护阶段造成问题。

图 9-3 给出了通用寄存器各部分的命名。这里展示的 3 个寄存器适用于所有通用寄存器的模式。

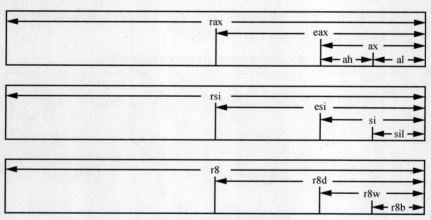

图 9-3　通用寄存器命名

尽管名为"通用"，但是某些指令以特殊的方式使用其中部分寄存器。我们基本上将所有通用寄存器视为高级语言中的变量。重要的例外是 rsp 和 rbp 寄存器，二者保存着对程序的正常运行至关重要的内存地址。

特殊的指针寄存器

让我们来看两个对程序非常重要的通用寄存器。rsp 寄存器被用作栈指针，rbp 寄存器被用作帧指针。两者用于跟踪数据项在调用栈中的位置。调用栈是一片临时存储区域，在程序运行期间用于函数之间的信息传递。一些机器指令隐式用到了 rsp 寄存器。

rsp 和 rbp 寄存器的用法有一套非常严格的协议，随后我会详述。在使用汇编语言编程时，必须仔细遵循协议。

通用寄存器的其他限制

有些指令只能用于特定的通用寄存器。例如，无符号乘法和除法指令使用 rax 和 rdx 寄存器。此外，每种操作系统和编程环境都有自己的一套通用寄存器使用规则。在我们的编程环境中（64

位 GNU/Linux 下的 C 语言），函数的第一个参数要放在 rdi 寄存器中传递，但如果是在 64 位 Windows 环境下使用 C 语言，第一个参数则要放在 rcx 寄存器中传递。

这些限制和惯例（针对 GNU/Linux，非 Windows）详见第 11 章。

9.2.2　状态寄存器

另一个特殊的 CPU 寄存器是状态寄存器，在图 9-1 中可以看到。该寄存器被命名为 rflags。我们关注的是其中被用作状态标志的几个位，这些位指明了很多指令的一些副作用。

大多数算术和逻辑运算都会影响状态标志。例如，进位标志 CF 和溢出标志 OF 都在 rflags 寄存器中。图 9-4 给出了受影响的位。高 32 位（32～63）保留用于其他用途，此处未显示。我们也没有显示位 12～31，这些是系统标志位。

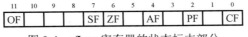

图 9-4　rflags 寄存器的状态标志部分

表 9-3 列出了各种状态标志。

表 9-3　　　　　　　　　　　　　　　**rflags 寄存器的状态标志**

名称	功能	何时将标志设置为 1
OF	溢出标志	有符号整数（补码）算术溢出
SF	符号标志	结果的最高有效位的副本
ZF	0 标志	结果为 0
AF	辅助进位标志	二进制编码的十进制算术发生进位或借位
PF	奇偶标志	结果的最低有效字节中有偶数个 1
CF	进位标志	进位或借位超过了结果的最高有效位

有些专门测试状态标志的状态的机器指令。例如，如果状态标志 ZF 为 1，有一条指令可以跳转到程序中的另一个位置。

接下来，我们将介绍一些与通用寄存器的大小相关的 C/C++ 数据类型。

9.3　C/C++的整数数据类型和寄存器大小

计算机程序中的各种数据都具有相应的数据类型，后者指定了该类型数据的取值范围、表示这些值的位模式、能够执行的操作以及数据在程序中的语义用法。

有些编程语言（如 C、C++、Java）需要程序员在程序中明确声明数据类型。有些编程语言（如 Python、BASIC、JavaScript）可以根据值的使用方式判断数据类型。CPU 制造商规定了 CPU 架构特定的机器级数据类型，通常包括独有的专用数据类型。

C 和 C++ 语言规范规定了每种数据类型的取值范围。例如，int 类型必须能够存储–32 768～+32 767 范围内的值。因此，该类型的大小必须至少为 16 位。unsigned int 类型的取值范围必须至少为 0～65 535，因此也必须至少为 16 位。编译器设计者可以自行决定是否超过语言规范中规定的最小值。

表 9-4 给出了编译器 gcc 和 g++所提供的 C/C++数据类型的 x86-64 寄存器大小，但是你应该注意，别指望这些大小总会相同。*any* 表示指向任意数据类型的指针（内存地址）。

表 9-4   x86-64 架构中的部分 C/C++数据类型的大小

数据类型	32 位模式下的大小	64 位模式下的大小
char	1 字节	1 字节
int	双字	双字
long	双字	四字
long long	四字	四字
float	双字	双字
double	四字	四字
any	双字	四字

注意 如果你的解决方案依赖于数据大小，C 标准库通常定义了特定的大小。例如，GNU C 库将 16 位有符号整数定义为 int16_t，16 位无符号整数定义为 u_int16_t。在极少数情况下，你可能需要使用汇编语言来确保正确性。

一个值通常可以用多种数据类型来表示。例如，大多数人会认为 123 代表整数 123，但这个值可以作为 int 或 char[]（char 类型数组，数组中的每个元素保存一个字符的码点）类型存储在计算机中。

如表 9-4 所示，在我们使用的 C/C++环境中，int 类型以双字存储，所以 123 的位模式为 0x0000007b。对于 C 风格的文本字符串，我们需要 4 字节的内存，但是位模式为 0x31、0x32、0x33、0x00，即字符 1、2、3、NUL。（回想一下，C 风格的字符串以 NUL 字符结束。）

通过查看寄存器内容，可以从中洞悉到不少有关 CPU 工作的来龙去脉。在 9.4 节中，你将学习如何使用 gdb 调试器查看寄存器。

9.4   使用 gdb 查看 CPU 寄存器

我们将使用清单 9-1 中的程序来演示如何使用 gdb 查看 CPU 寄存器的内容。

清单 9-1   演示如何使用 gdb 查看 CPU 寄存器的简单程序

```
/* inches2feet.c
 * Converts inches to feet and inches.
 */

#include <stdio.h>
#define inchesPerFoot 12

int main(void)
{
❶ register int feet;
   register int inchesRem;
❷ int inches;
```

```
      int *ptr;

      ptr = &inches;

      printf("Enter inches: ");
❸     scanf("%i", ptr);

      feet = inches / inchesPerFoot;
      inchesRem = inches % inchesPerFoot;
      printf("%i\" = %i' %i\"\n", inches, feet, inchesRem);

      return 0;
  }
```

　　我使用 register 存储类修饰符❶请求编译器为变量 feet 和 inchesRem 使用 CPU 寄存器。register 修饰符仅仅是一种建议。C 语言标准并不要求编译器一定要满足请求。但是注意，我并没有请求编译器为变量 inches❷使用 CPU 寄存器。变量 inches 必须位于内存中，因为 scanf 需要使用指向 inches 的指针❸来存储从键盘读入的值。

　　你已经在本书先前部分见过一些 gdb 命令（复习一下第 2 章）。当运行的程序遇到断点时，有一些实用命令可以在你的控制下在程序中移动并查看相关信息。

　　n（next）：执行当前源代码语句；如果是函数调用，则执行整个函数。

　　s（step）：执行当前源代码语句；如果是函数调用，则步进（step into）函数，到达被调用函数的第一条指令。

　　si（step instruction）：执行当前机器指令；如果是函数调用，则步进该函数。

　　i r（info register）：显示寄存器的内容，除了浮点寄存器和向量寄存器。

　　下面来看我是如何使用 gdb 控制程序的执行并观察寄存器内容的。注意，如果你自己也想照做这个示例，可能会看到不同的地址，在动手实践环节会有这样的练习。

```
❶ $ gcc -g -O0 -Wall -masm=intel -o inches2feet inches2feet.c
❷ $ gdb ./inches2feet
GNU gdb (Ubuntu 9.2-0ubuntu1~20.04) 9.2
   --snip--
Reading symbols from ./inches2feet...done.
❸ (gdb) l
1       /* inches2feet.c
2        * Converts inches to feet and inches.
3        */
4
5       #include <stdio.h>
6       #define inchesPerFoot 12
7
8       int main(void)
9       {
10          register int feet;
(gdb) ENTER
11          register int inchesRem;
12          int inches;
```

```
13        int *ptr;
14
15        ptr = &inches;
16
17        printf("Enter inches: ");
18        scanf("%i", ptr);
19
20        feet = inches / inchesPerFoot;
(gdb) ENTER
21        inchesRem = inches % inchesPerFoot;
22        printf("%i\" = %i' %i\"\n", inches, feet, inchesRem);
23
24        return 0;
25    }
```

我们首先编译程序❶，然后使用 gdb 将其载入❷，接着列出源代码，以便查看在哪里设置断点。使用 ENTER 键❸（在有些键盘上是 RETURN 键）重复上一个命令。调试器先打印出自身的相关信息，为了节省篇幅，我将这部分内容删除了。

我们希望在程序中的关键处设置断点来跟踪程序处理数据的过程：

```
(gdb) b 17
Breakpoint 1 at 0x11af: file inches2feet.c, line 17.
(gdb) b 20
Breakpoint 2 at 0x11d8: file inches2feet.c, line 20.
```

我们在程序提示用户输入数据的地方设置第一个断点，即第 17 行，在程序开始计算的地方设置第二个断点，即第 20 行。

在运行程序时，会在第一个断点处停下来：

```
(gdb) r
Starting program: /home/progs/chapter_09/inches2feet/inches2feet

Breakpoint 1, main () at inches2feet.c:17
17        printf("Enter inches: ");
```

程序在源代码的第 17 行暂停，控制权返回 gdb。我们可以使用 i r 命令查看寄存器的内容（确保 i 和 r 之间有空格）。

```
(gdb) i r
rax            0x7fffffffdeac        140737488346796
rbx            0x555555555260        93824992236128
rcx            0x555555555260        93824992236128
rdx            0x7fffffffdfd8        140737488347096
rsi            0x7fffffffdfc8        140737488347080
rdi            0x1                   1
rbp            0x7fffffffded0        0x7fffffffded0
rsp            0x7fffffffdea0        0x7fffffffdea0
r8             0x0                   0
```

r9	0x7ffff7fe0d50	140737354009936
r10	0x7	7
r11	0x2	2
r12	0x5555555550a0	93824992235680
r13	0x7fffffffdfc0	140737488347072
r14	0x0	0
r15	0x0	0
rip	0x5555555551af	0x5555555551af <main+38>
eflags	0x246 [PF ZF IF]	
cs	0x33 51	
ss	0x2b 43	
ds	0x0 0	
es	0x0 0	
fs	0x0 0	
gs	0x0 0	

以上输出告诉了我们在用户输入数据之前的各个寄存器的内容（你看到的数字会不一样）。我们可能想知道编译器是否满足了我们请求为变量 feet 和 inchesRem 使用寄存器的请求。如果答案是肯定的，那么使用了哪些寄存器？

我们可以查看寄存器在被程序使用之前和之后的内容，这样就知道程序是否在其中存储了正确的值。为此，让 gdb 打印出这两个变量的地址：

```
(gdb) print &feet
Address requested for identifier "feet" which is in register $r12
(gdb) print &inchesRem
Address requested for identifier "inchesRem" which is in register $rbx
```

当我们要求显示变量地址时，gdb 会给出与程序员提供的标识符关联的内存地址。但是在这个程序中，我们请求编译器使用寄存器，gdb 会告诉我们编译器为每个变量选择了哪个寄存器。

我们并没有请求编译器为变量 inches 和 ptr 使用寄存器，所以 gdb 应该只会显示内存地址：

```
(gdb) print &inches
$1 = (int *) 0x7fffffffdeac
(gdb) print &ptr
$2 = (int **) 0x7fffffffdeb0
```

现在，我们知道了 r12 被用于 feet，rbx 被用于 inchesRem，可以查看这两个寄存器的当前内容，然后继续运行程序：

```
❶ (gdb) i r rbx r12
rbx            0x555555555260           93824992236128
r12            0x5555555550a0           93824992235680
❷ (gdb) c
Continuing.
Enter inches: 123 ❸
```

我们可以不显示所有的寄存器，只指定想要查看的那两个寄存器❶。继续运行程序❷，程序提示用户输入英寸数（1 英寸=2.54 厘米），我输入了 123❸。然后，程序在遇到的下一个断点处重新进入 gdb：

```
Breakpoint 2, main () at inches2feet.c:20
20          feet = inches / inchesPerFoot;
```

在开始计算之前，先确保用户的输入被存储在正确的位置：

```
(gdb) print inches
$3 = 123
```

该程序将计算英尺数（1 英尺=12 英寸=30.48 厘米），然后计算英寸的余数。所以我使用 n 执行两条语句：

```
(gdb) n
21          inchesRem = inches % inchesPerFoot;
(gdb) ENTER
22          printf("%i\" = %i' %i\"\n", inches, feet, inchesRem);
```

程序现在可以打印出计算结果了。我要检查一下，以确保所有的计算都正确执行，并且结果保存在正确的变量（我们已经确定是 rbx 和 r12）中：

```
(gdb) i r rbx r12
rbx             0x3     3
r12             0xa     10
```

还有其他方法也可以查看 feet 和 inchesRem 中存储的内容：

```
(gdb) print $rbx
$4 = 3
(gdb) print $r12
$5 = 10
(gdb) print feet
$6 = 10
(gdb) print inchesRem
$7 = 3
```

当使用 gdb 的 print 命令时，一次只能打印一个变量，即使存储这个变量的是寄存器。i r 命令不需要寄存器名使用$前缀，但 print 命令需要。

在程序结束之前，最后再查看一下所有的寄存器：

```
(gdb) i r
rax             0x78            120
rbx             0x3             3
rcx             0xa                     10
rdx             0x7b                    123
rsi             0x0                     0
rdi             0x7fffffffd960          140737488345440
rbp             0x7fffffffded0          0x7fffffffded0
rsp             0x7fffffffdea0          0x7fffffffdea0
```

r8	0xa	10
r9	0x0	0
r10	0x7ffff7f5bac0	140737353464512
r11	0x0	0
r12	0xa	10
r13	0x7fffffffdfc0	140737488347072
r14	0x0	0
r15	0x0	0
rip	0x55555555521e	0x55555555521e <main+149>
eflags	0x206 [PF IF]	
cs	0x33 51	
ss	0x2b 43	
ds	0x0 0	
es	0x0 0	
fs	0x0 0	
gs	0x0 0	

输出并没有什么特别之处,但是当你有了一些经验之后,有时候你就能发现不对劲的地方。我现在对程序的计算结果很满意,使用 cont 继续执行到程序末尾,然后用 q 退出:

```
(gdb) c
Continuing.
123" = 10' 3"
[Inferior 1 (process 3874) exited normally]
(gdb) q
$
```

程序继续执行,打印出结果并将控制权返回 gdb。当然,最后一件事是退出 gdb。

动手实践

1. 修改清单 9-1 中的程序,为变量 inches 和 ptr 使用寄存器,编译器是否允许?如果不允许,为什么?
2. 编写一个能够判断计算机端序的 C 程序。
3. 修改上一个练习中的程序,gdb 证明端序是 CPU 的一个属性,也就是说,即使 32 位 int 类型的数据在内存中采用小端序存储,依然会以"正确的"顺序被读入寄存器。

9.5 小结

通用寄存器 x86-64 中的 16 个 64 位寄存器为 CPU 内部计算提供了少量的存储器。

状态寄存器 该寄存器包含表示算术/逻辑运算产生进位、溢出还是 0 的标志。

指令指针 该指针总是包含待执行的下一条指令的地址。

指令寄存器 该寄存器包含当前正在执行的指令。

算术逻辑单元 执行算术和逻辑运算。

控制单元 控制 CPU 活动。

总线接口 负责 CPU 与内存和 I/O 设备之间的交互。

缓存 速度快于内存。它保存着 CPU 当前正在使用的部分程序（包括指令和数据）。

指令执行周期 详细说明了 CPU 如何通过一系列指令工作。

C/C++数据类型大小 数据大小与寄存器大小紧密相关。

调试器 除了帮助查找 bug，gdb 还有助于学习各种概念。

在第 10 章中，你将开始学习汇编语言编程。

第 **10** 章

汇编语言编程

 在前几章中，你看到了如何使用 1 和 0 来表示操作和数据（即机器语言），从而对计算机编程。现在我们将继续进行机器级别的编程，但这次使用的是汇编语言而非机器语言。汇编语言对每条机器语言指令使用一个简短的助记符。我们通过汇编器（assembler）将汇编语言翻译为控制计算机的机器语言指令。

用汇编语言创建程序类似于用 C、C++、Java 或 FORTRAN 等高级编译语言创建程序。我们使用 C 语言作为编程模型来探究适用于所有高级编程语言的主要编程构件和数据结构。gcc 编译器允许我们查看其生成的汇编语言。我将向你展示如何使用汇编语言直接实现编程构件和数据结构。

本章首先介绍编译器从 C 源代码创建可执行程序的步骤。接着，我们来看看其中哪些步骤适用于汇编语言编程，并直接使用汇编语言创建可在 C 运行时环境中运行的程序。你还将学习有助于掌握汇编语言的 gdb 模式。

在阅读本章时，你还应该参考相关程序的 man 和 info 文档资源，在大多数 GNU/Linux 系统中都能找到。（你可能需要在系统中安装 info 文档，如第 1 章所述。）

10.1 编译 C 程序

我们使用的是 GNU 编译器 gcc，通过执行若干个不同的步骤从一个或多个源文件创建可执行程序。每一步都会产生一个中间文件，作为下一步的输入。这里在描述每一步操作时都假设只有单个 C 源文件 filename.c。

预处理

预处理是第一步。这一步通过调用程序 cpp，解析各种编译器指令，如#include（文件包含）、#define（宏定义）、#if（条件编译）。可以使用-E 选项在预处理阶段结束时停止编译过程，这会将生成的 C 源代码写入标准输出。

标准输出通常是终端窗口。你可以使用>操作符将输出重定向至文件:

```
$ gcc -Wall -O0 -masm=intel -E filename.c > filename.i
```

文件扩展名.i 表示无须预处理的文件。

编译

接下来,编译器将经过预编译后的源代码翻译为汇编语言。可以使用-S 选项(大写 S)在编译阶段结束时停止编译过程,这会将汇编语言源代码写入 filename.s。

汇编

在编译器生成实现 C 源代码的汇编语言后,汇编器 as 将汇编语言翻译成机器码。可以使用-c 选项在汇编阶段结束时停止编译过程,这会将机器码写入目标文件 filename.o。有人称此汇编器为 gas,即 GNU 汇编器(GNU assembler)。

链接

ld 确定程序执行时每个函数和数据项在内存中的位置。然后,使用内存地址替换程序员引用这些函数和数据项时的符号名称。链接结果被写入可执行文件。可执行文件的默认名称是 a.out,但你可以用-o 选项指定其他名称。

如果被调用的函数位于外部库,则该函数被调用的位置会被记录下来,外部函数的地址在程序执行过程中确定。编译器指导 ld 将相关代码添加到建立 C 运行时环境的可执行文件中。这包括打开标准输出(屏幕)和标准输入(键盘)路径等操作,以供程序使用。

你可能知道,如果不使用任何 gcc 选项(-E、-S、-c)在某个步骤结束时停止编译过程,编译器将执行所有 4 个步骤并自动删除中间文件,只留下可执行程序作为最终结果。你可以使用-save-temps 选项要求 gcc 保留所有中间文件。

如果中途停止了 gcc 的编译过程,我们可以提供已经完成了先前步骤的文件,gcc 会把这些文件纳入剩余步骤。例如,如果我们用汇编语言写了一个文件,gcc 会跳过预处理和编译步骤,执行汇编和链接步骤。如果我们只提供目标文件(.o),gcc 将直接进入链接步骤。这种做法有一个隐含的好处:我们可以在汇编程序中调用 C 标准库中的函数(这些函数已经是目标文件格式),gcc 会自动将汇编语言代码与库函数链接起来。

命名文件时,注意使用 GNU 编程环境要求的文件扩展名。编译器在每一步的默认操作取决于适合该步骤的文件扩展名。要查看这些命名约定,可以在命令行中输入 info gcc,选择 Invoking GCC,再选择 Overall Options。如果未使用指定的文件扩展名,编译器可能不会执行你想要的操作,甚至还会覆盖所需的文件。

10.2 从 C 到汇编语言

C 程序按照函数进行组织。每个函数都有名称,在程序内不会重名。C 运行时环境建立好之后,会调用 main 函数,因此我们的程序以 main 开头。

因为能够轻松查看到编译器生成的汇编语言,所以可以将此作为一个不错的着手点。我们先来观察 gcc 为清单 10-1 中的迷你 C 程序生成的汇编语言。这个 C 程序除了向操作系统返回 0,什么都不做。程序可以向操作系统返回各种数字错误码,0 表示该程序没有发生任何错误。

注意　如果你不熟悉 GNU make 程序，我强烈建议你学习如何使用它来构建程序。尽管目前看起来有点大材小用，但是配合简单的程序来学习要容易得多。GNU Make 的技术手册提供了多种格式，可以在其网站找到，我在自己的网站发表了一些对其的使用意见。

清单 10-1　迷你 C 程序

```
/* doNothingProg.c
 * Minimum components of a C program.
 */


int main(void)
{
  return 0;
}
```

尽管这个程序几乎没干什么事，但仍需要执行一些指令来返回 0。要想知道发生了什么，我们用下面的 GNU/Linux 命令将这个程序从 C 语言翻译成汇编语言：

```
$ gcc -O0 -Wall -masm=intel -S doNothingProg.c
```

在给出该命令的结果之前，我要先解释一下用到的选项。-O0（大写的 O 和 0）选项告诉编译器不要使用任何优化。本书的目标是展示在机器层面上发生的事情。如果编译器优化代码，可能会掩盖一些重要的细节。

-Wall 选项要求编译器对代码中所有存疑的地方发出警告。尽管这个简单的程序不大可能有什么问题，但应该养成这个好习惯。

-masm=intel 选项指示编译器使用 Intel 语法，而不是默认的 AT&T 语法生成汇编语言。我会在本章随后解释为什么使用 Intel 语法。

-S 选项告诉编译器在编译阶段结束后停止，并将编译产生的汇编语言写入与 C 源代码文件同名，但扩展名为.s（非.c）的文件中。先前的编译器命令生成的汇编语言如清单 10-2 所示，它保存在文件 doNothingProg.s 中。

清单 10-2　编译器生成的迷你 C 程序的汇编语言

```
        .file   "doNothingProg.c"
        .intel_syntax noprefix
        .text
        .globl  main
        .type   main, @function
main:
.LFB0:
    ❶ .cfi_startproc
        endbr64
        push    rbp
        .cfi_def_cfa_offset 16
        .cfi_offset 6, -16
        mov     rbp, rsp
        .cfi_def_cfa_register 6
```

```
        mov   eax, 0
        pop   rbp
        .cfi_def_cfa 7, 8
        ret
        .cfi_endproc
.LFE0:
        .size  main, .-main
        .ident "GCC: (Ubuntu 9.3.0-17ubuntu1~20.04) 9.3.0"
        .section     .note.GNU-stack,"",@progbits
        .section     .note.gnu.property,"a"
        .align 8
        .long  1f - 0f
        .long  4f - 1f
        .long  5
0:
        .string "GNU"
1:
        .align 8
        .long  0xc0000002
        .long  3f - 2f
2:
        .long  0x3
3:
        .align 8
4:
```

在清单 10-2 中，你可能注意到的第一件事就是很多以.字符开头的标识符。所有这些，除了后面还有:的，都是汇编器指令（assembler directive），也称为伪操作（pseudo-ops）。它们是汇编器本身的指令，并非计算机指令。在本书中，我们不会使用所有的汇编器指令。以:结尾的标识符是内存位置标签，马上就会讲到。

10.2.1　我们不会用到的汇编器指令

清单 10-2 中以.cfi❶开头的汇编器指令告诉汇编器生成可用于调试以及某些错误场景的信息。以.LF 开头的标识符标记了代码中生成此类信息的位置。这方面的讨论超出了本书的范围，但在代码清单中出现这些信息会引起混淆。因此，我们通过-fno-asynchronous-unwind-tables 选项告诉编译器不要将其加入汇编语言文件中：

```
$ gcc -O0 -Wall -masm=intel -S -fno-asynchronous-unwind-tables doNothingProg.c
```

生成的文件 doNothingProg.s 如清单 10-3 所示。

清单 10-3　编译器生成的迷你 C 程序的汇编语言，不包含.cfi 汇编器指令

```
        .file  "doNothingProg.c"
        .intel_syntax noprefix
        .text
        .globl  main
```

```
        .type   main, @function
main:
    ❶ endbr64
        push   rbp
        mov    rbp, rsp
        mov    eax, 0
        pop    rbp
        ret
        .size   main, .-main
        .ident "GCC: (Ubuntu 9.3.0-17ubuntu1~20.04) 9.3.0"
        .section        .note.GNU-stack,"",@progbits
    ❷ .section        .note.gnu.property,"a"
        .align 8
        .long  1f - 0f
        .long  4f - 1f
        .long  5
0:
        .string "GNU"
1:
        .align 8
        .long  0xc0000002
        .long  3f - 2f
2:
        .long  0x3
3:
        .align 8
4:
```

即使没有.cfi 汇编器指令，以上汇编语言中还有一个指令和几个汇编器指令，我们目前也用不着。Intel 开发了一项名为 CET（Control-flow Enforcement Technology）的技术，用于更好地防御劫持程序流的计算机程序的安全攻击。这项技术预计从 2020 年下半年开始引入 Intel CPU。AMD 表示将在晚些时候在自家的 CPU 中提供等效的技术。

这项技术包括一条新指令 endbr64，被用作函数的第一条指令，检查程序流是否到达此处❶。如果 CPU 不支持 CET，则该指令无效。

编译器还需要包含一些供链接器使用 CET 的信息。这些信息放在由汇编器创建的文件的特殊部分，由汇编器指令.section　.note.gnu.property, "a"指示❷，位于实际的程序代码之后。

本书中使用的 gcc 版本默认包含 CET 特性，以支持新型 CPU。CET 的使用细节超出了本书的范围。本书中编写的程序并不打算用于生产环境，因此不用担心程序中的安全问题。我们通过-fcf-protection=none 选项告诉编译器不要包含 CET，并且在直接用汇编语言编写程序的时候不会用到它。

为了使讨论集中在计算机如何工作的基础问题上，我们告诉编译器使用下面的命令生成汇编语言：

```
$ gcc -O0 -Wall -masm=intel -S -fno-asynchronous-unwind-tables \
> -fcf-protection=none doNothingProg.c
```

该命令生成的汇编语言文件如清单 10-4 所示。

清单 10-4　编译器生成的迷你 C 程序的汇编语言，不包含 .cfi 汇编器指令和 CET 代码

```
❶ .file    "doNothingProg.c"
❷ .intel_syntax noprefix
❸ .text
❹ .globl   main
❺ .type    main, @function
main:
        push    rbp
        mov     rbp, rsp
        mov     eax, 0
        pop     rbp
        ret
❻ .size    main, .-main
❼ .ident   "GCC: (Ubuntu 9.3.0-17ubuntu1~20.04) 9.3.0"
❽ .section  .note.GNU-stack,"",@progbits
```

我们现在已经去掉了所有的高级特性，接着来讨论清单 10-4 中剩下的汇编器指令，自己编写汇编语言时不需要这些指令。gcc 使用 .file 指令❶指定汇编语言所在的 C 源文件名称。直接使用汇编语言编写程序时不使用此指令。.size 指令❻计算汇编此函数 main 所产生的机器码的大小（以字节为单位）。这在内存受限系统中能派上用场，但在我们的程序中并不重要。

老实说，我也不知道为什么要使用 .ident 和 .section 汇编器指令❼❽。根据指令参数，我猜想是为了在用户报告 bug 的时候为 gcc 的开发人员提供信息。没错，就算是编译器也有 bug！不过我们自己编写汇编语言程序的时候不使用这些指令。

10.2.2　我们会用到的编译器指令

现在来看看我们用汇编语言编写程序时会用到的编译器指令。清单 10-4 中的 .text 指令❸告诉汇编器把之后的内容放入文本节（text section）。文本节是什么意思？

在 GNU/Linux 中，汇编器生成的目标文件采用可执行和链接格式（Executable and Linking Format，ELF）。ELF 标准指定了多种类型的节，每一节指定了存储在其中的信息类型。我们使用汇编器指令告诉汇编器将代码放入哪一节。

从磁盘加载程序时，GNU/Linux 操作系统也将内存划分为特定用途的段（segment）。链接器将属于各个段的所有节收集在一起，输出以段为组织的可执行的 ELF 文件，方便操作系统将程序加载到内存中。4 种常见的段类型如下。

文本段（也称为代码段）：程序指令和常量数据存储在文本段。操作系统将该段设为只读，避免程序修改其中的内容。

数据段：全局变量和静态局部变量存储在数据段。全局变量可以由程序中的任意函数访问。静态局部变量仅能由定义它的函数访问，但是变量值在多次调用该函数之间保持不变。程序可以读写数据段中的变量。这些变量在程序执行期间一直有效。

栈段：自动局部变量和函数链接信息都存储在调用栈。函数被调用时创建自动局部变量，函数返回其调用函数（calling function）时删除自动局部变量。程序可以读写栈内存。其存储空间是在程序执行期间动态分配和释放的。

堆段：堆是程序运行期间可用的内存池。C 程序调用 malloc 函数（C++程序调用 new）可以从堆中获得一块内存。程序可以对其进行读写。堆可用于存储数据，程序中通过调用 free（C++中是 delete）显式释放堆内存。

以上只是简要概述了 ELF 节和段。进一步的细节可以参考 ELF 的手册页、ELF-64 Object File Format 以及 John R. Levine 所著的 *Linkers & Loaders* 一书（Morgan Kaufmann, 1999）。readelf 程序也有助于学习 ELF 文件。

现在回头看清单 10-4。.globl 指令❹有一个参数：标识符 main。.globl 使该名称全局可用，因此在其他文件中定义的函数也能够引用此名称。设置 C 运行时环境的代码是为了调用名为 main 的函数而编写的，因此该名称在作用域内必须是全局的。所有的 C/C++程序均以 main 函数开始。在本书中，同样以 main 函数开始我们的汇编语言程序，并在 C 运行时环境中执行。

你可以编写不依赖于 C 运行时环境的汇编语言程序，在这种情况下，可以自行命名程序中的第一个函数。你需要使用-c 选项在汇编步骤结束时停止编译过程。然后单独使用 ld 命令链接目标文件（.o），而不是作为 gcc 的一部分。详见第 20 章。

汇编器指令.type❺有两个参数：main 和@function。这使得标识符 main 作为函数名被记录在目标文件中。

这 3 条汇编器指令没有一条被翻译成实际的机器指令，也没有一条占用最终程序的任何内存。相反，它们只是用来描述后续语句的特征。

你可能已经注意到，我还没有描述.intel_syntax noprefix 汇编器指令❷的用途。它指定了要使用的汇编语言语法。你可能猜到了我们将使用 Intel 语法，等我讲解了汇编语言指令后，这就更容易理解了。我们打算直接使用汇编语言编写清单 10-1 中的相同函数。

10.3　使用汇编语言创建程序

清单 10-5 中的程序由程序员使用汇编语言编写的，并不是编译器生成的。自然，程序员在其中添加了注释，以提高可读性。

清单 10-5　汇编语言版的迷你 C 程序

```
❶ # doNothingProg.s
  # Minimum components of a C program, in assembly language.
        .intel_syntax noprefix
        .text
        .globl  main
        .type   main, @function
❷ main:
     ❸ push    rbp             # save caller's frame pointer
     ❹ mov     rbp, rsp        # establish our frame pointer
❺
     ❻ mov     eax, 0          # return 0 to caller

        mov     rsp, rbp        # restore stack pointer
        pop     rbp             # restore caller's frame pointer
        ret                     # back to caller
```

10.3.1 汇编语言概述

首先要注意，清单 10-5 中的汇编语言是由行组成的。一条汇编语言语句一行，并且没有任何语句跨越一行以上。这不同于许多高级语言的自由形式特性，这些语言中的行结构是无关的。事实上，优秀的程序员会利用跨行和缩进的方式编写程序语句，突出代码结构。优秀的汇编语言程序员使用空行来帮助分隔算法的各个部分，对几乎每一行都会添加注释。

接着，注意以#字符开头的前两行❶。行的其余部分是用英文写的，很容易读懂。#字符之后的所有内容都是注释。就像高级语言一样，注释只针对人类用户，对程序没有任何影响。顶部的注释之后是我们前面讨论过的汇编器指令。

空行❺用于提高可读性。好吧，前提是你知道如何阅读汇编语言。

其余的行大致组织成若干列。这时候你可能也看不懂，因为是用汇编语言编写的，但如果仔细观察，每行汇编语言都被组织成 4 个可能的字段：

```
label: operation operand(s)    # comment
```

不是每一行都包含所有的字段。汇编器要求字段之间至少有一个空格或制表符。在编写汇编语言程序时，如果使用 Tab 键从一个字段移动到下一个字段，使各列对齐，程序会更容易阅读。

让我们详细了解一下每个字段。

label（标签）：允许我们为程序中的任意行指定一个符号名称。每一行对应于程序中的一个内存位置，所以程序的其他部分可以通过符号名称来引用这个内存位置。标签由紧随：字符之后的标识符组成。程序员负责创建这些标识符。我们马上就会讲到创建标识符的规则。我们只需标记需要被引用的行。

operation（操作）：包含指令操作码（instruction operation code，opcode）或编译器指令（伪操作）。汇编器将操作码及其操作数翻译成机器指令，后者在程序运行时被复制到内存中。

operand（操作数）：指定操作所需的参数。参数可以是字面值、寄存器名称、程序员创建的标识符。操作数的数量可以为 0、1、2 或 3 个，具体取决于操作。

comment（注释）：汇编器忽略一行中#字符之后的所有内容，方便程序员书写可读性良好的注释。因为汇编语言不像高级语言那样容易阅读，所以优秀的程序员几乎会在每一行都放置注释。

这里简单介绍一下程序注释。初学者往往只注释语句的用途，而没有写明目的。例如，像下面这样的 C 语言注释，其实并没有多大用处：

```
counter = 1; /* let x = 1 */
```

但是像这种注释，就非常有用了：

```
counter = 1; /* need to start at 1 */
```

你在书写注释时应该描述你要做什么，而不是计算机做什么。

标识符的创建规则类似于 C/C++。每个标识符由一系列字母数字字符组成，也可以包含其他可打印字符，如.、_、$。第一个字符不能是数字。标识符长度不限，所有字符都是有意义的。虽然关键字标识符（操作符、操作数、指令）不区分大小写，但是标签区分大小写。例如，myLabel

和 MyLabel 是不同的标签。编译器生成的标签以.字符开头，很多与系统相关的名称以_字符开头。你自己创建的标签最好不要用.或者_字符开头，避免无意中与系统标签冲突。

标签通常独占一行❷，在这种情况下，它对应于下一条汇编语句的内存地址❸。这样可以创建更长、更有意义的标签，同时保持代码按列组织。

整数也可以用作标签，但是具有特殊含义。其用途是作为局部标签，有时候在高级汇编语言编程技术中能派上用场。我们在本书中不会用到。

10.3.2　第一条汇编语言指令

我不会列出所有的 x86-64 指令（超过 2000 条指令，这取决于你是如何统计的），而是一次介绍几条，并且只选择那些讲解编程概念所需的指令。我还会给出所介绍的这些指令的常用变体。

对于指令及其所有变体的详细描述，可参考 *Intel® 64 and IA-32 Architectures Software Developer's Manual* 的第 2 卷，或者 *AMD64 Architecture Programmer's Manual* 的第 3 卷——*General-Purpose and System Instructions*。这是 x86-64 CPU 的两家主要制造商提供的指令集参考手册。虽然读起来有些难度，但是在本书和手册之间交叉参考应该会帮助你学会如何阅读参考手册。

汇编语言提供了一组直接对应于机器语言指令的助记符。助记符是类似英语的简短字符串，用来指示指令操作。例如，mov 表示将一个值从一个位置复制（移动）到另一个位置的指令；机器指令 0x4889e5 将 rsp 寄存器中的整个 64 位值复制到 rbp 寄存器。即使以前从未见过汇编语言，清单 10-5 中这条指令的助记符❹对你来说可能比机器码更容易理解。

注意　*严格地说，助记符是完全任意的，只要你有一个能将其翻译成所需机器指令的汇编器就没问题。然而，大多数汇编器都遵循 CPU 厂商手册中使用的助记符。*

我们所用的汇编器的汇编语言指令语法（Intel 语法）的一般格式为：

---

operation destination, *source1*, *source2*

其中，destination（目标）是存储 operation（操作）结果的位置，source1（源操作数 1）和 source2（源操作数 2）是 operation 的输入所在的位置。可以有 0~2 个源操作数，有些指令不要求指定目标。目标可以是寄存器或内存。源操作数可以位于寄存器和内存中，也可以是立即数（immediate data）。立即数作为指令机器码的一部分存储，在程序中是一个常量值。在第 12 章中，你会看到指令如何被编码为由 1 和 0 组成的机器码。

在描述指令时，我使用 reg、reg1 或 reg2 代表表 9-2 中的某个通用寄存器。使用 mem 代表内存位置标签，imm 代表立即数。在大多数情况下，操作数大小必须相同。有指令可用于显式转换操作数大小。

让我们从最常用的汇编语言指令 mov 开始。事实上，清单 10-5 中有一半指令都是 mov。

mov —— 移动
mov 可以将值从源移动到目标。

mov *reg1*, *reg2*	将 *reg2* 中的值移入 *reg1*。
mov *reg*, *mem*	将 *mem* 中的值移入 *reg*。
mov *mem*, *reg*	将 *reg* 中的值移入 *mem*。

mov *reg, imm*　　　　　将 *imm* 移入 *reg*。

mov *mem, imm*　　　　　将 *imm* 移入 *mem*。

mov 指令不会影响 rflags 寄存器中的状态标志。

对于源和目标，所移动值的大小（位数）必须相同。当汇编器将汇编语言指令翻译成机器码时，可以通过寄存器名得出大小。例如，清单 10-5 中的指令 mov eax, 0❻将 32 位整数 0 存储在 eax 寄存器中，后者是 rax 寄存器的 32 位部分。回想一下第 9 章，当目标是寄存器的 32 位部分时，该寄存器的高 32 位被设置为 0。如果我使用 mov al, 0，那么只有 8 位二进制表示的 0 被存储在 rax 寄存器的 al 部分，而该寄存器中的其他位不会受到影响。对于 8 位和 16 位操作，你应该假定部分寄存器不会被包含未知值的指令显式修改。

你可能已经注意到了，将立即数移入内存（mov *mem, imm*）不需要用到寄存器。在这种情况下，你必须在 mem 操作数之前加上表示数据大小的汇编器指令，告诉汇编器数据大小。表 10-1 列出了表示各种数据大小的汇编器指令。

表 10-1　　　　　　　　　　　　　　数据大小指令

指令	数据类型	位数
byte ptr	字节	8
word ptr	字	16
dword ptr	双字	32
qword ptr	四字	64

数据大小指令包括 ptr，因为它指定了内存地址指向多少字节。对于立即数，这个地址在 rip 寄存器中。例如：

```
mov     byte ptr x[ebp], 123
mov     qword ptr y[ebp], 123
```

以上汇编指令分别将 123 存储在单字节变量 x 中，将 123 存储在 4 字节变量 y 中（其中用于指定内存位置的语法我们在第 11 章中讲解）。

注意，你不能将内存中的数据从一个位置直接移动到另一个位置。必须先把数据从内存移入寄存器，然后再将其从寄存器移入另一个内存位置。

清单 10-5 中另外 3 个指令是 push、pop、ret。三者与调用栈相关。我们将在第 11 章详细讨论调用栈。目前，你可以把栈想象成内存中的一个区域，在那里你可以把数据项一个接一个地堆叠起来，然后以相反的顺序将其删除。（想象一下把餐盘一个一个地叠放在架子上，然后在需要的时候把盘子拿走。）rsp 寄存器总是包含栈顶的地址，因此也被称为栈指针。

push —— 入栈

push 可以将 64 位的源值压入栈顶。

push *reg*　　　　将 *reg* 中的 64 位值压入调用栈，修改 rsp 寄存器，使其值为栈中新数据项的内存地址。

push *mem*　　　　将 *mem* 处的 64 位值压入调用栈，修改 rsp 寄存器，使其指向栈顶的新数据项的内存地址。

push 指令不会影响 rflags 寄存器中的状态标志。

pop —— 出栈

pop 可以将栈顶的 64 位值移出到目标。

pop *reg*   将栈顶的 64 位值复制到 *reg*，修改 rsp 寄存器，使其指向栈顶下一个数据项的内存地址。

pop *mem*   将栈顶的 64 位值复制到 *mem*，修改 rsp 寄存器，使其指向栈顶下一个数据项的内存地址。

pop 指令不会影响 rflags 寄存器中的状态标志。

ret —— 从函数返回

ret 可以从函数调用返回。

ret 没有操作数。该指令将栈顶的 64 位值弹出到指令指针 rip，从而使程序控制转向该内存地址。

ret 指令不会影响 rflags 寄存器中的状态标志。

现在你清楚了清单 10-5 中的各个指令是如何工作的，让我们看看它们在这个程序中的用途。在阅读这段代码时，记住，这个程序不会为用户做任何事情。这里的代码为你编写 C 风格的任意函数搭建了一种基础设施。随着你继续阅读本书，会出现一些变化，但是你应该花时间熟悉这个程序的基本结构。

10.3.3 函数内的最小化处理

函数除了处理数据，还需要执行相关操作，使其能够被调用并返回调用函数。例如，函数需要跟踪它被调用时所在的地址，这样当函数完成时，便可以返回正确的位置。由于寄存器的数量有限，函数需要在内存中存放返回地址。函数结束后返回先前的调用位置，返回地址就用不着了，可以将其占用的内存释放。

你在第 11 章会看到，调用栈是函数临时存储信息的好地方。每个函数都要用到调用栈的一部分存储相关信息，这部分称为栈帧（stack frame）。函数需要引用其栈帧，这个地址存储在 rbp 寄存器中，通常称为帧指针。

让我们来看看清单 10-5 中程序的实际处理过程。我把这个程序重新放在这里，省得你来回翻页（清单 10-6）。

清单 10-6 汇编语言版的迷你 C 程序（与清单 10-5 相同，方便阅读）

```
# doNothingProg.s
# Minimum components of a C program, in assembly language.
        .intel_syntax noprefix
        .text
        .globl  main
        .type   main, @function
main:
    ❶ push   rbp          # save caller's frame pointer
    ❷ mov    rbp, rsp     # establish our frame pointer

    ❸ mov    eax, 0       # return 0 to caller

    ❹ mov    rsp, rbp     # restore stack pointer
```

```
❺ pop     rbp             # restore caller's frame pointer
❻ ret                     # back to caller
```

函数必须做的第一件事是保存调用函数的帧指针，这样被调用函数就可以使用 rbp 作为自己的帧指针，然后在返回之前恢复调用函数的帧指针。这是通过将值压入调用栈实现的❶。现在我们已经保存了调用函数的帧指针，可以使用 rbp 寄存器作为当前函数的帧指针。帧指针被设置为栈指针的当前位置❷。

注意　　记住，我们在本书中使用 gcc 的-O0 选项告诉编译器不要进行任何代码优化。如果 gcc 优化了代码，那么它可能认为这些值不需要保存，有些指令你就看不到了。理解了书中的概念之后，你就可以开始考虑如何优化你的代码了。

这时候你可能有点犯晕。别担心，我们会在第 11 章详细讨论该机制。现在，确保你用汇编语言编写的每个函数都依次以这两条指令开头即可。它们共同组成了函数序言（function prologue）的起始部分，为函数将要完成的实际计算工作设置调用栈和寄存器。

C 函数可以向调用函数返回值。本例中是 main 函数，如果函数运行时没有错误，操作系统希望它返回 32 位整数 0。rax 寄存器能够返回 64 位的值，因此我们在返回之前先将 0 存储在 eax 寄存器中❸。

函数序言为函数设置调用栈和寄存器，对此，我们需要遵循一套严格的协议，以便能够返回调用函数。这是通过函数结语实现的。函数结语（function epilogue）实质上是函数序言的镜像操作。首先是确保栈指针恢复到序言开始时的位置❹。尽管在这个简单的函数中没有修改栈指针，但大多数函数都会这么做，你应该养成恢复栈指针的习惯。该操作对于下一步的工作至关重要。

既然我们已经从 rbp 寄存器恢复了栈指针，接着就恢复 rbp 寄存器中调用函数的值。这个值在函数序言期间被压入了调用栈，所以我们将其从栈顶弹出到 rbp 寄存器❺。最后，返回调用函数❻。因为这是 main 函数，所以最终返回操作系统。

gdb 有价值的用途之一是作为一种学习工具。它提供了一种特别有助于学习汇编语言指令操作的模式。在 10.3.4 节中，我将用清单 10-5 中的程序进行演示。同时你也能更加熟悉 gdb 的用法，这是调试程序时的一项重要技能。

10.3.4　使用 gdb 学习汇编语言

是时候运行清单 10-5 中的程序，继续我们的讨论了。使用以下命令进行汇编、链接并执行：

```
$ as --gstabs -o doNothingProg.o doNothingProg.s
$ gcc -o doNothingProg doNothingProg.o
$ ./doNothingProg
```

--gstabs 选项（注意这里有两个连字符）告诉汇编器在目标文件中包含调试信息。gcc 发现唯一的输入文件已经是目标文件，所以直接进入链接阶段。不用再告诉 gcc 包含调试信息，因为已经被汇编器包含在目标文件中了。

你应该从程序名猜出来了，该程序不会在屏幕上显示任何运行结果。等到本章随后我们使用

gdb 研究程序的执行过程时会用到它。到时候你就知道这个程序究竟做了什么。

gdb 调试器提供了一种模式，可用于查看汇编语言指令逐条执行的效果。文本用户界面（Text User Interface，TUI）模式将终端窗口分为顶部的显示区域和底部的常用命令区域。显示区域可进一步划分为两个显示区域。

每个显示区域可以显示源代码（src）、寄存器（regs）或反汇编的机器码（asm）。反汇编是将机器码（1 和 0）翻译成相应汇编语言的过程。反汇编过程不知道程序员自定义的名称，所以你只能看到由汇编和链接过程产生的数值。当我们在第 12 章中查看指令细节时，asm 显示可能会更有用。

TUI 模式的使用文档在 gdb 的 info 页中。我在这里使用清单 10-5 中的程序 doNothingProg.s 简单地介绍一个 TUI 模式的用法。我会逐个讲解大部分指令。在动手实践环节，你有机会单步执行所有指令。

注意　*本例展示的是在命令行运行 gdb。有人告诉我，如果试图在 Emacs 编辑器下运行 gdb，则效果不会很好。*

```
$ gdb ./doNothingProg
--snip--
Reading symbols from ./doNothingProg...
❶ (gdb) set disassembly-flavor intel
❷ (gdb) b main
Breakpoint 1 at 0x1129: file doNothingProg.s, line 8.
(gdb) r
Starting program: /home/bob/progs/chap11/doNothingProg_asm/doNothingProg

Breakpoint 1, main () at doNothingProg.s:8
8               push    rbp                 # save caller's frame pointer
❸ (gdb) tui enable
```

我们使用 gdb 按照常规方式启动程序。在 GNU/Linux 系统环境中，gdb 反汇编时采用的默认汇编语言语法是 AT&T，所以我们需要将其设置为 Intel❶。语法问题留待本章末尾解释。如果你使用 asm 显示，这一点很重要。

然后我们在程序开头设置一个断点❷。我们可以使用源代码行号来设置 C 代码中的断点。但是每条 C 语句通常会翻译成多条汇编语言指令，所以我们不能确定 gdb 会在特定的指令处中断。标签语法为我们提供了一种方法，能够确保 gdb 会在被标记的指令处中断。

运行程序，在 main 标签处中断，这里正是函数的第一条指令。接着，我们启用 TUI 模式❸，显示源代码，如图 10-1 所示。

终端窗口的底部显示常规的（gdb）提示符，你可以在这里输入 gdb 命令并检查内存内容。上半部分显示了此函数的源代码，其中将要执行的代码行以高亮突出显示。在左侧还有一处指示：(B+)表示这行有一个断点，>表示指令指针 rip 当前指向该行。在源代码显示区域的右下角还以 PC（program counter）为名，给出了 rip 寄存器中的当前地址。（程序计数器是指令指针的另一种叫法。）

layout regs 命令会划分终端窗口，显示寄存器的内容，如图 10-2 所示。我们准备执行 main 函数的第一条指令。

```
 doNothingProg.s
     1              # doNothingProg.s
     2              # Minimum components of a C program, in assembly language.
     3                      .intel_syntax noprefix
     4                      .text
     5                      .globl   main
     6                      .type    main, @function
     7      main:
B+>  8                      push     rbp          # save caller's frame pointer
     9                      mov      rbp, rsp     # establish our frame pointer
    10
    11                      mov      eax, 0       # return 0;
    12
    13                      mov      rsp, rbp     # restore stack pointer
    14                      pop      rbp          # restore caller's frame pointer
    15                      ret                   # back to caller




native process 3540 In: main                           L8   PC: 0x555555555129
(gdb)
```

图 10-1　TUI 模式下的 gdb，带有源代码窗口

```
 Register group: general
rax            0x555555555129         93824992235817
rbx            0x555555555140         93824992235840
rcx            0x555555555140         93824992235840
rdx            0x7fffffffdf98         140737488347032
rsi            0x7fffffffdf88         140737488347016
rdi            0x1                    1
rbp            0x0                    0x0
rsp            0x7fffffffde98         0x7fffffffde98
r8             0x0                    0
r9             0x7ffff7fe0d50         140737354089936
r10            0x7                    7
r11            0x2                    2

B+>  8                      push     rbp          # save caller's frame pointer
     9                      mov      rbp, rsp     # establish our frame pointer
    10
    11                      mov      eax, 0       # return 0;
    12
    13                      mov      rsp, rbp     # restore stack pointer
    14                      pop      rbp          # restore caller's frame pointer
    15                      ret                   # back to caller



native process 3540 In: main                           L8   PC: 0x555555555129
(gdb) layout regs
(gdb)
```

图 10-2　TUI 模式下的 gdb，带有源代码和寄存器窗口

　　s 命令执行当前指令并移往下一条指令（高亮显示），如图 10-3 所示。

　　执行第一条指令 push rbp 会导致 gdb 在寄存器显示窗口中高亮显示 rsp 寄存器及其内容，如图 10-3 所示。该指令将 rbp 寄存器的内容压栈，并相应地更改了栈指针 rsp。将一个 64 位寄存器的内容压栈，使得栈指针从 0x7fffffffde98（图 10-2）变为 0x7fffffffde90；也就是说，将栈指针减去压

入栈的字节数（8）。在第 11 章中，你将学到更多关于调用栈及其用法的知识。

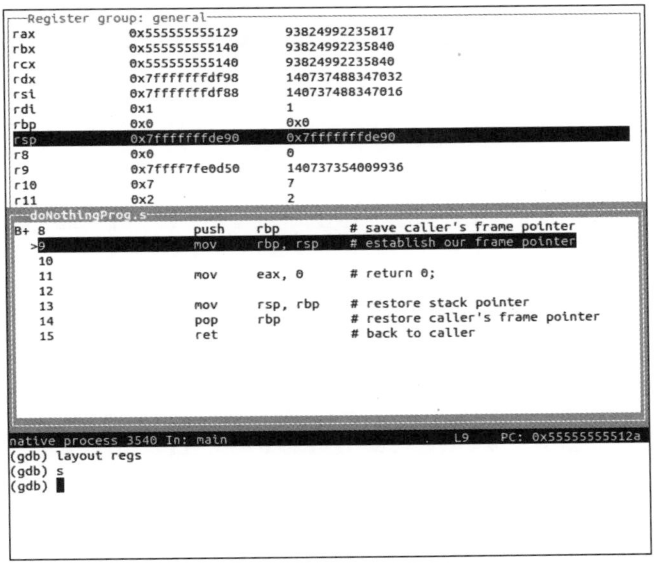

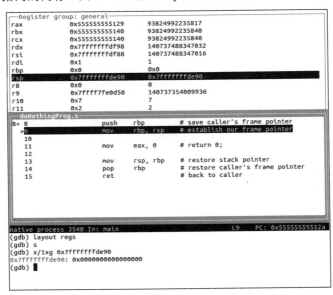

图 10-3　执行一条指令，内容有变化的寄存器以高亮显示

在图 10-3 中，你还会看到程序的当前位置移到了下一条指令。该指令被高亮显示并被指令指针字符>所指向；rip 寄存器的地址（右下方的 PC）从 0x555555555129 变为 0x55555555512a。这一变化表明刚刚执行过的指令 push rbp 只占用了一字节的内存。详见第 12 章。

TUI 增强没有提供内存的数据或地址视图，只有反汇编视图。我们需要在命令区查看存储在内存中的数据和地址。例如，如果我们想要查看 push rbp 指令在栈中存储了什么，需要使用 x 命令来查看栈指针 rsp 所指向的内存。图 10-4 显示了 rsp 所指向的内存地址处的十六进制内容（64 位）。

图 10-4　在 TUI 模式下的命令区检查内存

再执行两条指令，mov eax, 0 指令（如图 10-5 所示）将 0 存入 rax 寄存器。比较图 10-4 和图 10-5，你还可以看到 mov rbp, rsp 指令的效果。

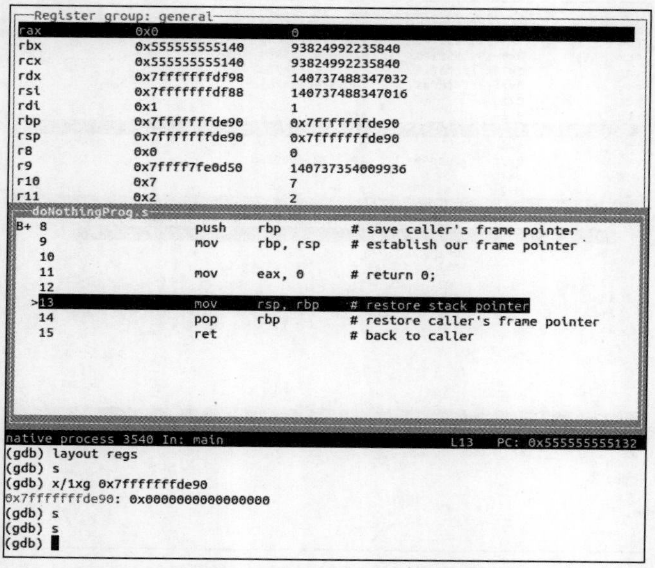

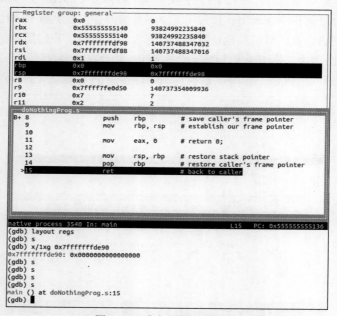

图 10-5   mov eax, 0 指令的效果

接着来到 ret 指令，如图 10-6 所示，准备返回调用函数。

图 10-6   准备返回调用函数

比较图 10-6 和图 10-2 可以看出，帧指针 rbp 已经恢复为调用函数的值。我们还可以看到栈指针 rsp 已经被移回函数第一次启动时的位置。如果帧指针和栈指针没有在返回调用函数之前恢复，你的程序一定会崩溃。为此，我经常会在 ret 指令处设置断点，这样就能检查函数是否正确地恢复了这两个寄存器，如图 10-7 高亮部分所示。

图 10-7　已结束的程序

剩下的就是退出 gdb 了。

动手实践

1. 输入清单 10-5 中的程序，使用 gdb 单步执行代码。注意，当你执行函数结语中的 mov rsp, rbp 指令时，TUI 并没有高亮显示寄存器。为什么？修改程序，使其返回整数 123。使用 gdb 运行程序。gdb 使用几进制来显示退出代码？

2. 输入清单 10-1 中的程序，在打开调试（-g 选项）的情况下进行编译。在 main 处设置断点。gdb 是否会在该函数的入口中断？能否使用 s 命令来跟踪函数序言的操作？能够继续执行程序，步进到函数结语吗？

3. 使用汇编语言编写以下 C 函数：

```
/* f.c */
int f(void) {
return 0;
}
```

确保没有汇编错误。使用-S 选项编译 f.c，将 gcc 生成的汇编语言与你自己编写的进行比较。使用 C 语言编写 main 函数，测试你的汇编语言函数 f，打印出函数的返回值。

4. 编写 3 个汇编语言函数，什么都不做，各自返回一个不同的非 0 整数。使用 C 语言编写 main 函数，测试这些汇编语言函数，通过 printf 打印出函数的返回值。

5. 编写 3 个汇编语言函数，什么都不做，各自返回一个不同的字符。使用 C 语言编写 main 函数，测试这些汇编语言函数，通过 printf 打印出函数的返回值。

第 11 章将更为细致地研究 main 函数。我会详细描述调用栈的用法。其中包括如何创建函数的局部变量。但在此之前，我要先简要地总结一下 AT&T 汇编语言的语法。如果你见过 Linux 或 UNIX 环境中的汇编语言，应该对 AT&T 语法不陌生。

10.4　AT&T 语法

本书中使用的是 Intel 汇编语言语法，对于偏好 AT&T 语法的读者，我将在此简要描述它。AT&T 语法是大多数 Linux 发行版的默认语法。

清单 10-7 中的程序和清单 10-5 是一样的，只不过改用了 AT&T 语法。

清单 10-7　汇编语言版的迷你 C 程序（AT&T 语法）

```
# doNothingProg_att.s
# Minimum components of a C program, in assembly language.
        .text
        .globl  main
        .type   main, @function
main:
    ❶ pushq ❷ %rbp          # save caller's frame pointer
        movq  ❸ %rsp, %rbp  # establish our frame pointer

        movq  ❹ $0, %rax    # return 0;

        movq    %rbp, %rsp  # restore stack pointer
        popq    %rbp        # restore caller's frame pointer
        ret                 # back to caller
```

你可能注意到的第一处不同是，指定操作数大小的字符是作为大多数汇编器指令的后缀出现的❶。表 10-2 列出了表示各种大小的后缀字母。（没错，如果其中一个操作数是寄存器，这就显得多余了，但这是语法的一部分。）第二处不同是每个寄存器都使用%字符作为前缀❷。

最明显的不同就是相反的操作数顺序❸。AT&T 语法中的目标放在最后，而不是最前面。如果在 Intel 和 AT&T 这两种语法之间来回切换，很容易就会搞错操作数顺序，尤其是用到两个寄存器的那些指令。在 AT&T 语法中，立即数还要加上$字符前缀。

表 10-2　　　　　　　　　　　　　AT&T 语法中的数据大小后缀

后缀字母	数据类型	位数
b	字节	8
w	字	16
l	双字	32
q	四字	64

如前言中所述，我选择在本书中使用 Intel 语法，以便与 Intel 和 AMD 手册保持一致。据我所知，GNU 汇编器 as 是唯一默认使用 AT&T 语法的汇编器。其他所有的汇编器使用的都是 Intel 语法，as 将 Intel 语法作为选项提供给用户。

10.5　小结

　　编辑器　用于编写特定语言程序源代码的程序。

　　预处理器　编译过程的第一个阶段。负责将其他文件纳入源代码、定义宏等，为实际的编译工作做准备。

　　编译　将所选的编程语言翻译为汇编语言。

　　汇编　将汇编语言翻译为机器语言。

　　链接　将单独的目标代码模块和库组合在一起，生成最终的可执行程序。

　　编译器指令　在汇编阶段指示汇编器的操作。

　　mov 指令　在内存、CPU、CPU 内部之间移动数据。

　　push 指令　将值压入栈。

　　pop 指令　将值弹出栈。

　　ret 指令　使程序流返回调用函数。

　　gdb TUI 模式　在逐条执行程序时，实时显示寄存器内容的变化。这是非常不错的学习工具。

　　序言　设置被调用函数（called function）的调用栈。

　　结语　恢复调用函数（calling function）的调用栈。

　　在第 11 章中，你将详细学习如何传递函数参数、调用栈的工作原理以及如何创建函数的局部变量。

第 11 章

深入 main 函数

如你所知，所有 C 程序都是从执行 main 函数开始的，后者由 C 运行时环境的启动函数调用。main 函数会调用其他函数（子函数）完成大部分处理工作。即便是简单的"Hello, World!"程序，也需要调用其他函数向屏幕写入消息。

大多数子函数需要调用函数将数据作为参数传入，可能还需要将结果传回调用函数。函数的参数可以是数据或内存地址。当函数被调用时，它执行自身的操作，然后返回调用函数。调用函数需要向被调用函数发送返回地址。在 x86-64 架构中，返回地址是在调用栈上传递的。

现实还要更复杂一些，大多数函数需要有自己的局部变量来存储数据和地址。寄存器可用于变量，但寄存器是全局性质的，而且数量有限，经常会不够用。栈是一个不错的地方，可供存放局部变量。

本章对此过程进行了分解。为此，我们将讨论如何在 main 函数中向屏幕写入字符以及从键盘读取字符。从本章开始，我们通常会绕过 C 标准库函数 printf 和 scanf，使用系统调用函数 write 向屏幕输出，read 从键盘获取输入。

我们先讨论 write 和 read，接着介绍如何在 CPU 寄存器中传递函数参数，然后看看 CPU 如何在需要的时候确定传递给函数的地址，最后学习如何使用栈创建函数局部变量。

11.1　write 和 read 系统调用函数

在第 2 章中，我们用到了 C 标准库函数 printf 和 scanf，向屏幕写入和读取键盘输入。如图 2-1 所示，printf 将数据由内存存储格式转换为字符格式，并调用 write 系统调用函数在屏幕上显示字符。从键盘读取字符时，scanf 调用 read 系统调用函数将字符转换为内存存储格式。

Linux 将屏幕和键盘视为文件。当程序第一次启动时，操作系统会打开 3 个文件：标准输入、标准输出、标准错误，并为每个文件分配一个称为文件描述符的整数。程序使用文件描述符与这些文件交互。调用 read 和 write 的 C 接口由 POSIX（Portable Operating System Interface，可移植操作系统接口）标准指定。调用这两个函数的一般格式如下：

```
int write(int fd, char *buf, int n);
int read(int fd, char *buf, int n);
```

其中，*fd* 是文件描述符，*buf* 是字符的内存地址，*n* 是要读/写的字符数量。详见 write 和 read 的手册页：

```
man 2 write
man 2 read
```

表 11-1 给出了我们要使用的文件描述符以及每个描述符通常关联的设备。

表 11-1　　　　　　　**write 和 read 系统调用函数的文件描述符**

名称	编号	用途
STDIN_FILENO	0	从键盘读取字符
STDOUT_FILENO	1	向屏幕写入字符
STDERR_FILENO	2	向屏幕写入错误消息

文件描述符的名称是在系统头文件 unistd.h 中定义的，在我的 Ubuntu 系统中，该文件位于/usr/include/unistd.h（不同的系统，位置可能有差异）。

接下来，让我们看看如何向 write 系统调用函数传递参数。

11.2　通过寄存器传递参数

在我们所用的环境中，通过寄存器最多可以传递 6 个函数参数。第 14 章会介绍如何传递 6个以上的参数，这里我要提醒一下，Windows 的 C 环境只允许通过寄存器传递 4 个参数。

从一个非常简单的程序开始。该程序使用 write 系统调用函数向屏幕写入“Hello World!”（清单 11-1）。

清单 11-1　使用 write 系统调用函数的“Hello World!”程序

```
/* helloWorld.c
 * Hello World program using the write() system call.
 */

#include <unistd.h>

int main(void)
{

  write(STDOUT_FILENO, "Hello, World!\n", 14);

  return 0;

}
```

write 接受 3 个参数。原则上，C 编译器（或者用汇编语言编写时）可以使用 16 个通用寄存器中除 rsp 的任何寄存器传递函数参数（不能使用 rsp 的原因一会儿再解释）。只需将参数存储在寄存器中，然后调用所需的函数即可。当然，编译器（或者使用汇编语言的用户）需要确切地知道参数在哪个寄存器中。

避免出错的最好方法就是制定标准并严格遵循。如果编写程序代码的不止一个人，这一点尤其重要。其他人已经意识到了这种标准的重要性，并在 System V Application Binary Interface AMD64 Architecture Processor Supplement (with LP64 and ILP32 Programming Models) Version 1.0 中给出了一套不错的参数传递标准。我曾在 GitHub 网站的 hjl-tools/x86-psABI/库中找到了 PDF 格式的 2018 年 1 月 28 日版本。（更新的版本以 LaTeX 格式在 GitLab 网站的 x86-64-psABI 项目中维护，可能需要你使用 pdflatex 自行构建 PDF 格式。）我们所用的编译器 gcc 遵循 System V 标准中的规则，我们自己编写的汇编语言也同样如此。

表 11-2 总结了 System V 的寄存器使用标准。

表 11-2 通用寄存器用途

寄存器	特殊用途	是否保存
rax	函数的第 1 个返回值	否
rbx	通用	是
rcx	第 4 个函数参数	否
rdx	第 3 个函数参数；函数的第 2 个返回值	否
rsp	栈指针	是
rbp	可选的帧指针	是
rdi	第 1 个函数参数	否
rsi	第 2 个函数参数	否
r8	第 5 个函数参数	否
r9	第 6 个函数参数	否
r10	函数的静态链指针	否
r11	无	否
r12	无	是
r13	无	是
r14	无	是
r15	无	是

"是否保存"一列指明了被调用函数是否需要为调用函数保留寄存器中的值。在接下来的几节中会讲到具体做法。

前 6 个参数在寄存器 rdi、rsi、rdx、rcx、r8、r9 中传递，在 C 函数中从左向右读取。清单 11-2 展示了 gcc 为清单 11-1 中的 C 函数生成的汇编语言。演示了如何将所需的 3 个参数传给 write 函数。

注意 编译器并没有为清单中的汇编语言代码添加注释。其中的注释是我自己加入的，以##开头，是为了帮助你观察汇编语言与 C 源代码之间的关系。在本书中给出的大多数由编译器生成的汇编语言中，我都会这么做。

清单 11-2　gcc 为清单 11-1 中的程序生成的汇编语言

```
                .file    "helloWorld.c
                .intel_syntax noprefix
                .text
❶.section .rodata
❷ .LC0:
                .string "Hello, World!\n"
                .text
                .globl   main
                .type    main, @function
main:
                push     rbp
                mov      rbp, rsp
                mov      edx, ❸14          ## number of chars
                lea      rsi, ❹.LC0[rip]   ## address of string
                mov      edi, ❺1           ## STDOUT_FILENO
                call   ❻ write@PLT
                mov      eax, 0
                pop      rbp
                ret
                .size    main, .-main
                .ident   " GCC: (Ubuntu 9.3.0-17ubuntu1~20.04) 9.3.0"
                .section  .note.GNU-stack,"",@progbits
```

用汇编语言编程时，通常从参数列表中的最后一个参数开始，从后向前依次将参数存入寄存器。在清单 11-2 中，在调用 write 之前❻，write 的第 3 个参数（字符数❸）被存入 edx 寄存器。第 2 个参数是字符串的首地址❹，被存入 rsi。第 1 个参数（要写入的设备❺）被存入 edi。

程序中还出现了另外两条指令 lea 和 call，以及与这些指令相关的一些古怪语法。lea 指令将.LC0 的内存地址载入 rsi 寄存器，call 指令将程序控制权转移到 write 函数的地址处。在描述这些指令的细节之前，我们要看看程序的各个组成部分在内存中的位置。

11.3　位置无关代码

链接器的工作是决定每个程序组件的内存地址，然后在程序代码中该组件被引用的位置填入相应的内存地址。链接器决定组件的内存地址并将其写入可执行文件，但是更安全的做法是让操作系统决定将各个组件加载到哪里。让我们看看 gcc 生成的汇编语言是如何实现让程序加载到内存的任何地方的。

当操作系统负责决定程序的加载地址时，为了程序能够正常运行，链接器需要创建位置无关可执行文件。为此，程序中的每个函数都必须由位置无关代码组成，以便能够在任何内存位置正常工作。gcc 编译器默认生成位置无关代码，并链接生成位置无关可执行文件。

对于我们编写的源代码文件，链接函数和全局数据项非常简单。链接器知道每个函数和全局数据项中有多少字节，因此可以计算出其相对于程序开头的距离。至此，链接器就能知道从被引用组件到被引用组件相对位置的字节数，得出偏移值。链接器将此偏移值插入代码中组件被引用的位置。

你已经知道了执行周期以及指令指针如何在程序执行过程中发挥作用。无论程序被加载到内存的哪个位置，当前地址都存储在指令指针 rip 中。在程序执行期间，当 CPU 遇到引用另一个组件的指令时，会将偏移值与指令指针中的地址相加，得到被引用组件的有效地址（effective address）。lea 和 call 指令会用到这个有效地址。

　　lea —— 加载有效地址

　　　　计算有效地址并将其载入寄存器。

　　　　lea *reg, mem*　　将 *mem* 的有效地址载入 *reg*。

　　　　lea 指令不会影响 rflags 寄存器的状态标志。

　　call —— 过程调用

　　　　将链接信息压入栈并跳转到指定过程。

　　　　call *function_name*　　将下一条指令的地址压入栈，然后跳转到 *function_name*。

　　　　call 指令不会影响 rflags 寄存器的状态标志。

在清单 11-2 中，文本字符串的内存位置被标记为.LC0❷。将该地址作为指令指针相对地址的语法为.LC0[rip]❹。你可以将此视为 "rip 之外的.LC0"。在链接阶段，链接器计算 lea 指令和.LC0 标签之间的内存距离，并使用该值作为偏移量。更准确地说，应该是紧随 lea 指令之后的那个指令。回想一下，在程序执行期间，当 CPU 提取指令时，会将 rip 寄存器中的地址更改为下一条指令的地址。因此，lea rsi, . LC0[rip]指令的操作是将链接器计算出的偏移量与 rip 寄存器中的地址（已更新为下一条指令的地址）相加，并将相加后的地址载入 rsi 寄存器。

标签.LC0 位于.rodata 节❶，通常由操作系统载入.text 段。存储在.text 段中的大部分内容都是 CPU 指令，因此操作系统将该段视为只读内存区域。.rodata 节包含常量数据，同样是只读的。

在 11.4 节中，你将学习如何向栈中压入数据，但在此之前，注意清单 11-2 中的 call 指令在被调用的函数 write 后面添加@PLT❻。PLT 代表 Procedure Linkage Table（过程链接表）。write 函数位于 C 共享库，并不在我们编写的源代码文件中。链接器不知道它相对于 main 函数的位置，因此在可执行文件中包含了一个过程链接表和一个全局偏移量表（Global Offset Table，GOT）。

我们的程序第一次调用 write 函数时，操作系统中的动态加载器将该函数载入内存（如果之前没有被其他程序载入过），在 GOT 中加入函数的地址并相应地调整 PLT。如果程序再次调用 write 函数，PLT 使用 GOT 中的值直接调用它。语法 write@PLT 表示调用 write 函数，其地址可以在 PLT 中找到。当我们调用链接时，如果有已存在的函数，则不需要使用 PLT，因为链接器能够计算出被调用函数的相对地址。

11.4　调用栈

调用栈（简称为栈）广泛用于调用函数和被调用函数之间的接口、函数局部变量创建、函数内部数据存储。在描述实现方法之前，我们需要先弄清楚栈是什么以及如何使用栈。

11.4.1　栈的概述

栈是一种在内存中创建的数据结构，用于存储数据项，包括一个指向栈顶的指针。非正式地讲，你可以把栈的组织方式想象成架子上的一摞餐盘。我们只需要能够拿到顶部的盘子即可。（是的，如果你从中间某个地方取盘子，其他盘子可能要遭殃。）栈有两种基本操作。

● push *data_item* 　将 *data_item* 置于栈顶，移动栈指针，使其指向最新的数据项。

● pop *location* 　将栈顶的数据项移入 *location*，移动栈指针，使其指向下一个数据项。

栈是一种后进先出（LIFO）的数据结构。最后入栈的数据项最先出栈。

为了说明栈的概念，让我们继续餐盘的例子。假设我们有 3 个不同颜色的餐盘，红色的在餐桌上，绿色的在厨房柜台上，蓝色的在床头柜上。现在，我们按照以下方式将它们堆放在架子上。

（1）放红色盘子。

（2）放绿色盘子。

（3）放蓝色盘子。

这时，这摞餐盘如图 11-1 所示。

（4）现在执行操作：取一个盘子放到厨房柜台。

蓝色盘子现在被放到了厨房柜台上（回想一下，蓝色盘子之前在床头柜上），这摞餐盘现在如图 11-2 所示。

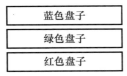

图 11-1　一摞 3 个盘子

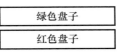

图 11-2　取走一个盘子之后

如果你觉得这样很容易把餐盘弄乱，那你就猜对了。栈必须遵循严格的使用规则。在任意函数中：

● 坚持出栈之前先入栈；

● 出栈的数据决不能超过已入栈的数据；

● 总是弹出栈中的所有内容。

如果不需要弹出数据项，可以简单地调整栈指针。这相当于丢弃掉弹出的数据项。（我们的餐盘类比不适用于这种情况。）

维持这一规则的一种好方法是想想代数表达式中括号的用法。push 类似于左括号，pop 类似于右括号。成对的括号可以嵌套，但它们必须匹配。试图将过多的数据项压入栈称为栈溢出。试图将栈底部之外的数据项弹出栈称为栈下溢。

这里我们只介绍了栈的基本操作。在栈实现中添加其他操作也是很常见的。例如，peek 操作允许你在不出栈的情况下查看栈顶的数据项。在后续章节中你会看到，非栈顶数据项经常会以一种良好控制的方式在不执行入栈和出栈操作的情况下被直接访问。

栈是通过在内存中划出一块连续区域来实现的。栈可以在任何一个方向增长，向高地址或低地址皆可。上升栈（ascending stack）向高地址增长，下降栈（descending stack）向低地址增长。栈指针可以指向栈顶数据项，即满栈（full stack），也可以指向下一个数据项入栈时的内存位置，即空栈（empty stack）。这 4 种可能的栈实现方式如图 11-3 所示，其中整数 1、2、3 依次被压入栈。一定要注意，图中的内存地址是向下递增的，这也是我们在 gdb 调试器中惯常查看的方式。

x86-64 指令采用的是满递减栈。为了理解这种选择，想想你是如何组织内存数据的。回忆一下，当程序执行时，控制单元自动增加程序计数器。程序的大小千差万别，因此将程序指令存储在低内存地址可以在程序大小方面实现最大的灵活性。

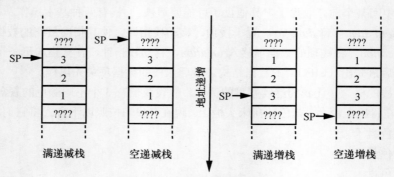

图 11-3 实现栈的 4 种方式

栈属于动态结构。你无法提前知道程序运行时需要多大的栈空间。你希望分配尽可能多的空间，同时防止与程序指令发生冲突。解决方案是栈从最高地址处开始，向低地址处增长。

这是栈的一种高度简化的合理实现，这样便可以在内存中"向下"增长。内存中各种程序元素的组织远比这里给出的简单描述复杂得多。但这有助于你理解为什么会有一些看起来非常古怪的实现。

关键在于我们需要据此编写汇编语言。接下来，通过直接使用汇编语言自己编写"Hello, World!"来详细了解如何在函数序言和结语中使用栈，以及如何在寄存器中传递函数参数。

11.4.2 深入函数序言和结语

清单 11-3 中汇编语言版本的"Hello, World!"与清单 11-2 中由编译器从 C 语言版本生成的汇编语言非常接近，但我在其中增加了注释，并为字符串常量使用了更有意义的标签。这应该有助于我们理解程序是如何使用栈以及向 write 函数传递参数的。

清单 11-3 汇编语言版本的"Hello, World!"程序

```
# helloWorld.s
# Hello World program using the write() system call

        .intel_syntax noprefix
# Useful constant
    ❶ .equ    STDOUT, 1


# Constant data
    ❷ .section .rodata
message:
        .string "Hello, World!\n"
        .equ ❸ msgLength, .-message-1

# Code
        .text
        .globl  main
        .type   main, @function
```

```
main:
        push    rbp                     # save caller's frame pointer
        mov     rbp, rsp                # our frame pointer

        mov     edx, MsgLength          # message length
        lea     rsi, message[rip]       # message address
        mov     edi, STDOUT             # the screen
        call    write@plt               # write message

        mov     eax, 0                  # return 0

        pop     rbp                     # restore caller frame pointer
        ret                             # back to caller
```

在讨论函数序言之前，注意清单 11-3 中的另一个汇编器指令 .equ❶。其格式为：

.equ *symbol*, *expression*

我们不需要为 .rodata 节指定 .text 段❷。汇编器和链接器生成 .rodata 节，由操作系统决定从哪里加载它。

expression（表达式）的求值结果必须是整数，汇编器将 symbol（符号）设置为该值。然后，你可以在代码中使用该符号，提高可读性，汇编器会将符号替换为表达式的值。表达式大多只是一个整数。在这个程序中，我将符号 STDOUT 设置为整数 1。

表达式中的 . 代表此处的内存地址。因此，当汇编器处理表达式❸时，会计算当前的内存地址，也就是 C 风格文本字符串的末尾地址，从中减去字符串的起始地址（程序员已将其标记为 message），再减去 1（终止字符 NUL）。最后的结果就是 MsgLength 等于文本字符串中可打印字符的长度。

你已经在第 10 章中学习过调用函数的帧指针如何被存入调用栈，以及如何为函数建立一个新的帧指针。现在你已经对调用栈的工作原理有了更多的了解，让我们来看看这个函数在 gdb 中的序言。

我们要做的第一件事就是在函数开头设置断点：

```
(gdb) b main
Breakpoint 1 at 0x1139: file helloWorld.s, line 18.
```

你可以使用标签 main，或者行号。我们在第 2 章讲过如何使用 li 命令查看行号。使用行号可能会使得 gdb 执行序言，然后才中断。（我在不同版本的 gdb 中见到过不同的行为。）

断点设置好之后，运行程序，在第一条指令处中断，检查 rbp 和 rsp 寄存器的内容：

```
(gdb) r
Starting program: /home/bob/progs/chap11/helloWorld_asm/helloWorld

Breakpoint 1, main () at helloWorld.s:18
18          push    rbp                 # save caller's frame pointer
(gdb) i r rbp rsp
```

```
rbp                0x0                    0x0
rsp                0x7fffffffde88         0x7fffffffde88
```

i r 命令给出了堆栈指针 rsp 的当前位置。待执行下一条的指令会将 rbp 寄存器中的 8 字节压入调用栈。为了查看内存，我们检查栈的当前内容。由于调用栈是满递减栈，从栈指针的当前地址中减去 8，这样我们就可以看到内存区域先前的内容：

```
(gdb) x/2xg 0x7fffffffde80
0x7fffffffde80:  0x0000555555555160    0x00007ffff7de70b3
```

栈指针现在指向值 0x00007ffff7de70b3，这是被压入栈的调用函数中 call 指令的返回地址（位于 C 运行时环境，因为这是 main 函数）。rbp 寄存器包含 0x0000000000000000。这个值要被压入栈的 0x7fffffffde80 地址处，这里目前包含的是 0x0000555555555160。

然后，执行函数序言中的两条指令，这会将我们带到序言之后的第一条指令处：

```
(gdb) si
19              mov    rbp, rsp              # our frame pointer
(gdb) si
21              mov    edx, MsgLength        # message length
```

检查 rsp 和 rbp 寄存器中的值：

```
(gdb) i r rbp rsp
rbp                0x7fffffffde80         0x7fffffffde80
rsp                0x7fffffffde80         0x7fffffffde80
```

可以看到，栈指针被减去了 8，帧指针被设置为指向栈顶。让我们再看看先前检查过的那片相同的内存区域，看看栈有什么变化：

```
(gdb) x/2xg 0x7fffffffde80
0x7fffffffde80:  0x0000000000000000 0x00007ffff7de70b3
(gdb)
```

我们看到 rbp 寄存器的值（0x0000000000000000）已经被成功压入栈顶。接着，在 call   write@ PLT 指令处设置断点，确保已经为 write 正确设置好寄存器：

```
(gdb) b 24
Breakpoint 2 at 0x55555555514e: file helloWorld.s, line 24.
(gdb) c
Continuing.

Breakpoint 2, main () at helloWorld.s:24
24              call    write@plt                # write message
(gdb) i r rdx rsi rdi
rdx                0xe                    14
rsi                0x555555556004         93824992239620
rdi                0x1                    1
```

rdx 寄存器包含要写入屏幕的字符的个数，rsi 寄存器包含第一个字符的地址。回想一下，C 风格的文本字符串以 NUL 字符终止，所以我们检查地址 0x555555556004 处的 15 个字符：

```
(gdb) x/15c 0x555555556004
0x555555556004: 72 'H' 101 'e' 108 'l' 108 'l' 111 'o' 44 ',' 32 ' ' 87 'W'
0x55555555600c: 111 'o' 114 'r' 108 'l' 100 'd' 33 '!' 10 '\n' 0 '\000'
```

接下来，在 ret 指令处设置断点，确保栈指针和帧指针恢复为调用函数的值：

```
(gdb) b 29
Breakpoint 3 at 0x555555555159: file helloWorld.s, line 29.
 (gdb) c
Continuing.
Hello, World!
Breakpoint 3, main () at helloWorld.s:29
29              ret                          # back to caller
(gdb) i r rbp rsp rip
rbp             0x0                 0x0
rsp             0x7fffffffde88      0x7fffffffde88
rip             0x555555555159      0x555555555159 <main+32>
```

我在其中加入了 rip 寄存器，以显示 ret 指令的效果。执行 ret 指令，它将栈顶的值弹出到 rip 寄存器，从而返回 C 运行时环境：

```
(gdb) si
__libc_start_main (main=0x555555555139 <main>, argc=1, argv=0x7fffffffdf78,
    init=<optimized out>, fini=<optimized out>, rtld_fini=<optimized out>,
    stack_end=0x7fffffffdf68) at ../csu/libc-start.c:342
342     ../csu/libc-start.c: No such file or directory.
(gdb) i r rbp rsp rip
rbp             0x0                 0x0
rsp             0x7fffffffde90      0x7fffffffde90
rip             0x7ffff7de70b3      0x7ffff7de70b3 <__libc_start_main+243>
```

回头看看所示的栈内容，可以看到被 C 运行时环境中的函数（调用了 main 函数）压入栈的地址已经被弹出到 rip 寄存器。

必须严格遵守指定函数之间如何交互的协议，否则程序容易崩溃。

在 11.5 节中，我们将介绍如何在栈中创建局部变量。届时你会看到帧指针的重要性。

动手实践

修改清单 11-3 中的汇编语言程序，使其在屏幕上打印出 Hello, *your_name*！。记得修改注释，使其准确地描述程序行为。

11.5　函数的局部变量

　　C 函数中定义的变量只能在该函数内使用，故称其为局部变量。局部变量是在函数被调用时创建的，在函数返回到调用函数时被删除，所以也称为自动变量。

　　从第 9 章可知，CPU 寄存器可以作为变量使用，但是如果我们使用 CPU 寄存器来保存所有的变量，哪怕是一个小程序，也会很快把寄存器用完，所以我们需要在内存中为变量分配空间。

　　我们先前看到过，函数需要保存调用函数的部分寄存器的内容（表 11-2 中"是否保存"一列）。如果在函数中要用到这些寄存器，需要将其内容保存在内存中，在返回调用函数之前恢复。

　　接下来，我们将看看如何使用调用栈来实现这两个目标：创建和删除自动变量，保存和恢复寄存器内容。

11.5.1　栈内变量

　　根据先前对于调用栈的描述，你可能会猜测这是保存寄存器内容的好地方：在寄存器另作他用之前，先将其内容入栈，在返回调用函数之前，再将已入栈的内容弹出到寄存器中。

　　在调用栈创建变量更为复杂。如果我们将栈的用法局限在入栈和出栈，那么即使有办法，跟踪栈内各个变量的位置也会很快变得棘手起来。

　　然而，有一种简单的方法来使用栈内变量。作为函数序言的一部分，我们通过移动栈指针为栈内变量分配足够的空间，从而增加了函数栈帧的大小。我们可以使用与清单 11-3 中访问消息地址相同的寻址技术来访问栈帧中的变量，只不过这次使用帧指针 rbp 作为基地址。注意不要修改 rbp，这样就可以将其作为栈帧中的参考点，根据需要放心地使用栈指针入栈和出栈。

　　为了说明如何将栈帧用于自动局部变量，我们从清单 11-4 中的 C 程序开始，该程序从键盘读取一个字符并在屏幕上回显。

清单 11-4　回显用户输入的单个字符的程序

```
/* echoChar.c
 * Echoes a character entered by the user.
 */

#include <unistd.h>

int main(void)
{
  char aLetter;

  write(STDOUT_FILENO, "Enter one character: ", 21);    /* prompt user */
  read(STDIN_FILENO, &aLetter, 1);                       /* one character */
  write(STDOUT_FILENO, "You entered: ", 13);             /* message */
  write(STDOUT_FILENO, &aLetter, 1);

  return 0;
}
```

清单 11-5 展示了编译器的实现方法，这是由 gcc 为清单 11-4 中的 C 程序生成的汇编语言。

清单 11-5 编译器生成的 echoChar 程序（清单 11-4）的汇编语言

```
                .file    "echoChar.c"
                .intel_syntax noprefix
                .text
                .section .rodata
.LC0:
                .string "Enter one character: "
.LC1:
                .string "You entered: "
                .text
                .globl   main
                .type    main, @function
main:
                push     rbp
                mov      rbp, rsp
❶ sub      rsp, 16
❷ mov      rax, QWORD PTR fs:40
❸ mov      QWORD PTR -8[rbp], rax
                xor      eax, eax
                mov      edx, 21            ## prompt message
                lea      rsi, .LC0[rip]
                mov      edi, 1
                call     write@PLT
❹ lea      rax, -9[rbp]       ## &aLetter
                mov      edx, 1
                mov      rsi, rax
                mov      edi, 0
                call     read@PLT
                mov      edx, 13            ## response message
                lea      rsi, .LC1[rip]
                mov      edi, 1
                call     write@PLT
                lea      rax, -9[rbp]
                mov      edx, 1
                mov      rsi, rax
                mov      edi, 1
                call     write@PLT
                mov      eax, 0
❺ mov      rcx, QWORD PTR -8[rbp]
                xor      rcx, QWORD PTR fs:40
                je       .L3
                call     __stack_chk_fail@PLT
.L3:
                leave
                ret
                .size    main, .-main
                .ident "GCC: (Ubuntu 9.3.0-17ubuntu1~20.04) 9.3.0"
                .section .note.GNU-stack,"",@progbits
```

C 程序定义了 char 类型的局部变量 aLetter，仅占用 1 字节。然而，编译器通过简单地移动栈指针❶在调用栈上分配了 16 字节。x86-64 架构包括一组 128 位寄存器，共计 16 个，由一些浮点指令和向量指令使用。详见第 18 章。这些指令要求栈指针在 16 字节的地址边界对齐，因此大多数协议标准对栈指针做出了同样的规定。这比仅在需要的地方对齐栈指针更不易出错。

移动栈指针要用到减法指令 sub。在这里，我们还将介绍加法指令 add 和取反指令 neg。

sub —— 减法

从目标值中减去源值，将结果保存在目标处。

sub *reg1, reg2* 从 *reg1* 的值中减去 *reg2* 的值，将结果保存在 *reg1*。

sub *reg, mem* 从 *reg* 的值中减去 *mem* 的值，将结果保存在 *reg*。

sub *mem, reg* 从 *mem* 的值中减去 *reg* 的值，将结果保存在 *mem*。

sub *reg, imm* 从 *reg* 的值中减去 *imm*，将结果保存在 *reg*。

sub *mem, imm* 从 *mem* 的值中减去 *imm*，将结果保存在 *mem*。

sub 指令会根据结果设置 rflags 寄存器中的 OF、SF、ZF、AF、PF、CF 状态标志。

add —— 加法

将源值与目标值相加，结果保存在目标处。

add *reg1, reg2* 将 *reg2* 的值与 *reg1* 的值相加，将结果保存在 *reg1*。

add *reg, mem* 将 *mem* 的值与 *reg* 的值相加，将结果保存在 *reg*。

add *mem, reg* 将 *reg* 的值与 *mem* 的值相加，将结果保存在 *mem*。

add *reg, imm* 将 *imm* 与 *reg* 的值相加，将结果保存在 *reg*。

add *mem, imm* 将 *imm* 与 *mem* 的值相加，将结果保存在 *mem*。

add 指令会根据结果设置 rflags 寄存器中的 OF、SF、ZF、AF、PF、CF 状态标志。

neg —— 取反

对一个值取反。

neg *reg* 对 *reg* 的值取反。

neg *mem* 对 *mem* 的值取反。

neg 指令会根据结果设置 rflags 寄存器中的 OF、SF、ZF、AF、PF、CF 状态标志。

乘法和除法指令更复杂，参见第 16 章。

我们需要将局部 char 变量的地址传递给 read 函数，这样它就可以在该变量中存储用户输入的字符了。我们可以通过 lea（加载有效地址）指令❹来实现。如你所见，编译器选择的是在栈内分配的 16 字节中的第 9 字节。图 11-4 展示了这个变量的位置。

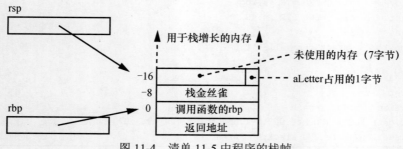

图 11-4 清单 11-5 中程序的栈帧

图 11-4 所示的栈帧中有一项是栈金丝雀（stack canary）[1]，用于帮助检测栈损坏。

11.5.2 栈损坏

函数结语在 rbp 寄存器中恢复调用函数的帧指针，返回指向返回地址的栈指针。然而，如果这些值中的任何一个在栈中被改变，程序将无法正常运行。栈金丝雀可以帮助检测这些值是否被修改过。

当程序启动时，操作系统将一个 64 位随机数存储在内存中标记为 fs:40 的特殊位置，只有操作系统能够修改该随机数。我们从内存中读取这个值❷，将其存储在栈帧中调用函数的 rbp 值之后❸。在执行函数结语之前，我们检查栈金丝雀的值是否有变化❺。

注意 栈金丝雀是一种可选特性。在我使用的 gcc 版本中，这是默认启用的。你可以通过命令行选择覆盖编译器的默认行为：-fstack-protector、-fstack-protector-strong 或 -fstack-protector-all 启用栈金丝雀，-fno-stack-protector 禁用栈金丝雀。

检查栈金丝雀的代码引入了另外两条指令。

xor —— 异或

　　在源值和目标值之间执行按位异或，将结果保存在目标处。

　　xor *reg1*, *reg2*　在 *reg1* 的值和 *reg2* 的值之间执行按位异或，寄存器可以是相同的，也可以是不同的。将结果保存在 *reg1*。

　　xor *reg*, *mem*　在 *reg* 的值和 *mem* 的值之间执行按位异或，将结果保存在 *reg*。

　　xor *mem*, *reg*　在 *mem* 的值和 *reg* 的值之间执行按位异或，将结果保存在 *mem*。

　　xor *reg*, *imm*　在 *reg* 的值和 *imm* 之间执行按位异或，将结果保存在 *reg*。

　　xor *mem*, *imm*　在 *mem* 的值和 *imm* 之间执行按位异或，将结果保存在 *mem*。

　　xor 指令会根据结果设置 rflags 寄存器中的 SF、ZF、PF 状态标志。OF 和 CF 状态标志被清零，AF 状态标志的值未定义。

je —— 如果相等则跳转

　　如果 0 标志为真则跳转，这通常表明两个值相等。

　　je *label*　在 ZF 为 1（真）时跳转到内存位置 *label*。

je 指令是众多条件跳转指令中的一个，这将在第 13 章讨论程序流程构件时解释。条件跳转指令测试 rflags 寄存器中的状态标志，并相应地转移程序流程。je 指令测试 0 状态标志，如果该标志为真，则跳转到指定的 *label*。

在清单 11-5 中，检查栈损坏的代码❺首先检索先前保存在栈内的值（栈金丝雀），然后与程序首次启动时在内存位置 fs:40 生成的原始值执行按位异或。如果这两个值相同，即异或结果为 0，则会将 0 状态标志 ZF 设置为 1（真），导致 je .L3 指令将程序流转向 leave 指令，跳过对__stack_chk_fail@PLT 函数的调用。如果异或操作未产生 0，则不跳转，程序将调用__stack_chk_fail@PLT

1　17 世纪的英国矿井工人发现，金丝雀（canary）对瓦斯这种气体十分敏感。空气中哪怕有极其微量的瓦斯，金丝雀也会停止鸣叫；而当瓦斯含量超过一定限度时，虽然人类毫无察觉，金丝雀却早已毒发身亡。在当时采矿设备相对简陋的条件下，工人们每次下井都会带上一只金丝雀作为"瓦斯检测指标"，以便在危险状况下紧急撤离。程序中的金丝雀则是栈内的一个随机数，程序在函数返回前检查金丝雀是否被篡改，以此达到保护栈的目的。

函数，该函数将报告栈损坏错误并终止程序。

程序中还有一个新指令 leave。

leave —— 离开函数

　　删除栈帧。

　　leave 恢复调用函数的帧指针，使栈指针指向返回地址。

　　leave 指令的操作和以下两个指令相同：

```
mov    rsp, rbp
pop    rbp
```

参考图 11-4，这会将栈指针移动到存储调用函数的 rbp 的位置，然后将其跳出到 rbp 寄存器，使栈指针指向返回地址。

清单 11-5 中由 gcc 生成的汇编语言包含一些额外的记法：QWORD PTR❷❺。在大多数情况下，汇编器可以从指令的上下文中推算出操作数的大小——字节、字、双字或四字。如果其中一个操作数是寄存器，则寄存器名称决定了操作数的大小。但是如果一个操作数是内存地址，另一个是字面常量，则无法确定操作数的大小。例如，在清单 11-5 中，如果❸处的指令如下：

```
mov    -8[rbp], 123
```

整数 123 可以存储在 1 字节或更多字节中。在这种情况下，你需要告诉汇编器数据项的大小，使用表 10-1 中的记法（照搬过来作为表 11-3）。

表 11-3　　　　　　　　　　　　　　汇编器数据项大小记法

修饰符	数据类型	位数
byte ptr	字节	8
word ptr	字	16
dword ptr	双字	32
qword ptr	四字	64

因此，以下指令：

```
mov    byte ptr -8[rbp], 123
```

会将 123 作为 8 位值存储，而以下指令：

```
mov    qword ptr -8[rbp], 123
```

会将 123 作为 64 位值存储。我不知道为什么编译器作者要选择清单 11-5 中这种写法，因为汇编器能从正在使用的寄存器的名称 rax 推算出数据项的大小，不过多写点也没坏处。

让我们把这些组合在一起，直接使用汇编语言编写 echoChar 程序。我们为标签选用了更有意义的名称，让汇编器计算字符串的长度，此外还加入了代码注释，结果如清单 11-6 所示。

清单 11-6 直接使用汇编语言编写的单字符回显程序

```
# echoChar.s
# Prompts user to enter a character, then echoes the response
        .intel_syntax noprefix
# Useful constants
        .equ    STDIN,0
        .equ    STDOUT,1
# Stack frame
        .equ    aLetter,-9
        .equ    localSize,-16

# Constant data
        .section  .rodata
prompt:
        .string "Enter one character: "
        .equ    promptSz,.-prompt-1
msg:
        .string "You entered: "
        .equ    msgSz,.-msg-1
        .text
# Code
        .globl  main
        .type   main, @function
main:
        push    rbp             # save caller's frame pointer
        mov     rbp, rsp        # establish our frame pointer
        add     rsp, localSize # for local var.

        mov     rax, fs:40      # get stack canary
        mov     -8[rbp], rax  # and save it

        mov     edx, promptSz # prompt size
        lea     rsi, prompt[rip] # address of prompt text string
        mov     edi, STDOUT   # standard out
        call    write@plt      # invoke write function

        mov     edx, 1         # 1 character
        lea     rsi, ❶aLetter[rbp] # place to store character
        mov     edi, STDIN     # standard in
        call    read@plt       # invoke read function

        mov     edx, msgSz     # message size
        lea     rsi, msg[rip] # address of message text string
        mov     edi, STDOUT   # standard out
        call    write@plt      # invoke write function

        mov     edx, 1         # 1 character
        lea     rsi, aLetter[rbp] # place where character stored
```

```
        mov     edi, STDOUT    # standard out
        call    write@plt      # invoke write function

        mov     eax, 0         # return 0

        mov     rcx, -8[rbp]   # retrieve saved canary
        xor     rcx, fs:40     # and check it
        je      goodCanary
        call    __stack_chk_fail@PLT    # bad canary
goodCanary:
      ❷ mov     rsp, rbp       # delete local variables
        pop     rbp            # restore caller's frame pointer
        ret                    # back to calling function
```

当阅读清单 11-6 中的代码时，你会发现在栈帧中给变量的偏移量命名会大大提高代码的易读性。在撤销栈帧时，我没有使用 leave 指令，而是选择手动完成，以此强调背后发生的具体操作❷。

在接下来的章节中，你将学习如何使用栈帧来处理更大、更复杂的变量。还会学到如何使用栈在寄存器中传递超出 6 个参数的参数。

11.6 不使用 C 运行时环境

本书的主要目的是展示在用高级语言编程时，指令集级别上发生了什么事情，因此在本书的剩余部分中，我们将继续使用 C（随后还有 C++）运行时环境和 POSIX write 和 read 系统调用函数。

当然，你也可以编写不使用 C 运行时环境的独立程序，参见第 20 章。

动手实践

1. 输入清单 11-6 中的程序并将其运行起来。程序结束时为什么会多出一个命令行提示符？例如：

```
$ ./echoChar
Enter one character: a
You entered: a$
$
```

---

2. 修改程序，去掉多余的命令行提示符。例如：

```
$ ./echoChar
Enter one character: a
You entered: a
$
```

看看你的修改会不会导致错误？如果出错，需要怎么修正？

3. 以下子函数将文本字符串存储在由传入参数指定的内存地址中，然后返回所存储字符的个数：

```
/* theMessage.c
 * Stores "Hello" for caller and returns
 * number of characters stored.
 */

int theMessage(char *aMessage)
{

  int nChars = 0;
  char *messagePtr = "Hello.\n";

  while (*messagePtr != 0)
  {
    *aMessage = *messagePtr;
    nChars++;
    messagePtr++;
    aMessage++;
  }

  return nChars;
}
```

使用汇编语言编写 main 函数，在其中调用此子函数并显示所存储的文本字符串。要求使用栈金丝雀。将子函数中的字符串改为 Greetings.\n。会发生什么？

11.7　小结

write 和 read 函数　绕过 C 标准库的系统调用函数。

向子函数传递参数　最多可以通过寄存器传递 6 个参数。

位置无关可执行文件　操作系统可以将这种程序载入内存任何位置，且不影响程序正常执行。

调用栈　用于存储程序数据和地址的内存区域，可以根据需要增减。

函数序言　为从调用函数转移到被调用函数设置调用栈。

函数结语　函数序言的补充，将调用栈恢复到函数被调用时的状态。

自动变量　函数每次被调用时都会重新生成。可以轻松地在调用栈中创建。

栈金丝雀　放置在当前函数的栈区域开头的随机数，可以反映出调用栈内的重要信息何时被更改。

在第 12 章中，我们先不编写程序，看看汇编器是如何将程序翻译成机器码的。

<h1 style="text-align:center">第 12 章</h1>

<h1 style="text-align:center">剖 析 指 令</h1>

在第 2 章和第 3 章中，你学习了如何使用位模式来表示数据，在第 4 ~ 8 章中，你学习了二进制的硬件实现以及如何将其用于计算。在本章中，你会看到一些关于指令如何编码为位模式，执行计算并指定操作数位置的细节。

本章的主要目标是全面介绍计算机指令如何获知操作数所在的位置。人们是记不住每条指令的机器码细节的。详细信息需要参阅手册。在某些情况下，这些细节有助于程序调试。

学习指令编码的另一个原因是这些信息包含在手册的指令描述中。懂得一些指令编码的知识可以帮助你阅读手册。

我们将讲解在大多数程序中最常见的两种操作：移动数据和条件分支。你会看到 CPU 如何定位指令的操作数、操作什么样的数据和地址、在执行分支指令的时候如何知道该执行哪条分支。

12.1　机器码

我们可以通过生成汇编清单（assembly listing）来查看机器码（即组成程序的 0 和 1），从中可以看到对应于每条指令的机器码。指定汇编器的-al 选项就能生成汇编清单。这会将清单写入标准输出（默认是屏幕）。我们可以使用重定向操作符获取结果。例如，以下命令：

$ **as –gstabs -al -o register.o register.s > register.lst**

生成的文件如清单 12-1 所示。

清单 12-1　一些示例指令的机器码

GAS LISTING register.s　　　　　　　　page 1

```
 1                        # register.s
 2                        # Some instructions to illustrate machine code.
 3                            .intel_syntax noprefix
 4                            .text
 5                            .globl  main
 6                            .type   main, @function
 7             main:
 8 0000 ❶55              push    rbp             # save caller's frame pointer
 9 0001 4889E5           mov     rbp, rsp        # establish our frame pointer
10
11 0004 ❷89C8            mov     eax, ecx        # 32 bits, low reg codes
12 0006 ❸89F7            mov     edi, esi        # highest reg codes
13 0008 ❹6689C8          mov     ax, cx          # 16 bits
14 000b ❺88C8            mov     al, cl          # 8 bits
15 000d ❻4489C7          mov     edi, r8d        # 32 bits, 64-bit register
16 0010 ❼4889C8          mov     rax, rcx        # 64 bits
17
18 0013 B8000000         mov     eax, 0          # return 0 to os
18      00
19 0018 4889EC           mov     rsp, rbp        # restore stack pointer
20 001b ❽5D              pop     rbp             # restore caller's frame pointer
21 001c ❾C3              ret                     # back to caller
```

这个程序什么都不做。它只是一组指令，用于演示指令是如何用机器语言编码的。我在其中加入了序言和结语，如果你想看看这些指令都做了什么，可以汇编和链接该程序，并在 gdb 下运行（在动手实践环节你有机会付诸实践）。

汇编清单的第一列是十进制的行号。下一列是每条指令相对于函数开头的十六进制地址。第三列是十六进制的机器码。其余部分是汇编语言源代码。因为清单包含行号，在讨论指令编码的时候我们会引用这些行号。

12.2　指令字节

操作及其操作数都需要以二进制编码。这种编码所用的字节数决定了计算机指令集能够提供的操作/操作数组合的数量。在 x86-64 架构中，字节数是可变的，而其他一些架构对每条指令使用相同的字节数。在本书中，我们只关注 x86-64 指令。

操作数的位置需要在指令的机器码中指定。操作数可以位于寄存器、内存或 I/O 端口。I/O 端口编程更复杂，所以我们留到第 19 章再讨论。指定操作数位置的方式称为寻址模式。我们将学习几种寻址模式以及它们在指令中的编码方式。

为了说明 x86-64 指令是如何编码的，图 12-1 展示了指令字节的一般布局。随后我们会讲解每个字节的含义。

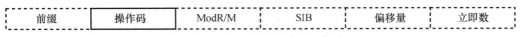

| 前缀 | 操作码 | ModR/M | SIB | 偏移量 | 立即数 |

图 12-1　x86-64 机器指令的一般布局

每条指令至少需要 1 字节来指定操作，通常称为操作码。操作码可以为 1～3 字节。

在最简单的寻址模式中，操作数位于寄存器中。有些指令操作码在操作码字节中留有足够的位数来包含寄存器代码，但大多数都额外需要一字节。当操作数位于内存中时，寻址就更复杂了。这些更为复杂的寻址模式需要指令中有更多的附加字节，如图 12-1 中的虚线所示。

在讨论内存中的操作数之前，让我们先看一下其位于寄存器中的情况。我们将使用清单 12-1 中的指令来说明 CPU 是如何知道该使用哪个（哪些）寄存器的。

12.2.1　操作码字节

清单 12-1 中第 21 行的 ret 指令明面上没有使用任何操作数，但其实有两个隐式操作数：rsp 和 rip 寄存器。因为该指令仅影响这两个寄存器，所以不需要在指令中明确指定，并且操作码只用一字节就够了❾。

第 8 行和第 20 行的 push 和 pop 指令指定寄存器 rbp 作为其操作数。push 的操作码是 01010rrr ❶，pop 的操作码是 01011rrr❽，其中 rrr 用于编码寄存器。在单个字节中只给寄存器留了 3 位，使得我们只能使用 rax 至 rdi 这 8 个寄存器。当程序第一次被加载到内存中时，操作系统如何设置调用栈决定了要压入或弹出的字节数。我们的工作环境是 64 位，所以这些指令操作的是 64 位值。如果我们对寄存器 r8～r15 使用这些指令，汇编器会添加一个前缀字节，其中包含了第 4 位，详见 12.2.3 节。

接着来看看第 11 行的指令，该指令将 ecx 中的 32 位值移动到 eax。操作码是 0x89❷。mov 指令可以在寄存器之间、内存和寄存器之间移动数据。由于单个字节中有太多的排列组合需要编码，所以汇编器又在指令中增加了一个 ModR/M 字节。

12.2.2　ModR/M 字节

ModR/M 字节用于扩展操作符和操作数的组合。图 12-2 展示了 ModR/M 字节的格式。

Mod（2 位）指定了 4 种可能的寻址模式之一。Reg/Opcode 指定了寄存器或额外的操作码位。R/M 指定指令以不同方式使用的寄存器，具体取决于 Mod 指定的寻址模式。

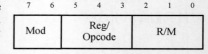

图 12-2　ModR/M 字节

我不会在本书中给出 ModR/M 字节所有可能的情况，你可以在手册中找到这些信息。我们只介绍部分指令的编码方式，这有助于你弄清楚如何阅读手册。

表 12-1 和表 12-2 给出了指令中的寄存器代码。表 12-1 展示了指定前 8 个寄存器 rax～rdi 的 8 位、16 位、32 位部分的代码。

表 12-1　　　　　　　　　　　　8 位、16 位、32 位寄存器的代码

8 位寄存器	16 位寄存器	32 位寄存器	代码
al	ax	eax	000
cl	cx	ecx	001
dl	dx	edx	010
bl	bx	ebx	011
ah	sp	esp	100
ch	bp	ebp	101
dh	si	esi	110
bh	di	edi	111

你可能好奇 CPU 如何用相同的代码区分 3 种不同大小的寄存器。默认的操作数大小是 32 位。如果使用 16 位寄存器，汇编器会在操作码前插入 0x66 前缀字节，这会覆盖默认值，使得该指令使用 16 位操作数。8 位和 32 位操作的区别在于使用不同的操作码。

表 12-2 展示了所有的 64 位寄存器的代码。你在 12.2.3 节会看到，大多数 64 位操作都是通过在操作码前添加 REX 前缀字节完成的。

表 12-2   64 位寄存器的代码

寄存器	代码	寄存器	代码
rax	0000	r8	1000
rcx	0001	r9	1001
rdx	0010	r10	1010
rbx	0011	r11	1011
rsp	0100	r12	1100
rbp	0101	r13	1101
rsi	0110	r14	1110
rdi	0111	r15	1111

你可能注意到的第一件事就是表 12-2 中的寄存器代码都是 4 位，而 ModR/M 字节只允许 3 位代码。如果指令只使用前 8 个寄存器的 32 位部分，即 eax～edi，则代码最高位为 0，需要第 4 位，其余 3 位完全可以放在 ModR/M 字节内。当指令使用 r8～r15 寄存器的任意部分或 rax～r15 这 16 个寄存器的全部 64 位时，你马上就会知道第 4 位放在哪里了。

清单 12-1 的第 12 行的指令是另一个只使用 32 位寄存器的例子。其操作码与第 11 行的指令❷相同，也是 0x89❸，但两者操作的是不同的通用寄存器。ModR/M 字节中指定的寄存器分别为 11 001 000 和 11 110 111，前者表示从 ecx 移动到 eax，后者表示从 esi 移动到 edi。我在位模式中插入了空格，这样你就能看出每个字节中与图 12-2 对应的 3 个字段。Mod 字段（11）指定了在寄存器之间移动。参考表 12-1，我们可以看到第 12 行的 Reg/Opcode 字段中的 3 位（110）指定了源寄存器 esi，R/M 字段中的 3 位（111）指定了目标寄存器 edi。

第 13 行的指令仅从 cx 向 ax 移动了 16 位。这与 32 位移动的差异之处并不在于不同的操作码，而是使用了前缀字节 0x66 来表示❹。在第 14 行，我们仅从 cl 向 al 移动了 8 位，这里使用了不同的操作码 0x88❺。

第 15 行展示了 32 位的移动，但这次我们使用的是寄存器 r8d，该寄存器是在 CPU 设计从 32 位升级到 64 位时添加的。现在我们需要 4 位来指定 r8 寄存器，这需要汇编器使用 REX 前缀来修改指令❻。

12.2.3　REX 前缀字节

涉及 64 位操作数或 r8～r15 寄存器的大部分指令都需要 REX 前缀字节。图 12-3 展示了 REX 前缀的格式。

REX 前缀字节以高 4 位 0100 开头。对于 64 位操作数，W 位设置为 1；对于其他大小，W 位设置为 0。如果指令使用 64 位寄存器 r8～r15 中的任何一个，则寄存器（参见表 12-2）

7	6	5	4	3	2	1	0
0	1	0	0	W	R	X	B

图 12-3　REX 前缀的格式

的高位存储在 R、X 或 B 位，具体取决于寄存器在指令中的使用方式。（如前所述，其余 3 位存储在 ModR/M 字节中。）

通过比较第 11 行❷和第 16 行❼的指令，我们可以看出 W 位的用法。这两条指令都是从 rcx 寄存器移动到 rax 寄存器，但是第 11 行的指令移动的是 32 位，而第 16 行的指令移动的是 64 位。二者之间的唯一区别是在 64 位指令中❼添加了 REX 前缀字节 01001000（W = 1）。

第 15 行的指令仅移动 32 位，但源寄存器是 CPU 从 32 位升级 64 位时添加的寄存器之一。因此，汇编器加入了 REX 前缀 01000100❻。W 位为 0，表示移动了 32 位，但 R 位为 1。当执行该指令时，CPU 使用这个 1 作为 ModR/M 字节中源寄存器字段的高位（11 000 111），得到 1000 或 r8（参见表 12-2）。因为 W = 0，所以指令只移动 32 位。

到目前为止，我们只考虑了将值从一个 CPU 寄存器移动到另一个 CPU 寄存器的指令寻址模式。当然，肯定得先有一种将值移入寄存器的方法。接下来，我们将学习另一种寻址模式，可用于将一个常量值移入寄存器或内存。

12.3　立即寻址模式

能够作为指令的一部分存储的单个数据项最多可达 64 位。指令使用立即寻址模式访问该数据项（之所以称为"立即"，是因为数据项紧随指令的操作部分之后）。数据可以被移入寄存器或内存。这里我们只看移入寄存器。清单 12-2 提供了一些使用立即寻址模式在寄存器中存储常量的例子。

清单 12-2　立即数示例

```
GAS LISTING immediate.s                    page 1


     1                    # immediate.s
     2                    # Some instructions to illustrate machine code.
     3                         .intel_syntax noprefix
     4                         .text
     5                         .globl  main
     6                         .type   main, @function
     7              main:
     8 0000 55               push    rbp          # save caller's frame pointer
     9 0001 4889E5           mov     rbp, rsp     # establish our frame pointer
    10
    11 0004 ❶B0AB            mov     al, 0xab     # 8-bit immediate
    12 0006 ❷66B8CDAB        mov     ax, 0xabcd   # 16-bit immediate
    13 000a ❸B812EFCD        mov     eax, 0xabcdef12   # 32-bit immediate
    13      AB
    14 000f ❹48B812EF        mov     rax, 0xabcdef12   # to 64-bit reg
    14      CDAB0000
    14      0000
    15 0019 ❺48B88967        mov     rax, 0xabcdef0123456789   # 64-bit immed.
    15      452301EF
    15      CDAB
    16
```

```
17 0023 ❻B8000000          mov    eax, 0       # return 0 to os
17      00
18 0028 4889EC             mov    rsp, rbp     # restore stack pointer
19 002b 5D                 pop    rbp          # and frame pointer
20 002c C3                 ret                 # back to caller
```

将立即数移入寄存器的两个操作码分别是 11010rrr 和 11011rrr，其中 rrr 是寄存器编号（参见表 12-1）。数据本身作为指令的一部分，直接存储在操作码之后。清单 12-2 中第 11 行的指令给出了一个将值 0xab 移入 al 寄存器的例子❶。操作码 0xb0 包括 eax 寄存器的编码 000。紧跟在操作码之后的字节是数据 0xab，它存储在指令的末尾，如图 12-1 所示。

第 13 行的指令移动的是 32 位值❸。该指令的操作码为 10111rrr，其中 rrr = 000，与第 11 行的 8 位指令相同。注意，常量值 0xabcdef12 是以小端序存储。在阅读汇编语言代码时，重要的是要记住指令本身是按字节存储的，但是常量数据是以小端序存储的。

接下来，让我们看看第 12 行的指令。其操作码与第 13 行的 32 位指令相同，但 0x66 前缀字节告诉 CPU 使用 16 位的操作数大小，而不是默认的 32 位大小❷。

来到第 14 行，我们可以看到汇编器插入了 REX 前缀 01001000（W = 1），表示这是 64 位的移动指令❹。汇编语言中的常量值 0xabcdef12 只有 32 位，由汇编器填充前导 0，使其成为完整的 64 位，并作为机器码的一部分存储。第 15 行的汇编语言指令指定了一个完整的 64 位常量，从机器码可以看出❺。

现在来看第 17 行 mov eax, 0 的机器码❻，我们从开始编写汇编语言程序的时候就一直在用它来设置 main 的返回值。注意汇编器将常量 0 编码为 32 位。将此指令 0xb800000000 与第 13 行的指令 0xb812efcdab 进行比较。两者都是将存储在操作码 0xb8 之后的 32 位常量移入 eax 寄存器。

现在，我们可以来讨论指示 CPU 访问内存操作数的寻址模式了。

12.4 内存寻址模式

几乎所有的程序都需要使用内存来存储数据。本节将介绍用于确定内存地址的寻址模式的机器码。我们只关注内存读取指令，但是同样的寻址模式也适用于向内存写入（动手实践环节有相关练习）。

x86-64 架构只允许一个操作数（源操作数或目标操作数）为内存位置。最简单的情况就是直接移入内存或从内存读取。

12.4.1 直接内存寻址

在汇编语言中，我们可以标记内存位置，并简单地将该标记用作 mov 指令的操作数。例如，如果程序包含一个标记为 x 的内存位置，以下指令会将 x 位置的 32 位值存入 rax 寄存器：

```
mov    eax, x
```

汇编器将此翻译为机器码，我用空格将该指令中的不同部分隔开：

```
8B 04 25 00000000
```

操作码 0x8b 告诉 CPU 将 32 位值从内存移入寄存器。其后是 ModR/M 字节 00 000 100。Reg/Opcode 为 000，代表 eax 寄存器。Mod 为 00，R/M 为 100，这是一个特例，告诉 CPU 查看 SIB 字节（参见图 12-1）以了解更多细节。稍后将描述 SIB 字节的格式，但是 SIB 字节中的 0x25 值不遵循通常的格式。这是另一种特殊情况，它告诉 CPU 数据地址是紧跟在这条指令之后的 32 位值，即 0x00000000。

0x00000000 只是汇编器放置的一个占位符。汇编器还在目标文件中记录这个占位符的位置以及它所引用的内存位置的名称。链接器的工作是找到这个标签，确定其地址，并将这个地址插入最终可执行文件中的占位符位置。在 64 位模式下，当 CPU 执行此指令时，会使用前导 0 将 32 位地址扩展为 64 位。

因为链接器会填充这里的地址，所以该指令并非位置无关代码。为了使其位置无关，我们使用相对于指令指针的 x：

```
mov     eax, x[rip]
```

我们在本书中使用的都是位置无关代码，因此所有的内存读写操作都会用到寄存器间接寻址模式，要么用 rip，要么用其他寄存器作为参考地址。

12.4.2　带有偏移量的寄存器间接寻址

CPU 在执行基于寄存器的内存访问指令时，首先计算有效地址。你先前已经见识过 lea 指令的做法，它只是简单地将有效地址加载到寄存器中。mov 指令则更进一步，将存储在有效地址的数据移入寄存器。如果内存地址是目标操作数，则 mov 指令将寄存器的数据存储在有效地址。

最简单的间接寻址模式是使用寄存器中的地址。例如，在清单 12-3 的第 13 行指令中，有效地址是 rbp 寄存器中的地址❷。此指令将该内存位置的 4 字节移入 eax 寄存器。

清单 12-3　寄存器间接内存寻址

```
GAS LISTING memory.s                         page 1


     1                  # memory.s
     2                  # Some instructions to illustrate machine code.
     3                          .intel_syntax noprefix
     4                          .text
     5                          .globl  main
     6                          .type   main, @function
     7                  main:
     8 0000 55                  push    rbp             # save caller's frame pointer
     9 0001 4889E5              mov     rbp, rsp        # establish our frame pointer
    10 0004 4883EC30            sub     rsp, 48         # local variables
    11
    12 0008 48C7C105            mov     rcx, 5          # for indexing
    12      000000
    13 000f ❶8B4500             mov     eax, ❷[rbp]         # indirect
    14 0012 ❸8B45D0             mov     eax, ❹-48[rbp]      # indirect + offset
```

```
15 0015 8B440DD0          mov     eax, -48[rbp+❺rcx]   # indirect + offset and index
16 0019 8B448DD0          mov     eax, -48[rbp+❻4*rcx] # and scaled index
17
18 001d B8000000          mov     eax, 0       # return 0 to os
18      00
19 0022 4889EC            mov     rsp, rbp     # restore stack pointer
20 0025 5D                pop     rbp          # and frame pointer
21 0026 C3                ret                  # back to caller
```

第 14 行的下一条指令将偏移量−48 与 rbp 寄存器中的地址相加来计算有效地址❹。CPU 在内部完成计算，不会修改 rbp 的内容。例如，如果 rbp 包含 0x00007ffffffffdf60，则有效地址为 0x00007ffffffffdf60 + 0xffffffffffffffd0 = 0x00007ffffffffdf30。该指令将 0x00007ffffffffdf30 处的 4 字节移入 eax。

我们来比较第 13 行和第 14 行指令的机器码：

```
000f 8B4500
0012 8B45D0
```

两条指令的操作码均为 0x8b，它告诉 CPU 计算有效地址并将该地址处的 32 位值移入 eax 寄存器。二者都使用相同的 ModR/M 字节 01 000 101（十六进制为 45）。Mod 字段中的 01 告诉 CPU 通过将基址寄存器（base register）中的值加上 8 位偏移量来计算有效地址。偏移量的值是补码形式，可以为负❸。CPU 将 8 位扩展到 64 位，通过将 8 位值的最高位复制到 64 位值的高 56 位来保留符号（称为符号扩展），然后将其与基址寄存器中的值相加。偏移量字节存储在指令的偏移量字段，位于立即数之前，如图 12-1 所示。

CPU 设计者没有为未使用偏移量的 mov 创建单独的操作码（第 13 行），而是简单地选择将偏移量设置为 0❶。此操作的基址寄存器在 R/M 字段中编码（101）。在 x86-64 架构中，默认地址大小为 64 位，因此 CPU 使用整个 rbp 寄存器，这里不需要 REX 前缀字节。

如果你开始觉得复杂了，别慌。你可以像第 11 章中那样，使用汇编器指令 .equ 为偏移量指定有意义的名称。这样一来，该指令就变成了这样：

```
mov     eax, numberOfItems[rbp]
```

汇编器会为你替换 numberOfItems 的值，CPU 负责执行计算。

12.4.3　带有索引的寄存器间接寻址

在第 15 行，我们加入了带有索引的寄存器——变址寄存器（indexing register）rcx❺。有效地址是 rcx 和 rbp 内容之和再加上−48。这种寻址模式适合于逐字节地处理数组。注意，变址寄存器和基址寄存器的大小必须相同，哪怕是寄存器中的索引值完全可以放入寄存器更小的那部分。因此，在第 15 行，我们在 rcx 中存储了一个高位为 0 的 64 位值，即使该值用 8 位就够了。计算有效地址时，CPU 会将变址寄存器的全部 64 位与基址寄存器相加。

该指令的 ModR/M 字节为 01 000 100。Mod 字段中的 01 表示 8 位偏移量，Reg/Opcode 字段中的 000 表示目标寄存器是 eax。R/M 字段中的 100 是栈指针寄存器的编号，永远不会用于这种类型的操作。因此，CPU 设计人员选择使用此代码来表示需要另一种特殊字节（即 SIB）编码这条指令的其余部分。

12.4.4　SIB 字节

图 12-4 展示了 SIB 字节的格式。

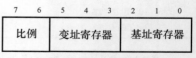

图 12-4　SIB 字节的格式

SIB 字节包含用于比例（scale）、变址寄存器和基址寄存器的字段。比例可以是 1、2、4 或 8。

第 15 行指令中的 SIB 字节是 00 001 101，表示比例为 1，变址寄存器为 rcx，基址寄存器为 rbp。如前所述，CPU 采用 64 位寻址，因此 3 位足以编码前 8 个寄存器 rax～rdi。如果我们要用到寄存器 r8～r15，汇编器需要使用 REX 前缀字节作为该指令的前缀，这样就能用 4 位来编码这些寄存器。

数组中的数据元素大小往往大于一字节。第 16 行的指令表明，变址寄存器中的值可以缩放❻。在示例代码中，索引值增加 1 会使有效地址增加 4。SIB 字节为 10 001 101，表示基址和变址寄存器是一样的，但比例因子为 4。

至此，我们已经看过了如何移动数据。这可能是程序中常见的操作之一。另一个常见的操作大概就是在程序中从一处跳转到另一处了。

12.5　跳转指令

几乎每个程序在执行过程中都存在多个分支。根据状态标志中的一些设置，几乎所有的跳转都属于条件跳转。在本节中，我们将看到跳转指令是如何编码的，使得程序能够跳转到正确的位置。

条件跳转指令大约有 30 种，可以进行短跳转（short jump）或近跳转（near jump）。短跳转限于可以由 8 位有符号整数表示的距离（–128～+127 字节），而近跳转使用 16 位或 32 位有符号整数。对于大多数程序，短跳转就足够了。

长跳转（long jump）（距离在–2 147 483 648～+2 147 483 647 字节之外）需要使用 jmp（无条件跳转）指令。我们可以使用条件跳转来跳过无条件跳转。这基本上是一个双重否定结构。例如，要基于相等条件进行长跳转，可以使用 jne 指令，如下所示：

```
       jne    skip    # do not jump if equal
       jmp    FarAway # jump if equal
skip:  next instruction
```

我们在这里只介绍短条件跳转，其指令格式如图 12-5 所示。

图 12-5　短条件跳转指令格式

图 12-5 中的 4 个条件位指示 CPU 检查状态寄存器中状态标志的各种组合。汇编器使用助记符来表示你想要处理的条件。条件跳转指令应该紧跟在导致出现待检查条件的操作之后，因为中

间指令可能会改变状态标志的条件。

清单 12-4 展示了两个短条件跳转指令的例子，根据 xor 指令的结果进行跳转。

清单 12-4　短跳转指令的机器码

```
GAS LISTING jumps.s                        page 1

    1                         # jumps.s
    2                         # Some instructions to illustrate machine code.
    3                                 .intel_syntax noprefix
    4                                 .text
    5                                 .globl  main
    6                                 .type   main, @function
    7                         main:
    8 0000 55                      push    rbp             # save caller's frame pointer
    9 0001 4889E5                  mov     rbp, rsp        # establish our frame pointer
   10
   11 0004 4831D8                  xor     rax, rbx        # sets status flags
   12 0007 ❶7506                   jne     ❷forward        # test ZF
   13                         back:
   14 0009 4D89C8                  mov     r8, r9          # stuff to jump over
   15 000c 4889CB                  mov     rbx, rcx
   16                         forward:
   17 000f 4831D8                  xor     rax, rbx        # sets status flags
   18 0012 ❸74F5                   je      back            # test ZF
   19
   20 0014 B8000000                mov     eax, 0          # return 0 to os
   20      00
   21 0019 4889EC                  mov     rsp, rbp        # restore stack pointer
   22 001c 5D                      pop     rbp             # and frame pointer
   23 001d C3                      ret                     # back to caller
```

第 12 行的指令应该读作"如果 rax 和 rbx 中的值不相等，则跳转到 forward"。jne 指令检查状态寄存器中的 ZF 标志。仅当 rax 和 rbx 中的两个值相等时，xor 指令的结果才为 0，这会使得 ZF = 1（真）。当 ZF = 0（假）时，jne 指令执行跳转。

汇编器还为同一条机器指令提供了另一个助记符 jnz。如图 12-5 所示，你可以看到能够通过短跳转来测试只有 16 个（4 位）条件，但是这样的汇编语言指令有 30 多个。每个条件跳转指令通常有不止一个汇编器助记符。你应该在程序中使用最能够清楚地传达你意图的助记符。我们将在第 13 章讲解程序流控制时讨论条件跳转指令。

回到第 12 行，偏移量字节包含 0x06❶。当执行此指令时，指令指针已经更改为下一条指令的地址 0x0009（相对于函数开头）。如果 ZF = 0，则指令只是将偏移量与指令指针的当前值相加，得到相对于函数开头的 0x000f。如果 ZF = 1，则程序从相对于函数开头的 0x0009 处继续执行。

接着来看第 18 行的 je 指令。当 ZF = 1（真）时，该指令进行跳转（将偏移值与指令指针相加）。注意，偏移量 0xf5 是负数❸。在与指令指针的 64 位地址相加之前，CPU 将偏移量符号扩展为 64 位。结果是从指令指针中减去 0x0b，得到 0x0014 – 0x000b = 0x0009（相对于此函数的开头）。

動手實踐

1. 输入清单 12-1 中的程序，修改其中的寄存器，看看对应的机器码。在 gdb 下运行程序，查看寄存器的内容。

2. 输入清单 12-3 中的程序，改变每条指令的顺序，使其在内存中存储各自寄存器的内容，但你不应该在[rbp]中存储任何东西。为什么？在 gdb 下运行程序，查看内存的内容。

3. 输入清单 12-3 中的程序并进行修改，使其在每个内存位置存储一个常量，但你不应该在[rbp]中存储任何东西。别忘了你需要告诉汇编器要存储的数据项大小（参见表 10-1）。在 gdb 下运行程序，查看内存的内容。

此番讨论应该让你对这些条件跳转指令的工作原理有了一个简单的认识。等到第 13 章讨论程序流程结构时，你会看到更多的相关内容，包括一个常用指令的清单。但是在此之前，我们简单地介绍一下汇编器和链接器是如何工作的。

12.6 汇编器和链接器

现在你已经对机器码有了基本的了解，让我们看看汇编器是如何将汇编语言翻译成机器码的。将函数链接在一起的一般算法都差不多，所以我们也将一并介绍。这里的演示只是一个概述，略去了大部分细节。我的目的只是给你一个粗略的概念，知道汇编器如何将源代码翻译成机器语言代码，以及链接器如何链接组成整个程序的不同模块。

12.6.1 汇编器

汇编器需要将汇编语言翻译成机器码。因为两者之间是一一对应的，所以最简单的方法是遍历汇编语言源代码，一次翻译一行。这种做法效果不错，除了碰到像清单 12-4 中第 12 行那样的情况。指令 jne forward❷引用了一个汇编器尚未遇到的标签。汇编器不知道从此指令到 forward 标签的偏移量是多少。如图 12-5 所示，偏移量要作为指令的一部分。

这个问题的解决方案之一是使用两趟汇编器（two-pass assembler）。汇编器创建一个局部符号表，在第一趟时将每个符号与一个数值相关联。那些用.equ 指令定义的符号直接放入该表中。对于代码中带标签的位置，汇编器需要确定每个标签相对于被汇编的模块起始处的位置，然后将该值和标签放入表中。为文件中的每个.text 和.data 节创建单独的局部符号表。算法 12-1 概括了局部符号表的创建方法。

算法 12-1　两趟汇编器的第一趟处理

```
Let LocationCounter = 0
do
    Read a line of source code
    if (.equ directive)
        LocalSymbolTable.Symbol = symbol
        LocalSymbolTable.Value = expression value
    else if (line has a label)
        LocalSymbolTable.Symbol = label
```

```
        LocalSymbolTable.Value = LocationCounter
    Determine NumberOfBytes required by line when assembled
    LocationCounter = LocationCounter + NumberOfBytes
while(more lines of source code)
```

一旦创建了局部符号表，汇编器就会对源代码文件进行第二趟处理。它使用一个内置的操作码表来确定机器码，当指令中有符号出现时，汇编器在局部符号表中查找该符号的值。如果没有找到该符号，则在指令中为数值留出空位，并将该符号及其位置记录在目标文件中。算法 12-2 展示了这个过程。

算法 12-2 两趟汇编器的第二趟处理

```
Let LocationCounter = 0
do
    Read a line of source code
    Find machine code from opcode table
    if (symbol is used in instruction)
        if (symbol found in LocalSymbolTable)
            get value of symbol
        else
            Let value = 0
            Write symbol and LocationCounter to object file
        Add symbol value to instruction
    Write assembled instruction to object file
    Determine NumberOfBytes used by the assembled instruction
    LocationCounter = LocationCounter + NumberOfBytes
while(more lines of source code)
```

算法 12-1 和算法 12-2 是经过高度简化的，忽略了许多细节，目的在于向你展示汇编器工作原理的一般概念。我们可以创建一个单趟汇编器作为替代。它需要维护一份列表，其中包含每个前向引用（forward reference）的位置，找到标签时，使用该列表返回并填充适当的值。

以上是对汇编过程的简要概述。Andrew S.Tanenbaum 和 Todd Austin 合著的 *Structured Computer Organization, Sixth Edition*（Pearson, 2012）一书的第 7 章提供了汇编过程相关的更多细节。Leland Beck 所著的 *System Software: An Introduction to Systems Programming, Third Edition*（Pearson, 1997）一书的第 2 章深入讨论了汇编器的设计。

大多数函数都会引用在其他文件中定义的.text 节，汇编器对此无法解析。如果引用了.data 节，也是如此。链接器的工作就是解析这类引用。

12.6.2 链接器

链接器的工作原理与汇编器非常相似，除了前者的基本单元是一段机器码，而不是一行汇编语言。一个典型的程序由很多目标文件组成，每个目标文件通常有不止一个.text 节，可能还有多个.data 节，所有这些都必须链接在一起。与汇编器一样，可以通过两趟处理来解析前向引用。

汇编器创建的目标文件包括文件中每个段的大小，还有所有全局符号的列表及其在段中的使用位置。在第一趟中，链接器读取每个目标文件并创建一个全局符号表，其中包含每个全局符号距离程序开头的相对位置。在第二趟中，链接器创建一个可执行文件，该文件包括目标文件的所有机器代码，其中来自全局符号表的相对位置值被插入符号被引用的位置。

　　该过程解析对程序所定义符号的每一处引用，但不解析外部符号引用（例如，在库中定义的函数或变量的名称）。链接器将这些对外部符号的引用放入 GOT。如果外部引用是函数调用，链接器还会将此信息以及在机器码中被引用的位置放入 PLT（GOT 和 PLT 参见第 11 章）。

　　程序运行时，操作系统还会加载程序的 GOT 和 PLT。在执行过程中，如果程序访问外部变量，操作系统会加载定义该变量的库模块，并将其相对地址填入 GOT 中。当程序调用 PLT 中的某个函数时，如果该函数尚未被加载，由操作系统负责加载并将其地址插入程序的 GOT 中，相应地调整 PLT 中的条目。

　　我要强调的是，这只是对汇编器和链接器工作原理的粗略概述，省略了大量的细节。如果你想深入学习链接器的知识，我推荐 John R. Levine 所著的 *Linkers & Loaders*（1999）。

12.7　小结

　　汇编器清单　给出了每条指令对应的机器码。

　　非一致指令长度　x86-64 指令的长度不一，少至一字节，多至数字节，这取决于具体的指令。

　　指令前缀字节　REX 前缀字节通常出现在 64 位指令中。

　　ModR/M 字节　用于指定寄存器或寻址模式。

　　SIB 字节　用于指定索引内存数组的寄存器。

　　立即寻址模式　常量数据可作为指令的一部分存储。

　　带有偏移量的寄存器间接寻址模式　以基址寄存器加上固定偏移量的方式指定内存位置。

　　带有索引的寄存器间接寻址模式　除了使用基址寄存器偏移量，还可以使用另一个寄存器作为内存特定位置的索引。

　　条件跳转　一组跳转指令，用于测试状态码，并根据状态码跳转到程序中其他位置。

　　汇编器　该程序可以将汇编语言翻译成机器码并创建全局符号表。

　　链接器　该程序可以解析程序段之间的交叉引用，并创建由操作系统使用的过程链接表。

　　在第 13 章中，我们将继续开始编程，介绍两种常见的程序流结构：循环和双路分支。

第**13**章

控制流结构

当使用 C 或汇编语言编写程序时，我们指定每个语句或指令的执行顺序。该顺序称为控制流。通过指定控制流进行编程称为命令式编程（imperative programming）。这与声明式编程（declarative programming）相反，在声明式编程中，我们声明计算逻辑，由另一个程序确定控制流。

如我们在第 2 章中所推荐的，如果你一直使用 make 来构建程序，makefile 中的语句就是声明式编程的一个例子。你指定结果逻辑，make 程序确定产生该结果的控制流。

有 3 种基本的控制流结构：顺序、迭代、选择。到目前为止，程序中的顺序控制流你已经见识过了：每条指令或各个函数均按照编写时的顺序执行。本章将介绍如何改变控制流，从书写顺序到迭代相同的指令块，再到在多个指令块之间进行选择。我们会看到这些控制流结构是如何在汇编语言级别上实现的。（高级控制流操作，即调用函数，详见第 14 章。）

迭代和选择依赖于使用条件跳转，根据真/假条件改变控制流。因为本章其余部分会用到两者，所以我们先来介绍条件跳转和无条件跳转。

13.1 跳转

跳转指令将控制流从一个内存位置转移到另一个内存位置。在实现迭代和选择控制流结构时，我们需要使用条件跳转，有时还包括无条件跳转。

13.1.1 无条件跳转

如第 9 章所述，从内存中取出指令后，CPU 会自动增加指令指针，使其指向内存中下一条指令的地址。无条件跳转指令修改指令指针，使得 CPU 继续执行其他位置的程序代码。

jmp——跳转

无条件地将程序控制流转移到另一个内存位置。

jmp *label*　将控制流转移到 *label*。

jmp *reg*　将控制流转移到 *reg* 中的地址处。

label 可以是位于–2 147 483 648～+2 147 483 647 字节范围内的任何内存位置。CPU 符号将 jmp 指令和标签之间的偏移量扩展到 64 位，并将这个有符号数添加到指令指针 rip。

reg 形式只是将 *reg* 中的 64 位复制到 rip 寄存器。

汇编器在计算 label 形式的 jmp 指令中的偏移量时，会考虑到 rip 寄存器中的值指向的是 jmp 之后的下一条指令。偏移量只需与 rip 中的值相加即可转移控制流。

jmp 指令通常与条件跳转指令配合使用，跳过代码块或返回代码块的开头再重新执行。

13.1.2　条件跳转

有两组条件跳转指令。第一组通过评估 rflags 寄存器中一些状态标志的逻辑组合来工作。如果逻辑表达式的求值结果为真，则指令会更改指令指针 rip 中的值。否则，指令指针保持不变，继续执行紧跟在条件跳转指令之后的指令。

这组条件跳转指令的一般形式如下。

jcc —— 如果条件为真，则跳转

如果满足条件 cc，则将控制流转移到另一个内存位置。

jcc *label*　当 cc 为真时，将控制流转移到 *label*。

jcc 指令读取 rflags 寄存器中的状态标志。所有的条件跳转指令都不会修改状态标志。CPU 提取指令后，jcc 指令到 *label* 的距离必须在–2 147 483 648～+2 147 483 647 字节。

第二组条件跳转指令的行为与第一组一样，但是其跳转是根据 rcx 寄存器的内容，而非 rflags 寄存器的内容。

jcxz —— 如果 cx 为 0，则跳转

如果 cx 寄存器的内容为 0，则将控制流转移到另一个内存位置。

jcxz *label*　当 cx 寄存器的内容为 0 时，将控制流转移到 *label*。

jecxz —— 如果 ecx 为 0，则跳转

如果 ecx 寄存器的内容为 0，则将控制流转移到另一个内存位置。

jecxz *label*　当 ecx 寄存器的内容为 0 时，将控制流转移到 *label*。

jrcxz —— 如果 rcx 为 0，则跳转

如果 rcx 寄存器的内容为 0，则将控制流转移到另一个内存位置。

jrcxz *label*　当 rcx 寄存器的内容为 0 时，将控制流转移到 *label*。

jcxz、jecxz、jrcxz 指令只评估 rcx 寄存器中相应的位，不理会状态标志。如果为 0，则跳转到 label，label 必须在指令的–128～+127 字节内（相对于 CPU 提取指令后指令指针的当前值）。

jcc 指令的 cc 部分共有 16 种条件组合。有些条件有不止一种汇编语言助记符，因此得到了 30 个不同的 jcc 指令。表 13-1 列出了这些指令及其测试的状态标志。

我已经把表 13-1 中的代码按照你可能使用的顺序排列好了。左边的大致适用于无符号值，右边的适用于有符号值。尤其要注意高于（above）和大于（greater than）之间的差异，以及低于（below）和小于（less than）之间的差异。高于和低于针对的是无符号值，大于和小于针对的是有符号值。

例如，就位模式而言，0xffffffff 高于 0x00000001。但如果这些位模式表示的是有符号整数，则 0xffffffff = −1，0x00000001 = +1，因此 0xffffffff 小于 0x00000001。

表 13-1　　　　　　　　　　　　　　　　　条件跳转

cc	条件	状态标志	cc	条件	状态标志
jz	为零	ZF	je	等于	ZF
jnz	不为零	¬ZF	jne	不等于	¬ZF
ja	高于	¬CF ∧ ¬ZF	jg	大于	¬SF ∧ ¬ZF
jae	高于或等于	¬CF	jge	大于或等于	SF = OF
jna	不高于	CF ∨ ZF	jng	不大于	ZF ∧ SF ≠ OF
jnae	不高于或等于	CF	jnge	不大于或等于	SF ≠ OF
jb	低于	CF	jl	小于	SF ≠ OF
jbe	低于或等于	CF ∨ ZF	jle	小于或等于	ZF ∧ SF ≠ OF
jnb	不低于	¬CF	jnl	不小于	SF = OF
jnbe	不低于或等于	¬CF ∧ ¬ZF	jnle	不小于或等于	¬SF ∧ ¬ZF
jc	进位	CF	jo	溢出	OF
jnc	无进位	¬CF	jno	无溢出	¬OF
jp	奇偶校验	PF	js	符号	SF
jnp	非奇偶校验	¬PF	jns	无符号	¬SF
jpe	奇偶校验为偶	PF	jno	奇偶校验为奇	¬PF

条件跳转指令必须紧接在能够决定跳转行为的指令之后，这一点很重要。中间的指令可能会改变状态标志，导致程序出现 bug。

在继续讨论使用条件跳转的控制流结构之前，我想跟你分享一个小窍门。在使用 jg 或 jl 这样的关系条件跳转时，我经常会忘记测试顺序：究竟是源与目标比较，还是目标与源比较。所以在测试我的程序时，我几乎总是从使用 gdb 开始，在条件跳转指令处放置一个断点。当程序中断时，我会检查这些值。然后使用步进命令 s 来查看跳转方向。

13.2　迭代

许多算法都会用到迭代，也称为循环，即重复执行指令块，直到循环控制变量的值满足终止条件。实现受控重复的方法有两种：循环和递归。对于循环，循环控制变量的值必须在指令块内改变。对于递归，使用不同的控制变量值重复调用指令块。递归是通过单独的函数实现的，我们将在第 15 章讲解子函数时对其展开讨论。在本章中，我们来看看函数中的循环结构。

注意　虽然循环终止条件可能依赖多个变量，但是为了清晰起见，我只会使用一个循环控制变量。

13.2.1　while 循环

while 循环是一种基础的循环形式。其在 C 语言中的形式如下所示：

```
initialize loop control variable
while (expression)
{
  body
  change loop control variable
}
next_statement
```

在进入 while 循环之前，你需要初始化循环控制变量。在 while 循环开头，*expression* 在布尔上下文中进行求值。如果求值结果为假（C 语言中的 0 值），则控制流继续执行 *next_statement*。如果 *expression* 的求值结果为真（C 语言中的非 0 值），则执行循环体，修改循环控制变量，然后控制流回到循环开头，重新对 *expression* 进行求值。图 13-1 以图形化方式展示了此过程。

我们在第 11 章中使用 write 系统调用函数向屏幕写入文本消息（清单 11-1）。在那个程序中，我们明确地告诉了 write 函数文本字符串中有多少个字符。在本章中，你将看到如何使用循环来避免事先必须确定文本字符串的长度。我们使用 write 函数在屏幕上一次写一个字符，一直循环到发现 C 风格文本字符串终止字符 NUL。

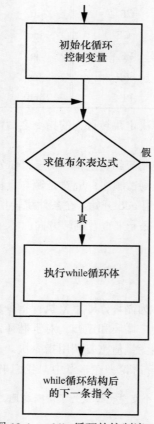

图 13-1　while 循环的控制流

我们先从 C 语言的 while 循环开始，如清单 13-1 所示。

清单 13-1　向终端窗口写入文本字符串，一次一个字符

```
/* helloWorld.c
 * Hello World program using the write() system call
 * one character at a time.
 */

#include <unistd.h>
❶ #define NUL '\0'

int main(void)
{
❷ char *stringPtr = ❸"Hello, World!\n";

    while ❹(*stringPtr != NUL)
    {
    ❺ write(STDOUT_FILENO, stringPtr, 1);
    ❻ stringPtr++;
    }

    return 0;
}
```

我们使用#define 指令为 NUL 字符指定了符号名称❶。stringPtr 变量被定义为指向 char 类型的指针❷。等我们查看汇编语言时，你会发现编译器将文本字符串❸存储在内存的只读部分，并将该文本字符串的第一个字符的地址存储在 stringPtr 指针变量中。

while 语句首先检查指针变量 stringPtr 是否指向 NUL 字符❹。如果不是 NUL 字符，程序流进入 while 循环体并在屏幕上写入 stringPtr 指向的字符❺。然后递增指针变量，使其指向文本字符串的下一个字符❻。程序流返回循环的顶部，检查下一个字符是否为 NUL 字符❹。当字符指针 stringPtr 指向 NUL 字符时，循环终止。通过一开始先测试条件，如果 stringPtr 指向一个空字符串，我们甚至不用进入 while 循环的主体，因为没有什么好做的了。

编译器生成的汇编语言如清单 13-2 所示。

清单 13-2　清单 13-1 中的 C 程序对应的汇编语言程序

```
        .file   "helloWorld.c"
        .intel_syntax noprefix
        .text
        .section        .rodata
.LC0:
        .string "Hello, World!\n"
        .text
        .globl  main
        .type   main, @function
main:
        push    rbp
        mov     rbp, rsp
        sub     rsp, 16
        lea     rax, .LC0[rip]          ## address of text string
```

```
        mov       QWORD PTR -8[rbp], rax
❶  jmp       .L2                     ## jump to bottom
❷.L3:
        mov       rax, QWORD PTR -8[rbp]   ## address of current character
        mov       edx, 1                  ## one character
        mov       rsi, rax                ## pass address
        mov       edi, 1                  ## STDOUT_FILENO
        call      write@PLT
        add       QWORD PTR -8[rbp], 1    ## increment pointer
    .L2:
        mov       rax, QWORD PTR -8[rbp]   ## address of current character
        movzx     eax, BYTE PTR [rax]     ## load character
❸  test      al, al                  ## NUL character?
        jne       .L3                     ## no, continue looping
        mov       eax, 0                  ## yes, all done
        leave
        ret
        .size     main, .-main
        .ident    "GCC: (Ubuntu 9.3.0-17ubuntu1~20.04) 9.3.0"
        .section      .note.GNU-stack,"",@progbits
```

虽然汇编语言看起来似乎是在循环结束时测试终止条件,但遵循的还是图 13-1 所示的逻辑流程。代码向下跳转到.L2❶,测试终止条件❸,然后向上跳转到.L3❷,开始执行 while 循环体。这段代码引入了两条新指令。

movzx —— 以零扩展移动

将源值从内存或寄存器复制(移动)到一个更宽的寄存器,并对目标寄存器中的值进行 0 扩展。

movzx *reg, reg* 从一个寄存器移动到另一个寄存器。

movzx *reg, mem* 从内存位置移动到寄存器。

8 位源值可以扩展到 16 位、32 位或 64 位,16 位值可以扩展到 32 位或 64 位。目标中的额外高位均为 0。如果扩展到 32 位,则目标寄存器的高 32 位部分也全为 0。回想一下(第 9 章),将 32 位值移入寄存器会将该寄存器的高 32 位置 0,从而将 32 位零扩展到 64 位。

movzx 指令不影响 rflags 寄存器中的状态标志。

test —— 测试位

在源操作数和目标操作数之间执行按位 AND 运算,不会修改任何操作数,并相应地设置状态标志。

test *reg, reg* 在两个寄存器之间测试。

test *mem, reg* 在寄存器和内存位置之间测试。

test *reg, imm* 在立即数和寄存器之间测试。

test *mem, imm* 在立即数和内存位置之间测试。

test 指令在 rflags 寄存器中设置状态标志,反映源操作数和目标操作数之间按位与运算的结果。操作数不会被改动。

在该程序的汇编语言版本中,如清单 13-3 所示,我重新组织了代码,使得条件测试位于 while 循环的顶部❶。

清单 13-3　向屏幕一次写入一个字符（汇编语言版本）

```
# helloWorld.s
# Hello World program using the write() system call
# one character at a time.
        .intel_syntax noprefix
# Useful constants
        .equ    STDOUT,1
# Stack frame
        .equ    aString,-8
        .equ    localSize,-16
# Read only data
        .section  .rodata
theString:
        .string "Hello, World!\n"
# Code
        .text
        .globl  main
        .type   main, @function
main:
        push    rbp                  # save frame pointer
        mov     rbp, rsp             # set new frame pointer
        add     rsp, localSize       # for local var.

        lea     rax, theString[rip]
        mov     aString[rbp], rax    # *aString = "Hello World.\n";
whileLoop:
        mov     rsi, aString[rbp]    # current char in string
❶ cmp     byte ptr [rsi], 0    # null character?
❷ je      allDone              # yes, all done

        mov     edx, 1               # one character
        mov     edi, STDOUT          # to standard out
        call    write@plt

❸ inc     qword ptr aString[rbp]  # aString++;
❹ jmp     whileLoop            # back to top
allDone:
        mov     eax, 0               # return 0;
        mov     rsp, rbp             # restore stack pointer
        pop     rbp                  # and caller frame pointer
        ret
```

这里还用到了两条新指令：cmp❶和 inc❸，详述如下。

cmp —— 比较

　　将第一个操作数与第二个操作数进行比较，不会修改任何操作数，并相应地设置状态标志。

　　cmp *reg, reg*　　比较两个寄存器中的值。

　　cmp *mem, reg*　　比较内存中的值与寄存器中的值。

cmp *reg, imm* 比较寄存器中的值与立即数。

cmp *mem, imm* 比较内存中的值与立即数。

cmp 指令会在 **rflags** 寄存器中设置状态标志，反映从第二个操作数中减去第一个操作数的结果。操作数不会被改动。

inc —— 递增

将变量加 1。

inc *reg* 将寄存器中的值加 1。

inc *mem* 将内存中的值加 1。

inc 指令会根据结果设置 rflags 寄存器中的状态标志。

我给出的汇编语言解决方案看起来似乎没有编译器生成的（清单 13-2）高效，因为在循环的每次迭代中，除了条件指令 je❷，还要执行 jmp 指令❹。大多数现代 CPU 都使用了一种称为分支预测的技术，假定条件转移总是会进入某一个分支。我们不会对此展开深入讨论，但是这项技术可以在不发生跳转时大大提高条件跳转指令的执行速度。

将哨兵值（标记数据序列结束的唯一值）用作终止条件时，while 循环效果很好。例如，清单 13-1 中的 while 循环适用于任何长度的文本字符串。该循环持续在屏幕上一次写入一个字符，直到发现哨兵值（NUL 字符）。C 语言还提供了另一种循环结构：for 循环，许多程序员发现它在某些算法中用起来更为自然。

13.2.2 for 循环

虽然两种循环（while 和 for）的 C 语法不同，但两种循环结构在语义上是等价的。语法上的区别在于，for 循环允许你将所有 3 个控制元素（循环控制变量初始化、检查、更改）共同置于括号内。for 循环的一般形式如下：

```
for (initialize loop control variable; expression; change loop control variable)
{
  body
}
next_statement
```

不过并不是非得把所有的控制元素都置于括号内。事实上，我们也可以这样书写 for 循环：

```
initialize loop control variable
for (; expression;)
{
  body
  change loop control variable
}
next_statement
```

for 循环的语法要求括号中有两个分号。

我们可以使用 for 循环重写清单 13-1 中的程序，如清单 13-4 所示。

清单 13-4　使用 for 循环向终端窗口写入文本字符串，一次一个字符

```
/* helloWorld-for.c
 * Hello World program using the write() system call
 * one character at a time.
 */
#include <unistd.h>
#define NUL '\x00'

int main(void)
{
  char *stringPtr;

  for (stringPtr = "Hello, World!\n"; *stringPtr != NUL; stringPtr++)
  {
    write(STDOUT_FILENO, stringPtr, 1);
  }

  return 0;
}
```

　　你可能想知道两种循环结构是否存在优劣之分。这正是汇编语言知识的用武之地。当我使用 gcc 生成清单 13-4 的汇编语言时，得到了与清单 13-1 中 while 循环版本相同的结果。我就不在这里重复展示了，参见清单 13-2 即可。

注意　　该程序中的 for 循环体只包含一条 C 语句，所以其实可以省去花括号。但是我通常不会这么做，因为如果随后修改程序时增添了其他语句，我经常会忘记加花括号。

　　for 循环多用于计数控制型循环（count-controlled loop），在这种循环中，循环开始之前就已经知道了迭代次数。等到我们介绍选择结构时，你会看到这种用法。

　　通过对比 for 循环和 while 循环，我们得出的结论是，你应该使用高级语言的循环结构，这对于解决问题是自然而然的。是的，这往往是一种主观选择。

　　C 语言提供的第三种循环结构具有不同的行为方式。如果循环控制变量的初始值满足终止条件，while 循环和 for 循环都将跳过循环体，而 do-while 循环则至少会执行一次循环体。

13.2.3　do-while 循环

　　在某些情况下，算法至少要执行一次循环体。因此，do-while 循环可能是更自然的选择。其一般形式如下：

```
initialize loop control variable
do
{
  body
  change loop control variable
} while (expression)
next_statement
```

在 do-while 循环结构中，表达式的值是在循环体结束时计算的。循环会一直持续到结果为假。我们可以使用 do-while 循环重写"Hello, World!"程序，如清单 13-5 所示。

清单 13-5　使用 do-while 循环向屏幕一次写入一个字符

```
/* helloWorld-do.c
 * Hello World program using the write() system call
 * one character at a time.
 */
#include <unistd.h>
#define NUL '\x00'

int main(void)
{
  char *stringPtr = "Hello, World!\n";

  do
  {
    write(STDOUT_FILENO, stringPtr, 1);
    stringPtr++;
  }
  while (*stringPtr != NUL);

  return 0;
}
```

gcc 生成的汇编语言程序如清单 13-6 所示，展示了 do-while、while、for 之间的不同。

清单 13-6　清单 13-5 中 do-while 循环的汇编语言版本

```
            .file   "helloWorld-do.c"
            .intel_syntax noprefix
            .text
            .section  .rodata
    .LC0:
            .string "Hello, World!\n"
            .text
            .globl  main
            .type   main, @function
    main:
            push    rbp
            mov     rbp, rsp
            sub     rsp, 16
            mov     QWORD PTR -8[rbp], 0
            lea     rax, .LC0[rip]         ## address of text string
            mov     QWORD PTR -8[rbp], rax
❶   .L2:
            mov     rax, QWORD PTR -8[rbp] ## address of current character
            mov     edx, 1                 ## one character
            mov     rsi, rax               ## pass address
```

```
        mov     edi, 1                    ## STDOUT_FILENO
        call    write@PLT
        add     QWORD PTR -8[rbp], 1      ## increment pointer
        mov     rax, QWORD PTR -8[rbp]    ## address of current character
        movzx   eax, BYTE PTR [rax]       ## load character
❷       test    al, al                    ## NUL character?
        jne     .L2                       ## no, continue looping
        mov     eax, 0
        leave
        ret
        .size   main, .-main
        .ident  "GCC: (Ubuntu 9.3.0-17ubuntu1~20.04) 9.3.0"
        .section .note.GNU-stack,"",@progbits
```

将清单 13-6 与清单 13-2 中的汇编语言（while 循环和 for 循环）进行比较，唯一的区别是 do-while 在第一次循环❶之前不会执行循环控制检查❷。看起来 do-while 更有效率，但是观察汇编语言，我们可以看到只是节省了第一次执行循环时的一次跳转。

> **警告** do-while 循环总是至少执行一次循环体。确保这是解决问题的正确算法。例如，清单 13-5 中的算法对于空文本字符串是不正确的：它会将 NUL 字符写到屏幕上，然后检查内存中紧跟在 NUL 字符后面的字节，这属于该程序未指定的行为。

接下来，我们来看看如何选择是否执行某个代码块。

动手实践

1. 输入清单 13-1、清单 13-4、清单 13-5 中的 C 程序，使用编译器生成各自的汇编语言。比较 3 种循环结构的汇编语言。编译器随着版本的变化而变化，所以你应该看看你的编译器版本生成的结果。
2. 使用汇编语言编写程序，要求（a）提示用户输入文本；（b）使用 read 函数读取输入的文本；（c）在终端窗口中回显文本。你需要在栈中分配空间来存储用户输入的字符。

13.3 选择

另一种常见的控制流结构是选择，以此决定是否执行一个代码块。我们从最简单的情况开始：根据布尔条件语句决定是否执行单个代码块。然后，介绍如何使用布尔条件语句在两个代码块中选择一个。最后，通过讨论基于整数值在多个代码块之间进行选择来结束本章。

13.3.1 if 条件

C 语言中 if 条件的一般形式如下所示：

```
if (expression)
{
```

```
    block
}
next_statement
```

expression 在布尔上下文中求值。如果结果为假（C 语言中的 0 值），则控制流继续执行 *next_statement*。如果结果为真（C 语言中的非 0 值），则执行代码块，然后控制流继续执行 *next_statement*。

清单 13-7 展示了一个 if 语句的例子，它模拟了将一枚硬币抛 10 次，并显示硬币何时正面朝上。

清单 13-7　抛硬币，显示硬币何时正面朝上

```
/* coinFlips1.c
 * Flips a coin, heads.
 */

#include <stdio.h>
#include <stdlib.h>

int main()
{
  register int randomNumber;
  register int i;
❶ for (i = 0; i < 10; i++)
  {
    randomNumber = ❷ random();
    if ❸(randomNumber < RAND_MAX/2)
    {
    ❹ puts("heads");
    }
  }

  return 0;
}
```

这个程序使用一个计数控制型 for 循环来模拟抛硬币 10 次❶。模拟过程涉及调用 C 标准库函数 random❷。如果随机数处于 random 函数的所有可能值的下半部分❸，我们称之为正面。我们使用 C 标准库函数 puts 在屏幕上打印一个简单的文本字符串，并追加换行符❹。编译器生成的汇编语言程序如清单 13-8 所示。

清单 13-8　if 语句的汇编语言实现

```
          .file     "coinFlips1.c"
          .intel_syntax noprefix
          .text
          .section .rodata
.LC0:
          .string "heads"
          .text
          .globl  main
```

```
        .type   main, @function
 main:
        push    rbp
        mov     rbp, rsp
        push    r12
        push    rbx
        mov     ebx, 0
        jmp     .L2             ## jump to bottom of for loop
  .L4:
        call    random@PLT      ## get random number
        mov     r12d, eax       ## save random number
        cmp     r12d, 1073741822 ## compare with half max
❶ jg      .L3             ## greater, skip block
        lea     rdi, .LC0[rip]  ## less or equal, execute block
        call    puts@PLT
❷ .L3:
        add     ebx, 1
  .L2:
        cmp     ebx, 9
        jle     .L4
        mov     eax, 0
        pop     rbx
        pop     r12
        pop     rbp
        ret
        .size   main, .-main
        .ident  "GCC: (Ubuntu 9.3.0-17ubuntu1~20.04) 9.3.0"
        .section    .note.GNU-stack,"",@progbits
```

if 语句是通过一个简单的条件跳转实现的❶。如果条件为真（在本例中的条件为大于），那么程序流将跳过由 if 语句控制的代码块❷。

我们经常需要在两个不同的代码块之间进行选择，这正是接下来要讨论的。

13.3.2 if-then-else 条件

C 语言中 if-then-else 条件的一般形式如下所示（C 语言不适用 then 关键字）：

```
if (expression)
{
  then-block
}
else
{
  else-block
}
next_statement
```

expression 在布尔上下文中求值。如果结果为真（C 语言中的非 0 值），则执行 *then-block*，控

制流继续执行 *next_statement*。如果结果为假（C 语言中的 0 值），则控制流跳转到 *else-block*，然后继续执行 *next_statement*。图 13-2 展示了 if-then-else 条件的控制流。

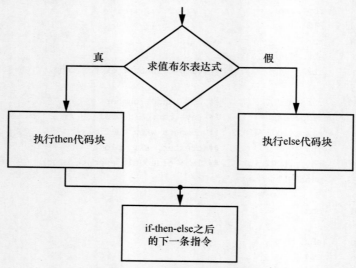

图 13-2 if-then-else 条件的控制流

清单 13-7 的抛硬币程序存在一个问题：用户不知道抛硬币的总次数。我们可以通过使用 if-then-else 条件改进，打印一条消息，说明硬币何时出现反面，如清单 13-9 所示。

清单 13-9 抛硬币，显示正面或反面

```
/* coinFlips2.c
 * Flips a coin, heads or tails.
 */

#include <stdio.h>
#include <stdlib.h>

int main()
{
  register int randomNumber;
  register int i;

  for (i = 0; i < 10; i++)
  {
    randomNumber = random();
    if (randomNumber < RAND_MAX/2)
    {
      puts("heads");
    }
    else
    {
      puts("tails");
    }
```

```
      }

   return 0;
}
```

编译器生成的汇编语言程序如清单 13-10 所示。

清单 13-10　if-else 结构的汇编语言实现

```
            .file    "coinFlips2.c"
            .intel_syntax noprefix
            .text
            .section        .rodata
   .LC0:
            .string "heads"
   .LC1:
            .string "tails"
            .text
            .globl  main
            .type   main, @function
   main:
            push    rbp
            mov     rbp, rsp
            push    r12
            push    rbx
            mov     ebx, 0
            jmp     .L2
   .L5:
            call    random@PLT         ## get random number
            mov     r12d, eax          ## save random number
            cmp     r12d, 1073741822   ## less than half max?
            jg      .L3                ## no, else block
            lea     rdi, .LC0[rip]     ## yes, then block
            lea     rdi, .LC0[rip]
            call    puts@PLT
❶jmp     .L4
   .L3:
            lea     rdi, .LC1[rip]     ## else block
            call    puts@PLT
❷ .L4:
            add     ebx, 1
   .L2:
            cmp     ebx, 9
            jle     .L5
            mov     eax, 0
            pop     rbx
            pop     r12
            pop     rbp
            ret
            .size   main, .-main
            .ident  "GCC: (Ubuntu 9.3.0-17ubuntu1~20.04) 9.3.0"
            .section        .note.GNU-stack,"",@progbits
```

在编写汇编语言时，你需要在 *then-block* 的末尾❶使用无条件跳转来跳过 *else-block*❷。我自己用汇编语言设计的抛硬币程序略有不同，如清单 13-11 所示。

清单 13-11 抛硬币程序的汇编语言实现

```
# coinFlips2.s
# flips a coin, heads/tails
        .intel_syntax noprefix

# Useful constants
        .equ    MIDDLE, 1073741823  # half of RAND_MAX
        .equ    STACK_ALIGN, 8

# Constant data
        .section .rodata
headsMsg:
        .string "heads"
tailsMsg:
        .string "tails"

# The code
        .text
        .globl  main
        .type   main, @function
main:
        push    rbp                 # save frame pointer
        mov     rbp, rsp            # set new frame pointer
❶       push    r12                 # save, use for i
❷       sub     rsp, STACK_ALIGN

        mov     r12, 0              # i = 0;
for:
        cmp     r12, 10             # any more?
        jae     done                # no, all done

        call    random@plt          # get a random number
        cmp     eax, MIDDLE         # which half?
        jg      tails
        lea     rdi, headsMsg[rip] # it was heads
        call    puts@plt
        jmp     next                # jump over else block
tails:
        lea     rdi, tailsMsg[rip] # it was tails
        call    puts@plt
next:   inc     r12                 # i++;
        jmp     for
done:
❸       add     rsp, STACK_ALIGN    # realign stack ptr
❹       pop     r12                 # restore for caller
        mov     rsp, rbp            # restore stack pointer
        pop     rbp                 # and caller frame pointer
        ret
```

我的设计和编译器生成的结果之间的主要区别在于，我仅对变量 i 使用 r12 寄存器，而编译器同时使用了 rbx 和 r12。在决定函数变量使用哪个寄存器时，检查表 11-1 中的规则是很重要的。该表指出，函数必须为调用函数保留 r12 中的值。有个不错的方法是在设置好栈帧之后将其压入栈❶，然后在删除栈帧之前将其弹出栈❹。从这里你应该能够体会到达成操作一致性的重要性。我们的函数不仅在返回调用函数时必须保留在 r12 中的值，而且能够假定所调用的函数也会保留 r12 中的值。因此，可以放心地认为这个值在函数调用过程中是不会变的。

在栈中保存寄存器时，容易违反的栈处理规则之一是在函数调用之间将栈指针保存在 16 字节寻址边界上。寄存器的宽度为 8 字节，因此我在将 r12 压入栈保存后，从栈指针中减去 8❷，以遵循此规则。在将 r12 的值弹出栈之前，一定要记住将相同的值再加回去❸，从而为调用函数恢复寄存器的值。

我不打算再继续深入，如果你需要执行多个代码块中的一个，可以使用阶梯形式的 else-if 语句。其一般形式如下：

```
if (expression1)
{
  block1
}
else if (expression2)
{
  block2
}
  ⋮
else
{
  block_n
}
next_statement
```

if-then-else 选择基于控制表达式的布尔求值，但是正如你将在 13.3.3 节看到的，有些算法中的选择是基于离散值，该值用于选择若干种情况中的一种。

13.3.3　switch 条件

C 语言提供了 switch 条件，控制流根据表达式的值跳转到一系列代码块中的某一个。switch 的一般形式如下：

```
switch (selector)
{
  case selector_1:
    block_1
  case selector_2:
    block_2
    ⋮
  case selector_n:
    block_n
  default:
```

```
        default_block
    }
```

selector 变量的求值结果必须是整数值。如果该值等于由 case 所指定的某个整数值（*selector_1*、*selector_2* 或 *selector_n*），控制流跳转到代码块列表中的该位置，并执行 case 列表中的所有剩余的代码块。因为我们通常只想执行一个代码块，所以会在每个代码块的末尾使用 break 语句，使得控制流退出 switch 语句。如果 *selector* 的值不匹配任何 case 值，控制流将退出 switch 语句，或者跳转到可选的 default 分支（如果存在）。

清单 13-12 给出了一个简单的 switch 示例，显示 for 循环的索引是 1、2、3，还是大于 3。

清单 13-12　选择三个 case 分支中的一个

```c
/* switch.c
 * Three-way selection.
 */

#include <stdio.h>

int main(void)
{
  register int selector;
  register int i;

  for (i = 1; i <= 10; i++)
  {
    selector = i;
    switch (selector)
    {
      case 1:
        puts("i = 1");
        break;
      case 2:
        puts("i = 2");
        break;
      case 3:
        puts("i = 3");
        break;
      default:
        puts("i > 3");
    }
  }

  return 0;
}
```

编译器在汇编语言中以阶梯形式的 if-else 语句实现了该 switch 语句。你可以自行使用编译器查看。和你猜测的一样，其代码序列类似于下面这样：

```
        cmp    r12d, 2
        je     .L4
```

```
          ⋮
.L4:
        lea     rdi, .LC1[rip]
        call    puts@PLT
        jmp     .L7
```

其中，.L7 是 switch 末尾的标签。

而我将向你展示 switch 的另一种实现方法：跳表（jump table），如清单 13-13 所示。

清单 13-13　跳表

```
# switch.s
# Three-way switch using jump table
        .intel_syntax noprefix
# Useful constants
        .equ    LIMIT, 10
# Constant data
        .section   .rodata
oneMsg:
        .string "i = 1"
twoMsg:
        .string "i = 2"
threeMsg:
        .string "i = 3"
overMsg:
        .string "i > 3"
# Jump table
        .align   8
jumpTable:
        .quad ❶ one        # addresses where messages are
        .quad   two        # printed
        .quad   three
        .quad   over
        .quad   over
        .quad   over
        .quad   over
        .quad   over
        .quad   over        # need an entry for
        .quad   over        # each possibility
# Program code
        .text
        .globl   main
        .type    main, @function
main:
        push    rbp        # save frame pointer
        mov     rbp, rsp   # set new frame pointer
        push    rbx
        push    r12        # save, use for i

        mov     r12, 1     # i = 1;
```

```
for:
        cmp       r12, LIMIT  # at limit?
        je        done        # yes, all done
# List of cases
❷ lea       rax, jumpTable[rip]
        mov       rbx, r12    # current location in loop
❸ sub       rbx, 1      # count from 0
❹ shl       rbx, 3      # multiply by 8
        add       rax, rbx    # location in jumpTable
❺ mov       rax, [rax]  # get address from jumpTable
        jmp       rax         # jump there
one:
        lea       rdi, oneMsg[rip]
        call      puts@plt    # display message
        jmp       endSwitch
two:
        lea       rdi, twoMsg[rip]
        call      puts@PLT
        jmp       endSwitch
three:
        lea       rdi, threeMsg[rip]
        call      puts@plt
        jmp       endSwitch
over:
        lea       rdi, overMsg[rip]
        call      puts@plt
endSwitch:
        inc       r12         # i++;
        jmp       for         # loop back
done:
        mov       eax, 0      # return 0;
        pop       r12         # restore regs
        pop       rbx
        mov       rsp, rbp    # restore stack pointer
        pop       rbp         # and caller frame pointer
        ret
```

跳表中的每一项都是要执行的代码块（与 *selector* 变量的值相对应）的地址❶。.quad 汇编器指令分配 8 字节，适用于存储地址。

在程序代码中，我们需要计算使用跳表中的哪个地址。首先加载跳表的起始地址❷。我创建了一个索引变量的副本，这样就可以在不破坏索引的情况下执行一些算术运算。减去 1 是因为跳表的首地址距离程序起始位置的偏移量为 0❸。我们将在第 16 章中详细讨论移位指令，这里的 shl rbx, 3 指令❹将 rbx 寄存器中的值左移 3 位，从而将其乘以 8，这是跳表中每个地址所占的字节数。

rbx 寄存器现在包含所选代码块地址距离跳表开始的相对位置。将 rax 与 rbx 相加，就得到了我们想要的地址在表中的存储位置。mov rax, [rax] 指令❺可能让你觉得不明所以，它只是用存储在表中的地址替换了 rax 中的地址。现在需要做的就是跳转到 rax 寄存器中的地址。

需要注意的是，在跳表中，每一次可能的读取都对应有一项。当 CPU 执行 mov rax, [rax] 指令时，会提取 rax 中地址所在的 8 字节。jmp rax 指令将跳转到这个新值指向的位置。在动手实践环节，你有机会研究这个问题。

很难说跳表是否比 if-else 更有效。效率取决于多个因素，比如缓存的使用和内部 CPU 设计。这在使用相同指令集的不同 CPU 实现中也可能有所不同。不过现在你已经知道了实现 switch 结构的两种方法。

动手实践

1. 修改清单 13-11 中的汇编语言程序，使其将随机数的低 1/4 和高 1/4（0～RAND_MAX/4 和 3 * RAND_MAX/4～RAND_MAX）视为正面，将随机数的中间一半（RAND_MAX/4～3 * RAND_MAX/4）视为背面。

2. 使用编译器为清单 13-12 中的程序生成汇编语言。使用不同的文件名复制该 C 程序的副本并进行修改，使其循环 15 次。需要如何修改？为修改过的副本生成汇编语言。汇编语言级别有什么变化？

3. 修改清单 13-13 中的汇编语言程序，使其循环 15 次。需要如何修改？这与上一个练习中的改动相比如何？

13.4　小结

无条件跳转　修改指令指针，改变控制流。

条件跳转　评估 rflags 寄存器中状态标志的布尔组合，如果结果为真，则改变控制流。

while 循环　检查布尔条件，然后在条件为假之前持续迭代执行代码块。

for 循环　检查布尔条件，然后在条件为假之前持续迭代执行代码块。

do-while 循环　执行一次代码块并迭代它，直到布尔条件为假。

if 条件　检查布尔条件，如果结果为真，则执行代码块。

if-else 条件　检查布尔条件，根据结果的真假，执行两个代码块中的某一个。

switch 条件　求值表达式，根据表达式结果的整数值跳转到代码块列表中的某个位置。

现在你已经知晓了控制流结构，接下来我们将讨论如何自己编写子函数。你将学习如何传递参数以及如何在子函数中访问这些参数。

第 **14** 章

剖 析 函 数

 良好的工程实践通常包括将问题分解成功能不同的子问题。在软件设计中，这种方法产生了包含多个函数的程序，每个函数负责解决一个子问题。这种"分而治之"的方法具有显著的优势。

- 易于解决小的子问题。
- 先前子问题的解决方案通常可以重用。
- 几个人可以同时处理整个问题的不同部分。

像这样分解问题时，协调多个部分解决方案非常重要，以便它们共同协作提供正确的整体解决方案。在软件中，这意味着确保调用函数和被调用函数之间的数据接口正常工作。为此，必须以明确的方式指定。

我们首先讨论如何将数据项放置在全局位置，使其能够被程序中的所有函数直接访问。然后，我们将介绍如何限制数据项作为函数参数传递，从而更好地控制函数所使用的数据。

在先前的章节中，你已经知道了如何在寄存器中传递函数参数。在本章中，你将学习如何在内存中存储这些参数，以便在被调用的函数中重新使用这些寄存器。你还会看到如何将更多的参数（超出表 11-2 中的 6 个寄存器）传递给函数。

我们还会更详细地讲解函数变量的创建。包括仅在函数执行期间存在的变量，以及在程序执行期间存在但仅能在定义该变量的函数内访问的那些变量。

在讨论函数的内部工作原理之前，让我们先来看一些控制 C 语言中变量名使用的规则。

14.1　C 语言的变量名作用域

这不是一本 C 语言的专著，所以我也不打算将所有的规则逐一道来，但也足够帮助你了解程序是如何组织的了。作用域指的是名称在代码中可见的区域，意味着你可以在其中使用该名称。C 语言共有 4 种作用域——文件、函数、块和函数原型。

在 C 语言中，变量声明为当前作用域引入变量名称以及数据类型。变量定义是一种会为变量分配内存的声明。变量只能在程序中的一处定义，但如 14.3 节所述，变量也可以在多个作用域中声明。

在函数内部（包括函数参数列表）定义的变量拥有函数作用域，称为局部变量。其作用域从定义点延展至函数结束。

C 语言中的块指的是一对花括号{...}内的若干语句。在块中定义的变量的作用域从定义点延展至块结束，包括其中的嵌套块。

函数原型仅指函数声明，并非函数定义。在函数原型中定义的变量的作用域仅限于该原型。这种限制允许我们在不同的函数原型中使用相同的名称。例如，C 标准库包括正余弦函数，其原型如下：

```
double sin(double x);
double cos(double x);
```

我们可以在同一个函数中使用两个函数原型，而不必为参数使用不同的名称。

在简单地概述向函数传递参数的原因之后，我们将介绍文件作用域。

14.2　参数传递概述

在阅读本节时，注意区分被调用函数的数据输入/输出和用户的数据输入/输出。用户输入通常来自输入设备，如键盘或触摸屏，而用户输出通常被发送到输出设备，如屏幕或扬声器。

为了说明两者的差异，考虑清单 2-1 中的 C 程序语句：

```
scanf("%x", &anInt);
```

scanf 函数有一个来自主函数的数据输入，即格式化文本字符串"%x"的地址。scanf 函数读取用户从键盘输入的数据，将数据（无符号整数）输出到 main 函数中的 anInt 变量。在本章中，我们讨论的是程序中函数之间的输入和输出，而不是程序用户的输入和输出。

函数以 4 种方式与程序其他部分的数据交互。

- **全局**：数据可由程序中任意函数直接访问。
- **输入**：数据来自程序的其他部分，可供函数使用，但原始数据不会被更改。
- **输出**：函数为程序其他部分提供新数据。
- **更新**：函数修改由程序其他部分持有的数据。新值基于函数被调用之前的值。

如果被调用函数也知道数据项的位置，那么这 4 种交互皆可进行，但如此一来，就暴露了原始数据，会造成其被更改，即便原本的目的只是作为被调用函数的输入。

我们可以将函数的输出数据放置在一个全局可知的位置（如寄存器或全局地址），也可以将用于存储输出的地址传给被调用函数。更新操作则要求被调用函数知道待更新数据的地址。

我们的讨论先从如何创建全局变量以及如何在函数中访问全局变量开始。

14.3 全局变量

全局变量是在所有函数之外定义的变量，具有文件作用域。从定义点一直到文件结束皆可访问。全局变量也可以通过 extern 修饰符进行声明，使其能够被其他文件访问。这只是将全局变量的名称和数据类型引入了声明作用域，并不会分配内存。

清单 14-1 展示了如何定义全局变量。

清单 14-1　定义了 3 个全局变量的 main 函数

```
/* sumIntsGlobal.c
 * Adds two integers using global variables
 */

#include <stdio.h>
#include "addTwoGlobal.h"

/* Define global variables. */
int x = 0, y = 0, z;

int main(void)
{
  printf("Enter an integer: ");
  scanf("%i", &x);
  printf("Enter an integer: ");
  scanf("%i", &y);
  addTwo();
  printf("%i + %i = %i\n", x, y, z);

  return 0;
}
```

该程序定义了变量 x 和 y，均初始化为 0，还为结果定义了变量 z。注意，我们只初始化了前两个变量，未初始化第三个变量。这只是为了在下面的汇编语言中展示两种不同的定义全局变量的方法。

将变量定义放在函数主体之外可使其成为全局变量。main 函数调用 addTwo 函数，后者将 x 和 y 相加并在 z 中存储结果。清单 14-2 展示了由编译器生成的 main 函数的汇编语言程序。

清单 14-2　编译器生成的清单 14-1 中函数的汇编语言程序

```
        .file    "sumIntsGlobal.c"
        .intel_syntax noprefix
❶      .text
        .globl  x
❷      .bss              ## bss section
❸      .align 4
❹      .type   x, @object
        .size   x, 4     ## 4 bytes
x:
```

```
❺      .zero   4          ## initialize to 0
       .globl  y
       .align 4
       .type   y, @object
       .size   y, 4
y:
       .zero   4          ## initialize to 0
❻      .comm   z,4,4
       .section .rodata
.LC0:
       .string "Enter an integer: "
.LC1:
       .string "%i"
.LC2:
       .string "%i + %i = %i\n"
       .text
       .globl  main
       .type   main, @function
main:
       push    rbp
       mov     rbp, rsp
       lea     rdi, .LC0[rip]
       mov     eax, 0
       call    printf@PLT
❼      lea     rsi, x[rip]      ## globals are relative to rip
       lea     rdi, .LC1[rip] ## format string
       mov     eax, 0
       call    __isoc99_scanf@PLT
       lea     rdi, .LC0[rip]
       mov     eax, 0
       call    printf@PLT
       lea     rsi, y[rip]
       lea     rdi, .LC1[rip]
       mov     eax, 0
       call    __isoc99_scanf@PLT
       call    addTwo@PLT
       mov     ecx, DWORD PTR z[rip] ## load globals
       mov     edx, DWORD PTR y[rip]
       mov     eax, DWORD PTR x[rip]
       mov     esi, eax
       lea     rdi, .LC2[rip]
       mov     eax, 0
       call    printf@PLT
       mov     eax, 0
       pop     rbp
       ret     .size  main, .-main
       .ident "GCC: (Ubuntu 9.3.0-17ubuntu1~20.04) 9.3.0"
       .section .note.GNU-stack,"",@progbits
```

我不知道为什么编译器会添加.text 汇编器指令❶，其实用不着。该指令的效果会立刻被.bss

指令覆盖❷。

  .bss 指令指定了一个数据节，该数据节在程序源代码中未被初始化，但在程序被加载到内存中执行时初始化为 0。程序使用.align 指令将 bss 节的起始位置对齐为 4 的倍数❸。然后，程序使用.type 和.size 指令将标签 x 定义为 4 字节大小的对象❹。这里的.zero 指令表示跳过 4 字节，确保在加载程序时将其置为 0❺。因为本身就位于 bss 节，所以这可能是多余的。y 变量的定义方法相同。

  因为 z 变量没有初始化，所以使用.comm 指令定义❻。.comm 的第一个参数是变量名 z。第二个参数是在数据节中为此变量分配的字节数，第三个参数指定变量的地址对齐方式。在本例中，为 z 分配 4 字节，第一个字节的地址是 4 的倍数。

  编译器为 main 函数生成位置无关代码，通过相对于指令指针的偏移量访问全局变量❼。这种方法可行的原因在于当运行位置无关可执行文件时，装载器会紧挨着.text 节放置.data和.bss 节。

  接下来，让我们看看程序中的函数如何访问全局变量。清单 14-3 展示了该函数的头文件。

清单 14-3　使用全局变量的 addTwo 函数的头文件

```
/* addTwoGlobal.h
 * Adds two integers and determines overflow.
 */


#ifndef ADDTWOGLOBAL_H
#define ADDTWOGLOBAL_H
void addTwo(void);
#endif
```

头文件包含 addTwo 函数的函数原型语句，该语句声明了该函数。函数原型指定函数名称，并告诉编译器函数参数和返回值的数据类型。在本例中，没有参数，也没有返回值。

  在文件中调用的每个函数都需要有原型语句，但是每个函数只能有一个原型语句。当你使用#include 将此文件包含在另一个文件中时，如果在此编译期间已经定义过 ADDTWOGLOBAL_H，C 编译器指令#ifndef ADDTWOGLOBAL_H 会使预处理器跳到#endif。否则，预处理器将执行#define ADDTWOGLOBAL_H 语句进行定义。在头文件中使用#include 包含其他头文件是一种常见的做法，#ifndef 可以防止原型语句重复。使用大写的头文件名为我们提供了#define 的唯一标识符。

  清单 14-4 给出了 addTwo 函数的 C 代码。

清单 14-4　使用全局变量的 addTwo 函数

```
    /* addTwoGlobal.c
     * Adds two global integers.
     */

❶ #include "addTwoGlobal.h"

    /* Declare global variables defined elsewhere. */
❷ extern int x, y, z;
```

```
void addTwo(void)
{
  z = x + y;
}
```

函数的头文件应该使用#include❶包含在定义该函数的文件中，以确保头文件中的函数原型与定义相匹配。全局变量只在一个地方定义，但是需要在使用它们的其他文件中声明❷。

清单 14-5 展示了由编译器生成的汇编语言程序。

清单 14-5　编译器生成的清单 14-4 中函数的汇编语言程序

```
        .file    "addTwoGlobal.c"
        .intel_syntax noprefix
        .text
        .globl   addTwo
        .type    addTwo, @function
addTwo:
        push     rbp
        mov      rbp, rsp
        mov      edx, DWORD PTR ❶x[rip] ## names are global
        mov      eax, DWORD PTR   y[rip] ## relative to rip
        add      eax, edx
        mov      DWORD PTR z[rip], eax
        nop
        pop      rbp
        ret
        .size    addTwo, .-addTwo
        .ident   "GCC: (Ubuntu 9.3.0-17ubuntu1~20.04) 9.3.0"
        .section  .note.GNU-stack,"",@progbits
```

和 main 函数一样，通过相对于指令指针的偏移量访问全局变量❶。

虽然在小型程序中使用全局变量很简单，但在大型程序中管理它们就没那么容易了。你需要准确地跟踪程序中的每个函数对全局变量的处理。如果在一个函数中定义变量，然后只传递需要的变量给各个函数，管理变量就轻松多了。在 14.4 节中，我们将介绍如何良好地控制函数传递参数和返回值。

14.4　显式传递参数

当我们限制每个函数只使用它所需要的那些变量时，将函数的内部处理与其他函数隔离开来就容易多了，这就是所谓的信息隐藏原则。作为程序员，你只用处理函数完成特定任务所需的变量和常量即可。当然，大多数函数都需要与调用函数中的一些变量进行交互，作为输入、输出或更新。在本节中，我们将了解显式传递给函数的参数如何被该函数用来接受输入、产生输出或更新变量。

当一个值仅作为被调用函数的输入时，我们可以将该值的副本传递给被调用函数，这称为按值传递（pass by value）。按值传递可以防止被调用的函数改变调用函数中的值。

接收被调用函数的输出有点复杂。一种方法是使用返回值，在我们使用的环境中，返回值被置于 eax 寄存器。使用 eax 寄存器，即假定返回值是 int 类型。对于返回更大值的其他规则，我们不会在本书中深入讨论。本书的大多数示例程序都展示了这项技术。main 函数几乎总是向调用它的操作系统函数返回 0。

调用函数接收被调用函数输出的其他技术要求后者将存放输出的地址传给前者。这可以在高级语言中以按指针传递（pass by pointer）或按引用传递（pass by reference）来实现。区别在于，对于按指针传递，程序可以修改指针，使其指向另一个对象，而对于按引用传递，程序无法修改指针。C 和 C++都支持按指针传递，但只有 C++支持按引用传递。这两种形式在汇编语言级别上是一样的：存储输出的地址被传递给被调用函数。之间的差异则是由高级语言施加的。

14.4.1　C 语言中的参数传递

我们要编写与清单 14-1、清单 14-3、清单 14-4 相同的程序，但这次将变量定义为 main 函数的局部变量，并将其作为参数传递给其他函数，如清单 14-6 所示。

清单 14-6　对两个整数求和，使用了局部变量

```
/* sumInts.c
 * Adds two integers using local variables
 */

#include <stdio.h>
#include "addTwo.h"

int main(void)
{
❶int x = 0, y = 0, z;

  printf("Enter an integer: ");
  scanf("%i", &x);
  printf("Enter an integer: ");
  scanf("%i", &y);
  addTwo(x, y, ❷&z);
  printf("%i + %i = %i\n", x, y, z);

  return 0;
}
```

在函数体内定义变量❶使其仅对该函数可见。变量 x 和 y 的值是 addTwo 函数的输入，所以我们传递这两个变量的副本。addTwo 函数将求和的结果存储在第三个参数&z 指定的地址处❷。

清单 14-7 展示了 addTwo 函数的头文件。

清单 14-7　addTwo 函数的头文件

```
/* addTwo.h
 * Adds two integers and outputs sum.
 */
```

```
#ifndef ADDTWO_H
#define ADDTWO_H
void addTwo(int a, int b, int *c);
#endif
```

清单 14-8 展示了该函数的定义。

清单 14-8　addTwo 函数

```
/* addTwo.c
 * Adds two integers and outputs sum.
 */

#include "addTwo.h"

void addTwo(int a, int b, int *c)
{
  int temp;

  temp = a + b;
  *c = temp;
}
```

该函数的第三个参数 c，是指向 int 的指针。我们需要解引用变量*c，将计算结果存储在 c 指定的地址处。

14.4.2　汇编语言实现

清单 14-9 展示了由汇编器生成的 sumInts 中 main 函数的汇编语言程序。

清单 14-9　由汇编器生成的 sumInts 中 main 函数的汇编语言程序

```
        .file   "sumInts.c"
        .intel_syntax noprefix
        .text
        .section        .rodata
.LC0:
        .string "Enter an integer: "
.LC1:
        .string "%i"
.LC2:
        .string "%i + %i = %i\n"
        .text
        .globl  main
        .type   main, @function
main:
        push    rbp
        mov     rbp, rsp
        sub     rsp, 32
```

```
        mov     rax, QWORD PTR fs:40
        mov     QWORD PTR -8[rbp], rax
        xor     eax, eax
        mov     DWORD PTR -20[rbp], 0     ## x = 0;
        mov     DWORD PTR -16[rbp], 0     ## y = 0;
        lea     rdi, .LC0[rip]
        mov     eax, 0
        call    printf@PLT
        lea     rax, -20[rbp]             ## address of x
        mov     rsi, rax
        lea     rdi, .LC1[rip]
        mov     eax, 0
        call    __isoc99_scanf@PLT
        lea     rdi, .LC0[rip]
        mov     eax, 0
        call    printf@PLT
        lea     rax, -16[rbp]             ## address of y
        mov     rsi, rax
        lea     rdi, .LC1[rip]
        mov     eax, 0
        call    __isoc99_scanf@PLT
        mov     ecx, DWORD PTR -16[rbp] ## load y
        mov     eax, DWORD PTR -20[rbp] ## load x
        lea   ❶rdx, -12[rbp]             ## address of z
        mov     esi, ecx                 ## y
        mov     edi, eax                 ## x
        call    addTwo@PLT
        mov     ecx, DWORD PTR -12[rbp] ## z
        mov     edx, DWORD PTR -16[rbp] ## y
        mov     eax, DWORD PTR -20[rbp] ## x
        mov     esi, eax
        lea     rdi, .LC2[rip]
        mov     eax, 0
        call    printf@PLT
        mov     eax, 0
        mov     rsi, QWORD PTR -8[rbp]
        xor     rsi, QWORD PTR fs:40
        je      .L3
        call    __stack_chk_fail@PLT
.L3:
        leave
        ret
        .size   main, .-main
        .ident  "GCC: (Ubuntu 9.3.0-17ubuntu1~20.04) 9.3.0"
        .section    .note.GNU-stack,"",@progbits
```

从表 11-2 可知，第三个参数是通过寄存器 **rdx** 传递的。可以看到，当编译器将此地址载入 **rdx** 时，已经在 **rbp** 的−12 处分配了空间❶。

接着，我们来看看汇编器为 **addTwo** 函数生成的汇编语言程序，如清单 14-10 所示。

清单 14-10 编译器生成的 addTwo 函数的汇编语言程序

```
            .file    "addTwo.c
            .intel_syntax noprefix
            .text
            .globl   addTwo
            .type    addTwo, @function
addTwo:
            push     rbp
            mov      rbp, rsp
❶ mov      DWORD PTR -20[rbp], edi      ## store a
            mov      DWORD PTR -24[rbp], esi      ## store b
            mov      QWORD PTR -32[rbp], rdx      ## address of c
            mov      edx, DWORD PTR -20[rbp]
            mov      eax, DWORD PTR -24[rbp]
            add      eax, edx                     ## a + b
            mov      DWORD PTR -4[rbp], eax       ## sum = a + b;
❷ mov      rax, QWORD PTR -32[rbp]      ## address of c
            mov      edx, DWORD PTR -4[rbp]       ## load sum
❸ mov      DWORD PTR [rax], edx         ## *c = sum;
❹ nop
            pop      rbp
            ret
            .size    addTwo, .-addTwo
            .ident   "GCC: (Ubuntu 9.3.0-17ubuntu1~20.04) 9.3.0"
            .section     .note.GNU-stack,"",@progbits
```

关于这个函数，你可能注意到的第一件事就是，它没有为局部变量分配栈空间，但是使用了栈内的一个区域存放局部变量 sum。此外，还将 3 个输入参数存储在通常放置局部变量的栈内区域❶。*System V Application Binary Interface* 将栈指针以外的 128 字节（即低于 rsp 寄存器中地址的 128 字节）定义为红区（red zone）。操作系统不能使用该区域，因此函数可以在其中临时存储调用其他函数时不需要保存的值。特别是叶函数（leaf function，不调用其他函数的函数）能够在这里存储局部变量，不用再移动栈指针。

图 14-1 展示了 addTwo 的栈帧。

栈帧中每一项的地址在左边给出。例如，temp 局部变量存储在 rbp-4 的地址中。虽然 *System V Application Binary Interface* 只规定栈指针必须位于 16 字节的地址边界，但编译器遵循了将局部变量区域与参数保存区域分开的规则。注意，红区是相对于栈指针 rsp 定义的，而变量和保存的参数是相对于帧指针 rbp 访问的。

在使用输入数据执行计算之后，函数从栈内载入存储结果的地址❷。然后，将结果存入该地址❸。

编译器在存储结果的指令之后插入了另一条指令 nop❹。

nop —— 无操作

不执行任何操作，但占用一字节。

nop 指令用于微调硬件实现细节以提高效率，不影响程序逻辑。

nop 指令不会影响 rflags 寄存器中的状态标志。

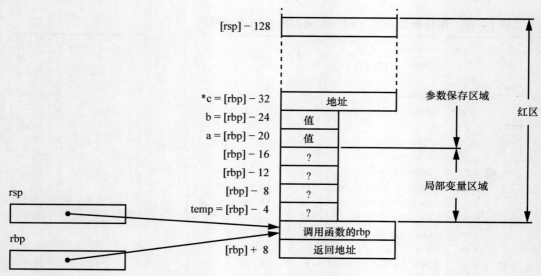

图 14-1　C 语言版的 addTwo 函数的栈帧

大多数函数不需要 6 个寄存器来传递参数，但有时候你可能需要传递更多的参数。在 14.5 节中，你会看到如何使用栈来解决这个问题。

14.5　处理 6 个以上的参数

当一个调用函数需要向另一个函数传递 6 个以上的参数时，位于前 6 个寄存器以外的其他参数将在调用栈中传递。在调用函数之前，这些参数以 8 字节块的形式被压入栈。因为当调用函数时，返回地址在参数之后入栈，所以参数是直接从栈中读取的，而不是将其弹出。

14.5.1　将参数压入栈

C 语言的参数列表按照从右到左的顺序入栈。因为这些参数位于被调用函数的栈帧内，所以被调用函数可以访问它们。

我们使用清单 14-11 中的 main 函数展示这个过程。

清单 14-11　向函数传递 6 个以上的参数

```
/* sum9Ints.c
 * Sums the integers 1 - 9.
 */
#include <stdio.h>
#include "addNine.h"

int main(void)
{
  int total;
  int a = 1;
  int b = 2;
```

```
    int c = 3;
    int d = 4;
    int e = 5;
    int f = 6;
    int g = 7;
    int h = 8;
    int i = 9;

    total = addNine(a, b, c, d, e, f, g, h, i);
    printf("The sum is %i\n", total);
    return 0;
}
```

前 6 个参数的值（a、b、c、d、e、f）会被传入寄存器 edi、esi、edx、ecx、r8d、r9d。剩下的 3 个参数被压入栈。清单 14-12 展示了变量的处理过程。

清单 14-12　将 3 个参数压入 addNine 函数的调用栈

```
        .file   "sum9Ints.c"
        .intel_syntax noprefix
        .text
        .section .rodata
.LC0:
        .string "The sum is %i\n"
        .text
        .globl  main
        .type   main, @function
main:
        push    rbp
        mov     rbp, rsp
        sub     rsp, 48
        mov     DWORD PTR -40[rbp], 1   ## a = 1
        mov     DWORD PTR -36[rbp], 2   ## b = 2
        mov     DWORD PTR -32[rbp], 3   ## c = 3
        mov     DWORD PTR -28[rbp], 4   ## d = 4
        mov     DWORD PTR -24[rbp], 5   ## e = 5
        mov     DWORD PTR -20[rbp], 6   ## f = 6
        mov     DWORD PTR -16[rbp], 7   ## g = 7
        mov     DWORD PTR -12[rbp], 8   ## h = 8
        mov     DWORD PTR -8[rbp], 9    ## i = 9
        mov     r9d, DWORD PTR -20[rbp] ## load f
        mov     r8d, DWORD PTR -24[rbp] ## load e
        mov     ecx, DWORD PTR -28[rbp] ## load d
        mov     edx, DWORD PTR -32[rbp] ## load c
        mov     esi, DWORD PTR -36[rbp] ## load b
    ❶  mov     eax, DWORD PTR -40[rbp] ## load a
    ❷  sub     rsp, 8                  ## for stack alignment
        mov     edi, DWORD PTR -8[rbp]
    ❸  push    rdi                     ## push i
        mov     edi, DWORD PTR -12[rbp]
```

```
        push    rdi                      ## push h
        mov     edi, DWORD PTR -16[rbp]
        push    rdi                      ## push g
❹ mov      edi, eax
        call    addNine@PLT
❺ add      rsp, 32                  ## remove 3 ints and alignment
        mov     DWORD PTR -4[rbp], eax
        mov     eax, DWORD PTR -4[rbp]
        mov     esi, eax
        lea     rdi, .LC0[rip]
        mov     eax, 0
        call    printf@PLT
        mov     eax, 0
        leave
        ret
        .size   main, .-main
        .ident "GCC: (Ubuntu 9.3.0-17ubuntu1~20.04) 9.3.0"
        .section        .note.GNU-stack,"",@progbits
```

第一个参数 a 存储在-40[rbp]，在调用函数之前必须置于 edi 中。该算法将 a 的值临时放入 eax ❶，使用 rdi 将 i、h、g 的值压入栈❸，然后将第一个参数 a 的值放入 edi❹，addNine 的第一个参数需要在这里。我不知道为什么编译器不把 a 的值放入 edi 中，然后使用 rax 执行压栈操作，这样就不需要 mov 指令了。

你可能注意到，当通过寄存器传递值时，只用到了寄存器的 32 位部分，但是当通过栈传递时，使用的是整个 64 位。在我们的 C 环境中，int 的大小是 32 位。但是，栈的宽度为 64 位，所以 push 或 pop 操作的是 64 位的值。回想一下，将 32 位值移入寄存器会将寄存器的高 32 位清零，因此，在该函数的 64 位 push 操作中，原始的 32 位被保留。

还记不记得，我们的栈协议是在调用函数之前确保栈指针位于 16 字节的地址边界处。3 个 8 字节的值会被压入栈，因此算法在此之前先从栈指针中减去 8❷。从被调用函数返回后，通过调整栈指针删除栈内的所有 32 字节❺。图 14-2 展示了调用 addNine 之前栈内参数区。

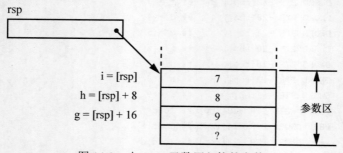

图 14-2　由 main 函数压入栈的参数

接下来，让我们把注意力转向 addNine 函数。清单 14-13 展示了头文件。

清单 14-13　addNine 函数的头文件

```
/* addNine.h
 * Returns sum of nine integers.
```

```
 */
#ifndef ADDNINE_H
#define ADDNINE_H
int addNine(int one, int two, int three, int four, int five,
            int six, int seven, int eight, int nine);
#endif
```

清单 14-14 展示了定义该函数的 C 源代码。

清单 14-14　addNine 函数的 C 语言实现

```
/* addNine.c
 * Sums nine integers and returns the sum.
 */

#include <stdio.h>
#include "addNine.h"

int addNine(int one, int two, int three, int four, int five,
            int six, int seven, int eight, int nine)
{
  int sum;

  sum = one + two + three + four + five + six
          + seven + eight + nine;
  return sum;
}
```

由编译器生成的清单 14-15 中的 addNine 函数的汇编语言程序如下所示。

清单 14-15　编译器生成的 addNine 函数的汇编语言程序

```
        .file   "addNine.c"
        .intel_syntax noprefix
        .text
        .globl  addNine
        .type   addNine, @function
addNine:
        push    rbp
    ❶   mov     rbp, rsp
    ❷   mov     DWORD PTR -20[rbp], edi    ## store a locally
        mov     DWORD PTR -24[rbp], esi    ## store b locally
        mov     DWORD PTR -28[rbp], edx    ## store c locally
        mov     DWORD PTR -32[rbp], ecx    ## store d locally
        mov     DWORD PTR -36[rbp], r8d    ## store e locally
        mov     DWORD PTR -40[rbp], r9d    ## store f locally
        mov     edx, DWORD PTR -20[rbp]    ## sum = a
        mov     eax, DWORD PTR -24[rbp]
        add     edx, eax                   ## sum += b
        mov     eax, DWORD PTR -28[rbp]
```

```
        add      edx, eax                        ## sum += c
        mov      eax, DWORD PTR -32[rbp]
        add      edx, eax                        ## sum += d
        mov      eax, DWORD PTR -36[rbp]
        add      edx, eax                        ## sum += e
        mov      eax, DWORD PTR -40[rbp]
        add      edx, eax                        ## sum += f
❸       mov      eax, DWORD PTR 16[rbp]          ## from arg list
        add      edx, eax                        ## sum += g
        mov      eax, DWORD PTR 24[rbp]
        add      edx, eax                        ## sum += h
        mov      eax, DWORD PTR 32[rbp]
        add      eax, edx                        ## sum += i
        mov      DWORD PTR -4[rbp], eax
        mov      eax, DWORD PTR -4[rbp]
        pop      rbp
        ret
        .size    addNine, .-addNine
        .ident   "GCC: (Ubuntu 9.3.0-17ubuntu1~20.04) 9.3.0"
        .section        .note.GNU-stack,"",@progbits
```

在 addNine 函数的序言建立好栈帧指针后❶，该函数的栈帧如图 14-3 所示。

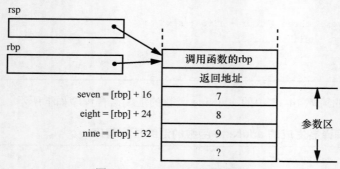

图 14-3　addNine 函数的栈帧

addNine 函数将通过寄存器传入的参数存储在栈的红区❷。然后开始计算总和。当获取到通过栈传递的参数时，根据需要将各个参数载入 eax 寄存器❸。每个栈参数距离 rbp 寄存器的偏移量可以从图 14-3 中得到。

警告　在设计函数时，知道每个参数在栈内的确切位置非常重要。多年前我学会了绘制图 14-2 和图 14-3 所示的图表来避免错误。

你已经看到，函数直接在栈内访问参数，无须将其弹出。参数可以由调用函数直接放置在栈内，而不是压入栈。在 14.5.2 节中，我将展示直接用汇编语言编写 sum9Ints 程序时是如何实现这一点的。

14.5.2　直接在栈内存储参数

push 操作的效率不太高。它分为两步：从 rsp 寄存器中减去 8，将值存储在更新后的 rsp 寄存器的地址处。如果要存储多个值，效率更高的做法是从栈指针中减去足够的值来腾出空间，然后将各个值存入栈中。我们将在直接用汇编语言编写 sum9Ints 程序时使用这项技术。

清单 14-16 展示了汇编语言版本的 sum9Ints 程序的 main 函数。

清单 14-16　汇编语言版本的 sum9Ints 程序的 main 函数

```
# sum9Ints.s
# Sums the integers 1 - 9.
        .intel_syntax noprefix

# Stack frame
#   passing arguments on stack (rsp)
#     need 3×8 = 24 -> 32 bytes
❶ .equ    seventh,0
        .equ    eighth,8
        .equ    ninth,16
        .equ    argSize,-32
# local vars (rbp)
#   need 10×4 = 40 -> 48 bytes for alignment
        .equ    i,-4
        .equ    h,-8
        .equ    g,-12
        .equ    f,-16
        .equ    e,-20
        .equ    d,-24
        .equ    c,-28
        .equ    b,-32
        .equ    a,-36
        .equ    total,-40
        .equ    localSize,-48
# Read only data
        .section .rodata
format:
        .string "The sum is %i\n"
# Code
        .text
        .globl  main
        .type   main, @function
main:
        push    rbp                     # save frame pointer
        mov     rbp, rsp                # set new frame pointer
        add     rsp, localSize          # for local var.

        mov     dword ptr a[rbp], 1 # initialize values
        mov     dword ptr b[rbp], 2 #   etc...
        mov     dword ptr c[rbp], 3
        mov     dword ptr d[rbp], 4
        mov     dword ptr e[rbp], 5
        mov     dword ptr f[rbp], 6
        mov     dword ptr g[rbp], 7
        mov     dword ptr h[rbp], 8
```

```
        mov     dword ptr i[rbp], 9

❷ add     rsp, argSize                # space for arguments
   mov     eax, i[rbp]                 # load i
❸ mov     ninth[rsp], rax             # 9th argument
   mov     eax, h[rbp]                 # load h
   mov     eighth[rsp], rax           # 8th argument
   mov     eax, g[rbp]                 # load g
   mov     seventh[rsp], rax          # 7th argument
   mov     r9d, f[rbp]                 # f is 6th
   mov     r8d, e[rbp]                 # e is 5th
   mov     ecx, d[rbp]                 # d is 4th
   mov     edx, c[rbp]                 # c is 3rd
   mov     esi, b[rbp]                 # b is 2nd
   mov     edi, a[rbp]                 # a is 1st
   call    addNine
❹ sub     rsp, argSize                # remove arguments
   mov     total[rbp], eax            # total = sum9Ints(...)

   mov     esi, total[rbp]            # show result
   lea     rdi, format[rip]
   mov     eax, 0
   call    printf@plt

   mov     eax, 0                      # return 0;
   mov     rsp, rbp                    # restore stack pointer
   pop     rbp                         # and caller frame pointer
   ret
```

我们先使用图 14-2 中的栈示意图来计算第 7、8、9 个参数的标识符（seventh、eighth、ninth）的值❶。为参数所需的栈内存储空间创建一个标识符便于确保其为 16 的倍数。

我们开始调用 addNine，首先在栈内为 6 个寄存器之外的 3 个参数分配空间，方法是从 rsp 中减去适当的值❷。既然已经为每个参数创建了标识符，那么直接将这 3 个参数存储在刚刚分配的区域中就很简单了❸。然后，当 addNine 函数返回时，我们需要将当初在调用开始时从 rsp 减去的量再加回来，从而删除栈顶的参数区域❹。

接下来，让我们看看清单 14-17 中的 addNine 函数是如何访问栈内参数的。

清单 14-17　直接用汇编语言实现的 addNine 函数

```
# addNine.s
# Sums nine integer arguments and returns the total.
        .intel_syntax noprefix
# Calling sequence:
#       edi <- one, 32-bit int
#       esi <- two
#       ecx <- three
#       edx <- four
#       r8d <- five
#       r9d <- six
```

```
#       push  seven
#       push  eight
#       push  nine
#       returns sum
# Stack frame
#    arguments in stack frame
❶    .equ    seven,16
     .equ    eight,24
     .equ    nine,32
#    local variables
     .equ    total,-4
     .equ    localSize,-16
# Code
     .text
     .globl  addNine
     .type   addNine, @function
addNine:
     push    rbp           # save frame pointer
     mov     rbp, rsp      # set new frame pointer
     add     rsp, localSize # for local var.

     add     edi, esi      # add two to one
     add     edi, ecx      # plus three
     add     edi, edx      # plus four
     add     edi, r8d      # plus five
     add     edi, r9d      # plus six
❷    add     edi, seven[rbp] # plus seven
     add     edi, eight[rbp] # plus eight
     add     edi, nine[rbp]  # plus nine
     mov     total[rbp], edi # save total

     mov     eax, total[rbp] # return total;
     mov     rsp, rbp      # restore stack pointer
     pop     rbp           # and caller frame pointer
     ret
```

参数 seven、eight、nine 的偏移量是使用图 14-3 中的示意图定义的❶。使用这些标识符，对传递给 addNine 函数的值进行求和就非常简单了❷。

14.5.3　栈帧用法总结

当调用函数时，严格遵守寄存器用法和参数传递规则是很重要的。任何偏差都会导致难以调试的错误。规则如下。

对于调用函数。

（1）假设被调用函数会修改 rax、rcx、rdx、rsi、rdi 以及 r8～r11 寄存器中的值。

（2）前 6 个参数按从左到右的顺序在 rdi、rsi、rdx、rcx、r8、r9 寄存器中传递。

（3）前 6 个参数以外的参数按从右到左的顺序被压入栈中。

（4）使用 call 指令调用所需的函数。

对于被调用函数。

（5）将 rbp 压入栈来保存调用函数的帧指针。

（6）复制 rsp 到 rbp，在栈顶为被调用的函数建立帧指针。

（7）从 rsp 中减去所需的字节数，在栈内为所有的局部变量分配空间（加上保存寄存器所需的空间）；该值必须是 16 的倍数。

（8）如果被调用函数修改了 rbx、rbp、rsp 或 r12～r15 寄存器中的任何一个，则必须将其存储在寄存器保存区，然后在返回调用函数之前恢复。

（9）如果函数调用了另一个函数，将通过寄存器传递的参数保存在栈中。

在被调用函数内。

（10）rsp 寄存器指向该函数可访问的当前栈底。遵守通常的栈规则；不要使用栈指针访问参数或局部变量。

（11）由寄存器传递给函数并保存在栈内的参数通过帧指针 rbp 的负偏移量来访问。

（12）由栈传递给函数的参数通过帧指针 rbp 的正偏移量来访问。局部变量通过帧指针 rbp 的负偏移量来访问。

当离开被调用函数时。

（13）将返回值（如果有）放入 eax。

（14）从栈帧的寄存器保存区恢复 rbx、rbp、rsp、r12～r15 寄存器的值。

（15）复制 rbp 到 rsp，删除局部变量空间和寄存器保存区。

（16）将 rbp 从栈保存区弹出，恢复调用函数的帧指针。

（17）使用 ret 返回调用函数。

图 14-4 展示了栈帧的内容。

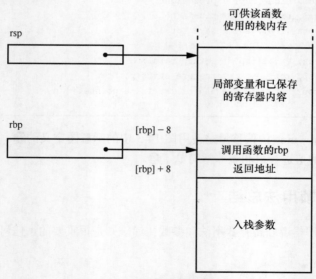

图 14-4　栈帧的整体内容

如上所述，栈帧不一定包含所有这些部分。如果传入函数的参数不超过 6 个，则此图底部的方框就不存在。有些函数也可能没有局部变量，或是不保存寄存器内容。在某些情况下，函数甚至不需要保存调用函数的 rbp。图 14-4 中唯一始终存在的方框就是返回地址。

在 15.6 节中，我们将介绍如何创建局部变量，能在多次调用其定义函数之间保持该变量的值。

动手实践

1. 修改清单 14-16 和清单 14-17 中的汇编语言程序，将所有 9 个参数通过栈传递。

2. 使用汇编语言编写程序，将用户输入的两个整数之间的所有整数相加。

3. 使用汇编语言编写两个函数 writeStr 和 readLn。在本书后续练习中会用到这两个函数。

   a. writeStr 使用系统调用 write 向终端窗口写入文本。该函数接受一个参数，并返回写入的字符的数量。

   b. readLn 使用系统调用 read 从键盘读取字符并将其以 C 风格文本字符串形式保存在内存中。该函数接受两个参数：一个是指向存放文本的内存位置的指针，另一个是该位置可用的字节数量。如果用户输入的字符数超出了可用的存储空间，则继续读取输入，但并不存储。函数返回用户输入的字符数量（不包括终止字符 NUL）。

   c. 使用下列 C 语言的 main 函数测试你自己的函数。别忘了编写汇编语言函数的 C 头文件。提示：在测试 readLn 函数时，使用一个小得多的 MAX 值。

```
/* echo.c
 * Prompts user to enter text and echoes it.
 */

#include "writeStr.h"
#include "readLn.h"
#define MAX 50

int main(void)
{
  char text[MAX];

  writeStr("Enter some text: ");
  readLn(text, MAX);
  writeStr("You entered: ");
  writeStr(text);
  writeStr("\n");

  return 0;
}
```

14.6 静态局部变量

从第 11 章可知（也可以参见图 14-1 和图 14-4），自动局部变量在函数序言中创建，在函数结语中删除。这意味着自动局部变量的值会在后续的函数调用中丢失。我们既希望在函数调用之间保留自动局部变量的值，同时又想兼顾其信息隐藏优势。例如，我们可能有一个被其他多个函数调用的函数，想要保存该函数被调用的次数。可以通过全局变量来实现，但是全局变量不具备局部变量的信息隐藏属性。

程序中的局部变量在内存中有两种可能的生存期。自动局部变量是在定义它的函数的序言中在内存中创建的，并在函数的结语中被删除。静态局部变量也像自动局部变量一样有局部作用域，但是与全局变量一样，它在整个程序的执行周期中都保留在内存中。

在讨论清单 14-18、清单 14-20、清单 14-21 中的程序时，我们会看到静态局部变量在内存中的创建位置，这些程序展示了自动局部变量、静态局部变量和全局变量的可见性和持久性方面的区别。

清单 14-18　比较自动局部变量、静态局部变量和全局变量的程序

```
    /* varLife.c
     * Compares scope and lifetime of automatic, static,
     * and global variables.
     */

    #include <stdio.h>
    #include "addConst.h"
    #define INITx 12
    #define INITy 34
    #define INITz 56

❶  int z = INITz;

    int main(void)
    {
❷    int x = INITx;
      int y = INITy;

      printf("            automatic   static   global\n");
      printf("                 x          y         z\n");
      printf("In main:%12i %8i %8i\n", x, y, z);
❸    addConst();
      addConst();
      printf("In main: %12i %8i %8i\n", x, y, z);
      return 0;
    }
```

这个程序的 main 函数首先初始化 1 个全局变量❶，然后初始化 2 个局部变量❷。接着调用另一个函数给这 3 个变量各加上一个常量值❸。如你所见，尽管 addConst 中的变量与 main 中的变量同名，但只有全局变量是相同的对象。因此，该程序有 5 个变量：main 中的 x 和 y，addConst 中的 x 和 y，以及可由 main 和 addConst 访问的 z。

编译器为全局变量 z 生成的汇编语言程序与清单 14-2 中全局变量的汇编语言程序略有不同。让我们来看看编译器为 main 生成的汇编语言程序，如清单 14-19 所示。

清单 14-19　编译器为清单 14-1 中的 main 函数生成的汇编语言程序

```
        .file   "varLife.c
        .intel_syntax noprefix
```

```
        .text
        .globl  z
❶ .data
        .align 4
        .type   z, @object
        .size   z, 4
z:
❷ .long   56                       ## int z = INITz;
        .section        .rodata
        .align 8
.LC0:
        .string "        automatic   static  global"
        .align 8
.LC1:
        .string "                x       y       z"
.LC2:
        .string "In main:%12i %8i %8i\n"
        .text
        .globl  main
        .type   main, @function
main:
        push    rbp
        mov     rbp, rsp
        sub     rsp, 16
        mov     DWORD PTR -8[rbp], 12   ## int x = INITx;
        mov     DWORD PTR -4[rbp], 34   ## int y = INITy;
        lea     rdi, .LC0[rip]
        call    puts@PLT
        lea     rdi, .LC1[rip]
        call    puts@PLT
        mov     ecx, DWORD PTR z[rip]
        mov     edx, DWORD PTR -4[rbp]
        mov     eax, DWORD PTR -8[rbp]
        mov     esi, eax
        lea     rdi, .LC2[rip]
        mov     eax, 0
        call    printf@PLT
        call    addConst@PLT
        call    addConst@PLT
        mov     ecx, DWORD PTR z[rip]
        mov     edx, DWORD PTR -4[rbp]
        mov     eax, DWORD PTR -8[rbp]
        mov     esi, eax
        lea     rdi, .LC2[rip]
        mov     eax, 0
        call    printf@PLT
        mov     eax, 0
        leave
        ret
        .size   main, .-main
        .ident  "GCC: (Ubuntu 9.3.0-17ubuntu1~20.04) 9.3.0"
        .section        .note.GNU-stack,"",@progbits
```

清单 14-19 中的大部分汇编语言程序你应该都不陌生，但是全局变量 z 的实现方式与清单 14-2 中的全局变量 x 和 y 不同，后者位于数据段并被初始化为 0。

在清单 14-19 中，我们看到全局变量 z 出现在 .data 节❶，因此在程序执行时，它也会被置于数据段。但该程序中全局变量的非 0 值必须存储在可执行程序文件中。编译器使用汇编器指令 .long 来指定该值❷。对于程序中应该在载入内存时被初始化为 0 的部分，使用 .bss 的一个优点在于无须占用程序文件空间，而文件中只存储非 0 值。

addConst 函数的头文件如清单 14-20 所示，从中可知该函数不接受参数，也没有返回值。

清单 14-20　addConst 函数的头文件

```
/* addConst.h
 * Adds constant to automatic, static, global variables.
 */

#ifndef ADDCONST_H
#define ADDCONST_H
void addConst(void);
#endif
```

addConst 函数如清单 14-21 所示。

清单 14-21　将 3 个变量分别与 1 个常量相加的函数

```
  /* addConst.c
   * Adds constant to automatic, static, global variables.
   */

  #include <stdio.h>
  #include "addConst.h"
❶ #define INITx 78
  #define INITy 90
  #define ADDITION 1000

❷ extern int z;            /* global */

  void addConst(void)
  {
❸ int x = INITx;          /* every call */
❹ static int y = INITy;  /* first call only */

  x += ADDITION;      /* add to each */
  y += ADDITION;
  z += ADDITION;

  printf("In addConst: %8i %8i %8i\n", x, y, z);
  }
```

我们将在 addConst 中使用不同的常量，这样可以清楚地看到程序运行时 5 个变量在作用域和持久性上的差异❶。

x 变量在 addConst 中被定义为自动局部变量❸。每次调用函数时，该变量被创建并赋以初值 INITx。这个变量 x 不同于 main 函数中的变量 x，因为两者都是在各自的函数内定义的，均为局部变量。修改此 x 的值不会影响到 main 函数中的 x 变量。

addConst 中的 y 变量被定义为 static❹。静态局部变量可以在定义时被赋予初始值，就像程序中这样。如果没有指定初始值，操作系统将其初始化为 0。第一次调用定义了局部静态变量的函数时，该变量就有了此初始值。如果函数中的静态局部变量发生了变化，则新值在下次调用函数时保持不变，相当于跳过了初始化。和 x 一样，y 变量也是局部的，所以它不同于主函数中的同名变量 y。更改这个 y 的值不会影响 main 函数中的 y 变量。

z 变量是在 main 函数之外定义的。但是因为它位于另一个文件中，所以我们需要在此文件中将其声明为 extern，这样才能访问到❷。从第 14 章可知，在 addConst 函数中对其做出修改会改变这个程序中此变量的唯一副本，因此 main 函数也会看到 z 的变化。

清单 14-22 展示了编译器生成的 addConst 函数的汇编语言程序。

清单 14-22　编译器为清单 14-21 中的 addConst 函数生成的汇编语言程序

```
        .file   "addConst.c"
        .intel_syntax noprefix
        .text
        .section        .rodata
.LC0:
        .string "In addConst:%8i %8i %8i\n"
        .text
        .globl  addConst
        .type   addConst, @function
addConst:
        push    rbp
        mov     rbp, rsp
        sub     rsp, 16
        mov     DWORD PTR ❶-4[rbp], 78        ## int x = INITx;
        add     DWORD PTR -4[rbp], 1000       ## x += ADDITION;
        mov     eax, DWORD PTR ❷y.2319[rip]   ## load y
        add     eax, 1000                     ## y += ADDITION;
        mov     DWORD PTR y.2319[rip], eax    ## store new y
        mov     eax, DWORD PTR ❸z[rip]        ## load z
        add     eax, 1000                     ## z += ADDITION;
        mov     DWORD PTR z[rip], eax         ## store new z
        mov     ecx, DWORD PTR z[rip]
        mov     edx, DWORD PTR y.2319[rip]
        mov     eax, DWORD PTR -4[rbp]
        mov     esi, eax
        lea     rdi, .LC0[rip]
        mov     eax, 0
        call    printf@PLT
        nop
        leave
        ret
        .size   addConst, .-addConst
```

```
❹      .data
        .align 4
        .type   y.2319, @object
        .size   y.2319, 4
❺  y.2319:
        .long   90                          ## static int y = INITy;
        .ident  "GCC: (Ubuntu 9.3.0-17ubuntu1~20.04) 9.3.0"
        .section        .note.GNU-stack,"",@progbits
```

从清单 14-22 的汇编语言程序中可以看到，自动局部变量被分配在栈帧中。编译器使用相对于帧指针 rbp 的偏移量访问这些变量❶。正如本章先前讲到的，全局变量通过相对于 rip 的全局名称来访问❸。

静态局部变量也可以通过相对于 rip 的名称来访问，但是其名称没有指定为.globl。此外，编译器会在名称中添加一个数字，以.字符分隔❷。这种对变量名的修饰称为名称重整（name mangling）。编译器这么做是为了将这个静态局部变量与同一文件中其他函数内定义的同名静态局部变量区分开来。

你可能已经猜到了，静态局部变量不能存在于栈帧中。和 main 函数内定义的全局变量 z 一样（参见清单 14-2），静态局部变量 y 存储在.data 节，通过汇编器指令.long 进行初始化❹。它使用重整名称作为标签，因此只能由其定义函数访问❺。

图 14-5 展示了该程序运行时的状态。

程序表明，main 中的 x 和 y 变量与 addConst 中的 x 和 y 变量不同。我们还可以看到，每次调用 addConst 函数时，函数中的 x 都会被重新初始化。但是，addConst 中的 y 变量仅在第一次调用函数时

	自动局部变量 x	静态局部变量 y	全局变量 z
在main中:	12	34	56
在addConst中:	1078	1090	1056
在addConst中:	1078	2090	2056
在main中:	12	34	2056

图 14-5　3 类 C 语言变量的作用域和生存期

才会被赋予初始值，在两次函数调用之间，该变量与 1000 相加的结果一直保持不变。此外，还能看到 main 和 addConst 使用的都是相同的（全局）z。

我对 varLife 程序的汇编语言实现（清单 14-23 和清单 14-24），与编译器生成的汇编语言程序类似，但是使用了更有意义的标签和名称，以使代码更易于阅读。

清单 14-23　varLife 程序中 main 函数的汇编语言版本

```
# varLife.s
# Compares scope and lifetime of automatic, static, and global variables.
        .intel_syntax noprefix

# Stack frame
        .equ    x,-8
        .equ    y,-4
        .equ    localSize,-16
# Useful constants
        .equ    INITx,12
        .equ    INITy,34
        .equ    INITz,56
        .section    .rodata
        .align  8
tableHead1:
```

```
        .string "       automatic    static    global"
tableHead2:
        .string "              x        y        z"
format:
        .string "In main:%12i %8i %8i\n"
# Define global variable
        .data
        .align  4
        .globl  z
        .type   z, @object
z:
    ❶ .int    INITz   # initialize the global
# Code
        .text
        .globl  main
        .type   main, @function
main:
        push    rbp                     # save frame pointer
        mov     rbp, rsp                # set new frame pointer
        add     rsp, localSize          # for local var.

        mov  ❷ dword ptr x[rbp], INITx # initialize locals
        mov     dword ptr y[rbp], INITy

        lea     rdi, tableHead1[rip]    # print heading
        call    puts@plt
        lea     rdi, tableHead2[rip]
        call    puts@plt
        mov  ❸ ecx, z[rip]             # print variables
        mov     edx, y[rbp]
        mov     esi, x[rbp]
        lea     rdi, format[rip]
        mov     eax, 0
        call    printf@plt

        call    addConst                # add to variables
        call    addConst

        mov     ecx, z[rip]             # print variables
        mov     edx, y[rbp]
        mov     esi, x[rbp]
        lea     rdi, format[rip]
        mov     eax, 0
        call    printf@plt

        mov     eax, 0                  # return 0;
        mov     rsp, rbp                # restore stack pointer
        pop     rbp                     # and caller frame pointer
        ret
```

.int 指令与编译器使用的.long 指令一样。在我们的环境中，二者都以小端序输出 32 位整数。我更偏好使用.int 指令而不是.long 指令指定 int 值❶，但这只是个人风格而已。

因为该函数中的 x 和 y 都是自动局部变量，所以它们均位于栈帧中，通过相对于帧指针的偏移量访问❷，而 z 是全局变量，可以通过相对于指令指针的偏移量访问❸。

在使用汇编语言编写 addConst 函数时，我们使用了更有意义的标识符对静态局部变量进行重整，如清单 14-24 所示。

清单 14-24　addConst 函数的汇编语言版本

```
# addConst.s
# Adds constant to automatic, static, global variables.
        .intel_syntax noprefix

# Stack frame
        .equ ❶ x,-4
        .equ    localSize,-16
# Useful constants
        .equ    ADDITION,1000
        .equ    INITx,78
        .equ    INITy,90
# Constant data
        .section  .rodata
        .align  8
format:
        .string "In addConst:%8i %8i %8i\n"
# Define static variable
        .data
        .align  4
        .type ❷ y_addConst, @object
y_addConst:
     ❸ .int     INITy

# Code
        .text
        .globl  addConst
        .type   addConst, @function
addConst:
        push    rbp                     # save frame pointer
        mov     rbp, rsp                # set new frame pointer
        add     rsp, localSize          # for local var.
        mov     dword ptr x[rbp], INITx # initialize

        add     dword ptr x[rbp], ADDITION # add to vars
        add  ❹ dword ptr y_addConst[rip], ADDITION
        add     dword ptr z[rip], ADDITION

        mov     ecx, z[rip]             # print variables
        mov     edx, y_addConst[rip]
        mov     esi, x[rbp]
        lea     rdi, format[rip]
        mov     eax, 0                  # no floats
        call    printf@plt

        mov     eax, 0                  # return 0;
```

```
    mov    rsp, rbp              # restore stack pointer
    pop    rbp                   # and caller frame pointer
    ret
```

注意，这里的自动局部变量 x 是在 addConst 的栈帧中创建的❶，不同于在 main 的栈帧中创建的 x。我对静态局部变量 y 进行名称重整的方法是将函数名追加到变量名之后，从而确保变量名的唯一性❷。因为 y 是静态的，所以被置于 .data 节❸，使用相对于指令指针的偏移量访问❹。

表 14-1 总结了部分常见的程序组件的内存特点。

表 14-1   **部分程序组件的内存特点**

程序中的角色	内存段	访问权	生存期
自动局部变量	栈	读写	函数
常量	文本	只读	程序
指令	文本	只读	程序
静态局部变量	数据	读写	程序
全局变量	数据	读写	程序

表 14-1 中的内存段（memory segment）是指由操作系统创建的段。常量被放在文本段（text segment）中，因为操作系统禁止程序写入文本段。变量需要放在一个允许读写的段中。

表 14-2 总结了部分用于控制程序组件内存位置的常见汇编器指令。

表 14-2   **部分常见的汇编器内存指令**

指令	内存段	效果
. text	文本	指令
. rodata	文本	常量数据
.string "*string*", ...	文本	以 NUL 终止的字符串
.ascii "*string*", ...	文本	字符串
.asciz "*string*", ...	文本	以 NUL 终止的字符串
. data	数据	变量
. bss	数据	初始化为 0 的数据
. comm *label, size*	数据	分配 *size* 字节的未初始化内存
.byte *expression*, ...	数据	以 *expression* 的值初始化内存中的一个或多个字节
.int *expression*, ...	数据	以 *expression* 的值初始化内存中的一个或多个 int 类型
.long *expression*, ...	数据	以 *expression* 的值初始化内存中的一个或多个 int 类型

.string、.ascii、.asciz 指令都可以为多个以逗号分隔的字符串分配存储空间。.string 和 .asciz 指令会在字符串末尾添加 NUL，.ascii 则不会。

.comm 指令分配的第一个内存字节被命名为 label，在程序中具有全局作用域。当程序首次加载时，操作系统会将与 *label* 关联的 *size* 字节的内存清零。

.int 和 .long 指令执行相同的操作：将环境中的 32 位设置为 *expression* 的值，该值必须是整数。.byte 指令也必须为整数。这些指令可以指定多个以逗号分隔的 *expression*。

以上仅仅是这些汇编器指令的总结。具体详情参见 as 的 info 页。

动手实践

1. 修改清单 14-23 和清单 14-24 的程序，使得 addConst 函数输出自身被调用的次数。
2. 修改清单 14-23 和清单 14-24 的程序，使得同一个文件中有两个函数：addConst0 和 addConst1，各自向变量添加不同的常数。这两个函数分别打印出自身被调用的次数。

14.7 小结

全局变量 可以由程序中的任意函数访问，存在于程序的整个执行期间。

自动局部变量 仅能在定义该变量的函数内访问，存在于函数的执行期间。

静态局部变量 仅能在定义该变量的函数内访问，存在于函数的多次调用之间。

传递参数 前 6 个参数通过寄存器传递。多出的参数通过栈传递。

按值传递 传递值的副本。

按指针传递 传递变量的地址。该地址能够被修改。

按引用传递 传递变量的地址。该地址不能被修改。

栈帧 栈帧的创建从调用函数开始，在被调用函数中结束。

帧指针 调用函数压入栈帧的数据项使用相对于栈指针的正偏移量访问。被调用函数压入栈帧的数据项使用相对于栈指针的负偏移量访问。

现在你已经知道了如何编写函数，第 15 章将介绍一些函数的特殊用法。

第 **15** 章

函数的特殊用法

 正如我们在第 14 章中看到的,函数最常见的用途是将一个问题分解成更小的、更容易解决的子问题。这是递归的基础,也是本章前半部分的主题。在介绍完递归之后,我们会看到函数的另一种用法:直接使用汇编语言访问在高级语言中可能不易触及的硬件特性。

15.1 递归

许多计算机解决方案涉及重复操作。我们在第 14 章中看到了如何使用迭代(while、for 和 do-while 循环)来执行重复操作。虽然迭代可以用来解决任何重复性的问题,但是有些解决方案可以通过递归更简洁地描述。递归算法调用自身来计算问题的较简单情况,并使用该结果计算当前更复杂的情况。递归调用继续进行,直至达到基准条件(base case)。此时,递归算法将基准条件值返回下一个更复杂的情况,在计算中使用该值。这个“返回/计算”过程一直持续下去,执行越来越复杂的计算,直至我们回到原始情况。

来看一个例子。在数学中,我们用!表示正整数的阶乘运算,可以递归地定义为:

$$n! = n \times (n - 1)!$$
$$0! = 1$$

第一个等式表明,$n!$是通过计算其自身的一个更简单的情况$(n - 1)!$来定义的。重复执行此计算,直至达到 $n = 0$ 的基准条件。然后返回,计算过程中的每个 $n!$。

相比之下,阶乘运算的迭代定义为:

$$n! = n \times (n - 1) \times (n - 2) \times \cdots \times 1$$
$$0! = 1$$

尽管阶乘运算的两种定义形式涉及相同数量的计算,但递归形式更简洁,对有些人来说可能更直观。

清单 15-1、清单 15-2、清单 15-3 展示了一个计算 3!的函数 factorial。当使用 gdb 来检查该函数的行为时，你就会明白为什么要使用小的固定值。

清单 15-1　计算 3!的程序

```
/* threeFactorial.c
 */

#include <stdio.h>
#include "factorial.h"

int main(void)
{
  unsigned int x = 3;
  unsigned int y;

  y = factorial(x);
  printf("%u! = %u\n", x, y);
  return 0;
}
```

数学阶乘函数是为非负整数定义的，因此我们使用 unsigned int。

factorial 函数的头文件没什么好说的，如清单 15-2 所示。

清单 15-2　factorial 函数的头文件

```
/* factorial.h
 */

#ifndef FACTORIAL_H
#define FACTORIAL_H
unsigned int factorial(unsigned int n);
#endif
```

清单 15-3 展示了 factorial 函数调用自身执行更简单的计算$(n - 1)$，以便能够更容易地计算 $n!$。

清单 15-3　计算 $n!$的函数

```
/* factorial.c
 */
#include "factorial.h"

unsigned int factorial(unsigned int n)
{
  unsigned int current = 1; /* assume base case */
  if ❶(n != 0)
  {
    current = ❷n * factorial(n - 1);
  }
  return current;
}
```

factorial 函数首先检查基准条件 $n = 0$❶。如果达到基准条件，则当前结果为 1。如果未达到，则 factorial 函数调用自身计算 $(n - 1)!$，再乘以 n，计算 $n!$❷。

main 函数的汇编语言程序没什么好说的，让我们来看看汇编器生成的 factorial 函数的汇编语言程序，如清单 15-4 所示。

清单 15-4　编译器为清单 15-3 中的 factorial 函数生成的汇编语言程序

```
        .file   "factorial.c"
        .intel_syntax noprefix
        .text
        .globl  factorial
        .type   factorial, @function
factorial:
        push    rbp
        mov     rbp, rsp
        sub     rsp, 32
❶ mov     DWORD PTR -20[rbp], edi ## store n
        mov     DWORD PTR -4[rbp], 1    ## current = 1;
        cmp     DWORD PTR -20[rbp], 0   ## base case?
        je      .L2                     ## yes, current good
        mov     eax, DWORD PTR -20[rbp] ## no, compute n - 1
        sub     eax, 1
❷ mov     edi, eax
        call    factorial               ## compute (n - 1)!
        mov     edx, DWORD PTR -20[rbp] ## load n
❸ imul    eax, edx                 ## n * (n - 1)!
        mov     DWORD PTR -4[rbp], eax  ## store in current
.L2
        mov     eax, DWORD PTR -4[rbp]  ## load current
        leave
        ret
        .size   factorial, .-factorial
        .ident  "GCC: (Ubuntu 9.3.0-17ubuntu1~20.04) 9.3.0"
        .section        .note.GNU-stack,"",@progbits
```

factorial 函数中使用的算法是一个简单的 if-then 结构，我们在第 13 章中已经学过。递归函数的重要部分在于，我们需要保存通过寄存器传入的所有参数，以便在函数的递归调用中能够重复使用寄存器来传递参数。

例如，factorial 函数接受一个参数 n，该参数通过 rdi 寄存器传递。（只用到了寄存器的 edi 部分，因为我们所在环境中的 int 是 32 位。）从表 11-2 中可知，在函数中不用保存 rdi 的内容，但是我们需要将 rdi 用于新值 $(n - 1)$ 的递归调用❷。当递归调用返回时，还要用到 n 的原始值。编译器已经在栈帧中分配了空间来保存 n❶。

我们还没有讲过 imul 指令❸。你猜得没错，该指令用 eax 中的整数乘以 edx 中的整数，乘积保存在 eax 中。乘法指令的细节有些复杂。我们留待第 16 章讨论。

我们可以通过直接用汇编语言编写阶乘函数来加以简化，如清单 15-5 所示。

清单 15-5　factorial 函数的汇编语言版本

```
# factorial.s
# Computes n! recursively.
```

```
# Calling sequence:
#       edi <- n
#       call    readLn
# returns n!
        .intel_syntax noprefix
# Stack frame
        .equ    n,-4
        .equ    localSize,-16

        .text
        .globl  factorial
        .type   factorial, @function
factorial:
        push    rbp                     # save frame pointer
        mov     rbp, rsp                # set new frame pointer
        add     rsp, localSize          # for local var.

❶ mov     n[rbp], edi             # save n
❷ mov     eax, 1                  # assume at base case
        cmp     dword ptr n[rbp], 0     # at base case?
❸ je      done                    # yes, done
        mov     edi, n[rbp]             # no,
❹ sub     edi, 1                  # compute (n - 1)!
        call    factorial
❺ mul     dword ptr n[rbp]        # n! = n * (n - 1)!
done:
        mov     rsp, rbp                # restore stack pointer
        pop     rbp                     # and caller frame pointer
        ret
```

factorial 的汇编语言版本的一个简化是使用 eax 作为局部变量，存储当前结果❷。我们还首先假设我们处于基准条件。如果为真，那么结果在 eax 中，也是我们要返回的位置❸。如果不为真，则递归调用 factorial，将(n–1)作为参数❹。因为在计算 n*(n–1)!❺的递归调用返回后需要输入参数，我们将其保存在栈内❶。

我之所以选择使用无符号乘法指令 mul❺，而不是编译器使用的有符号乘法指令 imul，是因为该函数中的所有数值都是无符号的。mul 指令假定被乘数已经在 eax 中，从递归调用 factorial 返回时，这就已安排好了。乘法运算后，mul 指令将 eax 中的被乘数替换为返回所需的乘积。同样，mul 和 imul 指令的细节留待第 16 章解释。

递归算法可以简单而优雅，但是会使用大量栈。我将汇编语言版本的 factorial（以及清单 15-2 中的 C 头文件）与清单 15-1 中的 main 函数一起使用，在 gdb 下运行该程序，以便我们查看栈的使用情况。

```
(gdb) li factorial
11
12              .text
13              .globl  factorial
14              .type   factorial, @function
15      factorial:
```

```
16              push    rbp                     # save frame pointer
17              mov     rbp, rsp                # set new frame pointer
18              add     rsp, localSize          # for local var.
19
20              mov     n[rbp], edi             # save n
(gdb)
21              mov     eax, 1                  # assume at base case
22              cmp     dword ptr n[rbp], 0     # at base case?
23              je      done                    # yes, done
24              mov     edi, n[rbp]             # no,
25              sub     edi, 1                  # compute (n - 1)!
26      ❶ call  factorial
27              imul    eax, n[rbp]             # n! = n * (n - 1)!
28      done:
29      ❷ mov   rsp, rbp                        # restore stack pointer
30              pop     rbp                     # and caller frame pointer
(gdb) b 26
Breakpoint 1 at 0x118c: file factorial.s, line 26.
(gdb) b 29
Breakpoint 2 at 0x1195: file factorial.s, line 29.
(gdb) r
Starting program: /home/bob/chap15/factorial_asm/threeFactorial

Breakpoint 2, factorial () at factorial.s:26
26              call factorial
```

我设置了两个断点，一个位于 factorial 的递归调用处❶，另一个位于函数返回处❷。当程序中断，进入 gdb 时，让我们来看看输入值和第一次调用 factorial 函数时的栈帧。

```
(gdb) i r rax rdi rbp rsp
rax             0x1                     1
rdi     ❶ 0x2                           2
rbp             0x7fffffffde40          0x7fffffffde40
rsp             0x7fffffffde30          0x7fffffffde30
(gdb) x/4xg 0x7fffffffde30
0x7fffffffde30: 0x00007ffff7fb1fc8      ❷0x00000003555551b0
0x7fffffffde40: 0x00007fffffffde60      ❸0x0000555555555156
```

我们看到，第一次递归调用 factorial 时，传入的参数是 2❶，对应于程序中的(n − 1)。factorial 的栈帧是 32 字节，这里是以 8 字节为一组显示的。当从 main 调用 factorial 时，压入栈的第一个值是到 main 的返回地址❸。

记住，我们所在的环境采用的是小端序，因此在读取存储在栈帧中的 n 值时要小心。清单 15-5 中的代码显示变量 n 存储在 rbp−4 的位置，这个位置在我运行的程序中是内存地址 0x7fffffffde3c。因为是小端序环境，并且还是 8 字节值，所以会显示包含内存地址 0x7fffffffde3c 在内的 8 字节，其中 0x7fffffffde38 处的字节位于最右侧，0x7fffffffde3f 处的字节位于最左侧。变量 n 是右侧的第 5 字节，即 0x03❷。

因为 factorial 的输入是 3（参见清单 15-1），在达到基准条件之前，该函数会被递归调用两次：

```
(gdb) c
Continuing.

Breakpoint 1, factorial () at factorial.s:26
26              call    factorial
(gdb) c
Continuing.

Breakpoint 1, factorial () at factorial.s:26
26              call    factorial
(gdb) i r rax rdi rbp rsp
rax              0x1                    1
rdi           ❶ 0x0                    0
rbp              0x7fffffffde00         0x7fffffffde00
rsp              0x7fffffffddf0         0x7fffffffddf0
(gdb) x/12xg 0x7fffffffddf0
0x7fffffffddf0: 0x0000000000000000        0x0000000100000000
0x7fffffffde00: 0x00007fffffffde20      ❷0x000055555555519a
0x7fffffffde10: 0x00000000000000c2        0x00000002ffffde47
0x7fffffffde20: 0x00007fffffffde40      ❸0x000055555555519a
0x7fffffffde30: 0x00007ffff7fb1fc8        0x00000003555551b0
0x7fffffffde40: 0x00007fffffffde60      ❹0x0000555555555156
```

现在，我们使用基准值 0 递归调用 factorial❶。可以看到，factorial 创建了 3 个栈帧，一个在另一个之上。最近的两个栈帧显示返回地址是同一位置❷❸，也就是在 factororial 中。最早的栈帧显示返回地址是 main❹。

继续执行 4 次后，释放栈帧，并返回 main 调用 factorial 时创建的第一个栈帧。

```
(gdb) c
Continuing.

Breakpoint 2, done () at factorial.s:29
29              mov    rsp, rbp                # restore stack pointer
(gdb) c
Continuing.

Breakpoint 2, done () at factorial.s:29
29              mov    rsp, rbp                # restore stack pointer
(gdb) c
Continuing.

Breakpoint 2, done () at factorial.s:29
29              mov    rsp, rbp                # restore stack pointer
(gdb) c
Continuing.

Breakpoint 2, done () at factorial.s:29
29              mov rsp, rbp                    # restore stack pointer
```

```
(gdb) i r rax rdi rbp rsp
rax             0x6                   ❶6
rdi             ❷ 0x0                 0
rbp             0x7fffffffde40        0x7fffffffde40
rsp             0x7fffffffde30        0x7fffffffde30
(gdb) x/4xg 0x7fffffffde30
0x7fffffffde30: 0x00007ffff7fb1fc8     0x00000003555551b0
0x7fffffffde40: 0x00007fffffffde60     0x0000555555555156
(gdb) c
Continuing.
3! = 6
[Inferior 1 (process 2373) exited normally]
```

现在我们回到了 factorial 的第一次调用，该调用会返回 main，这次调用的参数是基准值 0❷，返回结果是 6❶。

如你所见，递归函数调用使用了大量的栈空间。因为每次重复都要调用函数，时间消耗也不少。每种递归解决方案都有一个等价的迭代解决方案，后者在时间和栈使用方面往往更有效。例如，计算整数阶乘的迭代算法就很简单。尽管在这个简单的例子中没有展现出来，但是许多问题（例如，某些排序算法）使用递归解决方案更为自然。在这类问题中，代码的简洁性通常值得选择递归。

现在我们知道了如何在函数中存储数据，以及如何用汇编语言在函数之间来回移动数据，接下来，我们将介绍如何使用汇编语言来访问高级语言可能无法触及的硬件特性。

动手实践

在 gdb 下运行清单 15-1、清单 15-2、清单 15-3 中的 C 程序。在递归调用 factorial 的语句 current = n * factorial(n-1);处设置断点，在下一行}处设置另一个断点。你可以先在 gdb 中使用 li factorial 命令，找到在 factorial 中设置这些断点的行号。当程序到达 n = 1 的调用时，标识出 3 个栈帧。提示：使用清单 15-4 中编译器生成的汇编语言程序来确定栈帧的大小。

15.2 使用汇编语言访问 CPU 特性

在第 14 章中，创建一个函数仅仅就是为了将两个整数相加（参见清单 14-8），这看起来有点傻，一条指令就能搞定这件事。但是从第 3 章可知，即使简单的加法也会产生进位或溢出，这由 CPU 的 rflags 寄存器中的标志来指示。

C 和 C++没有提供检查 rflags 寄存器中溢出或进位标志的方法。在本节中，我们将介绍两种可用于告知 C 函数是否有加法溢出的方法:用汇编语言编写一个可以从 C 代码中调用的独立函数，或者在 C 代码中嵌入汇编语言代码。

15.2.1 使用汇编语言编写的独立函数

我们先使用 C 语言重写 sumInts 程序，使其能在加法运算产生溢出时警告用户。我们将检查函数 addTwo 中的溢出，通过返回机制将结果传回 main 函数。

清单 15-6 展示了修改后的 main 函数，它检查返回值，判断是否产生溢出。

清单 15-6 该程序对两个整数求和并检查是否产生溢出

```
/* sumInts.c
 * Adds two integers using local variables
 * Checks for overflow
 */

#include <stdio.h>
#include "addTwo.h"

int main(void)
{
  int x = 0, y = 0, z;
  int overflow;

  printf("Enter an integer: ");
  scanf("%i", &x);
  printf("Enter an integer: ");
  scanf("%i", &y);
❶ overflow = addTwo(x, y, &z);
  printf("%i + %i = %i\n", x, y, z);
  if ❷(overflow)
  {
    printf("   *** Overflow occurred ***\n");
  }

  return 0;
}
```

我们将重写 addTwo 函数，如果没有产生溢出，则返回 0；如果产生溢出，则返回 1，函数的返回值赋给变量 overflow❶。在 C 语言中，0 为逻辑假，非 0 为逻辑真❷。

清单 15-7 展示了新的 addTwo 函数的头文件。

清单 15-7 负责检查溢出的 addTwo 函数的头文件

```
/* addTwo.h
 * Adds two integers and determines overflow.
 */

#ifndef ADDTWO_H
#define ADDTWO_H
int addTwo(int a, int b, int *c);
#endif
```

函数声明中唯一的变化是返回 int 而非 void。我们需要在 addTwo 函数的定义中加入溢出检查功能，如清单 15-8 所示。

清单 15-8　对两个整数求和并检查是否溢出

```
/* addTwo.c
 * Adds two integers and determines overflow.
 */

#include "addTwo.h"

int addTwo(int a, int b, int *c)
{
  int temp;
  int overflow = 0; /* assume no overflow */

  temp = a + b;
  if ❶(((a > 0) && (b > 0) && (temp < 0)) ||
      ((a < 0) && (b < 0) && (temp > 0)))
  {
    overflow = 1;
  }
  *c = temp;
  return overflow;
}
```

从第 3 章可知，如果两个同符号整数相加得到了符号相反的结果，就表明产生了溢出，因此我们使用这个逻辑来检查溢出❶。清单 15-9 展示了编译器为以上 C 源代码生成的汇编语言程序。

清单 15-9　编译器为清单 15-8 中的 addTwo 函数生成的汇编语言程序

```
        .file   "addTwo.c"
        .intel_syntax noprefix
        .text
        .globl  addTwo
        .type   addTwo, @function
addTwo:
        push    rbp
        mov     rbp, rsp
        mov     DWORD PTR -20[rbp], edi      ## store a
        mov     DWORD PTR -24[rbp], esi      ## store b
        mov     QWORD PTR -32[rbp], rdx      ## address of c
    ❶  mov     DWORD PTR -8[rbp], 0         ## overflow = 0;
        mov     edx, DWORD PTR -20[rbp]
        mov     eax, DWORD PTR -24[rbp]
        add     eax, edx                     ## a + b
        mov     DWORD PTR -4[rbp], eax       ## temp = a + b;
    ❷  cmp     DWORD PTR -20[rbp], 0         ## a <= 0?
        jle     .L2                          ## yes
        cmp     DWORD PTR -24[rbp], 0         ## b <= 0?
        jle     .L2                          ## yes
        cmp     DWORD PTR -4[rbp], 0          ## temp < 0?
        js      .L3                          ## yes, overflow
```

```
        .L2:
                cmp     DWORD PTR -20[rbp], 0        ## a == 0?
        ❸ jns     .L4                                 ## yes, no overflow
                cmp     DWORD PTR -24[rbp], 0        ## b == 0?
                jns     .L4                          ## yes, no overflow
                cmp     DWORD PTR -4[rbp], 0         ## temp == 0?
                jle     .L4                          ## yes, no overflow
        .L3:
        ❹ mov     DWORD PTR -8[rbp], 1
        .L4:
                mov     rax, QWORD PTR -32[rbp]      ## address of c
                mov     edx, DWORD PTR -4[rbp]       ## temp
                mov     DWORD PTR [rax], edx         ## *c = temp;
                mov     eax, DWORD PTR -8[rbp]       ## return overflow;
                pop     rbp
                ret
                .size   addTwo, .-addTwo
                .ident  "GCC: (Ubuntu 9.3.0-17ubuntu1~20.04) 9.3.0"
                .section        .note.GNU-stack,"",@progbits
```

该算法最初假设不会有溢出❶。将两个整数相加后，检查是否 a ≤ 0❷。如果是，通过将 a 与 0 进行比较并检查 rflags 寄存器中的符号标志来判断 a 是否为负❸。如果为 0，则说明没有产生溢出，因此算法跳过将溢出变量更改为 1 的指令❹。

C 语言中判断溢出的算法（清单 15-8）有些复杂，所以我们将利用 CPU 在执行加法运算过程中做出判断并相应地设置 rflags 寄存器的状态标志这一事实。我们可以通过直接用汇编语言编写 addTwo，使用 rflags 寄存器中的结果，如清单 15-10 所示。

清单 15-10 返回 OF 标志值的 addTwo 函数的汇编语言版本

```
# addTwo.s
# Adds two integers and returns OF
# Calling sequence:
#       edi <- x, 32-bit int
#       esi <- y, 32-bit int
#       rdx <- &z, place to store sum
#       returns value of OF
        .intel_syntax noprefix
# Stack frame
        .equ    temp,-4
        .equ    overflow,-8
        .equ    localSize,-16
# Code
        .text
        .globl  addTwo
        .type   addTwo, @function
addTwo:
        push    rbp             # save frame pointer
        mov     rbp, rsp        # set new frame pointer
        add     rsp, localSize  # for local var.
```

```
        add     edi, esi        # x + y
❶       seto    al              # OF T or F
        movzx   eax, al         # convert to int for return
        mov     [rdx] , edi     # *c = sum

        mov     rsp, rbp        # restore stack pointer
        pop     rbp             # and caller frame pointer
        ret
```

我们在清单 15-10 中使用了另一条指令 seto❶。setcc 指令用于告知 cc 所示的各种条件何时为真或假。

setcc —— 条件字节

根据条件 cc，将 8 位寄存器设置为 0 或 1。

setcc *reg* 在 cc 为真时，将 8 位 *reg* 设置为 1；在 cc 为假时，将 *reg* 设置为 0。

setcc 指令使用的 cc 代码与表 13-1 所示的 jcc 指令组一样。*reg* 是一个 8 位寄存器，但是 ah、bh、ch、dh 不能用于 64 位模式。C 语言将 1 视为真，0 视为假。

汇编语言版本 addTwo 的另一个不同之处是，我们没有对局部变量使用红区。这属于个人编程风格问题，但我更喜欢创建一个完整的栈帧，这样就不必担心在更改函数时使用栈。我也没有保存输入参数。不需要为调用函数保留用于传递参数的寄存器中的值（参见表 11-2）。

如果我们使用 C 语言版本的 main 函数调用汇编语言版本的 addTwo，还是需要使用#include 包含 C 头文件（清单 15-7），告知编译器如何调用 addTwo。

比较我们的汇编语言解决方案（清单 15-10）与编译器生成的版本（清单 15-9），可以看出我们使用了大概一半的指令。

注意 我们需要谨慎对待此类比较。程序的执行速度不仅取决于指令数量，还取决于 CPU 的内部架构。我认为这个例子真正的价值在于不必使用比较复杂的 C 语言代码来获知溢出情况。

清单 15-11 所示的汇编语言版本的 main 函数与汇编器由 C 语言版本生成的类似，但是我们对栈帧偏移量使用了符号名称和标签，提高了可读性。

清单 15-11 sumInts 程序中 main 函数的汇编语言版本

```
# sumInts.s
# Adds two integers using local variables
# Checks for overflow
        .intel_syntax noprefix

# Stack frame
        .equ    x,-24
        .equ    y,-20
        .equ    z,-16
        .equ    overflow,-12
        .equ    canary,-8
        .equ    localSize,-32
# Read only data
        .section  .rodata
```

```
askMsg:
        .string "Enter an integer: "
readFormat:
        .string "%i"
resultFormat:
        .string "%i + %i = %i\n"
overMsg:
        .string "    *** Overflow occurred ***\n"
# Code
        .text
        .globl  main
        .type   main, @function
main:
        push    rbp                 # save frame pointer
        mov     rbp, rsp            # set new frame pointer
        add     rsp, localSize      # for local var.
        mov     rax, fs:40          # get stack canary
        mov     canary[rbp], rax    # and save it

        mov     dword ptr x[rbp], 0 # x = 0
        mov     dword ptr y[rbp], 0 # y = 0

        lea     rdi, askMsg[rip]    # ask for integer
        mov     eax, 0
        call    printf@plt
        lea     rsi, x[rbp]         # place to store x
        lea     rdi, readFormat[rip]
        mov     eax, 0
        call    __isoc99_scanf@plt

        lea     rdi, askMsg[rip]    # ask for integer
        mov     eax, 0
        call    printf@plt
        lea     rsi, y[rbp]         # place to store y
        lea     rdi, readFormat[rip]
        mov     eax, 0
        call    __isoc99_scanf@plt

        lea     rdx, z[rbp]         # place to store sum
        mov     esi, x[rbp]         # load x
        mov     edi, y[rbp]         # load y
        call    addTwo
        mov     overflow[rbp], eax  # save overflow
        mov     ecx, z[rbp]         # load z
        mov     edx, y[rbp]         # load y
        mov     esi, x[rbp]         # load x
        lea     rdi, resultFormat[rip]
        mov     eax, 0              # no floating point
        call    printf@plt

        cmp     dword ptr overflow[rbp], 0  # overflow?
```

```
        je      noOverflow
        lea     rdi, overMsg[rip]          # yes, print message
        mov     eax, 0
        call    printf@plt
noOverflow:
        mov     eax, 0                     # return 0

        mov     rcx, canary[rbp]           # retrieve saved canary
        xor     rcx, fs:40                 # and check it
        je      goodCanary
        call    __stack_chk_fail@plt       # bad canary
goodCanary:
        mov     rsp, rbp                   # restore stack pointer
        pop     rbp                        # and caller frame pointer
        ret
```

这个例子说明了使用汇编语言编写函数的原因之一：能够访问 CPU 的某种特性（**rflags** 寄存器中的 OF 标志），我们使用的高级语言（C 语言）是做不到的。并且我们需要在待检查的操作（在本例中是加法）执行后立即检查是否产生溢出。

这个例子还演示了返回值的一种常见用法。输入和输出通常在参数列表中传递，补充信息放在返回值中。

也就是说，调用函数来简单地将两个数相加的效率并不高。在 15.2.2 节中，我们将了解 C 语言的一种常见扩展，它允许在 C 代码中直接插入汇编语言。

15.2.2 内联汇编语言

像许多 C 编译器一样，gcc 提供了标准 C 语言的扩展，允许我们在 C 代码中嵌入汇编语言，即内联汇编（inline assembly）。这样做可能很复杂。我们来看一个简单的例子。你可以在 GCC 官方文档网站的 How to Use Inline Assembly Language in C Code 页面阅读详细信息，或者可以使用 shell 命令 info gcc 并选择 C Extensions→Using Assembly Language with C→Extended Asm。

在 C 代码中嵌入汇编语言的一般形式如下：

```
asm asm-qualifiers (assembly language statements
                : output operands
                : input operands
                : clobbers);
```

asm-qualifiers 用于帮助编译器优化 C 代码，这个话题超出了本书的范围。我们不要求编译器优化 C 代码，所以不使用 *asm-qualifiers*。

output operands 是会被 *assembly language statements* 修改的 C 语言变量，作为后者的输出。*input operands* 是不会被 *assembly language statements* 修改的 C 语言变量，作为后者的输入。*clobbers* 是会被 *assembly language statements* 显式修改的寄存器，告知了编译器这些寄存器可能的变化。

在清单 15-12 中，我们使用内联汇编语言检查加法的溢出。

清单 15-12 使用内联汇编语言检查加法的溢出

```
/* sumInts.c
 * Adds two integers
 */

#include <stdio.h>

int main(void)
{
  int x = 0, y = 0, z, overflow;

  printf("Enter an integer: ");
  scanf("%i", &x);
  printf("Enter an integer: ");
  scanf("%i", &y);

  asm("mov edi, ❶%2❷\n"
      "❸add edi, %3\n"
      "seto al\n"
      "movzx eax, al\n"
      "mov %1, eax\n"
      "mov %0, edi"
      : ❹"=rm" (z), "=rm" (overflow)
      : ❺"rm" (x), "rm" (y)
      : "rax", "rdx", ❻"cc");

  printf("%i + %i = %i\n", x, y, z);
  if (overflow)
    printf("*** Overflow occurred ***\n");

  return 0;
}
```

这里首先要注意的是，在汇编语言中放入 add 指令很重要❸，这样我们就可以在指令执行后立即检查溢出。如果我们在 C 语言中执行加法运算，然后在汇编语言中检查溢出，编译器有可能会在汇编语言之前插入其他指令，这也许会改变溢出标志。

我们需要指定每个 C 语言变量的约束。"=rm" (z)❹表示我们的汇编语言将为 C 语言变量 z 赋值(=)，编译器可以为 z 使用寄存器（r）或内存（m），如果在汇编语言中更新变量的值，则使用"+rm"。我们的内联汇编语言代码只读取 C 语言变量 x 和 y 的值，所以对其的约束为"rm"❺。

我们使用语法%n❶指定汇编语言中的 C 语言变量，其中 n 是 outputs:inputs 列表中的相对位置，从 0 开始。在我们的程序中，z 的相对位置是 0，overflow 是 1，x 是 2，y 是 3。所以指令 mov edi, %2 会将 C 语言变量 y 的值载入 edi 寄存器。

记住，汇编语言源代码是面向行的，一定要记得在每行汇编语言代码末尾加上换行符❷。最后一行汇编语言语句末尾可以不加换行符。

在使用内联汇编语言的时候要小心。编译器为 C 代码生成的汇编语言未必能和内联汇编语言相安无事。最好是为整个函数生成汇编语言（使用汇编器的-S选项），仔细阅读，确保函数功能正常。

动手实践

1. 将清单 15-6、清单 15-7、清单 15-10 中的函数修改为使用 unsigned int，当加法产生进位时告知用户。使用 C 语言编写 main 函数。声明以下变量：

   ```
   unsigned int x = 0, y = 0, z;
   ```

   读取并打印 unsigned int 类型值的格式化代码是%u。例如：

   ```
   scanf("%u", &x);
   ```

2. 将清单 15-12 中的函数修改为使用 unsigned int，当加法产生进位时告知用户。

15.3 小结

递归　允许为某些问题提供简洁、优雅的解决方案，但会使用大量的栈空间。

访问硬件特性　大多数编程语言无法直接访问计算机硬件的所有特性。汇编语言函数或内联汇编语言也许是最佳解决方案。

内联汇编　允许在 C 代码中嵌入汇编语言。

现在你已经知道了函数的一些常见用法，我们接下来要介绍乘法、除法以及逻辑运算。你会学到如何将 ASCII 编码的数字字符串转换为其所代表的整数。

第 **16** 章

逻辑位、乘法以及除法指令

 我们已经学习过程序的组织形式，接下来将注意力转向计算。我们先从逻辑运算符开始，利用逻辑运算符，通过使用一种称为掩码（masking）的技术，可以更改数值中的单个位。然后我们将讨论移位操作，该操作提供了一种乘以或除以 2 的幂的方法。本章的最后两节会涉及算术乘法和任意整数除法。

16.1　位掩码

通常最好是将数据视为位模式，而不是数字实体。如果回头观察表 2-5，你会发现大小写字母字符的 ASCII 码的唯一区别就是位 5（bit 5）。1 代表小写，0 代表大写。例如，m 的 ASCII 码是 0x6d，M 的 ASCII 码是 0x4d。如果你想编写一个函数，将一串字母字符中的小写改为大写，可以将此看作数值 32 的差。你需要确定字符的当前大小写，然后决定是否通过减去 32 来改变该字符。

其实还有一个更快的方法。我们可以通过逻辑位运算和掩码（或位掩码）来改变位模式。掩码是一种特定的位模式，可用于将变量的特定位设置为 1 或 0，或者将其反转。例如，为了确保字母字符为大写，我们需要确保它的位数 5 是 0，由此得到掩码 11011111 = 0xdf。然后，用先前字母 m 的例子，0x6d ∧ 0xdf = 0x4d，也就是 M。如果已经是大写字母，那么 0x4d ∧ 0xdf = 0x4d，依然保持大写。这种解决方案省去了在转换前检查大小写。

我们可以对其他操作使用类似的逻辑。如果你想使某个位为 1，可以将掩码的相应位设为 1，然后执行按位 OR 运算。要想使某位生成 0，可以将掩码的该位设为 0，其他位设为 1，然后执行按位 AND 运算。要想反转位，可以将掩码中与之对应的位设为 1，其他位设为 0，然后执行按位 XOR 运算。

16.1.1　C 语言中的位掩码

如你所见，在 ASCII 码中，字母字符大小写的区别在于位 5：0 代表大写，1 代表小写。清单 16-1、清单 16-2、清单 16-3 中的程序展示了如何使用掩码将文本字符串中的所有小写字母转换为大写字母。

注意　这个程序和本书后续的许多程序都使用了 readLn 和 writeStr 函数，这两个函数是在第 14 章末尾的"动手实践"环节中要求你编写的。如果你愿意，也可以使用 C 标准库的 gets 和 puts 函数，但是需要对书中调用它们的函数进行适当的修改，因为其行为略有不同。

清单 16-1　将小写字母字符转换为大写的程序

```
  /* upperCase.c
   * Converts alphabetic characters to uppercase
   */

  #include <stdio.h>
  #include "toUpper.h"
  #include "writeStr.h"
  #include "readLn.h"
❶ #define MAX 50

  int main()
  {
❷ char myString[MAX];

    writeStr("Enter up to 50 alphabetic characters: ");
❸ readLn(myString, MAX);

❹ toUpper(myString, myString);
    writeStr("All upper: ");
    writeStr(myString);
    writeStr("\n");

    return 0;
  }
```

程序中的 main 函数分配一个 char 数组❷来保存用户输入。我们使用#define 给数组长度指定了符号名称❶，这允许我们在一个地方轻松地修改长度，确保将正确的值传给 readLn 函数❸。

在 C 语言中，传递数组名实际上传递的是数组的首地址，所以不需要使用&（取址）运算符❹。关于数组是如何实现的，详见第 17 章。在这个 main 函数中没有其他新东西了，我们将注意力转向函数 toUpper。

因为我们将相同的数组作为源数组和目标数组传给 toUpper，所以新值会替换掉该数组中的旧值。

清单 16-2　toUpper 函数的头文件

```
/* toUpper.h
 * Converts alphabetic letters in a C string to uppercase.
```

```
 */

#ifndef TOUPPER_H
#define TOUPPER_H
int toUpper(char *srcPtr, char *destPtr);
#endif
```

清单 16-3 toUpper 函数

```
/* toUpper.c
 * Converts alphabetic letters in a C string to uppercase.
 */

#include "toUpper.h"
#define UPMASK ❶0xdf
#define NUL '\0'

int toUpper(char *srcPtr, char *destPtr)
{
  int count = 0;
  while (*srcPtr != NUL)
  {
    *destPtr = ❷*srcPtr & UPMASK;
    srcPtr++;
    destPtr++;
    count++;
  }

❸ *destPtr = *srcPtr;

❹ return count;
}
```

为了确保字符的位 5 为 0，我们使用一个掩码：位 5 为 0，其他位为 1❶。当不是 NUL 字符时，对该字符按位执行 AND 运算，将其位 5 置为 0，其他位在结果中保持不变❷。别忘了在输入文本字符串中包含 NUL 字符❸！忘记这件事会导致一个常见的编程错误，在测试过程中往往不会被发现，因为内存中挨着字符串末尾的字节可能恰好是 0x00（NUL 字符）。如果你改变了输入文本字符串的长度，尾随字节可能就不再是 0x00 了。错误会以看似随机的方式出现。

虽然该函数会返回已处理的字符数❹，但是 main 函数并不理会这个值。调用函数用不着返回值。如果有需要，我通常会在这样的函数中包含一个计数算法以进行调试。

清单 16-4 展示了编译器为 toUpper 函数生成的汇编语言程序。

清单 16-4 编译器为 toUpper 函数生成的汇编语言程序

```
        .file   "toUpper.c"
        .intel_syntax noprefix
        .text
        .globl  toUpper
        .type   toUpper, @function
```

```
toUpper:
        push    rbp
        mov     rbp, rsp
        mov     QWORD PTR -24[rbp], rdi      ## save srcPtr
        mov     QWORD PTR -32[rbp], rsi      ## save destPtr
        mov     DWORD PTR -4[rbp], 0         ## count = 0;
        jmp     .L2
.L3:
❶ mov       rax, QWORD PTR -24[rbp]      ## load srcPtr
❷ movzx     eax, BYTE PTR [rax]          ## and char there
❸ and       eax, -33                    ## and with 0xdf
        mov     edx, eax
        mov     rax, QWORD PTR -32[rbp]      ## load destPtr
        mov     BYTE PTR [rax], dl           ## store new char
        add     QWORD PTR -24[rbp], 1        ## srcPtr++;
        add     QWORD PTR -32[rbp], 1        ## destPtr++;
        add     DWORD PTR -4[rbp], 1         ## count++;
.L2:
❹ mov       rax, QWORD PTR -24[rbp]      ## load srcPtr
❺ movzx     eax, BYTE PTR [rax]          ## and char there
❻ test      al, al                      ## NUL char?
        jne     .L3                         ## no, loop back
        mov     rax, QWORD PTR -24[rbp]      ## yes, load srcPtr
        movzx   edx, BYTE PTR [rax]          ## and char there
        mov     rax, QWORD PTR -32[rbp]      ## load destPtr
        mov     BYTE PTR [rax], dl           ## store NUL
        mov     eax, DWORD PTR -4[rbp]       ## return count;
        pop     rbp
        ret
        .size   toUpper, .-toUpper
        .ident "GCC: (Ubuntu 9.3.0-17ubuntu1~20.04) 9.3.0 "
        .section        .note.GNU-stack,"",@progbits
```

在进入 while 循环之前，toUpper 将源文本字符串的地址载入 rax❹❶。movzx 指令用存储在该地址的字节（BYTE PTR）覆盖 rax 中的地址，并将该寄存器的高 56 位设为 0❷❺。and 指令❸使用立即数（−33 = 0xdf）作为掩码，将位 5 设为 0，从而确保字符是大写的。这段代码在 while 循环中重复执行，对输入文本字符串中非 NUL 字符的每个字符进行处理❻。

如前所述，将字符视为位模式而非数值，既可以将小写转换为大写，又可以保持大写不变。

清单 16-4 引入了另一个逻辑指令 and❸。我们在第 11 章介绍过 xor 指令。接下来让我们看看另外两个逻辑指令 and 和 or。

16.1.2　逻辑指令

逻辑指令按位操作。也就是说，操作对象是两个操作数对应的位。常见的逻辑指令是 and 和 or。

and —— 逻辑 AND

　　对两个值执行按位 AND 运算。

and *reg1, reg2*　对寄存器 *reg1* 和 *reg2* 的值执行按位 AND 运算，*reg1* 和 *reg2* 可以是相同的寄存器，也可以是不同的寄存器。结果保存在 *reg1*。

and *reg, mem*　对寄存器 *reg* 的值和 *mem* 中的值执行按位 AND 运算，结果保存在 *reg*。

and *mem, reg*　对 *mem* 中的值和寄存器 *reg* 的值执行按位 AND 运算，结果保存在 *mem*。

and *reg, imm*　对寄存器 *reg* 的值和常量 *imm* 执行按位 AND 运算，结果保存在 *reg*。

and *mem, imm*　对 *mem* 中的值和常量 *imm* 执行按位 AND 运算，结果保存在 *mem*。

and 指令在源值和目标值之间执行按位 AND 运算，结果保存在目标中。rflags 寄存器中的 SF、ZF、PF 标志会根据结果进行相应的设置，OF 和 CF 标志被设为 0，AF 标志的状态未定义。

or —— 逻辑 OR

对两个值执行按位 OR 运算。

or *reg1, reg2*　对寄存器 *reg1* 和 *reg2* 的值执行按位 OR 运算，*reg1* 和 *reg2* 可以是相同的寄存器，也可以是不同的寄存器。结果保存在 *reg1*。

or *reg, mem*　对寄存器 *reg* 的值和 *mem* 中的值执行按位 OR 运算，结果保存在 *reg*。

or *mem, reg*　对 *mem* 中的值和寄存器 *reg* 的值执行按位 OR 运算，结果保存在 *mem*。

or *reg, imm*　对寄存器 *reg* 的值和常量 *imm* 执行按位 OR 运算，结果保存在 *reg*。

or *mem, imm*　对 *mem* 中的值和常量 *imm* 执行按位 OR 运算，结果保存在 *mem*。

or 指令在源值和目标值之间执行按位 OR 运算，结果保存在目标中。rflags 寄存器中的 SF、ZF、PF 标志会根据结果进行相应的设置，OF 和 CF 标志被设为 0，AF 标志的状态未定义。

下面我们直接使用汇编语言编写同样的程序。

16.1.3　汇编语言中的位掩码

我们打算在汇编语言版本中使用相同的掩码算法，为了更容易看清楚来龙去脉，我们使用了标识符。清单 16-5 展示了使用汇编语言编写的 main 函数。

清单 16-5　main 函数的汇编语言版本，可将小写字母字符转换为大写

```
# upperCase.s
# Makes user alphabetic text string all upper case
        .intel_syntax noprefix
# Stack frame
        .equ     myString,-64
        .equ     canary,-8
        .equ  ❶ localSize,-64
# Useful constants
        .equ     upperMask,0xdf
        .equ  ❷ MAX,50                   # character buffer limit
        .equ     NUL,0
# Constant data
        .section  .rodata
        .align 8
prompt:
        .string "Enter up to 50 alphabetic characters: "
message:
```

```
        .string "All upper: "
newLine:
        .string "\n"
# Code
        .text
        .globl  main
        .type   main, @function
main:
        push    rbp                     # save frame pointer
        mov     rbp, rsp                # set new frame pointer
        add     rsp, localSize          # for local var.
        mov     rax, qword ptr fs:40    # get canary
        mov     qword ptr canary[rbp], rax

        lea     rdi, prompt[rip]        # prompt user
        call    writeStr

        mov     esi, MAX                # limit user input
        lea     rdi, myString[rbp]      # place to store input
        call    readLn

        lea     rsi, myString[rbp]      # destination string
        lea     rdi, myString[rbp]      # source string
        call    toUpper

        lea     rdi, message[rip]       # tell user
        call    writeStr

❸ lea        rdi, myString[rbp]      # result
        call    writeStr
        lea     rdi, newLine[rip]       # some formatting
        call    writeStr

        mov     eax, 0                  # return 0;
        mov     rcx, canary[rbp]        # retrieve saved canary
        xor     rcx, fs:40              # and check it
        je      goodCanary
        call    __stack_chk_fail@PLT    # bad canary
goodCanary:
        mov     rsp, rbp                # restore stack pointer
        pop     rbp                     # and caller frame pointer
        ret
```

　　我们为 50 个字符留出了足够的内存空间❷。加上用于金丝雀值的另外 8 字节，共计 58 字节。但为了保持栈指针为 16 的倍数，我们为局部变量分配了 64 字节❶。我们将 char 数组的地址作为源地址和目标地址传递给 toUpper 函数❸，该函数会用新值替换数组中的旧值。

　　汇编语言版本的 toUpper 使用与编译器相同的掩码算法，但构造函数的方式不同。代码见清单 16-6。

清单 16-6 汇编语言版本的 toUpper 函数

```
# toUpper.s
# Converts alphabetic characters in a C string to upper case.
# Calling sequence:
#    rdi <- pointer to source string
#    rsi <- pointer to destination string
# returns number of characters processed.
        .intel_syntax noprefix

# Stack frame
        .equ    count,-4
        .equ    localSize,-16
# Useful constants
        .equ    upperMask,0xdf
        .equ    NUL,0
# Code
        .text
        .globl  toUpper
        .type   toUpper, @function
toUpper:
        push    rbp                 # save frame pointer
        mov     rbp, rsp            # set new frame pointer
❶ add     rsp, localSize      # for local var.

        mov     dword ptr count[rbp], 0
whileLoop:
        mov  ❷ al, byte ptr [rdi]   # char from source
        and     al, upperMask       # no, make sure it's upper
        mov     byte ptr [rsi], al  # char to destination
❸ cmp     al, NUL             # was it the end?
        je      allDone             # yes, all done
        inc     rdi                 # increment
        inc     rsi                 # pointers
        inc     dword ptr count[rbp] # and counter
        jmp     whileLoop           # continue loop
allDone:
❹ mov     byte ptr [rsi], al  # finish with NUL
        mov     eax, dword ptr count[rbp] # return count

        mov     rsp, rbp            # restore stack pointer
        pop     rbp                 # and caller frame pointer
        ret
```

编译器将栈内的红区用于局部变量，但我更喜欢创建显式的栈帧❶。不用将传递给函数的源地址和目标地址保存在栈的局部变量区域中，我们可以简单地使用寄存器传递地址。

编译器使用 movzx 指令将 rax 寄存器中未用于字符处理的部分清零。我更喜欢使用 rax 寄存器的字节部分 al 来处理单个字符，因为大小合适❷。记住，这使得 rax 的高 56 位保持原样，但如果我们在处理字符时始终只使用 al，倒也无所谓了。对我来说，使用 cmp 指令而不是 test 来检查终止字符 NUL 更自然❸。如前所述，别忘了包含 NUL 字符❹。

注意 我不知道我的汇编语言实现比起编译器生成的结果效率是高还是低。在大多数时候，代码的可读性远比效率重要。

动手实践

1. 使用汇编语言编写程序，将所有的字母字符转换为小写。
2. 使用汇编语言编写程序，反转所有字母字符的大小写。
3. 使用汇编语言编写程序，将所有字母字符转换成大写和小写。在显示过大写和小写转换后，程序还应该显示出用户输入的原始字符串。

16.2 移位

有时，能够将变量的所有位向左或向右移动是很有用的。如果变量是一个整数，将所有的位向左移动一个位置相当于将该整数乘以 2，向右移动一个位置相当于将该整数除以 2。使用左移/右移来执行乘法/除法运算的效率非常高。

16.2.1 C 语言中的移位操作

我们通过观察一个程序来讨论移位，该程序从键盘读取以十六进制形式输入的整数，并将其存储为 long int 类型。这个程序最多读取 8 个字符（'0'～'f'）。每个字符采用 8 位 ASCII 编码，代表一个 4 位整数（0～15）。我们的程序以 64 位整数 0 作为初始值。从最高有效的十六进制字符开始（也就是用户输入的第一个字符），程序将 8 位 ASCII 码转换为相应的 4 位整数。我们将 64 位整数的累加值左移 4 位，为下一个 4 位整数腾出空间，然后将新的 4 位整数值与累加值再相加。

该程序如清单 16-7、清单 16-8、清单 16-9 所示。

清单 16-7 将十六进制转换为 long int 类型的程序

```
/* convertHex.c
 *  Gets hex number from user and stores it as a long int.
 */
#include <stdio.h>
#include "writeStr.h"
#include "readLn.h"
#include "hexToInt.h"

#define MAX 20

int main()
{
  char theString[MAX];
  long int theInt;
```

```
        writeStr("Enter up to 16 hex characters: ");
        readLn(theString, MAX);

        hexToInt(theString, &theInt);
        printf("%lx = %li\n", theInt, theInt);
        return 0;
    }
```

程序分配一个 char 数组来存储用户输入的字符串，一个 long int 来保存转换后的值。long int 数据类型的大小取决于它所运行的操作系统及其硬件。在我们的环境中，long int 为 64 位。读取用户的输入字符串后，main 函数将输入文本字符串的地址和存储转换结果的变量的地址作为参数，调用 hexToInt 进行实际的转换。

printf 函数将 theInt 转换回字符格式，以便在屏幕上显示。格式化代码%lx 告诉 printf 以十六进制显示整个 long int（在我们的环境中为 64 位）。格式化代码%li 以十进制显示 long int。

清单 16-8　hexToInt 函数的头文件

```
/* hexToInt.h
 * Converts hex character string to long int.
 * Returns number of characters converted.
 */


#ifndef HEXTOINT_H
#define HEXTOINT_H
int hexToInt(char *stringPtr, long int *intPtr);
#endif
```

头文件声明了 hexToInt 函数，该函数接受两个指针。char 指针是输入，long int 指针是主输出的位置。hexToInt 函数还将转换的字符数以 int 类型作为辅助输出返回。

清单 16-9　将十六进制字符串转换为 long int

```
/* hexToInt.c
 * Converts hex character string to int.
 * Returns number of characters.
 */

#include "hexToInt.h"
#define GAP 0x07
#define INTPART 0x0f /* also works for lowercase */
#define NUL '\0'

int hexToInt(char *stringPtr, long int *intPtr)
{
    *intPtr = 0;
    char current;
    int count = 0;
```

```
    current = *stringPtr;
    while (current != NUL)
    {
        if (current > '9')
        {
❶          current -= GAP;
        }
❷      current = current & INTPART;
❸      *intPtr = *intPtr<<4;
❹      *intPtr |= current;
        stringPtr++;
        count++;
        current = *stringPtr;
    }
    return count;
}
```

首先，我们需要将十六进制字符转换为 4 位整数。数字字符（'0'～'9'）的 ASCII 码范围从 0x30 到 0x39，大写字母字符（'A'～'F'）的范围从 0x41 到 0x46。从字母字符中减去 0x07 这个间隙❶，我们得到输入字符的位模式 0x30, 0x31,…, 0x39, 0x3a,…, 0x3f。当然，用户也可以输入小写字母字符，在这种情况下，减去 0x07 得到 0x30, 0x31,…, 0x39, 0x5a,…, 0x5f。一个十六进制字符代表 4 位二进制，如果看一下减去 0x07 后的低 4 位，无论用户输入的是小写还是大写字母字符，它们都是一样的。我们可以通过 C 语言中的按位 AND 运算符&，使用位模式 0x0f 掩蔽（masking off）高 4 位来得到 4 位整数❷。

接下来，我们将累加值中的所有位左移 4 位，以便为十六进制字符表示的接下来的 4 位腾出空间❸。左移会在 4 个最低有效位位置留下 0，因此我们可以使用按位 OR 运算符|将 current 中的 4 位复制到这些位置❹。

现在，让我们来看看编译器为 hexToInt 函数生成的汇编语言程序，如清单 16-10 所示。

清单 16-10 编译器生成的 hexToInt 函数的汇编语言程序

```
        .file "hexToInt.c
        .intel_syntax noprefix
        .text
        .globl  hexToInt
        .type   hexToInt, @function
hexToInt:
        push    rbp
        mov     rbp, rsp
        mov     QWORD PTR -24[rbp], rdi  ## save stringPtr
        mov     QWORD PTR -32[rbp], rsi  ## save intPtr
        mov     rax, QWORD PTR -32[rbp]
        mov     QWORD PTR [rax], 0       ## *intPtr = 0;
        mov     DWORD PTR -4[rbp], 0     ## count = 0;
        mov     rax, QWORD PTR -24[rbp]  ## load stringPtr
        movzx   eax, BYTE PTR [rax]      ## current = *stringPtr
        mov     BYTE PTR -5[rbp], al
        jmp     .L2
```

```
    .L4:
            cmp     BYTE PTR -5[rbp], 57    ## current <= '9'?
            jle     .L3                     ## yes, skip
            movzx   eax, BYTE PTR -5[rbp]   ## no, load current
            sub     eax, 7                  ## subtract gap
            mov     BYTE PTR -5[rbp], al    ## store current
    .L3:
    ❶ and     BYTE PTR -5[rbp], 15    ## current & 0x0f
            mov     rax, QWORD PTR -32[rbp] ## load intPtr
            mov     rax, QWORD PTR [rax]    ## load *intPtr
    ❷ sal     rax, 4                  ## make room for 4 bits
            mov     rdx, rax
            mov     rax, QWORD PTR -32[rbp]
            mov     QWORD PTR [rax], rdx    ## store shifted value
            mov     rax, QWORD PTR -32[rbp]
            mov     rdx, QWORD PTR [rax]    ## load shifted value
    ❸ movsx   rax, BYTE PTR -5[rbp]   ## load new 4 bits
    ❹ or      rdx, rax                ## add them
            mov     rax, QWORD PTR -32[rbp]
            mov     QWORD PTR [rax], rdx    ## store updated value
            add     QWORD PTR -24[rbp], 1   ## stringPtr++;
            add     DWORD PTR -4[rbp], 1    ## count++;
            mov     rax, QWORD PTR -24[rbp]
            movzx   eax, BYTE PTR [rax]     ## load next character
            mov     BYTE PTR -5[rbp], al    ## and store it
    .L2:
            cmp     BYTE PTR -5[rbp], 0     ## NUL character?
            jne     .L4                     ## no, continue looping
            mov     eax, DWORD PTR -4[rbp]  ## yes, return count
            pop     rbp
            ret
            .size   hexToInt, .-hexToInt
            .size   hexToInt, .-hexToInt
            .ident "GCC: (Ubuntu 9.3.0-17ubuntu1~20.04) 9.3.0"
            .section        .note.GNU-stack,"",@progbits
```

在减去数字字符和字母字符之间的间隙后，如果需要，通过掩码操作将字符转换为 4 位整数，结果存入栈帧中的 current 变量❶。然后，累加值向左移动 4 位，为新的 4 位整数值腾出空间❷。

使用 or 指令将这 4 位插入累加值的空闲位置❹，但像大多数算术和逻辑运算一样，它只能处理相同大小的值。累加值是一个 64 位的 long int 类型，因此在将 4 位整数插入 64 位累加值之前，必须将其类型转换为 long int 类型。如果 C 编译器能根据 C 程序语句弄清楚所需的类型转换，则会自动转换。事实上，编译器使用 movsx 指令将-5[rbp]处的 8 位值扩展为 rax 中的 64 位值❸。movsx 指令会执行符号扩展，但因为掩码操作使 8 位值的高 4 位全为 0，所以符号扩展将位 7 中的 0 复制到 rax 的高 56 位。

movsx —— 符号扩展移动

    将 8 位或 16 位值从内存或寄存器移入（复制到）更大的寄存器，并将符号位复制到目标寄存器的高位。

movsx *reg1, reg2*　　将 *reg2* 的值复制到 *reg1*。

movsx *reg, mem*　　将 *mem* 中的值复制到 *reg*。

movsx 指令扩展数值所占的位数，可以从 8 位扩展到 16 位、32 位或 64 位，也可以从 16 位扩展到 32 位或 64 位。movsx 指令不会影响 rflags 寄存器中的状态标志。

movsxd —— 符号扩展双字移动

将 32 位值从内存或寄存器移入（复制到）64 位寄存器，并将符号位复制到目标寄存器的高位。

movsxd *reg1, reg2*　　将 *reg2* 的值复制到 *reg1*。

movsxd *reg, mem*　　将 *mem* 中的值复制到 *reg*。

movsxd 指令将数值所占的位数从 32 位扩展至 64 位。movsxd 指令不会影响 rflags 寄存器中的状态标志。

接下来，让我们看看常见的移位指令。

16.2.2　移位指令

移位指令将目标位置的所有位向右或向左移动。要移位的位数在移位之前事先载入 cl 寄存器，或者在移位指令中表示为立即数。对 32 位值进行移位时，CPU 仅使用移位操作数的低 5 位；对 64 位值进行移位时，CPU 仅使用移位操作数的低 6 位。

sal —— 算术左移

向左执行算术移位。

sal *reg, cl*　　将 *reg* 左移由 *cl* 指定的位数。

sal *mem, cl*　　将 *mem* 左移由 *cl* 指定的位数。

sal *reg, imm*　　将 *reg* 左移由 *imm* 指定的位数。

sal *mem, imm*　　将 *mem* 左移由 *imm* 指定的位数。

左移导致右边空出的位被填充为 0。移出目标操作数左侧（最高有效位）的最后一位保存在 rflags 寄存器的 CF 标志中。当移位操作数为 1 时，OF 被设置为 CF 与移入目标操作数中最高位的 XOR 运算结果；对于更多数量的移位，OF 的状态未定义。

sar —— 算术右移

向右执行算术移位。

sar *reg, cl*　　将 *reg* 右移由 *cl* 指定的位数。

sar *mem, cl*　　将 *mem* 右移由 *cl* 指定的位数。

sar *reg, imm*　　将 *reg* 右移由 *imm* 指定的位数。

sar *mem, imm*　　将 *mem* 右移由 *imm* 指定的位数。

因为右移会导致左边空出的位被填充为最高位的副本，所以此处保留了值的符号。移出目标操作数右侧（最低有效位）的最后一位保存在 rflags 寄存器的 CF 标志中。

小心　因为 sar 指令将最高位复制到空出的位中，所以移动负值（补码表示）的结果永远不会是 0。例如，将–1 向右移动任意位数仍然是–1，但你可能以为结果是 0。

shr —— 逻辑右移

向右执行逻辑移位。

shr *reg, cl*　　将 *reg* 右移由 *cl* 指定的位数。

shr *mem, cl* 将 *mem* 右移由 *cl* 指定的位数。

shr *reg, imm* 将 *reg* 右移由 *imm* 指定的位数。

shr *mem, imm* 将 *mem* 右移由 *imm* 指定的位数。

右移导致左边空出的位被填充为 0。移出目标操作数右侧（最低有效位）的最后一位保存在 rflags 寄存器的 CF 标志中。

指令手册还定义了逻辑左移指令 shl，不过这只是 sal 指令的另一个名字而已。

接下来，我们将采用类似的方法，用汇编语言编写"十六进制-整数"转换程序，就像对先前 C 语言版本的大小写转换程序所做的那样。我们只使用寄存器的 8 位部分来转换各个字符。

16.2.3 汇编语言中的移位操作

清单 16-11 展示了使用汇编语言编写的"十六进制-整数"转换程序的 main 函数。

清单 16-11 使用汇编语言编写的"十六进制-整数"转换程序的 main 函数

```
# convertHex.s
        .intel_syntax noprefix
# Stack frame
        .equ    myString,-48
        .equ    myInt, -16
        .equ    canary,-8
        .equ    localSize,-48
# Useful constants
        .equ    MAX,20                  # character buffer limit
# Constant data
        .section .rodata
        .align  8
prompt:
        .string "Enter up to 16 hex characters: "
format:
        .string "%lx = %li\n"
# Code
        .text
        .globl  main
        .type       main, @function
main:
        push    rbp                     # save frame pointer
        mov     rbp, rsp                # set new frame pointer
        add     rsp, localSize          # for local var.
        mov     rax, qword ptr fs:40    # get canary
        mov     qword ptr canary[rbp], rax

        lea     rdi, prompt[rip]        # prompt user
        call    writeStr

        mov     esi, MAX                # get user input
        lea     rdi, myString[rbp]
        call    readLn
```

```
        lea     rsi, myInt[rbp]        # for result
        lea     rdi, myString[rbp]     # convert to int
        call    hexToInt

        mov     rdx, myInt[rbp]        # converted value
        mov     rsi, myInt[rbp]
        lea     rdi, format[rip]       # printf format string
        mov     eax, 0
        call    printf

        mov     eax, 0                 # return 0;
        mov     rcx, canary[rbp]       # retrieve saved canary
        xor     rcx, fs:40             # and check it
        je      goodCanary
        call    __stack_chk_fail@PLT   # bad canary
goodCanary:
        mov     rsp, rbp               # restore stack pointer
        pop     rbp                    # and caller frame pointer
        ret
```

这里的 main 函数没有什么新内容，但是我们在其中使用了更有意义的标签并加入了注释，提高了代码的可读性。如前所述，对于汇编语言版本的 hexToInt，我们只使用寄存器的 8 位部分，而不是对 char 变量进行类型转换，如清单 16-12 所示。

清单 16-12　汇编语言版本的 hexToInt 函数

```
# hexToInt.s
# Converts hex characters in a C string to int.
# Calling sequence:
#   rdi <- pointer to source string
#   rsi <- pointer to long int result
#   returns number of chars converted
        .intel_syntax noprefix

# Stack frame
        .equ    count,-4
        .equ    localSize,-16
# Useful constants
        .equ    GAP,0x07
        .equ    NUMMASK,0x0f           # also works for lowercase
        .equ    NUL,0
        .equ    NINE,0x39              # ASCII for '9'
# Code
        .text
        .globl  hexToInt
        .type   hexToInt, @function
hexToInt:
        push    rbp                    # save frame pointer
        mov     rbp, rsp               # set new frame pointer
```

```
           add      rsp, localSize              # for local var.

❶ mov      dword ptr count[rbp], 0      # count = 0
❷ mov      qword ptr [rsi], 0           # initialize to 0
❸ mov      al, byte ptr [rdi]           # get a char
whileLoop:
           cmp      al, NUL                     # end of string?
           je       allDone                     # yes, all done
           cmp      al, NINE                    # no, is it alpha?
           jbe      numeral                     # no, nothing else to do
           sub      al, GAP                     # yes, numeral to alpha gap
numeral:
❹ and      al, NUMMASK                  # convert to 4-bit int
           sal      qword ptr [rsi], 4          # make room
❺ or       byte ptr [rsi], al          # insert the 4 bits
           inc      dword ptr count[rbp]        # count++
           inc      rdi                         # increment string ptr
           mov      al, byte ptr [rdi]          # next char
           jmp      whileLoop                   # and continue
allDone:
           mov      eax, dword ptr count[rbp]   # return count

           mov      rsp, rbp                    # restore stack pointer
           pop      rbp                         # and caller frame pointer
           ret
```

我们在该函数中使用了 3 个不同大小的变量。32 位 int 类型的 count 变量显示已转换的字符数❶。虽然 main 函数并不使用这个值，但在动手实践环节，你有机会用到。转换结果是 64 位的 long int 类型❷。这两个变量都在内存中，所以在使用的时候需要指定其大小（dword ptr 和 qword ptr）。

要转换的字符只占用 1 字节，因此我们使用 rax 寄存器的 al 部分❸。执行此操作时，rax 寄存器的高 56 位可以保存任何位模式，对 al 的操作都不会涉及这些高位。我们使用的位掩码将 al 寄存器的高 4 位设置为 0❹，所以 or 指令仅将 al 寄存器的低 4 位插入结果的低 4 位部分❺。

移位适合乘除 2 的幂，但我们也需要能够进行任意数的乘除。在 16.3 节和 16.4 节中，我们将学习任意整数的乘除运算，小数和浮点数的运算留到第 19 章。

动手实践

1. 修改清单 16-7 中的 main 函数，显示转换过的十六进制字符。使用清单 16-12 中的汇编语言函数 hexToInt 进行转换。
2. 使用汇编语言编写程序，将八进制输入转换为 long int 类型。

16.3 乘法

不用说，我们需要能够对任意整数进行乘法运算，而不仅限于 2 的幂。这可以通过循环来实现，但大多数通用 CPU 都提供了乘法指令。

16.3.1　C 语言中的乘法

修改清单 16-7、清单 16-8、清单 16-9 中的 C 程序，将数字文本字符串转换成十进制整数。在转换十六进制文本字符串时，我们将累加值左移 4 位，从而将其乘以 16。这里使用相同的算法来转换十进制文本字符串，但乘以的是 10 而不是 16。清单 16-13、清单 16-14、清单 16-15 展示了这个 C 程序。

清单 16-13　将数字文本字符串转换为无符号十进制整数的程序

```
/* convertDec.c
 * Reads decimal number from keyboard and displays how
 * it's stored in hexadecimal.
 */

#include <stdio.h>
#include "writeStr.h"
#include "readLn.h"
#include "decToUInt.h"
#define MAX 20
int main()
{
  char theString[MAX];
  unsigned int theInt;

  writeStr("Enter an unsigned integer: ");
  readLn(theString, MAX);

  decToUInt(theString, &theInt);
❶ printf("\"%s\" is stored as 0x%x\n", theString, theInt);

  return 0;
}
```

这个十进制转换程序的主要功能与 16.2.3 节中的十六进制转换程序几乎相同。主要区别在于，我们不仅显示用户输入的原始文本字符串，还会以十六进制形式显示 unsigned int 类型的结果是如何存储的❶。

转换函数 decToUInt 接受一个指向文本字符串的指针和一个指向主输出变量的指针，返回已转换的字符数（清单 16-14）。

清单 16-14　decToUInt 函数的头文件

```
/* decToUInt.h
 * Converts decimal character string to unsigned int.
 * Returns number of characters.
 */

#ifndef DECTOUINT_H
#define DECTOUINT_H
int decToUInt(char *stringPtr, unsigned int *intPtr);
#endif
```

清单 16-15 展示了 decToUInt 函数的实现。

清单 16-15 decToUInt 函数

```
/* decToUInt.c
 * Converts decimal character string to unsigned int.
 * Returns number of characters.
 */

#include <stdio.h>
#include "decToUInt.h"
#define INTMASK0xf

int decToUInt(char *stringPtr, unsigned int *intPtr)
{
  int radix = 10;
  char current;
  int count = 0;

  *intPtr = 0;
  current = *stringPtr;
  while (current != '\0')
  {
❶ current = current & INTMASK;
❷ *intPtr = *intPtr * radix;
❸ *intPtr += current;
    stringPtr++;
    count++;
    current = *stringPtr;
  }
  return count;
}
```

该算法与十六进制算法的第一个区别是，我们不需要检查字母字符，因为数字字符（从"0"到"9"）的 ASCII 码是连续的。由于数字字符的 ASCII 码的低 4 位与其代表的整数值相同，我们可以简单地掩蔽掉高 4 位❶。

正如我们所看到的，处理十六进制时，可以通过移动累加结果来轻松地为新值腾出空间，但这仅在新值的最大值为 2 的幂时才管用。处理十进制时，我们需要将累加结果乘以 10❷，然后与新值相加❸。

编译器为 decToUInt 函数生成的汇编语言程序如清单 16-16 所示。

清单 16-16 编译器为 decToUInt 函数生成的汇编语言程序

```
        .file   "decToUInt.c"
        .intel_syntax noprefix
        .text
        .globl  decToUInt
        .type   decToUInt, @function
decToUInt:
        push    rbp
```

```
       mov     rbp, rsp
       mov     QWORD PTR -24[rbp], rdi   ## save stringPtr
       mov     QWORD PTR -32[rbp], rsi   ## save intPtr
       mov     DWORD PTR -4[rbp], 10     ## radix = 10;
       mov     DWORD PTR -8[rbp], 0      ## count = 0;
       mov     rax, QWORD PTR -32[rbp]
       mov     DWORD PTR [rax], 0        ## *intPtr = 0;
       mov     rax, QWORD PTR -24[rbp]
       movzx   eax, BYTE PTR [rax]
       mov     BYTE PTR -9[rbp], al      ## load character
       jmp     .L2                       ## go to bottom
.L3:
       and     BYTE PTR -9[rbp], 15      ## convert to int
       mov     rax, QWORD PTR -32[rbp]
       mov     edx, DWORD PTR [rax]      ## load current value
       mov     eax, DWORD PTR -4[rbp]    ## load radix
❶ imul     edx, eax                  ## times 10
       mov     rax, QWORD PTR -32[rbp]
       mov     DWORD PTR [rax], edx      ## store 10 times current
       mov     rax, QWORD PTR -32[rbp]
       mov     edx, DWORD PTR [rax]      ## load 10 times current
❷ movsx    eax, BYTE PTR -9[rbp]     ## byte to 32 bits
❸ add      edx, eax                  ## add in latest value
       mov     rax, QWORD PTR -32[rbp]
       mov     DWORD PTR [rax], edx      ## *intPtr += current;
       add     QWORD PTR -24[rbp], 1     ## stringPtr++;
       add     DWORD PTR -8[rbp], 1      ## count++;
       mov     rax, QWORD PTR -24[rbp]
       movzx   eax, BYTE PTR [rax]
       mov     BYTE PTR -9[rbp], al      ## load next character
.L2:
       cmp     BYTE PTR -9[rbp], 0       ## NUL?
       jne     .L3                       ## no, keep going
       mov     eax, DWORD PTR -8[rbp]    ## yes, return count;
       pop     rbp
       ret
       .size   decToUInt, .-decToUInt
       .ident  "GCC: (Ubuntu 9.3.0-17ubuntu1~20.04) 9.3.0"
       section         .note.GNU-stack,"",@progbits
```

decToUInt 函数的汇编语言程序与清单 16-12 中 hexToInt 函数类似。主要区别在于使用 imul 指令将累加结果乘以转换基数（十进制数为 10）❶，在新值与累加结果相加❸之前将其类型转换为 32 位 int 型❷。

x86-64 指令集提供了无符号乘法指令 mul 和有符号乘法指令 imul。编译器使用有符号乘法指令将数字文本字符串转换为 unsigned int 类型，这似乎有些奇怪。了解过这两条指令的细节就知道原因了。

16.3.2　乘法指令

有符号乘法指令可以有 1～3 个操作数。

imul —— 有符号乘法

　　执行有符号乘法运算。

　　imul *reg*　将 al、ax、eax 或 rax 中的整数与 *reg* 中的整数相乘，结果分别保留在 ax、dx:ax、edx:eax 或 rdx:rax。

　　imul *mem*　将 al、ax、eax 或 rax 中的整数与 *mem* 中的整数相乘，结果分别保留在 ax、dx:ax、edx:eax 或 rdx:rax。

　　imul *reg1*, *reg2*　将 *reg1* 中的整数与 *reg2* 中的整数相乘，结果保留在 *reg1*。*reg1* 和 *reg2* 可以是相同的寄存器。

　　imul *reg, mem*　将 *reg* 中的整数与 *mem* 中的整数相乘，结果保留在 *reg*。

　　imul *reg1*, *reg2*, *imm*　将 *reg2* 中的整数与整数 *imm* 相乘，结果保留在 *reg1*。*reg1* 和 *reg2* 可以是相同的寄存器。

　　imul *reg, mem, imm*　将 *mem* 中的整数与整数 *imm* 相乘，结果保留在 *reg*。

　　寄存器或内存中整数的宽度必须相同。在第一种形式中，结果的宽度是被乘整数的两倍，并在高位部分进行符号扩展。在第二种和第三种形式中，*n* 位目标操作数乘以 *n* 位源操作数和目标操作数中剩余的 *n* 个低位。在最后两种形式中，$-128 \leqslant imm \leqslant +127$，在与 *n* 位源操作数相乘之前，将 imm 符号扩展至与源和目标寄存器相同的宽度，将 *n* 个低位保留在目标寄存器中。在前两种形式之外的其他所有形式中，如果结果的宽度不超过所乘的两个整数的宽度，则 rflags 寄存器中的 CF 和 OF 都设置为 0。如果结果的宽度超过所乘的两个整数的宽度，则高位部分丢失，并且 rflags 寄存器中的 CF 和 OF 都设置为 1。

mul —— 无符号乘法

　　执行无符号乘法运算。

　　mul *reg*　将 al、ax、eax 或 rax 中的整数与 *reg* 中的整数相乘，结果分别保留在 ax、dx:ax、edx:eax 或 rdx:rax。

　　mul *mem*　将 al、ax、eax 或 rax 中的整数与 *mem* 中的整数相乘，结果分别保留在 ax、dx:ax、edx:eax 或 rdx:rax。

　　寄存器或内存中整数的宽度必须相同。结果的宽度将是相乘整数的两倍，并且不会在高位部分进行符号扩展。

　　当两个 *n* 位整数相乘时，乘积最多 2*n* 位宽。这里不提供正式的证明，用最大的 3 位二进制数 111 举例说明。对其加 1 得到 1000。从 $1000 \times 1000 = 1000000$ 可以得出 $111 \times 111 \leqslant 111111$。更准确地说，$111 \times 111 = 110001$。

　　mul 指令和 imul 指令的单操作数形式允许在两个 *n* 位整数相乘时，乘积的全宽（full width）为 2*n*。当 al 中的 8 位整数与另一个 8 位整数相乘时，16 位结果保留在 ax。对于两个 16 位整数相乘，记法 dx:ax 表示 32 位结果的高 16 位存储在 dx 寄存器，低 16 位存储在 ax 寄存器。同样，edx:eax 表示 64 位结果的高 32 位在 edx，低 32 位在 eax，rdx:rax 表示 128 位结果的高 64 位在 rdx，低 64 位在 rdx。32 位乘法使用 edx:eax 获得 64 位结果，与大多数算术指令一样，rdx 和 rax 寄存器的高 32 位也会被置零，因此寄存器的这部分数据会丢失。

　　重要的是要记住，mul 指令和 imul 指令的单操作数形式使用的部分 rax 和 rdx 寄存器（仅 rax 用于 8 位乘法）永远不会作为操作数出现在指令中。我们在表 16-1 中总结了 mul 和 imul 的单操作数形式的使用。

表 16-1   mul 和单操作数 imul 的寄存器用法

乘数	被乘数	乘积	
寄存器或内存操作数大小	低位	高位	低位
8 位	al	ah	al
16 位	ax	dx	ax
32 位	eax	edx	eax
64 位	rax	rdx	rax

补码表示法意味着固定的位数，但 mul 指令和 imul 指令的单操作数形式会扩展乘积结果的位数。当我们允许更宽的结果时，需要区分是否存在符号扩展。例如，如果 1111 在程序中表示 15，而我们将其转换为 8 位，则应为 00001111。如果要表示 -1，那么 8 位表示应为 11111111。mul 指令将乘积结果的宽度翻倍，但不扩展符号位，而同样也将结果宽度翻倍的 imul 指令的单操作数形式则会将符号位扩展到高位。

在许多情况下，我们知道乘积总是适合与被乘数和乘数相同的 n 位宽度。对此，imul 的其他 4 种形式提供了更大的灵活性。但是，如果我们操作错误，乘积超过了允许的 n 位，那么高位就会丢失。这时的 n 位乘积显然是不正确的，CPU 会通过将 rflags 寄存器中的 OF 和 CF 都设为 1 来指出这一点。

在双操作数形式的 imul 指令中，如果乘积未超出相乘的两个值的大小，那么无论表示的是有符号整数（补码表示法）还是无符号整数，结果都是正确的。对于三操作数形式的 imul，8 位立即数在相乘之前进行符号扩展，宽度与其他两个操作数相同，因此，如果结果不超过相乘的其他整数的宽度，则无论有符号还是无符号，结果都没问题。

回头看清单 16-16 中 imul 指令在转换为无符号整数时的用法❶，只要乘积结果保持在 32 位以内，无论是有符号整数还是无符号整数都是正确的。如前所述，超过 32 位的结果是错误的，编译器不会检查这种情况。使结果成为无符号整数的原因在于整数在程序中的使用方式。在此程序中，main 函数（清单 16-13）将其视为无符号整数。

下面，让我们看看乘法在汇编语言中的运用。

16.3.3   汇编语言中的乘法

main 函数的汇编语言版本将十进制文本字符串转换为整数，如清单 16-17 所示，与 C 语言版本类似。

清单 16-17   main 函数的汇编语言版本，可将十进制文本字符串转换为整数

```
# convertDec.s
      .intel_syntax noprefix
# Stack frame
      .equ    myString,-48
      .equ    myInt, -12
      .equ    canary,-8
      .equ    localSize,-48
# Useful constants
      .equ    MAX,11              # character buffer limit
```

```
# Constant data
        .section .rodata
        .align 8
prompt:
        .string "Enter an unsigned integer: "
format:
        .string "\"%s\" is stored as 0x%x\n"
# Code
        .text
        .globl  main
        .type     main, @function
main:
        push    rbp                     # save frame pointer
        mov     rbp, rsp                # set new frame pointer
        add     rsp, localSize          # for local var.
        mov     rax, qword ptr fs:40    # get canary
        mov     qword ptr canary[rbp], rax

        lea     rdi, prompt[rip]        # prompt user
        call    writeStr

        mov     esi, MAX                # get user input
        lea     rdi, myString[rbp]
❶ call    readLn

        lea     rsi, myInt[rbp]         # for result
        lea     rdi, myString[rbp]      # convert to int
❷ call    decToUInt

        mov     edx, myInt[rbp]         # converted value
        lea     rsi, myString[rbp]      # echo user input
        lea     rdi, format[rip]        # printf format string
        mov     eax, 0
        call    printf

        mov     eax, 0                  # return 0;
        mov     rcx, canary[rbp]        # retrieve saved canary
        xor     rcx, fs:40              # and check it
        je      goodCanary
        call    __stack_chk_fail@PLT    # bad canary
goodCanary:
        mov     rsp, rbp                # restore stack pointer
        pop     rbp                     # and caller frame pointer
        ret
```

在读取用户输入的文本字符串后❶，main 函数调用 decToUInt 函数❷，该函数将文本字符串转换为其所表示的无符号整数，如清单 16-18 所示。

清单 16-18　decToUInt 函数的汇编语言版本

```
# decToUInt.s
# Converts decimal character string to unsigned 32-bit int.
# Calling sequence:
#    rdi <- pointer to source string
#    rsi <- pointer to int result
#    returns 0
        .intel_syntax noprefix
# Useful constants
        .equ    DECIMAL,10
        .equ    NUMMASK,0x0f
        .equ    NUL,0
# Code
        .text
        .globl  decToUInt
        .type   decToUInt, @function
decToUInt:
        push    rbp                     # save frame pointer
        mov     rbp, rsp                # set new frame pointer

        mov   ❶ dword ptr [rsi], 0      # result = 0
        mov     al, byte ptr [rdi]      # get a char
whileLoop:
        cmp     al, NUL                 # end of string?
        je      allDone                 # yes, all done
      ❷ and     eax, NUMMASK            # no, 4-bit -> 32-bit int
      ❸ mov     ecx, dword ptr [rsi]    # current result
        imul  ❹ ecx, ecx, DECIMAL       # next base position
      ❺ add     ecx, eax                # add the new value
      ❻ mov     dword ptr [rsi], ecx    # update result
        inc     rdi                     # increment string ptr
        mov     al, byte ptr [rdi]      # next char
        jmp     whileLoop               # and continue
allDone:
        mov     dword ptr [rsi], ecx    # output result
        mov     eax, 0                  # return 0

        mov     rsp, rbp                # restore stack pointer
        pop     rbp                     # and caller frame pointer
        ret
```

　　我们使用调用函数中的内存位置（通过传入地址访问）❶，而不是创建一个局部变量来保存转换后的整数。读取字符进入 al 寄存器。掩蔽 eax 寄存器中低 4 位之外的所有位，将 al 中的字符从 4 位整数转换为 32 位整数❷，这样就可以将其与结果相加❺。

　　imul 指令的目标操作数必须是寄存器，所以需要将结果载入寄存器才能执行乘法运算❸。对源操作数和目标操作数使用同一个寄存器，将寄存器中的值乘以立即数❹。将新值加到 ecx 寄存器中后，使用其内容更新结果❻。

　　16.4 节将讨论乘法的逆运算：除法。

动手实践

1. 使用汇编语言编写 decToSInt 函数，将有符号的十进制数从文本字符串格式转换为 int 格式（使用补码表示）。你的函数应该将没有符号前缀或带+前缀的数字解释为正数。负数使用−前缀。提示：函数可以调用清单 16-18 中的 decToUInt 函数来完成大部分转换。
2. 修改清单 16-18 中的 decToUInt 函数，使其不使用乘法指令。你需要改用移位和加法指令。

16.4   除法

当两个 n 位数相乘时，我们关心的是结果是否为 $2n$ 位宽。在除法中，商通常比被除数窄。但是除法由于余数的存在而变得复杂，余数需要存储在某个地方。当我们描述除法指令时，你会看到它们以 $2n$ 位宽的被除数和 n 位宽的除数开始，并被限制为 n 位商和 n 位余数。

我们从一个将整数转换成对应的数字文本字符串的 C 函数开始，这是先前的 decToUInt 函数的逆函数。

16.4.1   C 语言中的除法

我们的 main 函数将从用户处读取一个无符号整数，加上 123，然后显示总和。函数 intToUDec 使用除法算法将 32 位整数转换为对应的文本字符串，以便 main 函数可以显示总和。清单 16-19、清单 16-20、清单 16-21 展示了这个程序。

清单 16-19   将 123 与无符号整数相加的程序

```
/* add123.c
 * Reads an unsigned int from user, adds 123,
 * and displays the result.
 */

#include "writeStr.h"
#include "readLn.h"
#include "decToUInt.h"
#include "intToUDec.h"
#define MAX 11
int main()
{
  char theString[MAX];
  unsigned int theInt;

  writeStr("Enter an unsigned integer: ");
  readLn(theString, MAX);
❶ decToUInt(theString, &theInt);
  theInt += 123;
  intToUDec(theString, theInt);
```

```
    writeStr("The result is: ");
    writeStr(theString);
    writeStr("\n");

    return 0;
}
```

该程序中的 main 函数非常简单。我们使用先前的 decToUInt 函数，C 语言版本（清单 16-15）或汇编语言版本（清单 16-18）皆可，将用户输入转换为 int 类型❶。

清单 16-20　intToUDec 函数的头文件

```
/* intToUDec.h
 * Converts an int to corresponding unsigned text
 * string representation.
 */

#ifndef INTTOUDEC_H
#define INTTOUDEC_H
void intToUDec(char *decString, unsigned int theInt);
#endif
```

intToUDec 函数的头文件展示了该函数的输入和输出，输出是 decString，按指针传递；输入是 theInt，按值传递。清单 16-21 给出了 intToUDec 函数的实现。

清单 16-21　该函数将 32 位无符号整数转换为对应的文本字符串进行显示

```
/* intToUDec.c
 * Converts an int to corresponding unsigned text
 * string representation.
 */

#include "intToUDec.h"
#define ASCII 0x30
#define MAX 12
#define NUL '\0'

void intToUDec(char *decString, unsigned int theInt)
{
    int base = 10;
    char reverseArray[MAX];
    char digit;
    char *ptr = reverseArray;

❶  *ptr = NUL; // start with termination char
    ptr++;
    do
    {
❷      digit = theInt % base;
```

```
❸ digit = ASCII | digit;
    *ptr = digit;
❹ theInt = theInt / base;
    ptr++;
} while (theInt > 0);
❺ do              // reverse the string
  {
    ptr--;
    *decString = *ptr;
    decString++;
  } while ❻ (*ptr != NUL);
}
```

我们用来查找 unsigned int 所对应字符的算法涉及将 unsigned int 除以基数（在本例中为 10）的重复整数除法。%运算符计算除法的余数，这将是低位数字的值❷。我们使用 OR 运算❸将单个数字转换为对应的 ASCII 字符，并将其追加到创建的字符串中。现在我们已经转换了低位数字，/运算符将执行整数除法，从 theInt 中删除低位数字❹。

因为该算法是从右到左处理的，所以字符以逆序存储。我们需要反转调用函数的文本字符串的顺序❺。先存储 NUL 字符❶提供了一种方法，方便知道整个文本字符串何时以逆序复制完成❻。

下面我们来看看编译器生成的汇编语言，如清单 16-22 所示。

清单 16-22 编译器生成的 intToUDec 函数的汇编语言

```
        .file   "intToUDec.c"
        .intel_syntax noprefix
        .text
        .globl  intToUDec
        .type   intToUDec, @function
intToUDec:
        push    rbp
        mov     rbp, rsp
        sub     rsp, 64
        mov     QWORD PTR -56[rbp], rdi
        mov     DWORD PTR -60[rbp], esi
        mov     rax, QWORD PTR fs:40
        mov     QWORD PTR -8[rbp], rax
        xor     eax, eax
        mov     DWORD PTR -36[rbp], 10  ## base = 10;
        lea     rax, -20[rbp]            ## place to store string
        mov     QWORD PTR -32[rbp], rax
        mov     rax, QWORD PTR -32[rbp]
        mov     BYTE PTR [rax], 0
        add     QWORD PTR -32[rbp], 1
.L2:
        mov     ecx, DWORD PTR -36[rbp] ## load base
        mov     eax, DWORD PTR -60[rbp] ## load the int
❶ mov     edx, 0                   ## clear high-order
        div     ecx
```

```
❷ mov      eax, edx                      ## remainder
❸ mov      BYTE PTR -37[rbp], al         ## store char portion
❹ or       BYTE PTR -37[rbp], 48         ## convert to char
  mov      rax, QWORD PTR -32[rbp]        ## pointer to string
  movzx    edx, BYTE PTR -37[rbp]         ## load the char
  mov      BYTE PTR [rax], dl             ## store the char
  mov      esi, DWORD PTR -36[rbp]        ## load base
  mov      eax, DWORD PTR -60[rbp]        ## load the int
❺ mov      edx, 0                        ## clear high-order
  div      esi
  mov      DWORD PTR -60[rbp], eax        ## store quotient
  add      QWORD PTR -32[rbp], 1          ## ptr++;
  cmp      DWORD PTR -60[rbp], 0          ## quotient > 0?
  jne      .L2                            ## yes, continue
.L3:
  sub      QWORD PTR -32[rbp], 1          ## no, reverse string
  mov      rax, QWORD PTR -32[rbp]
  movzx    edx, BYTE PTR [rax]
  mov      rax, QWORD PTR -56[rbp]
  mov      BYTE PTR [rax], dl
  add      QWORD PTR -56[rbp], 1
  mov      rax, QWORD PTR -32[rbp]
  movzx    eax, BYTE PTR [rax]
  test     al, al
  jne      .L3
  nop
  mov      rax, QWORD PTR -8[rbp]
  xor      rax, QWORD PTR fs:40
  je       .L4
  call     __stack_chk_fail@PLT
.L4:
  leave
  ret
  .size    intToUDec, .-intToUDec
  .ident "GCC: (Ubuntu 9.3.0-17ubuntu1~20.04) 9.3.0"
  .section     .note.GNU-stack,"",@progbits
```

正如你将在接下来更详细的 div 指令描述中看到的，我们可以用 $2n$ 位数除以 n 位数。在我们的环境中，int 为 32 位。div 指令假定我们使用 64 位的 long int 除以 32 位的 int。在执行除法之前，long int 的高 32 位必须放入 edx，低 32 位必须放入 eax。在很多情况下，被除数在低 32 位以内，但是我们需要注意通过在 edx 中存储 0❶来填满 edx:eax 的全部 64 位。

在设置过 edx:eax 之后，div 指令使用该 64 位整数除以 div 的单操作数所指定的 32 位整数（本例中为 ecx）。除法会将余数留在 edx 寄存器中❷。通过仅存储 rax 寄存器的 al 部分，对余数进行类型转换，因为它被存储在 char 类型的局部变量中❸，然后再转换为 ASCII 字符❹。我们仍需要将待转换的整数除以 10，以删除低位的十进制数字。在执行此除法之前，记住将 edx 置零❺。

16.4.2 除法指令

x86-64 架构提供了两种整数除法指令：有符号和无符号。

idiv —— 有符号除法

　　执行有符号除法运算。

　　idiv *reg*　将 ax、dx:ax、edx:eax 或 rdx:rax 中的整数除以 *reg* 中的整数，商分别保留在 al、ax、eax 或 rax 中，余数保留在 ah、dx、edx 或 rdx 中。

　　idiv *mem*　将 ax、dx:ax、edx:eax 或 rdx:rax 中的整数除以 *mem* 中的整数，商分别保留在 al、ax、eax 或 rax 中，余数保留在 ah、dx、edx 或 rdx 中。

　　该除法产生一个向零截断（truncated toward zero）的有符号整数商和一个余数。余数的符号与被除数的符号相同。执行 idiv 指令后，rflags 寄存器中的 OF、SF、ZF、AF、PF、CF 标志的状态均未定义（可以是 0 或 1）。如果商不适合相应的寄存器（al、ax、eax 或 rax），则该指令会导致系统错误。

div —— 无符号除法

　　执行无符号除法运算。

　　div *reg*　将 ax、dx:ax、edx:eax 或 rdx:rax 中的整数除以 *reg* 中的整数，商分别保留在 al、ax、eax 或 rax 中，余数保留在 ah、dx、edx 或 rdx 中。

　　div *mem*　将 ax、dx:ax、edx:eax 或 rdx:rax 中的整数除以 *mem* 中的整数，商分别保留在 al、ax、eax 或 rax 中，余数保留在 ah、dx、edx 或 rdx 中。

　　该除法产生一个向零截断的无符号整数商和一个余数。执行 div 指令后，rflags 寄存器中的 OF、SF、ZF、AF、PF、CF 标志的状态均未定义（可以是 0 或 1）。如果商不适合相应的寄存器（al、ax、eax 或 rax），则该指令会导致系统错误。

　　如果除数为 0 或商过大无法放入目标寄存器，则 idiv 和 div 指令会引发一种称为异常的系统错误。我们将在第 21 章讨论异常。目前只需要知道异常是由操作系统处理的，操作系统通常会用一段有点让人不明所以的错误消息来终止程序。

　　务必记住，除法指令使用的部分 rax 和 rdx 寄存器（仅 rax 用于 8 位除法）永远不会作为操作数出现在指令中。表 16-2 总结了 div 和 idiv 指令的寄存器用法。

表 16-2　　　　　　　　　　　　　div 和 idiv 指令的寄存器用法

除数	被除数		结果	
寄存器或内存操作数大小	高位	低位	余数	商
8 位	ah	al	ah	al
16 位	dx	ax	dx	ax
32 位	edx	eax	edx	eax
64 位	rdx	rax	rdx	rax

　　因为表 16-2 中的寄存器名称没有出现在指令的操作数部分，一个常见的编程错误是在执行除法指令之前忘记将被除数的高位部分设置为正确的值。对于 div 指令来说，这通常意味着将 ah、dx、edx 或 rdx 设置为 0。

　　对于 idiv 指令，在执行该指令之前，要注意保留被除数的符号。例如，如果你使用 32 位整数，并且被除数为 –10（= 0xfffffff6），则需要将 edx 设置为 0xffffffff，得到 64 位形式的 –10。x86-64 指令集包含 4 条指令，它们不接受任何操作数，而是将符号扩展到除法使用的寄存器，如表 16-3 所示。当程序中的被除数和除数大小相同时（这种情况很常见），你应该在使用 idiv 指令之前先使用表 16-3 中的相应指令。

表 16-3   用于有符号除法的整数符号扩展指令

指令	从	到高位	到低位
cbw	al	ah	al
cwd	ax	dx	ax
cdq	eax	edx	eax
cqo	rax	rdx	rax

C 和 C++中的/和%除法运算符遵循与 x86-64 架构中的 div 和 idiv 指令相同的整数规则：商被向零截断。并非所有编程语言都如此，在使用整数的有符号除法时，这可能会造成混乱。

例如，在 Python 中使用/运算符计算浮点结果。为了得到商的整数部分，我们需要使用向下取整除法（floor division）运算符//，这将使 Python 对浮点结果应用向下取整运算。实数 x 的底数是小于或等于 x 的最大整数。因此，当商为负时，Python 中的值比 C 和 C++中的值小 1。Python 中的%运算符根据商的向下取整除法给出余数。

注意   这里的备注适用于 Python 3。自 2020 年 1 月 1 日起，不再支持 Python 2。

对于有符号除法，如果被除数和除数的符号相同，商的符号就为正，如果符号相反，商的符号就为负，就像乘法一样。但是余数的符号取决于商的截断方式：在 C 语言中是向零截断，在 Python 中是向次低的有符号整数（next lower signed integer）截断。在所有情况下，当 a 除以 b 时：

$$r = a - b \times q$$

其中，r 是余数，q 是商。向零截断时，余数的符号与被除数的符号相同，但向次低的有符号整数截断时，余数的符号与除数的符号相同。从这个等式中证明有点棘手，但是如果代入表 16-4 中 C 和 Python 的值，你可能就会相信了，其中 a 是被除数，b 是除数，q 是商，r 是余数。

表 16-4 a 除以 b（C 与 Python 3 中结果对比）

a	b	C		Python 3	
		q	r	q	r
27	4	6	3	6	3
27	−4	−6	3	−7	−1
−27	4	−6	−3	−7	1
−27	−4	6	−3	6	−3

从以上讨论中可以看出，有符号除法可以产生意想不到的结果。我在设计算法时尝试避免有符号除法，并在计算结果后调整符号。

/和%是 C 语言中两个独立的运算符，编译器为二者生成了 div 指令，如清单 16-22 所示。因为 div 指令能够执行这两种运算，所以我们的汇编语言版本 intToUDec 也利用了这一事实。

16.4.3   汇编语言中的除法

我们没有查看编译器为 C 语言版本的 add123 程序（清单 16-19）生成的汇编语言，它类似于清单 16-23 中的汇编语言版本。

清单 16-23 将 123 与无符号整数相加的程序中的 main 函数的汇编语言版本

```
# add123.s
# Adds 123 to an int.
        .intel_syntax noprefix
# Stack frame
        .equ    myString,-32
        .equ    myInt, -12
        .equ    canary,-8
        .equ    localSize,-32
# Useful constants
❶ .equ       MAX,11                   # character buffer limit
# Constant data
        .section .rodata
        .align  8
prompt:
        .string "Enter an unsigned integer: "
message:
        .string "The result is: "
endl:
        .string "\n"
# Code
        .text
        .globl  main
        .type       main, @function
main:
        push    rbp                     # save frame pointer
        mov     rbp, rsp                # set new frame pointer
        add     rsp, localSize          # for local var.
        mov     rax, qword ptr fs:40   # get canary
        mov     qword ptr canary[rbp], rax

        lea     rdi, prompt[rip]       # prompt user
        call    writeStr

        mov     esi, MAX               # get user input
        lea     rdi, myString[rbp]
        call    readLn

        lea     rsi, myInt[rbp]        # for result
        lea     rdi, myString[rbp]     # convert to int
❷ call      decToUInt

        mov     eax, dword ptr myInt[rbp]
❸ add       eax, 123
        mov     dword ptr myInt[rbp], eax

❹ mov       esi, myInt[rbp]          # the number
❺ lea       rdi, myString[rbp]       # place for string
        call    intToUDec
```

```
        lea     rdi, message[rip]       # message for user
        call    writeStr

        lea     rdi, myString[rbp]      # number in text
        call    writeStr

        lea     rdi, endl[rip]
        call    writeStr

        mov     eax, 0                  # return 0;
        mov     rcx, canary[rbp]        # retrieve saved canary
        xor     rcx, fs:40              # and check it
        je      goodCanary
        call    __stack_chk_fail@PLT    # bad canary
goodCanary:
        mov     rsp, rbp                        # restore stack pointer
        pop     rbp                             # and caller frame pointer
        ret
```

程序的 main 函数你可能已经很熟悉了。由于无符号整数最大为 4 294 967 295，我们将允许最多 11 个字符作为用户输入❶，其中包括终止字符 NUL。在加上 123 之前，我们需要将输入的整数从文本字符串转换成 unsigned int❷。

加法本身就是一条指令❸。总和按值传递给 intToUDec 函数❹，输入字符串的地址按指针传递❺。

我们在 intToUDec 的汇编语言版本中使用相同的算法，如清单 16-24 所示，但是我们的实现与编译器生成的版本有很大的不同。

清单 16-24 intToUDec 函数的汇编语言版本

```
# intToUDec.s
# Creates character string that represents unsigned 32-bit int.
# Calling sequence:
#   rdi <- pointer to resulting string
#   esi <- unsigned int
        .intel_syntax noprefix

# Stack frame
        .equ    reverseArray,-32
        .equ    canary,-8
        .equ    localSize,-32
# Useful constants
        .equ    DECIMAL,10
        .equ    ASCII,0x30
        .equ    NUL,0

# Code
        .text
        .globl  intToUDec
        .type   intToUDec, @function
intToUDec:
        push    rbp                             # save frame pointer
```

```
        mov     rbp, rsp                # set new frame pointer
        add     rsp, localSize          # for local var.
        mov     rax, qword ptr fs:40    # get canary
        mov     qword ptr canary[rbp], rax

        lea     rcx, reverseArray[rbp]  # pointer
        mov     byte ptr [rcx], NUL     # string terminator
        inc     rcx                     # a char was stored
        mov     eax, esi                # int to represent
        mov     r8d, DECIMAL            # base we're in
convertLoop:
❶      mov     edx, 0                  # for remainder
        div     r8d                     # quotient and remainder
❷      or      dl, ASCII               # convert to char
❸      mov     byte ptr [rcx], dl      # append to string
        inc     rcx                     # next place for char
        cmp     eax, 0                  # all done?
        ja      convertLoop            # no, continue
reverseLoop:
        dec     rcx                     # yes, reverse string
        mov     dl, byte ptr [rcx]      # one char at a time
        mov     byte ptr [rdi], dl
        inc     rdi                     # pointer to dest. string
        cmp     dl, NUL                 # was it NUL?
        jne     reverseLoop            # no, continue

        mov     eax, 0                  # return 0;
        mov     rcx, canary[rbp]        # retrieve saved canary
        xor     rcx, fs:40              # and check it
        je      goodCanary
        call    __stack_chk_fail@PLT    # bad canary
goodCanary:
        mov     rsp, rbp                # restore stack pointer
        pop     rbp                     # and caller frame pointer
        ret
```

　　汇编语言版本的主要区别在于，我们知道 div 指令的商在 eax 中，余数在 edx 中❷。因为转换以 10 为基数，所以余数将始终在 0~9 的范围内。因此，余数可以很容易地转换成对应的数字 ASCII 码❷。将新转换的字符追加到正在创建的文本字符串之后❸，edx 寄存器在下一次执行 div 指令之前被置零❶。

　　除法比乘法更耗时。人们发明了一种不用除法就能确定低位十进制数字的算法。除以常数时的一个技巧是利用移位比除法快得多的事实。例如，在 intToUDec 函数中，我们除以 10。当一个数 x 除以 10 时，考虑以下等式：

$$\frac{x}{10} = \frac{2^n}{10} \times \frac{x}{2^n}$$

$$= \left(\frac{2^n}{10} \times x\right) \Big/ 2^n$$

现在，如果我们计算常数 $2^n/10$，可以将 x 乘以这个新常数，然后通过将乘法结果向右移动 n 位来进行除法。具体细节超出了本书的范围，但是你可以通过查看编译器生成的汇编语言（对清单 16-21 中 intToUDec 函数使用 -O1 优化选项）来了解其工作原理。

动手实践

1. 使用汇编语言编写 intToSDec 函数，将 32 位的 int 转换成文本字符串表示形式。你的函数应该在负数前面加负号，正数前面不用加正号。提示：函数可以调用清单 16-24 中的 intToUDec 函数来完成大部分转换。

2. 使用汇编语言编写两个函数：putInt 和 getInt。putInt 接受一个参数（32 位有符号整数），在屏幕上显示该参数。getInt 接受一个参数（指向 32 位有符号整数的指针），从键盘读取输入。由 putInt 调用你的 intToSDec 函数，getInt 调用你的 decToSInt 函数。注意：后续章节会使用 putInt 和 getInt 显示和读取整数。

3. 使用汇编语言编写一个程序，允许用户输入两个有符号的十进制整数。程序将对这两个整数进行加、减、乘、除运算，并显示这些运算的和、差、积、商和余数。

16.5 小结

位掩码 我们可以使用按位逻辑指令直接改变变量的位模式。

移位 变量的各个位可以向左或向右移动，相当于乘以或除以 2 的幂。

乘法 有符号乘法指令有多种形式，使其比无符号乘法指令更加灵活，后者只有一种形式。

除法 有符号和无符号除法指令均会产生商和余数。有符号整数除法比较复杂。

在数字的二进制存储和字符显示之间转换 当数字存储在二进制系统中时，更易于执行算术运算，但是键盘输入和屏幕显示要使用对应的字符格式。

我们已经讲述了组织程序流和对数据执行算术或逻辑运算的方法。组织数据是设计算法的另一个重要部分。在第 17 章中，我们将研究两种基本的数据组织方法：数组和记录。

第 **17** 章

数 据 结 构

编程的一个重要部分是确定如何组织数据。在本章中，我们将看到两种基本
的数据组织方式：数组和记录，前者仅用于分组相同类型的数据项，后者可
用于分组不同类型的数据项。

如你所见，这些数据组织方式决定了我们如何访问其中的单个数据项。两者都需要两种寻址
方式来定位数据项。由于数组中的数据项都是相同的类型，我们可以根据已知的数组名和数据项
的索引来访问单个数据项。访问记录中的单个数据项需要知道记录名和其中的数据项名。

17.1 数组

数组是顺序排列的相同类型的数据元素的集合。可以通过数组名和索引来访问数组中的单个
元素，索引指定了元素相对于数组开头的编号。我们先前使用 char 数组将 ASCII 字符存储为文本
字符串。该数组中的每个元素都是 char 类型，占一字节。在我们的程序中，按顺序访问每个字符，
所以从指向第一个字符的指针开始，简单地将指针递增 1 来访问每个后续字符。我们不需要索引
来定位文本字符串数组中的每个字符。

在本章中，我们将介绍 int 数组，该数组中的每个数据元素占用 4 字节。如果我们从指向第
一个元素的指针开始，需要将指针递增 4 来访问每个后续元素。但是如果改用数组索引，那就容
易多了。你会看到如何将索引转换为地址偏移量，以此访问相对于数组开头的数组元素。你还会
看到 C 语言在传递函数的数组参数时，不同于其他类型参数的传递方式。

17.1.1 C 语言中的数组

在 C 语言中定义数组时，要声明数组元素的类型，指定数组名以及数组元素的个数。让我们

从清单 17-1 中的示例开始。

清单 17-1　使用整数填充数组，然后显示数组内容

```
/* fill2XIndex.c
 * Allocates an int array, stores 2 X element number
 * in each element and prints array contents.
 */
#include <stdio.h>
#include "twiceIndex.h"
#include "displayArray.h"
#define N 10

int main(void)
{
❶ int intArray[N];

    twiceIndex(❷intArray, N);
    displayArray(intArray, N);
    return 0;
}
```

如上所述，我们通过指定每个元素的数据类型（int）、数组名（intArray）以及数组元素的个数（N）来定义数组❶。这个 main 函数调用 twiceIndex 函数，后者将数组中每个元素的值设置为其索引的两倍。例如，将整数 8 存储在索引为 4 的数组元素中。然后调用 displayArray，在终端窗口中打印整个数组的内容。

关于传递给函数的参数，你可能注意到的第一件事是，数组似乎是按值传递的，因为我们在参数列表中只给出了数组名❷。但是由于 twiceIndex 要在数组中存储值，它需要知道数组在内存中的位置。

程序员通常按值将输入传递给函数。但如果输入包含大量的数据项，那么将其全部复制到寄存器和栈中会非常低效，在这种情况下，按指针传递更有意义。数组几乎总是包含许多数据项，所以 C 语言的设计者决定总是按指针传递数组。当数组名作为函数调用的参数时，C 语言传递的是该数组第一个元素的地址。

通过观察汇编器为 main 函数生成的汇编语言程序，如清单 17-2 所示，我们可以明确地看到这一点。

清单 17-2　编译器生成的汇编语言程序展示了按指针传递的数组

```
        .file    "fill2XIndex.c"
        .intel_syntax noprefix
        .text
        .globl   main
        .type    main, @function
main:
        push     rbp
        mov      rbp, rsp
        sub      rsp, 48         ## memory for array
        mov      rax, QWORD PTR fs:40
```

```
         mov    QWORD PTR -8[rbp], rax
         xor    eax, eax
❶ lea     rax, -48[rbp]    ## load address of array
         mov    esi, 10          ## number of elements
         mov    rdi, rax         ## pass address
         call   twiceIndex@PLT
❷ lea     rax, -48[rbp]    ## load address of array
         mov    esi, 10
         mov    rdi, rax         ## pass address
         call   displayArray@PLT
         mov    eax, 0
         mov    rdx, QWORD PTR -8[rbp]
         xor    rdx, QWORD PTR fs:40
         je     .L3
         call   __stack_chk_fail@PLT
.L3:
         leave
         ret
         .size   main, .-main
         .ident  "GCC: (Ubuntu 9.3.0-17ubuntu1~20.04) 9.3.0"
         .section        .note.GNU-stack,"",@progbits
```

在汇编语言中，我们可以看到数组地址首先传递给 twiceIndex 函数❶，然后传递给 displayArray 函数❷。displayArray 函数的输入是数组元素，因此它不需要知道数组的地址，但是传递地址比复制每个数组元素要高效得多。

接着，我们来看看在数组中存储值以及显示数组内容的函数，如清单 17-3、清单 17-4、清单 17-6、清单 17-7 所示。

清单 17-3　twiceIndex 函数的头文件

```
/* twiceIndex.h
 * Stores 2 X element number in each element.
 */


#ifndef TWICEINDEX_H
#define TWICEINDEX_H
void twiceIndex(int theArray[], int nElements);
#endif
```

语法 int theArray[] 等价于 int *theArray，表示一个指向 int 类型的指针。不管使用哪种语法，C 都会将该数组第一个元素的地址传递给函数。我们需要单独传递数组元素的个数。

清单 17-4　该函数将数组每个元素的值设置为其索引的两倍

```
/* twiceIndex.c
 * Stores 2 X element number in each array element.
 */
#include "twiceIndex.h"

void twiceIndex(int theArray[], int nElements)
```

```
{
  int i;

  for (i = 0; i < nElements; i++)
  {
    theArray[i] = 2 * i;
  }
}
```

twiceIndex 函数使用 for 循环来处理数组，将数组每个元素的值设置为其索引的两倍。我们来看看编译器为该函数生成的汇编语言程序，参见清单 17-5。

清单 17-5　编译器为 twiceIndex 函数生成的汇编语言程序

```
        .file   "twiceIndex.c"
        .intel_syntax noprefix
        .text
        .globl  twiceIndex
        .type   twiceIndex, @function
twiceIndex:
        push    rbp
        mov     rbp, rsp
        mov     QWORD PTR -24[rbp], rdi ## save array address
        mov     DWORD PTR -28[rbp], esi ## and num of elements
        mov     DWORD PTR -4[rbp], 0    ## i = 0
        jmp     .L2
.L3:
        mov     eax, DWORD PTR -4[rbp]
❶ cdqe                            ## to 64 bits
        lea     rdx, ❷0[0+rax*4]        ## element offset
❸ mov     rax, QWORD PTR -24[rbp] ## array address
        add     rax, rdx                ## element address
        mov     edx, DWORD PTR -4[rbp]  ## current i
        add     edx, edx                ## 2 times i
        mov     DWORD PTR [rax], edx    ## store 2 times i
        add     DWORD PTR -4[rbp], 1    ## i++
.L2:
        mov     eax, DWORD PTR -4[rbp]
        cmp     eax, DWORD PTR -28[rbp]
        jl      .L3
        nop
        pop     rbp
        ret
        .size   twiceIndex, .-twiceIndex
        .ident  "GCC: (Ubuntu 9.3.0-17ubuntu1~20.04) 9.3.0"
        .section        .note.GNU-stack,"",@progbits
```

编译器访问数组元素的算法如下：计算元素距离数组开头的偏移量，然后将该偏移量与数组起始地址相加。因为是一个 int 型数组，所以每个元素都是 4 字节。编译器使用寄存器间接索引寻址模式（参见第 12 章）来计算 int 型元素的地址偏移量❷。

这种寻址模式要求所有寄存器大小相同。因为我们所在的环境使用的是 64 位寻址，所以在计算地址偏移量之前，eax 中的 32 位索引必须扩展到 64 位。为此，编译器选择使用 cdqe 指令来实现这一点❶，因为索引变量 i 被声明为 int 型，默认是有符号的。

cdqe 指令将 eax 寄存器中的值翻倍，从 32 位增加到 rax 寄存器的 64 位。eax 中的符号位被复制到 rax 的高 32 位，从而保留扩展值的符号。这样的指令共有 3 个，各自操作 rax 寄存器的某一部分。

cbw, cwde, cdqe —— 字节转字，字转双字，双字转四字

通过符号扩展将源操作数的大小翻倍。

cbw　将 al 寄存器的第 7 位复制到 8～15 位，将大小从 al 翻倍到 ax，保留符号。16～63 位不受影响。

cwde　将 ax 寄存器的第 15 位复制到 16～31 位，将大小从 ax 翻倍到 eax，保留符号。32～63 位为零。

cdqe　将 eax 寄存器的第 31 位复制到 32～63 位，将大小从 eax 翻倍到 rax，保留符号。这些指令仅处理 rax 寄存器，不影响 rflags 寄存器。

只要计算出数组元素的 64 位偏移量，再得到数组的首地址❸，将偏移量与首地址相加就能知道数组元素的地址。编译器使用的算法通过将索引与自身相加来实现索引翻倍。然后结果存储在数组元素地址处。

使用数据填充过数组之后，调用 displayArray 函数显示数组内容，如清单 17-6 和清单 17-7 所示。

清单 17-6　displayArray 函数的头文件

```
/* displayArray.h
 * Prints array contents.
 */
#ifndef DISPLAYARRAY_H
#define DISPLAYARRAY_H
void displayArray(int theArray[], int nElements);
#endif
```

清单 17-7　显示 int 数组内容的函数

```
/* displayArray.c
 * Prints array contents.
 */
#include "displayArray.h"
#include "writeStr.h"
#include "putInt.h"
void displayArray(int theArray[], int nElements)
{
  int i;

  for (i = 0; i < nElements; i++)
  {
    writeStr("intArray[");
    putInt(i);
```

```
    writeStr("] = ");
    putInt(theArray[i]);
    writeStr("\n");
  }
}
```

displayArray 函数也使用 for 循环来处理数组中的每个元素。我们跳过编译器为 displayArray 函数生成的汇编语言程序，因为它访问单个数组元素的算法与 twiceIndex（见清单 17-5）相同。在使用汇编语言编写此程序时，我们略作了改动。

17.1.2　汇编语言中的数组

现在，我们自己编写汇编语言函数，用值填充数组。我们的方法类似于编译器，但是改用了更为直观的指令。清单 17-8 展示了 main 函数，其内容和编译器生成的类似（见清单 17-2），不同之处是我使用了有意义的常量名。

清单 17-8　使用汇编语言填充数组并显示其内容

```
# fill2XIndex.s
# Allocates an int array, stores 2 X element number
# in each element and prints array contents.
        .intel_syntax noprefix
# Stack frame
        .equ    intArray,-48
        .equ    canary,-8
        .equ    localSize,-48
# Constant
        .equ    N,10
# Code
        .text
        .globl   main
        .type    main, @function
main:
        push    rbp                     # save frame pointer
        mov     rbp, rsp                # set new frame pointer
        add     rsp, localSize          # for local var.
        mov     rax, qword ptr fs:40    # get canary
        mov     qword ptr canary[rbp], rax

        mov     esi, N                  # number of elements
        lea     rdi, intArray[rbp]      # our array
        call    twiceIndex

        mov     esi, N                  # number of elements
        lea     rdi, intArray[rbp]      # our array
        call    displayArray

        mov     eax, 0                  # return 0;
        mov     rcx, canary[rbp]        # retrieve saved canary
```

```
        xor     rcx, fs:40              # and check it
        je      goodCanary
        call    __stack_chk_fail@PLT    # bad canary
goodCanary:
        mov     rsp, rbp               # restore stack pointer
        pop     rbp                    # and caller frame pointer
        ret
```

这里的 main 函数只是将数组的地址和数组元素的个数传递给两个函数 twiceIndex 和 displayArray。汇编语言版本的 twiceIndex 函数如清单 17-9 所示，使用的指令比编译器生成的更直观一些。

清单 17-9　将二倍的索引值存入每个数组元素中的汇编语言函数

```
# twiceIndex.s
# Stores 2 X element number in each array element.
# Calling sequence:
#   rdi <- pointer to array
#   esi <- number of elements
        .intel_syntax noprefix

# Code
        .text
        .globl  twiceIndex
        .type   twiceIndex, @function
twiceIndex:
        push    rbp                    # save frame pointer
        mov     rbp, rsp               # set new frame pointer

        mov   ❶ ecx, 0                 # index = 0
storeLoop:
        mov     eax, ecx               # current index
      ❷ shl     eax, 1                 # times 2
      ❸ mov     [rdi+rcx*4], eax       # store result
        inc     ecx                    # increment index
        cmp     ecx, esi               # end of array?
        jl      storeLoop              # no, loop back

        mov     rsp, rbp               # restore stack pointer
        pop     rbp                    # and caller frame pointer
        ret
```

我们为索引变量使用一个寄存器❶。回想一下，在 64 位模式下，在寄存器中存储一个 32 位值会将该寄存器的整个高 32 位清零，因此在用其作为地址偏移量时，不需要将索引值扩展到 64 位❸。我们还使用移位运算将索引乘以 2❷，不用再与自身相加。

汇编语言版本的 displayArray 如清单 17-10 所示，使用与 twiceIndex 相同的方法来访问数组元素。

清单 17-10　使用汇编语言显示 int 型数组的元素

```
# displayArray.s
# Prints array contents.
```

```
# Calling sequence:
#   rdi <- pointer to array
#   esi <- number of elements
        .intel_syntax noprefix

# Stack frame
        .equ    nElements,-8
        .equ    localSize,-16
# Constant data
        .section .rodata
        .align 8
format1:
        .string "intArray["
format2:
        .string "] = "
endl:
        .string "\n"
# Code
        .text
        .globl  displayArray
        .type   displayArray, @function
displayArray:
        push    rbp                 # save frame pointer
        mov     rbp, rsp            # set new frame pointer
        add     rsp, localSize      # local variables
        push    rbx                 # save, use for i
        push    r12                 # save, use for array pointer

        mov     r12, rdi            # pointer to array
        mov     nElements[rbp], esi # number of elements

        mov     ebx, 0              # index = 0
printLoop:
        lea     rdi, format1[rip]   # start of formatting
        call    writeStr
        mov     edi, ebx            # index
        call  ❶ putInt
        lea     rdi, format2[rip]   # more formatting
        call    writeStr
        mov     edi, [r12+rbx*4]    # array element
        call    putInt              # print on screen
        lea     rdi, endl[rip]      # next line
        call    writeStr

        inc     ebx                 # increment index
        cmp     ebx, nElements[rbp] # end of array?
        jl      printLoop           # no, loop back

        pop     r12                 # restore registers
        pop     rbx
        mov     rsp, rbp            # yes, restore stack pointer
```

```
    pop    rbp                      # and caller frame pointer
    ret
```

我们没有使用 printf 来显示数组的内容，而是改用 putInt 函数，该函数是在第 16 章的"动手实践"环节中编写的❶。

在 17.3 节中，我们将介绍如何分组不同类型的数据项。

动手实践

1. 修改清单 17-8、清单 17-9、清单 17-10 中的汇编语言程序，将元素的索引作为每个元素的值，然后在显示结果之前，将 123 存入第 5 个元素中。

2. 在清单 17-4、清单 17-6、清单 17-7 的 C 程序中，我们将 index 变量定义为 int 型，在将其大小翻倍时，编译器会使用 cdqe 指令对其进行符号扩展，以便用于寄存器间接索引寻址模式。考虑到 index 始终都是正值，我们可以使用 unsigned int 型。将 C 程序中 index 的数据类型改为 unsigned int。这种变化会对编译器生成的汇编语言程序产生怎样的影响？

17.2　记录

记录（或结构）允许程序员将类型可能不同的若干数据项组合成一种全新的程序员自定义数据类型。记录中的单个数据项称为字段或元素。字段通常也被称作成员，尤其是在面向对象编程中。我们将在第 18 章讨论 C++ 对象。

因为记录中的字段可以有不同的大小，访问字段要比访问数组元素复杂一些。我们先来看看记录的实现，然后再介绍如何将记录传递给函数。

17.2.1　C 语言中的记录

让我们先看一个程序，其中定义了一个记录，在记录字段中存储数据并显示这些值，如清单 17-11 所示。

清单 17-11　C 语言中使用 struct 声明的记录

```
/* recordField.c
 * Allocates a record and assigns a value to each field.
 */

#include <stdio.h>

int main(void)
{
❶ struct
    {
      char aChar;
      int anInt;
```

```
        char anotherChar;
❷ } x;

❸ x.aChar = 'a';
  x.anInt = 123;
  x.anotherChar = 'b';

  printf("x: %c, %i, %c\n",
          x.aChar, x.anInt, x.anotherChar);
  return 0;
}

#endif
```

我们使用 C 语言的 struct 关键字声明了一个记录❶。声明记录字段使用的还是普通的 C 语法：数据类型后跟字段名。定义记录的方法是在记录的声明之后指定记录名称❷。我们通过使用点号运算符来访问记录的各个字段❸。

我们通过在清单 17-12 中查看编译器为该函数生成的汇编语言程序来了解记录是如何在内存中存储的。

清单 17-12　访问内存中的记录字段

```
        .file    "recordField.c"
        .intel_syntax noprefix
        .text
        .section      .rodata
.LC0:
        .string "x: %c, %i, %c\n"
        .text
        .globl  main
        .type   main, @function
main:
        push    rbp
        mov     rbp, rsp
        sub     rsp, 16             ## memory for record
        mov     BYTE PTR ❶-12[rbp], 97 ## x.aChar = 'a';
        mov     DWORD PTR -8[rbp], 123 ## x.anInt = 123;
        mov     BYTE PTR -4[rbp], 98   ## x.anotherChar = 'b';
        movzx   eax, BYTE PTR -4[rbp]  ## load x.anotherChar
        movsx   ecx, al               ## to 32 bits
        mov     edx, DWORD PTR -8[rbp] ## load x.anInt
        movzx   eax, BYTE PTR -12[rbp] ## load x.aChar
        movsx   eax, al               ## to 32 bits
        mov     esi, eax
        lea     rdi, .LC0[rip]
        mov     eax, 0
        call    printf@PLT
        mov     eax, 0
        leave
        ret
```

```
        .size   main, .-main
        .ident  "GCC: (Ubuntu 9.3.0-17ubuntu1~20.04) 9.3.0"
        .section       .note.GNU-stack,"",@progbits
```

像其他局部变量一样，记录也是在函数的栈帧中分配的，所以记录字段可以通过相对于栈帧指针 rbp 的偏移量来访问。编译器计算每个字段相对于 rbp 的偏移量❶。

图 17-1 展示了记录的内存布局，其中该记录的 3 个字段均已被赋值。

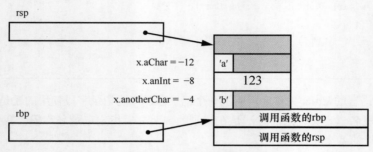

图 17-1　记录的栈帧

我们所在的环境中，int 值需要 4 字节，并且必须在 4 字节的内存地址边界对齐。虽然该记录中的两个 char 字段各只占用了 1 字节，但是 int 字段的对齐要求导致"浪费"了 6 字节，如图 17-1 所示。栈帧中另外 4 字节用于对齐栈指针，如 11.5.1 节所述。

17.2.2　汇编语言中的记录

我们在汇编语言中使用另一种技术来访问记录字段（如清单 17-13 所示），不再计算相对于 rbp 的偏移量。

清单 17-13　在汇编语言中访问记录字段

```
# recordField.s
# Allocates a record and assigns a value to each field.
        .intel_syntax noprefix
# Stack frame
        .equ    x,-12
        .equ    localSize,-16
# record offsets
❶       .equ    aChar,0
        .equ    anInt,4
        .equ    anotherChar,8
        .equ    recordSize,12
# Constant data
        .section .rodata
        .align 8
message:
        .string "x: %c, %i, %c\n"
# Code
        .text
        .globl  main
```

```
          .type    main, @function
main:
          push     rbp                   # save frame pointer
          mov      rbp, rsp              # set new frame pointer
          add      rsp, localSize        # for local var.

❷ lea      rax, x[rbp]           # fill record
          mov      byte ptr aChar[rax], 'a'
          mov      dword ptr anInt[rax], 123
          mov      byte ptr anotherChar[rax], 'c'

          lea      rax, x[rbp]           # print record
          movzx    ecx, byte ptr anotherChar[rax]
          mov      edx, dword ptr anInt[rax]
          movzx    esi, byte ptr aChar[rax]
          lea      rdi, message[rip]
          mov      eax, 0
          call     printf@plt

          mov      eax, 0                # return 0;
          mov      rsp, rbp              # restore stack pointer
          pop      rbp                   # and caller frame pointer
          ret
```

在汇编语言版本中，我们为字段在记录中的偏移量指定了符号名❶。图 17-1 有助于算出这些数字。然后，我们可以加载记录的首地址❷，并使用字段名直接访问这些字段。

将记录传递给另一个函数会引发其他问题。如你所见，我们需要指定要传递的数据类型，但是记录包含多个字段，每个字段可以有不同的数据类型。在 17.2.3 节中，我们会看到 C 语言是如何解决这个问题的。

17.2.3 在 C 语言中向其他函数传递记录

每次我们定义记录的另一个实例时都要定义字段，这太烦人了。C 语言允许我们使用结构标签（或简称标签）作为字段定义的同义词，定义自己的 struct 类型。这不仅在定义有相同字段组合的多个记录时有用，而且对于将记录传递给其他函数也是必不可少的。

例如，清单 17-11 中定义了 struct 变量 x：

```
struct
  {
    char aChar;
    int anInt;
    char anotherChar;
  } x;
```

如果我们像下面这样为 struct 中的字段创建一个标签：

```
struct aTag
  {
```

```
    char aChar;
    int anInt;
    char anotherChar;
};
```

那么我们就创建了一个全新的程序员自定义数据类型：struct aTag。然后，就可以像平常一样定义新类型的变量：

```
struct aTag x;
```

我们首先在一个单独的头文件中声明新的 struct 数据类型，如清单 17-14 所示，这样就可以将其包含在使用该头文件的所有文件中。

清单 17-14　用 C 语言声明程序员自定义记录类型

```
/* aRecord.h
 * Declaration of a record.
 */

#ifndef ARECORD_H
#define ARECORD_H
struct ❶aTag
{
  char aChar;
  int anInt;
  char anotherChar;
};
#endif
```

C 语言中的记录标签是程序员自定义的标识符，位置紧邻记录声明中的 struct 关键字之后❶。然后我们就可以使用 aTag 来表示清单 17-14 中声明的记录字段。清单 17-15 展示了如何使用标签在程序中定义两个记录。

清单 17-15　将数据存入记录并显示记录内容

```
/* records.c
 * Allocates two records, assigns a value to each field
 * in each record, and displays the contents.
 */

#include "aRecord.h"
#include "loadRecord.h"
#include "displayRecord.h"

int main(void)
{
❶ struct aTag x;
   struct aTag y;

   loadRecord(❷&x, 'a', 123, 'b');
```

```
        loadRecord(&y, '1', 456, '2');

        displayRecord(❸x);
        displayRecord(y);

        return 0;
    }
```

当定义记录变量时，我们需要在 struct 关键字后面加上我们定义的 struct 类型标签❶。因为 loadRecord 函数会将数据存入记录，所以需要传递记录的地址❷。因为 displayRecord 不会修改数据，所以我们可以按值传递记录的副本❸。但是程序员的惯常做法是按指针传递记录，以避免复制大量数据。

清单 17-15 中的 x 和 y 都是局部变量，可以在栈内创建，如清单 17-16 所示。

清单 17-16 编译器为记录储值程序生成的汇编语言程序

```
        .file    "records.c"
        .intel_syntax noprefix
        .text
        .globl  main
        .type   main, @function
main:
        push    rbp
        mov     rbp, rsp
        sub     rsp, 32             ## memory for 2 records
        mov     rax, QWORD PTR fs:40
        mov     QWORD PTR -8[rbp], rax
        xor     eax, eax
❶ lea     rax, -32[rbp]       ## address of x record
        mov     ecx, 98             ## data to store in it
        mov     edx, 123
        mov     esi, 97
        mov     rdi, rax
        call    loadRecord@PLT
        lea     rax, -20[rbp]       ## address of y record
        mov     ecx, 50             ## data to store in it
        mov     edx, 456
        mov     esi, 49
        mov     rdi, rax
        call    loadRecord@PLT
❷ mov     rdx, QWORD PTR -32[rbp] ## 8 bytes of x
        mov     eax, DWORD PTR -24[rbp] ## 4 more bytes of x
        mov     rdi, rdx
        mov     esi, eax
        call    displayRecord@PLT
        mov     rdx, QWORD PTR -20[rbp] ## 8 bytes of y
        mov     eax, DWORD PTR -12[rbp] ## 4 more bytes of y
        mov     rdi, rdx
        mov     esi, eax
        call    displayRecord@PLT
```

```
        mov      eax, 0
        mov      rcx, QWORD PTR -8[rbp]
        xor      rcx, QWORD PTR fs:40
        je       .L3
        call     __stack_chk_fail@PLT
.L3:
        leave
        ret
        .size    main, .-main
        .ident   "GCC: (Ubuntu 9.3.0-17ubuntu1~20.04) 9.3.0"
        .section        .note.GNU-stack,"",@progbits
```

正如我们所指定的，编译器将每个记录的地址传递给 loadRecord 函数❶。但是，记录是按值传递给 displayRecord 函数的，因此编译器将记录中所有 12 字节的副本（包括未使用的字节）传递给函数❷。

清单 17-17 和清单 17-18 展示了 loadRecord 函数的头文件和定义。

清单 17-17   loadRecord 函数的头文件

```
   /* loadRecord.h
    * Loads record with data.
    */

   #ifndef LOADRECORD_H
   #define LOADRECORD_H
❶ #include "aRecord.h"
   int loadRecord(struct aTag *aStruct, char x, int y, char z);
   #endif
```

清单 17-17 中的参数列表展示了如何使用标签向函数传递参数。struct aTag 语法意味着该参数的数据类型是用标签 aTag 声明的 C struct。在该文件中使用 aTag 之前，需要通过#include 将声明此标签的文件包含进来❶。

清单 17-18 所示的 loadRecord 函数引入了一种处理记录指针的实用语法。

清单 17-18   loadRecord 函数

```
/* loadRecord.c
 * Loads record with data.
 */

#include "loadRecord.h"

int loadRecord(struct aTag *aRecord, char x, int y, char z)
{
❶ (*aRecord).aChar = x;
❷ aRecord->anInt = y;         /* equivalent syntax */
   aRecord->anotherChar = z;

   return 0;
}
```

传递给该函数的参数是指向记录的指针。在访问它所指向的记录中的各个字段之前,我们需要解引用这个指针。因为点号运算符(.)的优先级高于解引用运算符(*),所以我们需要在访问字段之前使用括号进行解引用❶。

先解引用然后选择字段,这两步操作十分常见,但语法烦琐,C 语言设计者创造了一种替代语法->❷。这与其他语法执行的操作完全相同,但是更加简洁。

清单 17-19 展示了编译器为 loadRecord 函数生成的汇编语言程序。

清单 17-19 编译器为 loadRecord 函数生成的汇编语言程序

```
          .file    "loadRecord.c
          .intel_syntax noprefix
          .text
          .globl   loadRecord
          .type    loadRecord, @function
loadRecord:
          push     rbp
          mov      rbp, rsp
    ❶ mov      QWORD PTR -8[rbp], rdi      ## save address of record
          mov      DWORD PTR -16[rbp], edx     ## save y
          mov      eax, ecx
          mov      edx, esi
          mov      BYTE PTR -12[rbp], dl       ## save x
          mov      BYTE PTR -20[rbp], al       ## save z
    ❷ mov      rax, QWORD PTR -8[rbp]      ## load address of record
          movzx    edx, BYTE PTR -12[rbp]      ## load x
          mov      BYTE PTR [rax], dl          ## store x
          mov      rax, QWORD PTR -8[rbp]      ## load address of record
          mov      edx, DWORD PTR -16[rbp]     ## load y
          mov      DWORD PTR 4[rax], edx       ## store y
          mov      rax, QWORD PTR -8[rbp]      ## load address of record
          movzx    edx, BYTE PTR -20[rbp]      ## load z
          mov      BYTE PTR 8[rax], dl         ## store z
          mov      eax, 0
          pop      rbp
          ret
          .size    loadRecord, .-loadRecord
          .ident   "GCC: (Ubuntu 9.3.0-17ubuntu1~20.04) 9.3.0"
          .section         .note.GNU-stack,"",@progbits
```

对于 loadRecord 函数,编译器用于在记录字段中存储数据的算法与清单 17-11 中 main 函数中使用的算法基本相同。首先将记录的地址保存在栈的红区内❶。然后,在将数据存储到每个字段之前,使用 aRecord.h 文件中记录声明的地址偏移量(清单 17-14)检索出该地址❷。图 17-1 给出了这些地址偏移量。

displayRecord 函数不一样,因为其中的记录是按值传递的,如清单 17-20 和清单 17-21 所示。

清单 17-20 displayRecord 函数的头文件

```
/* displayRecord.h
 * Display contents of a record.
```

```
    */

#ifndef DISPLAYRECORD_H
#define DISPLAYRECORD_H
#include "aRecord.h"
void displayRecord(struct aTag aRecord);
#endif
```

清单 17-21 显示记录内容

```
/* displayRecord.c
 * Display contents of a struct.
 */

#include <stdio.h>
#include "displayRecord.h"

void displayRecord(struct aTag aRecord)
{
  printf("%c, %i, %c\n", aRecord.aChar,
        aRecord.anInt, aRecord.anotherChar);
}
```

显示记录内容的算法非常简单。我们只用将每个字段中的值传递给 printf 函数即可。但如果我们查看编译器生成的汇编语言，如清单 17-22 所示，会看到该算法需要在 displayRecord 函数的栈帧中重建记录。

清单 17-22 汇编器为 displayRecord 函数生成的汇编语言程序

```
        .file   "displayRecord.c"
        .intel_syntax noprefix
        .text
        .section        .rodata
.LC0:
        .string "%c, %i, %c\n"
        .text
        .globl  displayRecord
        .type   displayRecord, @function
displayRecord:
        push    rbp
        mov     rbp, rsp
❶ sub        rsp, 16         ## memory for a record
        mov     rdx, rdi
        mov     eax, esi
❷ mov        QWORD PTR -16[rbp], rdx ## 8 bytes of record
        mov     DWORD PTR -8[rbp], eax  ## another 4 bytes
❸ movzx      eax, BYTE PTR -8[rbp]   ## load anotherChar
        movsx   ecx, al                 ## extend to 32 bits
        mov     edx, DWORD PTR -12[rbp] ## load anInt
        movzx   eax, BYTE PTR -16[rbp]  ## load aChar
```

```
        movsx    eax, al                    ## extend to 32 bits
        mov      esi, eax
        lea      rdi, .LC0[rip]
        mov      eax, 0
        call     printf@PLT
        nop
        leave
        ret
        .size    displayRecord, .-displayRecord
        .ident   "GCC: (Ubuntu 9.3.0-17ubuntu1~20.04) 9.3.0"
        .section        .note.GNU-stack,"",@progbits
```

对于 displayRecord 函数，编译器选择创建栈帧❶。然后，将构成记录的 12 字节从传入的寄存器复制到栈帧❷。在局部栈帧中重建记录后，各个字段的数据被传入 printf 函数，在屏幕上显示❸。

在 17.2.4 节中，我们将使用汇编语言重写此程序，展示按指针传递记录的优势，哪怕是作为输入。

17.2.4　在汇编语言中向其他函数传递记录

loadRecord 函数中访问记录字段的方法和编译器使用的方法类似。我们将使用寄存器中的记录地址（按指针传递）以及字段地址偏移量来访问各字段。

但是我们这次按指针向 displayRecord 函数传递记录，不再按值传递。虽然在 C 中也可以实现，但是汇编语言版本能够清晰地展现这种做法的优势。

我们从清单 17-23 中的 main 函数开始。

清单 17-23　在记录中储值并显示记录内容的汇编语言程序

```
# records.s
# Allocates two records, assigns a value to each field
# in each record, and displays the contents.
        .intel_syntax noprefix
# Stack frame
        .equ     x,-32
        .equ     y, -20
        .equ     canary,-8
        .equ     localSize,-32
# Constant data
        .section .rodata
        .align 8
endl:
        .string "\n"
# Code
        .text
        .globl   main
        .type    main, @function
main:
        push     rbp                        # save frame pointer
```

```
        mov     rbp, rsp               # set new frame pointer
        add     rsp, localSize         # for local var.
        mov     rax, qword ptr fs:40   # get canary
        mov     qword ptr canary[rbp], rax

        mov     ecx, 'b'               # data to store in record
        mov     edx, 123
        mov     esi, 'a'
        lea     rdi, x[rbp]            # x record
        call    loadRecord

        mov     ecx, '2'               # data to store in record
        mov     edx, 456
        mov     esi, '1'
        lea     rdi, y[rbp]            # y record
        call    loadRecord

❶ lea     rdi, x[rbp]            # display x record
        call    displayRecord

        lea     rdi, y[rbp]            # display y record
        call    displayRecord

        mov     eax, 0                 # return 0;
        mov     rcx, canary[rbp]       # retrieve saved canary
        xor     rcx, fs:40             # and check it
        je      goodCanary
        call    __stack_chk_fail@PLT   # bad canary
goodCanary:
        mov     rsp, rbp               # restore stack pointer
        pop     rbp                    # and caller frame pointer
        ret
```

main 函数的汇编语言版本与编译器为 C 语言版本生成的汇编语言程序（见清单 17-16）差不多，不同之处是我们是按指针❶而不是按值将记录传递给 displayRecord 函数。

接下来，我们将记录中字段的偏移量的等效符号名称放在一个单独的文件中，如清单 17-24 所示，以确保在访问字段的所有文件中使用相同的等效值。

清单 17-24　记录字段偏移量

```
    # aRecord
    # Declaration of a record.
❶ # This record takes 12 bytes.
    .equ aChar,0
    .equ anInt,4
    .equ anotherChar,8
```

我们使用了与 C 版本相同的字段偏移量，如图 17-1 所示。因为 main 函数不直接访问记录字段，所以不需要这个文件中的偏移量。但是在栈内为每个记录分配空间时，确实需要知道记录使用的总字节数❶。

C 语言标准对记录字段的内存对齐指定了一些规则，但是规则允许不同的编译器对字段偏移量使用不同的值。为了帮助我们将汇编语言函数与 C 函数对接，标准在 stddef.h 头文件中指定了 offsetof 宏，能够获取编译器选择的偏移量。例如，以下代码：

```
#include <stddef.h>
#include "aRecord.h"
--snip--
offsetof(struct aTag, anInt);
```

将返回 anInt 相对于 struct 开头的偏移量。offsetof 的手册页包含了更全面的用法。我使用 offsetof 宏和汇编器生成的汇编语言程序（见清单 17-19）来确定偏移量。

在记录中存储数据的汇编语言函数（见清单 17-25）与编译器为 C 语言版本生成的函数（见清单 17-19）差不多。

清单 17-25　loadRecord 函数的汇编语言版本

```
# loadRecord.s
# Loads record with data.
# Calling sequence:
#   rdi <- pointer to record
#   esi <- 1st char
#   edx <- int
#   ecx <- 2nd char
        .intel_syntax noprefix
# Record field offsets
    ❶ .include  "aRecord"
# Code
        .text
        .globl  loadRecord
        .type   loadRecord, @function
loadRecord:
        push    rbp                 # save frame pointer
        mov     rbp, rsp            # set new frame pointer

    ❷ mov     aChar[rdi], esi      # 1st char field
        mov     anInt[rdi], edx      # int field
        mov     anotherChar[rdi], ecx # 2nd char field
        mov     rsp, rbp            # restore stack pointer
        pop     rbp                 # and caller frame pointer
        ret
```

我们使用汇编器指令.include 将记录字段名及其各自的偏移量包含进函数❶。汇编器指令.include 的工作方式与 C 预处理器指令#include 类似，在汇编代码之前将文本从指定文件复制到此源文件。

由于这个函数不调用任何其他函数，我们知道通过 rdi 传入此函数的记录地址不会改变。可以简单地使用字段名来访问每个字段 rdi 作为基址寄存器❷。

按指针向 displayRecord 函数传递记录（如清单 17-26 所示）简化了该函数。

清单 17-26　displayRecord 函数的汇编语言版本

```
# displayRecord.s
# Displays contents of a record.
# Calling sequence:
#   rdi <- pointer to record
        .intel_syntax noprefix
# Record field offsets
        .include  "aRecord"
# Stack frame
        .equ    recordPtr,-16
        .equ    localSize,-16
# Useful constant
        .equ    STDOUT,1
# Constant data
        .section .rodata
        .align  8
endl:
        .string "\n"
# Code
        .text
        .globl  displayRecord
        .type   displayRecord, @function
displayRecord:
        push    rbp               # save frame pointer
        mov     rbp, rsp          # set new frame pointer
        add     rsp, localSize    # for local var.

❶ mov     recordPtr[rbp], rdi   # save record address

        mov     edx, 1            # write one character
        mov     rax, recordPtr[rbp]  # address of record
        lea     rsi, aChar[rax]   # character located here
        mov     edi, STDOUT       # to screen
❷ call    write@plt
        lea     rdi, endl[rip]    # new line
        call    writeStr
        mov     rax, recordPtr[rbp]  # address of record
        mov     edi,anInt[rax]    # get the integer
        call    putInt            # write to screen
        lea     rdi, endl[rip]
        call    writeStr

        mov     edx, 1            # second character
        mov     rax, recordPtr[rbp]  # address of record
        lea     rsi, anotherChar[rax]
        mov     edi, STDOUT
        call    write@plt
        lea     rdi, endl[rip]
        call    writeStr
```

```
mov     rsp, rbp                # restore stack pointer
pop     rbp                     # and caller frame pointer
ret
```

该函数调用了其他函数，后者会改变 rdi 的内容，所以我们需要将记录地址保存在栈帧中❶，以便函数后续访问记录字段。因为 char 字段只保存了单个字符，所以我们使用 write 函数来显示这些字段的内容❷。

动手实践

1. 修改清单 17-14 中的记录声明，使两个 char 字段相邻。为清单 17-15、清单 17-18、清单 17-21 中的 main、loadRecord、displayRecord 函数生成汇编语言程序。模仿图 17-1，绘制记录在栈帧中的示意图。
2. 修改清单 17-20、清单 17-21 中的 displayRecord 函数，按指针传递记录。生成汇编语言文件。将其与清单 17-25 进行比较，看看有什么差异。

17.3　小结

数组　相同类型的数据项的集合，在内存中连续存储。

处理数组　CPU 提供了一种寻址模式，可以使用索引访问数组元素。

传递数组　在 C 语言中，数组是按指针传递的而不是按值传递的。

记录　类型可能不同的若干数据项的集合共同存储在内存中，由于地址对齐，数据项之间可能存在填充。

访问记录字段　带有偏移量的寻址模式可用于访问记录字段。

传递记录　按指针传递记录往往更高效，即便它是一个输入。

在第 18 章中，我们将讨论 C++ 是如何使用记录来实现面向对象编程范式的。

第 **18** 章

面向对象编程

 到目前为止，我们一直使用的是过程式编程范式（参见 2.4 节）。在本章中，我们将介绍如何在汇编语言层面上实现面向对象编程。

在面向对象编程中，对象拥有一系列属性，即定义对象状态的数据项。这些属性可以通过作为对象组成部分的一组方法进行更改或查询。软件解决方案通常包括构建对象实例、编写代码、向对象发送消息、使用各种对象方法处理对象属性。

我们使用 C++（C 语言的面向对象扩展）来展示部分概念。在讨论过程中，你会看到如何使用记录存储对象属性，以及方法是如何作为与记录关联的函数来实现的。

C++的许多其他特性对于创建优秀的面向对象编程解决方案也很重要，不过我们不打算对其展开深入讨论。就本书读者而言，我认为 Josh Lospinoso 的 *C++ Crash Course*（No Starch Press，2019）是一本不错的 C++入门书籍。如果你想在学习过 C++的用法之后深入了解其设计，我推荐 Bjarne Stroustrup（C++之父）的 *The Design and Evolution of C++*（Addison-Wesley，1994）。

还是老样子，先来看一些 C++编译器生成的汇编语言代码。

18.1　C++中的对象

C++对象是通过指定类来声明的，该类为程序添加了一个程序员自定义类型。C++类和 C 语言中的记录差不多，但除了定义了对象属性的数据成员，类还可以包括作为成员的函数。在 C++中，我们向对象发送消息，告诉它通过调用类的成员函数来执行方法。

只要给出类名以及对象名，我们就可以将对象实例化（创建一个类实例），就像定义变量一样。例如，在接下来我们要看到的程序中，C++语句：

```
fraction x;
```

将 x 实例化为 fraction 类的对象。

C++允许我们编写两个特殊的成员函数。第一个是构造函数，用于向对象发送消息之前，将该对象初始化为确定状态。C++编译器会生成相关代码，在实例化对象时自动调用构造函数。构造函数和类同名，没有返回值，甚至连 void 都没有。默认构造函数不接受参数，不过我们也可以编写能接受参数的构造函数，这样就可以在一个类中拥有多个构造函数。

我们还能编写析构函数，释放由构造函数分配的资源。例如，构造函数可以从堆中分配内存（堆在第 10 章中介绍），析构函数会将其释放。析构函数只能有一个，必须和类同名并以~字符作为前缀。析构函数没有返回值，也不接受参数。C++编译器会生成相关代码，在程序流离开对象作用域时自动调用析构函数。

先来看一个简单的 fraction 类，该类包括构造函数和析构函数，类属性分别是分子和分母。如果我们不指定构造函数和析构函数，C++编译器会提供相应的代码来实现对象的构造和析构功能。在本章后续部分，我们将研究在不指定两者时，编译器会做些什么。

我们将从 fraction 类的声明开始，将其放入头文件中，这样一来，用到该类的文件只需包含这个头文件即可，如清单 18-1 所示。

清单 18-1　一个简单的 fraction 类

```
❶ // fraction.hpp
   // Simple fraction class.

   #ifndef FRACTION_HPP
   #define FRACTION_HPP
   // Uses the following C functions
❷ extern "C" int writeStr(char *);
   extern "C" int getInt(int *);
   extern "C" int putInt(int);

❸ class fraction
   {
   ❹ int num;          // numerator
      int den;          // denominator
   ❺ public:
   ❻ fraction();       // default constructor
      ~fraction();      // default destructor
      void get();       // gets user's values
      void display();   // displays fraction
      void add(int);    // adds integer
   };
   #endif
```

作为 C 语言的扩展，你在 C 中所做的一切在 C++中基本上也都能做到。C++的新增功能之一是//注释语法❶[1]。就像汇编语言中的#语法一样，行中后续部分均被视为注释，其目的仅是供人类

1　C 语言中的//注释语法是在 C99 标准中正式引入的。有时也被称为"C++风格"注释。

用户阅读。

我们会用到先前编写的一些汇编语言函数，这些函数遵循 C 调用约定。但你会看到，C++ 的函数调用约定与 C 不同，因此需要告诉 C++ 编译器我们要使用 C 约定来调用这些函数❷。

class 声明的整个语法❸类似于记录声明，但前者可以将类的方法以成员函数的形式纳入其中❻。在默认情况下，在 class 中声明的数据成员处于私有作用域（private scope）❹，只能被同类的成员函数访问。我们将 fraction 类的属性 num 和 den 以变量形式放入私有作用域❹。只有成员函数才能访问两者。

class 也有公共作用域（public scope），用于可由类外实体访问的类成员❺。我们将成员函数声明为公共作用域，以便在类外调用❻。C++ 类还有其他访问层级，不过我们不打算在本书中讨论。

struct 关键字也可用于声明 C++ 类，但是缺少默认的作用域访问保护。我们需要显式声明私有作用域，如清单 18-2 所示。

清单 18-2　使用 struct 关键字声明的 fraction 类

```
struct fraction
{
  private:
    int num;        // numerator
    int den;        // denominator
  public:
    fraction();     // constructor
    ~fraction();    // destructor
    void get();     // gets user's values
    void display(); // displays fraction
    void add(int);  // adds integer
};
```

我个人更喜欢使用 class 关键字，因为这强调了所声明的不是一个简单的 C 语言记录，不过到底用哪个关键字，属于个人选择。接下来，让我们看看如何创建对象以及如何向对象发送消息。

18.1.1　使用 C++ 对象

为了演示如何创建对象并向其发送消息，我们要用到一个简单的程序，允许用户输入分数的分子和分母，然后再将分数与 1 相加，如清单 18-3 所示。该程序会在获取用户输入值之前先显示当前分数，等到与 1 相加之后，再显示新的分数值。

清单 18-3　向分数加 1 的程序

```
// incFraction.cpp
// Gets a fraction from user and increments by 1.

#include "fraction.hpp"
int main(void)
{
❶ fraction x;
```

```
❷  x.display();
   x.get();
   x.add(1);
   x.display();
   return 0;
}
```

指定类名和对象名来实例化对象，就像定义变量一样❶。点号运算符（.）用于向类的方法发送消息❷，这会调用对象所属类的成员函数。

接着，我们来看看 C++编译器所生成的用于实现清单 18-3 中 main 函数的汇编语言程序。这里使用的 C++编译器是 g++。我通过下列命令生成清单 18-4 所示的汇编语言程序：

g++ -fno-asynchronous-unwind-tables -fno-exceptions -fcf-protection=none -S \\-masm=intel incFraction.cc

除了新加入的-fno-exceptions 选项，这和我们先前用于 C 代码的命令一模一样。C++提供了异常机制来处理检测到的运行时错误。编译器通过汇编器指令提供该特性的相关信息，但这些信息在这里会干扰我们对于对象实现原理的讨论。因此使用-fno-exceptions 选项关闭该特性。

清单 18-4　编译器生成的汇编语言程序，展示了如何构造对象、向对象发送消息以及析构对象

```
        .file   "incFraction.cpp"
        .intel_syntax noprefix
        .text
        .globl  main
        .type   main, @function
main:
        push    rbp
        mov     rbp, rsp
        push    rbx
❶  sub     rsp, 24
        mov     rax, QWORD PTR fs:40
        mov     QWORD PTR -24[rbp], rax
        xor     eax, eax
❷  lea     rax, -32[rbp]       ## address of object
        mov     rdi, rax
        call    _ZN8fractionC1Ev@PLT  ## construct
        lea     rax, -32[rbp]       ## address of object
        mov     rdi, rax
        call    _ZN8fraction7displayEv@PLT
        lea     rax, -32[rbp]       ## address of object
        mov     rdi, rax
        call    _ZN8fraction3getEv@PLT
        lea     rax, -32[rbp]       ## address of object
        mov     esi, 1             ## integer to add
        mov     rdi, rax
        call    _ZN8fraction3addEi@PLT
        lea     rax, -32[rbp]       ## address of object
        mov     rdi, rax
```

```
        call    _ZN8fraction7displayEv@PLT
        mov     ebx, 0              ## return value
        lea     rax, -32[rbp]       ## address of object
        mov     rdi, rax
❸ call   _ZN8fractionD1Ev@PLT
        mov     eax, ebx            ## return 0;
        mov     rdx, QWORD PTR -24[rbp]
        xor     rdx, QWORD PTR fs:40
        je      .L3
        call    __stack_chk_fail@PLT
.L3:
        add     rsp, 24
        pop     rbx
        pop     rbp
        ret
        .size   main, .-main
        .ident  "GCC: (Ubuntu 9.3.0-17ubuntu1~20.04) 9.3.0"
        .section        .note.GNU-stack,"",@progbits
```

首先要注意，x 是一个自动局部变量（见清单 18-3），因此 main 函数的序言在栈内为 fraction 对象分配内存❶。该内存区域的地址❷在实例化对象时传入函数 _ZN8fractionC1Ev。（注意，rbx 是在为 fraction 对象分配 24 字节内存之前被压入栈的，所以正确的偏移量为−32。）

如果回头观察清单 18-1，你会发现构造函数名 fraction 被 C++ 编译器重整为_ZN8fractionC1Ev。我们在第 15 章见到过 C 编译器对静态局部变量做过名称重整（name mangling）处理，其目的在于对定义在相同文件中不同函数内的同名静态局部变量进行区分。

C++ 进行名称重整是为了将成员函数与其所属的类关联起来。如果查看清单 18-4 中的类成员函数调用，可以看到函数名均以_ZN8fraction 开头。因为函数名在作用域中是全局的，加入类名允许在程序中定义其他包含同名成员函数的类。例如，我们的程序中可以有多个含有 display 成员函数的类。名称重整使用其所属的类来标识每个 display 成员函数。

C++ 名称重整还能够实现函数重载（function overloading）。如果仔细观察 add 成员函数经过名称重整之后的结果（_ZN8fraction3addEi），你可能会发现编译器加入了参数数量和类型。在本例中，重整之后的函数名末尾的 i 表示该函数接受单个 int 类型参数。这使得我们可以有多个同名的类成员函数，但在参数的数量和类型方面又各不相同，这就是函数重载。在"动手实践"环节中，你将有机会重载默认构造函数。

至于名称重整的具体实现，并没有标准做法，每种编译器都可能不同。这意味着一个程序的所有 C++ 代码必须使用兼容的编译器和链接器进行编译和链接。

注意每次调用成员函数前的两个指令❷。可以看到，对象地址被传递给了各个成员函数。这是一个隐藏参数，不会出现在 C++ 代码中。等到本章随后学习成员函数的内部实现时，我们会看到如何在成员函数中访问该地址。

虽然没有显现在我们编写的 C++ 代码中，但是编译器会在程序流离开对象作用域处生成相应的指令，自动调用析构函数❸。在一些高级编程技术中，我们可以显式调用析构函数，不过本书不打算涉及这些知识点。在大部分时间里，让编译器决定什么时候调用析构函数就行了。

接着，我们来看看 fraction 类的构造函数、析构函数以及其他成员函数。

18.1.2 定义类成员函数

虽然把每个 C 函数放在单独的文件中是一种常见的做法，但是 C++源文件通常被组织成包含一个类中的所有函数。清单 18-5 显示了 fraction 类中所有成员函数的定义。

清单 18-5　fraction 类的成员函数定义

```
// fraction.cpp
// Simple fraction class.

#include "fraction.hpp"
// Use char arrays because writeStr is C-style function.
❶ char numMsg[] = "Enter numerator: ";
char denMsg[] = "Enter denominator: ";
char over[] = "/";
char endl[] = "\n";

❷ fraction::fraction()
{
  num = 0;
  den = 1;
}

fraction::~fraction()
{
  // Nothing to do for this object
}

void fraction::get()
{
  writeStr(numMsg);
  getInt(&num);

  writeStr(denMsg);
  getInt(&den);
}

void fraction::display()
{
  putInt(num);
  writeStr(over);
  putInt(den);
  writeStr(endl);
}

void fraction::add(int theValue)
{
  num += theValue * den;
}
```

虽然 C++ 提供了向屏幕写入信息的库函数，但是调用它们的汇编语言比较复杂。因此，我们使用了自己的汇编语言函数 writeStr，该函数遵循 C 调用约定，能够处理 C 风格的文本字符串，我们将要用到的字符串放在了全局区域❶。这样就可以重点关注如何在 C++ 中实现对象。

类的成员关系是通过类名以及紧随的双冒号（::）指定的❷。构造函数和类同名，负责可能需要的初始化工作。例如，我们的构造函数会将 fraction 对象初始化为 0/1。在某些设计中，构造函数还得做一些其他工作，如分配堆内存或打开文件。构造函数没有返回值。

来看看 C++ 编译器为这些成员函数生成的汇编语言程序，如清单 18-6 所示。

清单 18-6　编译器为 fraction 类的成员函数生成的汇编语言程序

```
        .file   "fraction.cpp"
        .intel_syntax noprefix
        .text
        .globl  numMsg
        .data
        .align 16
        .type   numMsg, @object
        .size   numMsg, 18
numMsg:
        .string "Enter numerator: "
        .globl  denMsg
        .align 16
        .type   denMsg, @object
        .size   denMsg, 20
denMsg:
        .string "Enter denominator: "
        .globl  over
        .type   over, @object
        .size   over, 2
over:
        .string "/"
        .globl  endl
        .type   endl, @object
        .size   endl, 2
endl:
        .string "\n"
        .text
        .align 2
❶      .globl  _ZN8fractionC2Ev
        .type   _ZN8fractionC2Ev, @function
_ZN8fractionC2Ev:                       ## constructor
        push    rbp
        mov     rbp, rsp
❷      mov     QWORD PTR -8[rbp], rdi   ## this pointer
        mov     rax, QWORD PTR -8[rbp]   ## load addr of object
        mov     DWORD PTR [rax], 0       ## num = 0;
        mov     rax, QWORD PTR -8[rbp]
        mov     DWORD PTR 4[rax], 1      ## den = 1;
        nop
```

```
        pop     rbp
        ret
        .size   _ZN8fractionC2Ev, .-_ZN8fractionC2Ev
        .globl  _ZN8fractionC1Ev
❸      .set    _ZN8fractionC1Ev,_ZN8fractionC2Ev
        .align 2
❹      .globl  _ZN8fractionD2Ev
        .type   _ZN8fractionD2Ev, @function
_ZN8fractionD2Ev:                        ## destructor
        push    rbp
        mov     rbp, rsp
        mov     QWORD PTR -8[rbp], rdi   ## this pointer
        nop
        pop     rbp
        ret
        .size   _ZN8fractionD2Ev, .-_ZN8fractionD2Ev
        .globl  _ZN8fractionD1Ev
        .set    _ZN8fractionD1Ev,_ZN8fractionD2Ev
        .align 2
        .globl  _ZN8fraction3getEv
        .type   _ZN8fraction3getEv, @function
_ZN8fraction3getEv:
        push    rbp
        mov     rbp, rsp
        sub     rsp, 16
        mov     QWORD PTR -8[rbp], rdi    ## this pointer
        lea     rdi, numMsg[rip]
        call    writeStr@PLT
        mov     rax, QWORD PTR -8[rbp]
        mov     rdi, rax
        call    getInt@PLT
        lea     rdi, denMsg[rip]
        call    writeStr@PLT
        mov     rax, QWORD PTR -8[rbp]
        add     rax, 4
        mov     rdi, rax
        call    getInt@PLT
        nop
        leave
        ret
        .size   _ZN8fraction3getEv, .-_ZN8fraction3getEv
        .align 2
        .globl  _ZN8fraction7displayEv
        .type   _ZN8fraction7displayEv, @function
_ZN8fraction7displayEv:
        push    rbp
        mov     rbp, rsp
        sub     rsp, 16
        mov     QWORD PTR -8[rbp], rdi    ## this pointer
        mov     rax, QWORD PTR -8[rbp]
```

```
        mov     eax, DWORD PTR [rax]
        mov     edi, eax
        call    putInt@PLT
        lea     rdi, over[rip]
        call    writeStr@PLT
        mov     rax, QWORD PTR -8[rbp]
        mov     eax, DWORD PTR 4[rax]
        mov     edi, eax
        call    putInt@PLT
        lea     rdi, endl[rip]
        call    writeStr@PLT
        nop
        leave
        ret
        .size   _ZN8fraction7displayEv, .-_ZN8fraction7displayEv
        .align 2
        .globl  _ZN8fraction3addEi
        .type   _ZN8fraction3addEi, @function
_ZN8fraction3addEi:
        push    rbp
        mov     rbp, rsp
        mov     QWORD PTR -8[rbp], rdi       ## this pointer
        mov     DWORD PTR -12[rbp], esi
        mov     rax, QWORD PTR -8[rbp]
        mov     edx, DWORD PTR [rax]
        mov     rax, QWORD PTR -8[rbp]
        mov     eax, DWORD PTR 4[rax]
        imul    eax, DWORD PTR -12[rbp]
        add     edx, eax
        mov     rax, QWORD PTR -8[rbp]
        mov     DWORD PTR [rax], edx
        nop
        pop     rbp
        ret
        .size   _ZN8fraction3addEi, .-_ZN8fraction3addEi
        .ident  "GCC: (Ubuntu 9.3.0-17ubuntu1~20.04) 9.3.0"
        .section        .note.GNU-stack,"",@progbits
```

　　main 函数调用_ZN8fractionC1Ev 作为 fraction 对象的构造函数（见清单 18-4），但编译器在这里将其命名为_ZN8fractionC2Ev❶。然后编译器设置_ZN8fractionC1Ev 等于_ZN8fractionC2Ev❸。（汇编器指令.set 等同于.equ。）这两个不同的构造函数可用于实现更高级的 C++特性。在我们的例子中，两者是相同的。

　　main 函数调用_ZN8fractionD1Ev 作为析构函数。类似于构造函数，编译器将析构函数命名为_ZN8fractionD2Ev，然后设置_ZN8fractionD1Ev 等于_ZN8fractionD2Ev❹。如前所述，这可以实现更复杂的析构函数。

　　我先前说过，可以在成员函数中访问对象的地址。C++提供了一个特殊的指针变量 this，其中包含对象的地址❷。我们在大部分时间不需要显式使用 this 指针。如果成员函数要用到对象的数据成员，编译器会假设所指的是当前对象并隐式使用 this 指针。如果在成员函数中调用另一个成员函数，同样沿用该假设。一些高级的 C++编程技术需要显式使用 this 指针，不过这已经超出了本书的范围。

清单 18-6 中的剩余代码你应该不会陌生，所以我们将继续展示什么时候不需要编写构造函数或析构函数。

动手实践

为清单 18-1、清单 18-3、清单 18-5 中的 C++程序添加另一个构造函数，可以接受两个整数类型参数，用于初始化分数。再添加一个使用该构造函数的对象。例如，"fraction y(1,2);"会创建一个被初始化为 1/2 的 fraction 对象。修改 main 函数，显示这个新的 fraction 对象，为其获取新值，然后再加一个整数，最后重新显示结果。

18.1.3 由编译器生成构造函数和析构函数

如果默认构造函数的目的就是用来初始化数据成员，我们甚至可以不用编写。Bjarne Stroustrup 和 Herb Sutter 维护了一份优秀的 C++程序推荐事项，名为 *C++ Core Guidelines*。其中 C.45 节是这么说的："不要定义仅用于初始化数据成员的默认构造函数；使用类内（in-class）成员初始化器来代替。"两人指出，编译器会为我们"生成效率更高的函数"。我读过的大多数 C++书籍基本上也给出了同样的建议。

本节也遵循这个建议。修改清单 18-1、清单 18-3 和清单 18-5 中的代码，删除其中的构造函数和析构函数。然后运用我们的汇编语言知识，阅读编译器生成的内容。清单 18-7 展示了没有构造函数和析构函数的 fraction 类，取而代之的是类内成员初始化器。

清单 18-7 取自清单 18-1 的 fraction 类，删除了构造函数和析构函数

```
// fraction.hpp
// Simple fraction class.

#ifndef FRACTION_HPP
#define FRACTION_HPP
// Uses the following C functions
extern "C" int writeStr(char *);
extern "C" int getInt(int *);
extern "C" int putInt(int);

class fraction
{
❶ int num{0};              // numerator
   int den{1};              // denominator
 public:
   void get();              // get user's values
   void display();          // displays fraction
   void add(int theValue);  // adds integer
};
#endif
```

我们使用 C++的花括号初始化（brace initialization）语法代替构造函数对 fraction 对象的数据
成员进行初始化❶。C++也允许使用下列数据成员初始化语法：

```
int num = 0;
int num = {0};
```

我喜欢用花括号初始化语法，因为它传达了一种信息：实际的变量赋值操作仅在实例化对象
时发生。我们很快就会看到这一点。本章开始部分提到的 Josh Lospinoso 所著的 *C++ Crash Course*
一书中讨论了其中的差异。

我们保留了清单 18-3 中的代码，同时删除清单 18-5 中的构造函数和析构函数（fraction()和
~fraction()）。编译器由此生成的 main 函数的汇编语言程序如清单 18-8 所示。

清单 18-8　通过汇编语言展示 g++编译器如何生成 fraction 对象的构造函数

```
        .file   "incFraction.cpp"
        .intel_syntax noprefix
        .text
        .globl  main
        .type   main, @function
main:
        push    rbp
        mov     rbp, rsp
❶ sub     rsp, 16
        mov     rax, QWORD PTR fs:40
        mov     QWORD PTR -8[rbp], rax
        xor     eax, eax
❷ mov     DWORD PTR -16[rbp], 0       ## num = 0;
        mov     DWORD PTR -12[rbp], 1       ## den = 1;
        lea     rax, -16[rbp]
        mov     rdi, rax
        call    _ZN8fraction7displayEv@PLT
        lea     rax, -16[rbp]
        mov     rdi, rax
        call    _ZN8fraction3getEv@PLT
        lea     rax, -16[rbp]
        mov     esi, 1
        mov     rdi, rax
        call    _ZN8fraction3addEi@PLT
        lea     rax, -16[rbp]
        mov     rdi, rax
        call    _ZN8fraction7displayEv@PLT
        mov     eax, 0                        ## return 0;
❸ mov     rdx, QWORD PTR -8[rbp]
        xor     rdx, QWORD PTR fs:40
        je      .L3
        call    __stack_chk_fail@PLT
.L3:
        leave
        ret
```

```
        .size    main, .-main
        .ident   "GCC: (Ubuntu 9.3.0-17ubuntu1~20.04) 9.3.0"
        .section         .note.GNU-stack,"",@progbits
```

C++在栈帧中创建对象，就像我们自己的构造函数所做的那样❶。但编译器并没有生成单独的构造函数，而是在实例化对象的时候直接初始化数据成员❷。

因为 fraction 对象唯一使用的资源就是栈内存，所以 main 函数的结语在执行正常的栈清理工作时就会将该对象删除。因此，编译器什么都不用做，就可以完成 fraction 对象的析构❸。

对比清单 18-8 与清单 18-4 中的代码，可以看到编译器节省了 8 个指令，其中包括 2 个函数调用。所以的确是生成了更高效的构造函数。但是，汇编语言也向我们表明，更准确的说法应该是编译器生成了一个内联构造函数（inline constructor），而非构造函数。当然，C++语言规范允许其他编译器以不同的方式来实现。

最后要指出的是，如果需要另一个接受参数的构造函数，那就必须提供自己的默认构造函数，编译器可不会替我们操心。

清单 18-8 中的其余代码你应该很熟悉了，所以我们接着来看如何直接用汇编语言实现对象。

动手实践

从清单 18-7 中删除 num 和 den 的初始化部分。这会对程序产生什么影响？提示：观察编译器为 main 函数生成的汇编语言程序。

18.2 汇编语言中的对象

我们可能不会使用汇编语言从事面向对象编程，但本节的讨论有助于你厘清 C++是如何实现对象的。

我们从 fraction 对象的数据成员偏移量开始，如清单 18-9 所示。

清单 18-9 fraction 类中的属性值的偏移量

```
# fraction
# Declaration of fraction attributes.
# This object takes 8 bytes
        .equ    num,0
        .equ    den,4
```

对象属性以记录形式实现，因此对象中数据成员的偏移量声明方式与记录中的字段偏移量声明方式相同。没有哪个汇编器指令能实现数据成员私有化。私有和公有之间的区别是由高级语言（在本例中是 C++）做出的。我们需要在编写汇编语言时确保只有类成员函数才能访问数据成员。

清单 18-10 展示了 main 函数的汇编语言版本。

清单 18-10 向分数加 1 的汇编语言程序

```
# incFraction.s
# Gets numerator and denominator of a fraction
# from user and adds 1 to the fraction.
        .intel_syntax noprefix
# Stack frame
        .equ    x,-16
        .equ    canary,-8
        .equ    localSize,-16
# Constant data
        .section .rodata
        .align 8
# Code
        .text
        .globl main
        .type   main, @function
main:
        push    rbp                 # save frame pointer
        mov     rbp, rsp            # set new frame pointer
        add     rsp, localSize      # for local var.
        mov     rax, qword ptr fs:40 # get canary
        mov     canary[rbp], rax

        lea     rdi, x[rbp]         # address of object
    ❶ call     fraction_construct  # construct it

        lea     rdi, x[rbp]         # address of object
        call    fraction_display    # display fraction

        lea     rdi, x[rbp]         # address of object
        call    fraction_get        # get fraction values

        mov     esi, 1              # amount to add
        lea     rdi, x[rbp]         # address of object
        call    fraction_add        # add it

        lea     rdi, x[rbp]         # address of object
        call    fraction_display    # display fraction

        lea     rdi, x[rbp]         # address of object
        call    fraction_destruct   # delete fraction

        mov     eax, 0              # return 0;
    ❷ mov      rcx, canary[rbp]
        xor     rcx, qword ptr fs:40
        je      goodCanary
        call    __stack_chk_fail@plt
goodCanary:
        mov     rsp, rbp            # restore stack pointer
```

```
        pop     rbp                     # and caller frame pointer
        ret
```

在编写 C++ 代码时，构造函数和析构函数都是被隐式调用的，但在汇编语言中，必须显式调用❶。我们不会像编译器那样大程度地进行名称重整，只是简单地在成员函数名前加上 fraction_。

除了函数名重整，main 函数也就没什么特别之处了。注意，在调用过析构函数之后，我们还检查了栈内的金丝雀❷，因为析构函数用到了栈。

接下来，我们要使用汇编语言编写成员函数，先从构造函数开始，如清单 18-11 所示。

清单 18-11　用汇编语言实现 fraction 类的构造函数

```
# fraction_construct.s
# Initializes fraction to 0/1.
# Calling sequence:
#    rdi <- address of object
        .intel_syntax noprefix
        .include "fraction"
# Code
        .text
        .globl  fraction_construct
        .type   fraction_construct, @function
fraction_construct:
        push    rbp                     # save frame pointer
        mov     rbp, rsp                # set new frame pointer
❶       mov     dword ptr num[rdi], 0   # initialize
        mov     dword ptr den[rdi], 1   # fraction
        mov     rsp, rbp                # restore stack pointer
        pop     rbp                     # and caller frame pointer
        ret
```

因为我们没有在该函数内调用任何其他函数，所以使用 rdi 寄存器保存 this 指针，访问对象的数据成员❶。

在 fraction 类中，析构函数什么事都没做，但出于完整性的考虑，我们还是编写了一个，如清单 18-12 所示。

清单 18-12　用汇编语言实现 fraction 类的析构函数

```
# fraction_destruct.s
# Nothint to do here
# Calling sequence:
#    rdi <- address of object
        .intel_syntax noprefix
        .include    "fraction"
# Code
        .text
        .globl  fraction_destruct
        .type   fraction_destruct, @function
fraction_destruct:
        push    rbp             # save frame pointer
```

```
        mov     rbp, rsp     # set new frame pointer
# Has nothing to do
        mov     rsp, rbp     # restore stack pointer
        pop     rbp          # and caller frame pointer
        ret
```

我们继续编写 fraction_display 函数，如清单 18-13 所示。

清单 18-13　用汇编语言实现 fraction 类的 fraction_display 函数

```
# fraction_display.s
# Displays fraction.
# Calling sequence:
#   rdi <- address of object
        .intel_syntax noprefix
        .include    "fraction"
# Text for fraction_display
        .data
over:
        .string "/"
endl:
        .string "\n"
# Stack frame
❶ .equ    this,-16
        .equ    localSize,-16
# Code
        .text
        .globl fraction_display
        .type  fraction_display, @function
fraction_display:
        push    rbp              # save frame pointer
        mov     rbp, rsp         # set new frame pointer
        add     rsp, localSize   # for local var.
        mov     this[rbp], rdi   # this pointer

        mov     rax, this[rbp]   # load this pointer
        mov     edi, num[rax]
        call    putInt

        lea     rdi, over[rip]   # slash
        call    writeStr

        mov     rax, this[rbp]   # load this pointer
        mov     edi, den[rax]
        call    putInt

        lea     rdi, endl[rip]   # newline
        call    writeStr

        mov     rsp, rbp         # restore stack pointer
        pop     rbp              # and caller frame pointer
        ret
```

　　fraction_display 函数调用了其他函数，这些函数都有可能会修改 rdi 寄存器的内容，所以我们需要将 this 指针保存在栈帧内❶。

　　清单 18-13 演示了我们为什么要遵循惯例，将每个汇编语言函数单独放置在一个文件中。.equ 汇编器指令定义的标识符具有文件作用域。根据栈帧内的其他内容，this 指针可能需要在不同的函数内处于不同的相对位置。如果我们将所有的成员函数放在一个文件中，就需要进行名称重整，将每个 this 偏移量与其各自的成员函数关联起来。C++编译器分别为每个成员函数计算出 this 指针的偏移量，因此不会在生成的汇编语言中使用名称 this。

　　fraction_get 函数和 fraction_add 函数如清单 18-14 和清单 18-15 所示。

清单 18-14　用汇编语言实现 fraction 类的 fraction_get 函数

```
# fraction_get.s
# Gets numerator and denominator from keyboard.
# Calling sequence::
#    rdi <- address of object
        .intel_syntax noprefix
        .include    "fraction"
# Messages
        .data
numMsg:
        .string "Enter numerator: "
denMsg:
        .string "Enter denominator: "
# Stack frame
        .equ    this,-16
        .equ    localSize,-16
# Code
        .text
        .globl  fraction_get
        .type   fraction_get, @function
fraction_get:
        push    rbp             # save frame pointer
        mov     rbp, rsp        # set new frame pointer
        add     rsp, localSize  # for local var.
        mov     this[rbp], rdi  # this pointer
        lea     rdi, numMsg[rip] # prompt message
        call    writeStr
        mov     rax, this[rbp]  # load this pointer
        lea     rdi, num[rax]
        call    getInt

        lea     rdi, denMsg[rip]
        call    writeStr
        mov     rax, this[rbp]  # load this pointer
        lea     rdi, den[rax]
        call    getInt
        mov     rsp, rbp        # restore stack pointer
        pop     rbp             # and caller frame pointer
        ret
```

清单 18-15 用汇编语言实现 fraction 类的 fraction_add 函数

```
# fraction_add.s
# Adds integer to fraction
# Calling sequence:
#   rdi <- address of object
#   esi <- int to add
        .intel_syntax noprefix
        .include    "fraction"
# Code
        .text
        .globl  fraction_add
        .type   fraction_add, @function
fraction_add:
        push    rbp             # save frame pointer
        mov     rbp, rsp        # set new frame pointer
        mov     eax, den[rdi]   # load denominator
        imul    eax, esi        # denominator X int to add
        add     num[rdi], eax   # add to numerator
        mov     rsp, rbp        # restore stack pointer
        pop     rbp             # and caller frame pointer
        ret
```

fraction_get 或 fraction_add 没有什么特别之处。因为 fraction_get 函数调用了其他函数，所以我们需要将 this 指针保存在栈帧内。因为 fraction_add 函数没有调用其他函数，所以可以安全地使用 rdi 寄存器作为 this 指针。

动手实践
修改清单 18-9～清单 18-15 中的汇编语言程序，使其以 "整数 & 分数" 的格式显示分数，其中 "分数" 部分小于 1。例如，3/2 显示为 1 & 1/2。

18.3 小结

类 声明定义对象的数据成员以及用于访问这些数据成员的成员函数。

C++中的对象 一块具名内存区域，其中包含类中声明的数据成员。

方法或成员函数 可以调用类中声明的成员函数访问同类对象的状态。

名称重整 由编译器创建的成员函数名称，包括函数名、函数所属的类、函数参数的数量和类型。

构造函数 用于初始化对象的成员函数。

析构函数 用于清理无用资源的成员函数。

本章简单介绍了 C++实现面向对象编程基础特性的方式。

到目前为止，我们在程序中只使用了整数值。在第 19 章中，我们将介绍如何在内存中表示小数，以及用于处理小数的相关 CPU 指令。

第 **19** 章

小　数

 我们在先前的程序中一直只使用整数值：整数和字符。本章将介绍计算机是如何表示小数的。我们将看到表示小数的两种方法：定点表示法和浮点表示法。

我们先从定点数开始，说明小数值是如何用二进制表示的。正如你将看到的，用于整数部分的位数限制了可以表示的数字范围。为小数部分分配若干位，可以进一步细分这个范围。

范围限制促使我们引入了浮点数，虽然浮点数允许更大的范围，但也带来了其他限制。我们将讨论浮点表示法的格式和属性以及最常见的浮点二进制标准 IEEE 754。在本章的最后，我们将简要介绍在 x86-64 架构中如何处理浮点数。

19.1　二进制小数

让我们先来看看小数的数学描述。回想一下第 2 章，十进制整数 N 以二进制表示如下：

$$N = d_{n-1} \times 2^{n-1} + d_{n-2} \times 2^{n-2} + \cdots + d_1 \times 2^1 + d_0 \times 2^0$$

其中，每个 d_i 等于 0 或 1。

我们可以将上述等式扩展，加入小数部分 F：

$$N.F = d_{n-1} \times 2^{n-1} + d_{n-2} \times 2^{n-2} + \cdots + d_0 \times 2^0 + d_{-1} \times 2^{-1} + d_{-2} \times 2^{-2} + \cdots$$
$$= d_{n-1} d_{n-2} \cdots d_0 \cdot d_{-1} d_{-2} \cdots$$

其中，每个 d_i 等于 0 或 1。注意该等式右侧 d_0 和 d_{-1} 之间的二进制点。二进制点右边的所有项都是 2 的倒数幂（inverse powers of 2），因此这部分数字的总和为小数值。与十进制点一样，二进制点将数字的小数部分与整数部分分开。来看一个例子：

$$1.6875_{10} = 1.0_{10} + 0.5_{10} + 0.125_{10} + 0.0635_{10}$$
$$= 1 \times 2^0 + 1 \times 2^{-1} + 0 \times 2^{-2} + 1 \times 2^{-3} + 1 \times 2^{-4}$$
$$= 1.1011_2$$

虽然任何整数都可以表示为 2 的幂之和，但二进制小数值的精确表示仅限于 2 的倒数幂之和。例如，考虑小数值 0.9 的 8 位表示。

$$0.11100110_2 = 0.89843750_{10}$$
$$0.11100111_2 = 0.90234375_{10}$$

我们可以看到：

$$0.11100110_2 < 0.9_{10} < 0.11100111_2$$

事实上

$$0.9_{10} = 0.110011\overline{1100}_2$$

其中，$\overline{1100}$ 意味着此位模式是无限循环的。

二进制小数值的舍入（rounding）很简单。如果右边的下一位是 1，则在舍入位加 1。让我们把 0.9 舍入到 8 位。从前面可以看到，二进制小数点右边的第 9 位是 0，所以我们没有在第 8 位加 1。因此，我们使用

$$0.9_{10} \approx 0.11100110_2$$

会得到如下舍入误差：

$$0.9_{10} - 0.11100110_2 = 0.9_{10} - 0.8984375_{10}$$
$$= 0.0015625_{10}$$

19.2　定点数

定点数本质上是一种按比例缩放的整数表示法，其中缩放系数由基数点（radix point）的位置来表示。基数点将一个数的小数部分与整数部分分开。在十进制数中，我们称其为十进制点；在二进制数中，我们称其为二进制点。在英语国家，基数点通常用句点（.）表示；而在其他地区，可能使用逗号（,）表示。

例如，1234.5_{10} 表示按 1/10 缩放的 12345_{10}；10011010010.1_2 是 100110100101_2 乘以 1/2。当用定点数进行计算时，需要注意基数点的位置。

接下来，我们将研究带有小数部分的缩放数字，其中的小数部分是 2 的倒数幂，在这种情况下，小数部分可以精确表示。然后讲解十进制缩放小数，以避免前面描述的舍入误差。

19.2.1　当小数部分为 2 的倒数幂之和时

先来看一个示例程序，该程序将两个以英寸（1 英寸 = 2.54 厘米）为单位的测量值相加。英寸的小数部分通常以 2 的倒数幂（1/2、1/4、1/8 等）表示，这部分可以用二进制系统精确表示。

程序将两个测量值相加，精确到 1/16 英寸。我们需要 4 位来存储小数部分，剩下 28 位用来

存储整数部分。

当两个数相加时，我们需要对齐它们的基数点。清单 19-1 展示了从键盘读取数字时，我们将如何进行对齐。

清单 19-1 从键盘读取以英寸和 1/16 英寸为单位的数字的函数

```
# getLength.s
# Gets length in inches and 1/16s.
# Outputs 32-bit value, high 28 bits hold inches,
# low 4 bits hold fractional value in 1/16s.
# Calling sequence:
#   rdi <- pointer to length
        .intel_syntax noprefix
# Useful constant
        .equ    fractionMask, 0xf
# Stack frame
        .equ    lengthPtr,-16
  ❶    .equ    inches,-8
        .equ    fraction,-4
        .equ    localSize,-16
# Constant data
        .section .rodata
        .align  8
prompt:
        .string "Enter inches and 1/16s\n"
inchesPrompt:
        .string "        Inches: "
fractionPrompt:
        .string "    Sixteenths: "
# Code
        .text
        .globl  getLength
        .type   getLength, @function
getLength:
        push    rbp                    # save frame pointer
        mov     rbp, rsp               # set new frame pointer
        add     rsp, localSize         # for local var.

        mov     lengthPtr[rbp], rdi    # save pointer to output

        lea     rdi, prompt[rip]       # prompt user
        call    writeStr

        lea     rdi, inchesPrompt[rip] # ask for inches
        call    writeStr
        lea     rdi, inches[rbp]       # get inches
        call  ❷ getUInt
        lea     rdi, fractionPrompt[rip] # ask for 1/16's
        call    writeStr
```

```
        lea     rdi, fraction[rbp]              # get fraction
        call    getUInt

        mov     eax, dword ptr inches[rbp]      # retrieve inches
❸ sal     eax, 4                          # make room for fraction
        mov     ecx, dword ptr fraction[rbp]    # retrieve frac
❹ and     ecx, fractionMask               # make sure < 16
        add     eax, ecx                        # add in fraction
        mov     rcx, lengthPtr[rbp]             # load pointer to output
        mov     [rcx], eax                      # output

        mov     rsp, rbp                        # restore stack pointer
        pop     rbp                             # and caller frame pointer
        ret
```

我们为英寸数和 1/16 英寸数分配了 32 位，分别作为整数从键盘读取❶。注意，我们使用 getUInt 函数来读取每个无符号整数❷。这是对 getInt 函数的简单修改，后者读取一个有符号整数。getInt 是我们在第 15 章编写的。

我们使用低 4 位来存储小数部分，因此将整数部分左移 4 位，为小数部分的加法腾出空间❸。在添加小数部分之前，要确保用户输入的数字不超出这 4 位的取值范围❹。

缩放后的整数部分为 28 位。这将取值范围限制在 0～268 435 455 + 15/16。这个数值范围约是 32 位整数取值范围（0～4 294 967 295）的 1/16，但分辨率[1]（resolution）达到了 1/16。

我们的函数会显示这些测量值的整数和小数部分，如清单 19-2 所示。

清单 19-2　显示以英寸和 1/16 英寸为单位的测量值的函数

```
# displayLength.s
# Displays length in inches and 1/16s.
# Calling sequence:
#   edi <- value with 1/16s in low-order 4 bits
        .intel_syntax noprefix
# Useful constant
        .equ    ❶ fractionMask, 0xf
# Stack frame
        .equ    length,-16
        .equ    localSize,-16
# Constant data
        .section .rodata
        .align  8
link:
        .string " "
over:
        .string "/16"
msg:
        .string "Total = "
endl:
        .string "\n"
# Code
```

1　分辨率是可表示的最小非零数的大小。

```
        .text
        .globl  displayLength
        .type   displayLength, @function
displayLength:
        push    rbp                     # save frame pointer
        mov     rbp, rsp                # set new frame pointer
        add     rsp, localSize          # for local var.

        mov     length[rbp], rdi        # save input length
        lea     rdi, msg[rip]           # nice message
        call    writeStr

        mov     edi, length[rbp]        # original value
❷      shr     edi, 4                  # integer part
        call    putUInt                 # write to screen
        lea     rdi, link[rip]
        call    writeStr

        mov     edi, length[rbp]        # original value
❸      and     edi, fractionMask       # fraction part
        call    putUInt                 # write to screen
❹      lea     rdi, over[rip]
        call    writeStr

        lea     rdi, endl[rip]
        call    writeStr

        mov     rsp, rbp                # restore stack pointer
        pop     rbp                     # and caller frame pointer
        ret
```

我们将数字右移 4 位，这样就可以按照整数显示整数部分❷。使用 4 位掩码❶掩蔽掉整数部分，将小数部分显示为另一个整数❸。我们添加了一些文字来说明第二个整数是小数部分❹。

清单 19-3 展示了 main 函数。

清单 19-3　将两个分别以英寸和 1/16 英寸为单位的测量值相加的程序

```
# rulerAdd.s
# Adds two ruler measurements, to nearest 1/16 inch.
        .intel_syntax noprefix
# Stack frame
        .equ    x,-16
        .equ    y, -12
        .equ    canary,-8
        .equ    localSize,-16
# Constant data
        .section .rodata
        .align  8
endl:
        .string "\n"
# Code
        .text
        .globl  main
```

```
        .type   main, @function
main:
        push    rbp                         # save frame pointer
        mov     rbp, rsp                    # set new frame pointer
        add     rsp, localSize              # for local var.
        mov     rax, qword ptr fs:40        # get canary
        mov     qword ptr canary[rbp], rax

        lea     rdi, x[rbp]                 # x length
        call    getLength

        lea     rdi, y[rbp]                 # y length
        call    getLength

        mov     edi, x[rbp]                 # retrieve x length
❶       add     edi, y[rbp]                 # add y length
        call    displayLength

        mov     eax, 0                      # return 0;
        mov     rcx, qword ptr canary[rbp]
        xor     rcx, qword ptr fs:40
        je      goodCanary
        call    __stack_chk_fail@plt
goodCanary:
        mov     rsp, rbp                    # restore stack pointer
        pop     rbp                         # and caller frame pointer
        ret
```

如果你查看 19.1 节中表示二进制小数值的等式，大概会相信整数加法指令适用于包括小数部分在内的整个数字❶。

这个例子适用于二进制数，但我们在计算中主要使用十进制数。正如本章先前所述，大多数十进制小数无法用有限的位数表示，需要进行舍入。在 19.2.2 节中，我们将讨论如何在使用十进制小数时避免舍入误差。

19.2.2　当小数部分为十进制时

考虑一下如何在定点格式中处理小数部分。当我们从键盘读取整数部分时，将其向左移动了 4位，这样就留出了空间，将 16 分之几与整数部分相加。实际上，我们已经创建了一个 32 位数，二进制点位于第 5 位和第 4 位（编号为 4 和 3 的位）之间。可行的原因在于小数部分是 2 的倒数幂之和。

思考我们先前处理分数的另一种方法是，移动 4 位相当于将数字乘以 16。我们在处理十进制时将采用这种方法：将数字乘以 10 的倍数，使最小值成为整数。

我们通过一个程序来研究这种方法，该程序将两个美元数值相加，使其最接近 1/100 美元。与清单 19-1、清单 19-2、清单 19-3 中的标尺测量程序一样，我们从读取键盘输入金额的函数 getMoney 开始，如清单 19-4 所示。

清单 19-4　从键盘读取美元和美分并将其转换成美分的函数

```
# getMoney.s
# Gets money in dollars and cents.
```

```
# Outputs 32-bit value, money in cents.
# Calling sequence:
#   rdi <- pointer to length
        .intel_syntax noprefix
# Useful constant
        .equ ❶ dollar2cents, 100
# Stack frame
        .equ    moneyPtr,-16
        .equ    dollars,-8
        .equ    cents,-4
        .equ    localSize,-16
# Constant data
        .section .rodata
        .align 8
prompt:
        .string "Enter amount\n"
dollarsPrompt:
        .string "    Dollars: "
centsPrompt:
        .string "        Cents: "
# Code
        .text
        .globl  getMoney
        .type   getMoney, @function
getMoney:
        push    rbp                     # save frame pointer
        mov     rbp, rsp                # set new frame pointer
        add     rsp, localSize          # for local var.

        mov     moneyPtr[rbp], rdi      # save pointer to output

        lea     rdi, prompt[rip]        # prompt user
        call    writeStr

        lea     rdi, dollarsPrompt[rip] # ask for dollars
        call    writeStr
        lea     rdi, dollars[rbp]       # get dollars
      ❷ call    getUInt
        lea     rdi, centsPrompt[rip]   # ask for cents
        call    writeStr
        lea     rdi, cents[rbp]         # get cents
      ❸ call    getUInt

        mov     eax, dword ptr dollars[rbp] # retrieve dollars
        mov     ecx, dollar2cents           # scale dollars to cents
      ❹ mul     ecx
        mov     ecx, dword ptr cents[rbp]   # retrieve cents
        add     eax, ecx                    # add in cents
        mov     rcx, moneyPtr[rbp]          # load pointer to output
        mov     [rcx], eax                  # output
```

```
        mov     rsp, rbp                # restore stack pointer
        pop     rbp                     # and caller frame pointer
        ret
```

与标尺测量程序一样，我们将整数部分❷和小数部分❸作为整数读取。如前所述，由于缩放系数是 10 的倍数，我们需要将整数部分❹乘以缩放系数❶，而不是简单地移动。

显示缩放数字的函数需要执行逆操作，分离出整数和小数部分。这些由 displayMoney 函数完成，如清单 19-5 所示。

清单 19-5　将美分按照美元和美分的形式显示的函数

```
# displayMoney.s
# Displays money in dollars and cents.
# Calling sequence:
#   edi <- money in cents
        .intel_syntax noprefix
# Useful constant
        .equ  ❶ cent2dollars, 100
# Stack frame
        .equ    money,-16
        .equ    localSize,-16
# Constant data
        .section .rodata
        .align 8
decimal:
        .string "."
msg:
        .string "Total = $"
zero:
        .string "0"
endl:
        .string "\n"
# Code
        .text
        .globl  displayMoney
        .type   displayMoney, @function
displayMoney:
        push    rbp                     # save frame pointer
        mov     rbp, rsp                # set new frame pointer
        add     rsp, localSize          # for local var.

        mov     money[rbp], rdi         # save input money
        lea     rdi, msg[rip]           # nice message
        call    writeStr

        mov     edx, 0                  # clear high order
        mov     eax, money[rbp]         # convert money amount
        mov     ecx, cent2dollars       # to dollars and cents
    ❷ div     ecx
    ❸ mov     money[rbp], edx         # save cents
```

```
        mov     edi, eax                # dollars
        call    putUInt                 # write to screen
❹ lea     rdi, decimal[rip]
        call    writeStr

        cmp     dword ptr money[rbp], 10 # 2 decimal places?
        jae     twoDecimal              # yes
        lea     rdi, zero[rip]          # no, 0 in tenths place
        call    writeStr
twoDecimal:
        mov     edi, money[rbp]         # load cents
        call    putUInt                 # write to screen

        lea     rdi, endl[rip]
        call    writeStr

        mov     rsp, rbp                # restore stack pointer
        pop     rbp                     # and caller frame pointer
        ret
```

在读取货币金额时，我们使用缩放系数将小数点右移两位。现在需要将小数点左移两位来恢复小数部分，所以得使用相同的缩放系数 100❶。

然后，div 指令将整数部分留在 eax 中，余数（小数部分）留在 edi 中❷。我们将暂时保存小数部分，同时打印整数部分❸。与标尺测量程序一样，输出文本来指示小数部分❹。

清单 19-6 展示了将两个金额相加的 main 函数。

清单 19-6　使用定点数相加金额的程序

```
# moneyAdd.s
# Adds two money amounts in dollars and cents.
        .intel_syntax noprefix
# Stack frame
        .equ    x,-16
        .equ    y, -12
        .equ    canary,-8
        .equ    localSize,-16
# Constant data
        .section .rodata
        .align 8
endl:
        .string "\n"
# Code
        .text
        .globl  main
        .type   main, @function
main:
        push    rbp                     # save frame pointer
        mov     rbp, rsp                # set new frame pointer
        add     rsp, localSize          # for local var.
        mov     rax, qword ptr fs:40    # get canary
```

```
           mov     qword ptr canary[rbp], rax

           lea     rdi, x[rbp]              # x amount
           call    getMoney

           lea     rdi, y[rbp]              # y amount
           call    getMoney

           mov     edi, x[rbp]              # retrieve x amount
❶          add     edi, y[rbp]              # add y amount
           call    displayMoney

           mov     eax, 0                   # return 0;
           mov     rcx, qword ptr canary[rbp]
           xor     rcx, qword ptr fs:40
           je      goodCanary
           call    __stack_chk_fail@plt
goodCanary:
           mov     rsp, rbp                 # restore stack pointer
           pop     rbp                      # and caller frame pointer
           ret
```

main 函数中使用的金额已经被调整为整数,所以可以使用简单的 add 指令将其相加❶。

虽然定点运算允许我们保留数字的完整分辨率,但是取值范围受到整数类型的位数限制(在该程序中是 32 位)。我们将程序中的取值范围限制在 0~42 949 672.95,但将分辨率提高到最接近的 0.01。

我们有一种更方便的记法来表示极大和极小的数字,19.3 节你就会看到。

动手实践

1. 输入清单 19-1、清单 19-2、清单 19-3 中的程序。使用 gdb 调试器检查 main 函数中变量 x 和 y 的值。识别出整数和小数部分。

2. 输入清单 19-4、清单 19-5、清单 19-6 中的程序。使用 gdb 调试器检查 main 函数中变量 x 和 y 的值。识别出整数和小数部分。

3. 输入清单 19-4、清单 19-5、清单 19-6 中的程序。运行程序,分别输入$42949672.95 和$0.01 作为金额。程序输出的结果是什么?

4. 修改清单 19-4、清单 19-5、清单 19-6 中的程序,使其能够处理正值和负值。你可能需要第 15 章的 getSInt 和 putSInt 函数。对于负值,需要输入负数形式的美元和美分金额,此修改的总范围是多少?

19.3 浮点数

让我们从本节最重要的概念开始:浮点数不是实数。实数包括从$-\infty$到$+\infty$的所有连续数。我们已经知道计算机是有限的,所以能表示的最大值肯定是有限的,但是问题比单纯的数量限制更复杂。

正如你将在本节中看到的，浮点数包含实数的一小部分。相邻的浮点数之间有很大的间隙。这些间隙会引发多种错误。更麻烦的是，这些错误可能出现在难以调试的中间结果中。

19.3.1　浮点表示

浮点表示基于科学记数法。在浮点表示中，我们用一个符号和两个数字（尾数和指数）来完全指定一个值。十进制浮点数被写作尾数乘以 10 的幂。例如，考虑这两个数字：

$$0.0010123 = 1.0123 \times 10^{-3}$$
$$-456.78 = -4.5678 \times 10^{2}$$

注意，在浮点表示中，数字是规格化的（normalized），因此小数点左边只有一位数字。相应地调整 10 的指数。如果我们认可每个数字都是规格化的，并且使用的是十进制，那么浮点数完全由 3 项指定：尾数（significand）、指数（exponent）和符号（sign）。在前两个例子中：

$$10123、\ -3\ 和 + 表示 + 1.0123 \times 10^{-3}$$
$$45678、\ +2\ 和 - 表示 - 4.5678 \times 10^{+2}$$

使用浮点表示法的优点在于，对于给定的位数，我们可以表示更大范围的值。

让我们看看浮点数是如何在计算机内部存储的。

19.3.2　IEEE 754 浮点数标准

最常用的浮点数存储标准是 IEEE 754。图 19-1 展示了浮点数的一般存储模式。

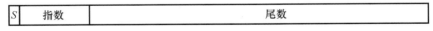

图 19-1　浮点数的一般存储模式

其中，S 是符号。

和所有存储格式一样，浮点格式涉及分辨率、舍入误差、大小和取值范围之间的权衡。IEEE 754 标准规定了 4～16 字节的大小。C/C++ 中最常用的大小是 float（4 字节）和 double（8 字节）。x86-64 架构支持这两种大小，外加一个 10 字节的扩展版本，该版本与 IEEE 754 标准类似，但不属于该标准。

图 19-2 展示了这 3 种浮点大小的位数。

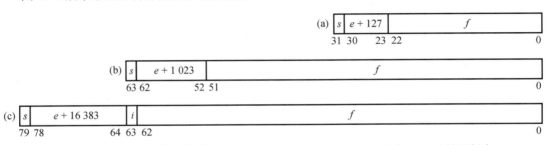

图 19-2　3 种浮点大小的位数：（a）C float，（b）C double，（c）x86-64 扩展版本

图 19-2 中的值代表以规格化形式存储的浮点数 N。

$$N = (-1)^s \times 1.f \times 2^e$$

s 是符号位，0 代表正，1 代表负。

与十进制一样，指数经过调整后，二进制点左边只有一位非零数字。但在二进制中，这个数字始终为 1，$1.f$ 即为尾数。因为始终为 1，所以整数部分（1）没有存储在 IEEE 754 的 4 字节和 8 字节版本中。这被称为隐藏位。只有尾数的小数部分 f 会被存储。x86-64 扩展的 10 字节版本中包含整数部分 i。

格式需要考虑到负指数。你一开始可能想的是使用补码。然而，IEEE 标准是在 20 世纪 70 年代制定的，那时候的浮点计算会占用大量的 CPU 时间。程序中的许多算法仅依赖于两个数字的比较，当时的计算机科学家意识到，一种允许整数比较指令的格式能加快执行时间。于是决定在存储之前向指数添加一个量（即偏置），这样允许的最大负指数会被存储为 0。因此，偏置指数（biased exponent）可以作为 unsigned int 存储。如图 19-2 所示，4 字节标准的偏置为 127，8 字节标准的偏置为 1 023，10 字节标准的偏置为 16 383。

隐藏位方案产生了一个问题：没有办法表示 0。为了解决这个问题以及其他问题，IEEE 754 标准有以下特例。

- **零值**：所有偏置指数位和小数位均为 0，允许出现−0 和+0。这样保留了收敛到 0 的计算符号。
- **去规范化**：如果要表示的值小于偏置指数位均为 0 时所能表示的值，这意味着 e 可能具有最大的负值，则不再假定隐藏位。在这种情况下，偏置量减少 1。
- **无穷大**：无穷大是通过将所有偏置指数位设为 1 并将所有小数位设为 0 来表示的。注意，这允许符号位同时指定+∞和−∞，允许我们仍然可以比较超出范围的数字。
- **非数字**（NaN）：如果偏置指数位全为 1，但小数位不全为 0，这表示值有错误。可用于指示浮点变量还没有值。NaN 应被视为程序错误。

例如，非零值除以 0 就会产生无穷大。结果未定义的运算，比如 0 除以 0，会产生 NaN。

接下来，我们将讨论用于处理浮点数的 x86-64 硬件。

19.3.3　SSE2 浮点数硬件

在 1989 年 4 月 Intel 推出 486DX 之前，x87 浮点单元一直位于单独的芯片（协处理器）上。如今被纳入了 CPU 芯片，不过其执行架构与 CPU 的整数单元略有不同。x87 使用图 19-2（c）所示的 10 字节浮点标准。

1997 年，Intel 为其处理器添加了多媒体扩展（Multimedia eXtension，MMX），其中包括可同时处理多个数据项的指令 SIMD（Single Instruction, Multiple Data，单指令多数据）。对单个数据项的运算称为标量运算（scalar operation）。对多个数据项的并行运算称为向量运算（vector operation），这在许多多媒体和科学应用中都很有用。在本书中，我们只讨论标量运算。

最初，MMX 只执行整数计算，但是 AMD 于 1998 年为 MMX 增加了包括浮点指令在内的 3DNow!扩展。Intel 紧随其后，于 1999 年在奔腾 III 上推出了 SSE（Streaming SIMD Extension，流式 SIMD 扩展）。AMD 很快也加入了 SSE，为我们带来了 3DNow! Professional。数年来已经演进出多个版本——SSE、SSE2、SSE3 和 SSE4。2011 年，Intel 和 AMD 又为 SIMD 和浮点运算添加了 AVX（Advanced Vector eXtension，高级矢量扩展）。

x86-64 架构至少包括 SSE2。更高版本只有在更高级别的 CPU 芯片上才有。我们在本书中讨论的是最常见的 SSE2，更高级别的芯片仍然支持 SSE2。唯一连 SSE 都不包括的 CPU 芯片是一些廉价的 32 位微控制器（例如，Intel Quark），所以我们不会讨论 x87 架构。

大多数 SSE2 指令可以同时处理多个数据项。整数和浮点运算都有 SSE2 指令。整数指令一次最多可处理 16 个 8 位、8 个 16 位、4 个 32 位、2 个 64 位或 1 个 128 位整数。

向量浮点指令可以同时对寄存器中的 4 个 32 位或 2 个 64 位浮点进行操作。每个数据项都可独立处理。这些指令对于执行诸如处理数组之类的算法非常有用。一条 SSE2 指令可以并行处理多个数组元素，从而显著提高速度。此类算法在多媒体和科学应用中很常见。

在本书中，我们只考虑少数处理单个数据项的标量浮点指令。这些指令对 32 位（单精度）或 64 位（双精度）值进行操作。标量指令只对 128 位 xmm 寄存器的低位部分进行处理，高 64 位或 96 位保持不变。

19.3.4　xmm 寄存器

SSE 架构为 CPU 增加了 8 个 128 位寄存器，这些寄存器与我们在本书中使用的通用整数寄存器是分开的。SSE2 加入了 64 位模式，再次增加了 8 个（共增加 16 个）128 位寄存器：xmm0、xmm1、...、xmm15。AVX 增加了更宽的寄存器：256 位的 ymm0、ymm1、...、ymm15 和 512 位的 zmm0、zmm1、...、zmm15。在 AVX 架构中，寄存器 xmm0、xmm1、...、xmm15 指的是 256 位寄存器 ymm0、ymm1、...、ymm15 和 512 位寄存器 zmm0、zmm1、...、zmm15 的低 128 位。

图 19-3 展示了单个 xmm 寄存器及其内容在内存中的组织形式。

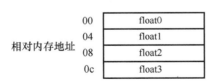

图 19-3　单个 xmm 寄存器及其内存映射

SSE 还包括自己的 32 位状态和控制寄存器 mxcsr。表 19-1 给出了该寄存器中各位的含义，以及 CPU 首次加电时各位的默认设置。

表 19-1　　　　　　　　　　　　mxcsr 寄存器中的各位

位	助记符	含义	默认
31:16		保留	
15	FZ	下溢清零	0
14:13	RC	舍入控制	00
12	PM	精度掩码	1
11	UM	下溢掩码	1

续表

位	助记符	含义	默认
10	OM	上溢掩码	1
9	ZM	被零除掩码	1
8	DM	非正规化运算掩码	1
7	IM	无效运算掩码	1
6	DAZ	非规格化数是零	0
5	PE	精度标志	0
4	UE	下溢标志	0
3	OE	上溢标志	0
2	ZE	被零除标志	0
1	DE	非规格化标志	0
0	IE	无效运算标志	0

位 0～5 由导致相应条件的 SSE 操作设置。这会引发异常，这些异常通常由操作系统来处理。（关于异常，详见第 21 章。）位 7～12 用于控制在掩蔽过程中是否会出现相应的异常。RC 位用于控制数字的舍入方式，如表 19-2 所示。

表 19-2   浮点数的舍入模式

RC	舍入模式
00	舍入到最接近的值。如果并列，则选择偶数值。默认模式
01	向 −∞ 的方向向下舍入
10	向 +∞ 的方向向上舍入
11	截断

对每种情况的详细描述超出了本书的讨论范围，但是我们将通过一个例子帮助你了解其使用方式。当浮点运算产生无法精确表示的结果时，例如 1.0 除以 3.0，就会产生精度误差。SSE 单元对结果进行舍入，并将 mxcsr 寄存器中的 PE 位置位。在大多数情况下，精度误差是可以接受的，我们不希望出现异常。将 PM 位设置为 1 来屏蔽此类异常，程序继续运行，操作系统不理会该误差。

正如你在表 19-1 中看到的，屏蔽精度误差是默认行为。如果这种误差在你编写的程序中很重要，就需要解除对 PE 的屏蔽。C 标准库提供了能够操作 mxcsr 寄存器的函数，你可以在 Linux 终端窗口中通过 man fenv 命令来了解这些函数。在动手实践环节，你有机会在汇编语言中处理被零除的情况。

不同于由整数指令设置的 rflags 寄存器中的状态标志，没有能够测试 mxcsr 寄存器中的条件位的指令。尽管大多数 SSE 指令都不会影响，但有 4 个比较指令（comisd、comiss、ucomisd、ucomiss）确实会设置 rflags 寄存器中的状态标志。在本书中没有用到这些指令，但是它们允许我们使用基于浮点比较的条件跳转指令。

让我们看看如何使用 SSE 硬件执行浮点运算。

19.3.5   浮点数编程

清单 19-7 中的程序将两个浮点数相加并打印出结果。我们使用汇编语言编写该程序，方便查看具体操作以及在调试器中检查数字。

清单 19-7 将两个浮点类型变量相加的程序

```
# addFloats.s
# Adds two floats.
        .intel_syntax noprefix
# Stack frame
        .equ    x,-20
        .equ    y,-16
        .equ    z,-12
        .equ    canary,-8
        .equ    localSize,-32
# Constant data
        .section .rodata
prompt:
        .string "Enter a number: "
scanFormat:
        .string "%f"
printFormat:
        .string "%f + %f = %f\n"
# Code
        .text
        .globl  main
        .type   main, @function
main:
        push    rbp                     # save frame pointer
        mov     rbp, rsp                # set new frame pointer
        add     rsp, localSize          # for local var.
        mov     rax, qword ptr fs:40    # get canary
        mov     qword ptr canary[rbp], rax

        lea     rdi, prompt[rip]        # prompt for input
        mov     eax, 0
        call    printf@plt
        lea     rsi, x[rbp]             # read x
        lea     rdi, scanFormat[rip]
        mov     eax, 0
        call    __isoc99_scanf@plt

        lea     rdi, prompt[rip]        # prompt for input
        mov     eax, 0
        call    printf@plt
        lea     rsi, y[rbp]             # read y
        lea     rdi, scanFormat[rip]
        mov     eax, 0
        call    __isoc99_scanf@plt

❶ movss    xmm2, x[rbp]            # load x
❷ addss    xmm2, y[rbp]            # compute x + y
        movss   z[rbp], xmm2
```

```
❸  cvtss2sd    xmm0, x[rbp]            # convert to double
   cvtss2sd    xmm1, y[rbp]            # convert to double
   cvtss2sd    xmm2, z[rbp]            # convert to double
   lea         rdi, printFormat[rip]
   mov         eax, 3                  # 3 xmm regs.
   call        printf@plt

   mov         eax, 0                  # return 0;
   mov         rcx, qword ptr canary[rbp]
   xor         rcx, qword ptr fs:40
   je          goodCanary
   call        __stack_chk_fail@plt
goodCanary:
   mov         rsp, rbp                # restore stack pointer
   pop         rbp                     # and caller frame pointer
   ret
```

浮点类型为 32 位。所有使用浮点数的计算都在 xmm 寄存器中执行。printf 的浮点参数也在 xmm 寄存器中传递，但是 printf 要求其作为双精度浮点类型传递。

清单 19-7 中出现了一些 SSE 指令，如 movss❶、addss❷、cvtss2sd❸。

movss —— 移动标量单精度浮点数

　　将标量单精度浮点数从一个位置复制（移动）到另一个位置。

　　movss *xmmreg1, xmmreg2*　从 *xmmreg2* 寄存器移动到 *xmmreg1* 寄存器。

　　movss *xmmreg, mem*　从内存位置 *mem* 移动到 *xmmreg* 寄存器。

　　movss *mem, xmmreg*　从 *xmmreg* 寄存器移动到内存位置 *mem*。

　　movss 指令使用指定的 xmm 寄存器的低 32 位来移动单精度浮点数。当目标寄存器是 xmm 寄存器时，高 96 位不受影响，但是从内存中移出时，这些位会被置零。

addss —— 标量单精度浮点数相加

　　将两个标量单精度 32 位浮点数相加。

　　addss *xmmreg1, xmmreg2*　将 *xmmreg2* 寄存器中的浮点值与 *xmmreg1* 寄存器中的浮点值相加，结果保留在 *xmmreg1*。

　　addss *xmmreg, mem*　将内存位置 *mem* 的浮点值与 *xmmreg* 寄存器的浮点值相加。

　　addss *mem, xmmreg*　将 *xmmreg* 寄存器中的浮点值与内存位置 *mem* 的浮点值相加。

　　相加的结果会导致 OE、UE、IE、PE 或 DE 异常。addss 指令仅影响目标 xmm 寄存器的低 32 位。

cvtss2sd —— 将标量单精度浮点数转换为标量双精度浮点数

　　将标量单精度 32 位浮点数转换为标量双精度 64 位浮点数。

　　cvtss2sd *xmmreg1, xmmreg2*　将 *xmmreg2* 寄存器中的单精度浮点数转换为等价的双精度浮点数，结果保留在 *xmmreg1*。

　　cvtss2sd *xmmreg, mem*　将内存位置 *mem* 的单精度浮点数转换为等价的双精度浮点数，结果保留在 *xmmreg*。

　　转换结果会导致 IE 或 DE 异常。cvtss2sd 指令仅影响目标 xmm 寄存器的低 64 位。

19.3.6　浮点算术误差

这里讨论的大多数算术误差也存在于定点算术中。可能最常见的算术误差就是舍入误差。出现这种情况有两个原因：一是可用来存储的位数有限；二是小数值无法在所有数基中精确表示。

这两个限制也适用于定点表示。与浮点的不同之处在于，CPU 硬件可以移动算术结果的尾数，相应地调整指数，从而导致位丢失。在整数算术中，任何移位在程序中都是明确进行的。

浮点数很容易被认为是实数，但其实不然。大多数浮点数都是实数经过舍入后的近似值。在使用浮点运算时，我们需要注意舍入对计算的影响。否则，我们可能觉察不到计算中已经悄然渗透的误差。

在执行整数计算时，我们需要注意结果中最高有效位的误差：无符号整数的进位和有符号整数的溢出。对于浮点数，调整基数点以保持最高有效位的完整性。大多数浮点误差都是为了使值适合分配的位数而对低位进行舍入造成的。浮点算术中的误差更加微妙，但会对我们程序的准确性产生重要影响。

运行清单 19-7 中的程序：

```
$ ./addFloats
Enter a number: 123.4
Enter a number: 567.8
123.400002 + 567.799988 = 691.200012
```

这里的算术结果看起来并不准确。在回头检查程序中的 bug 之前，先试试能不能通过调试器找出原因：

```
--snip--
(gdb) b 53
Breakpoint 1 at 0x11e4: file addFloats.s, line 53.
(gdb) r
Starting program: /home/bob/progs/chapter_19/addFloats_asm/addFloats
Enter a number: 123.4
Enter a number: 567.8

Breakpoint 1, main () at addFloats.s:53
53              call    printf@plt
```

在 printf 的调用处设置断点，然后运行程序，输入和先前一样的数字。接下来，查看存储在变量 x、y、z 中的数字：

```
(gdb) i r rbp
rbp            0x7fffffffdee0          0x7fffffffdee0
(gdb) x/3xw 0x7fffffffdecc
0x7fffffffdecc: 0x42f6cccd      0x440df333      0x442ccccd
```

x 变量位于 0x7fffffffdecc:0x42f6cccd。从先前给出的 IEEE 754 格式可知，指数存储为 $85_{16} = 133_{10}$，得到 e = 6。因此，x 存储为（尾数部分写作二进制，包括隐藏位在内，指数部分写作十进制）$1.11101101100110011001101 \times 2^6 = 1111011.01100110011001101 = 123.40000152587890625$。内存检查命令中的格式化字符 f 以浮点格式向我们显示内存内容：

```
(gdb) x/3fw 0x7fffffffdecc
0x7fffffffdecc: 123.400002      567.799988      691.200012
```

这里的显示不像我们手工计算得那样精确，但它清楚地表明这 3 个数字都有舍入误差。

程序运行到这里，x、y、z 已经分别被载入 xmm0、xmm1、xmm2 寄存器，并转换为双精度值。让我们来看看这些寄存器。因为 x86-84 采用小端序，所以低位值首先出现在每个 {...} 分组内：

```
(gdb) i r xmm0
xmm0            {v4_float = {0x0, 0x3, 0x0, 0x0}, v2_double = {0x7b, 0x0}, v16_
int8 = {0x0, 0x0, 0x0, 0xa0, 0x99, 0xd9, 0x5e, 0x40, 0x0, 0x0, 0x0, 0x0, 0x0,
0x0, 0x0, 0x0}, v8_int16 = {0x0, 0xa000, 0xd999, 0x405e, 0x0, 0x0, 0x0, 0x0},
v4_int32 = {0xa0000000, 0x405ed999, 0x0, 0x0}, v2_int64 = {0x405ed999a0000000,
0x0}, uint128 = 0x405ed999a0000000}
```

在使用 info registers 命令时，gdb 会向我们展示 xmm 寄存器所有可能的用法，但是可以使用 print 命令告诉 gdb 要显示哪种用法。在这个例子中，我们使用 xmm 寄存器保存两个双精度值：

```
(gdb) p $xmm0.v2_double
$1 = {123.40000152587891, 0}
(gdb) p $xmm1.v2_double
$2 = {567.79998779296875, 0}
(gdb) p $xmm2.v2_double
$3 = {691.20001220703125, 0}
```

print 命令比 x 命令显示更多的小数位。我们还可以让 print 将这些值显示为 64 位整数：

```
(gdb) p/x $xmm0.v2_int64
$4 = {0x405ed999a0000000, 0x0}
(gdb) p/x $xmm1.v2_int64
$5 = {0x4081be6660000000, 0x0}
(gdb) p/x $xmm2.v2_int64
$6 = {0x40859999a0000000, 0x0}
```

注意，从 float 到 double 的转换只是在尾数低位部分的额外 28 位添加 0。转换不会增加尾数的位数。

最后，执行程序余下的部分：

```
(gdb) cont
Continuing.
123.400002 + 567.799988 = 691.200012
[Inferior 1 (process 2547) exited normally]
(gdb)
```

使用舍入数进行计算时可能会出现一些微妙的误差。我们将使用清单 19-7 中的 addFloats 程序来说明一些常见误差。

动手实践

1. 修改清单 19-7 中的汇编语言程序，使用双精度浮点数执行加法运算。选用和示例中同样的数字运行该程序。是否得到了更准确的结果？解释一下。

2. 修改清单 19-7 中的汇编语言程序，执行除法运算。尝试除以 0.0。SSE 的浮点数相除指令是 divss。运行该程序，会发生什么？

3. 现在，如果上一个练习中的程序给出了除法结果，则意味着被零除异常被屏蔽了；修改程序，解除 ZE 的屏蔽。如果产生了核心转储（core dump），则说明 ZE 未被屏蔽；修改程序，将 ZE 屏蔽。要想修改 mxcsr 寄存器中的 ZM 位，需要两条指令：stmxcsr *mem* 和 ldmxcsr *mem*，前者将 32 位 mxcsr 寄存器的副本存储在内存位置 *mem*，后者将内存位置 *mem* 处的 32 位值载入 mxcsr 寄存器。

吸收

吸收（absorption）是由两个大小相差很大的数相加（或相减）产生的。较小数字的值会在计算中丢失。让我们在 gdb 下运行 addFloats 程序，看看这是如何发生的。

在 printf 调用处设置断点并运行程序：

```
(gdb) run
Enter a number: 16777215.0
Enter a number: 0.1

Starting program: /home/bob/progs/chapter_19/addFloats_asm/addFloats
Breakpoint 1, main () at addFloats.s:53
53              call    printf@plt
```

32 位浮点数中的尾数为 24 位（别忘了隐藏位），所以我使用 16777215.0 作为其中一个数字，然后用 0.1 作为相加的小数。

来看看存储在变量 x、y、z 中的数字：

```
(gdb) i r rbp
rbp             0x7fffffffdee0          0x7fffffffdee0
(gdb) x/3xw 0x7fffffffdecc
0x7fffffffdecc: 0x4b7fffff      0x3dcccccd      0x4b7fffff
```

x 变量位于 0x7fffffffdecc:0x4b7fffff。从先前给出的 IEEE 754 格式可知，指数存储为 $96_{16} = 150_{10}$，得到 e = 13。因此，x 被存储为 $1.11111111111111111111111 \times 2^{13} = 11111111111111111111111.0 = 16777215.0_{10}$。同样，y 存储为 $1.100110011001100110011001101 \times 2^{-4} = 0.0001100110011001100110011001101 \cong 0.100000001437_{10}$。这两个二进制数相加得到 11111111111111111111111.0001100110011001100110011001101。CPU 的浮点硬件会将其舍入为 24 位，以符合 IEEE 754 格式，这会将小数部分整个截断。本例中的较小的数字 0.1 已经被浮点加法吸收了。

如果查看 gdb 的浮点格式数字，可能不太能清晰地看出吸收效果：

```
(gdb) x/3fw 0x7fffffffdecc
0x7fffffffdecc: 16777215        0.100000001        16777215
```

抵消

当两个相差很小的数字相减时，可能会出现另一种误差：抵消（cancellation）。浮点表示法保留了高位部分的完整性，因此减法结果的高位部分将为 0。如果其中一个数字经过舍入，其低位部分就不精确，这意味着结果会有误差。

我们将使用清单 19-7 中的 addFloats 程序，输入一个负数来执行减法运算。下面的实例使用了两个相近数字：

```
$ ./addFloats
Enter a number: 1677721.5
Enter a number: -1677721.4
1677721.500000 + -1677721.375000 = 0.125000
```

该减法的相对误差是(0.125–0.1)/0.1 = 0.25 = 25%。可以看到，第二个数字从–1677721.4 舍入到–1677721.375，这导致了算术误差。

让我们看看这些数字是如何被当作浮点数处理的：

$$x = 1.100110011001100110011001100 \times 2^{20}$$
$$y = 1.100110011001100110011001011 \times 2^{20}$$
$$z = 1.0000000000000000000000000 \times 2^{-3}$$

减法导致 x 和 y 的高 20 位抵消，只留下 z 的 3 个尾数位。y 的舍入误差导致了 z 的误差。

让我们使用两个不会有舍入误差的值：

```
$ ./addFloats
Enter a number: 1677721.5
Enter a number: -1677721.25
1677721.500000 + -1677721.250000 = 0.250000
```

在这种情况下，3 个数字被精确地存储：

$$x = 1.100110011001100110011001100 \times 2^{20}$$
$$y = 1.100110011001100110011001010 \times 2^{20}$$
$$z = 1.0000000000000000000000000 \times 2^{-2}$$

减法仍然导致 x 和 y 的高 20 位抵消，只留下 z 的 3 个尾数位，但 z 是正确的。

当至少一个浮点数存在导致差值出现误差的舍入误差时，就会发生灾难性抵消（catastrophic cancellation）。如果两个数字都被准确存储，我们就会得到良性抵消（benign cancellation）。这两种抵消都会导致结果丧失意义。

结合性

浮点误差最不易察觉的影响应该就是出现在中间结果中的误差所产生的影响。这种误差仅在某些数据集中出现。中间结果中的误差甚至会导致浮点加法不具有结合性：对于浮点数 x、y、z 的某些值，(x + y) + z 不等于 x + (y + z)。

我们来编写一个简单的 C 程序，测试一下浮点数的结合性，如清单 19-8 所示。

清单 19-8　用于展示不具有结合性的浮点算术的程序

```c
/* threeFloats.c
 * Associativity of floats.
 */

#include <stdio.h>

int main()
{
  float x, y, z, sum1, sum2;

  printf("Enter a number: ");
  scanf("%f", &x);
  printf("Enter a number: ");
  scanf("%f", &y);
  printf("Enter a number: ");
  scanf("%f", &z);

❶ sum1 = x + y;
  sum1 += z;      /* sum1 = (x + y) + z */
  sum2 = y + z;
  sum2 += x;      /* sum2 = x + (y + z) */

  if (sum1 == sum2)
    printf("%f is the same as %f\n", sum1, sum2);
  else
    printf("%f is not the same as %f\n", sum1, sum2);

  return 0;
}
```

大多数程序员会在单个语句中完成加法，sum1 = (x + y) + z，但是分步执行允许我们在调试器中查看中间结果❶。我们从一些简单的数字开始：

```
$ ./threeFloats
Enter a number: 1.0
Enter a number: 2.0
Enter a number: 3.0
6.000000 is the same as 6.000000
```

结果似乎很合理。再尝试一些更有意思的数字：

```
$ ./threeFloats
Enter a number: 1.1
Enter a number: 1.2
Enter a number: 1.3
3.600000 is not the same as 3.600000
```

使用 gdb，看看能不能搞清楚背后发生了什么：

```
$ gdb ./threeFloats
--snip--

(gdb) b 18
Breakpoint 1 at 0x121f: file threeFloats.c, line 18.
(gdb) r
Starting program: /home/bob/progs/chapter_19/threeFloats_C/threeFloats
Enter a number: 1.1
Enter a number: 1.2
Enter a number: 1.3

Breakpoint 1, main () at threeFloats.c:18
18          sum1 = x + y;
(gdb) p x
$1 = 1.10000002
(gdb) p y
$2 = 1.20000005
(gdb) p z
$3 = 1.29999995
```

我们可以看到每个数字在存储时都存在舍入误差。让我们逐一查看每条语句，看看总和是如何累加的：

```
(gdb) n
19          sum1 += z;
(gdb) p sum1
$4 = 2.30000019
```

x 和 y 都存在舍入误差，两者相加给总和带来了更大的误差：

```
(gdb) n
20          sum2 = y + z;
(gdb) p sum1
$5 = 3.60000014
```

接下来，跟踪 sum2 的产生过程：

```
(gdb) n
21          sum2 += x;
(gdb) p sum2
$6 = 2.5
(gdb) n
22          if (sum1 == sum2)
(gdb) p sum2
$7 = 3.5999999
(gdb) cont
Continuing.
3.600000 is not the same as 3.600000
[Inferior 1 (process 2406) exited normally]
(gdb)
```

使用调试器查看每个数字的存储，观察总和的累加，由此可以看到浮点存储格式中舍入误差带来的影响。%f 格式告诉 printf 显示 6 位小数，根据需要舍入。所以我们的程序正确地告知 3.60000014 ≠ 3.5999999，但是 printf 将这两个数字都舍入为 3.600000。

动手实践

修改清单 19-8 中的 C 程序，使用双精度浮点数。这样是否具有加法的结合性？

19.4　关于数值精确性的一些说明

编程初学者往往将浮点数视为实数，认为浮点数比整数更精确。的确，整数本身确实存在一系列问题：就算两个大整数相加也会导致溢出。整数相乘更有可能溢出。我们需要考虑到整数除法产生的两个值：商和余数，而不是浮点除法得到的一个值。

但是浮点数并非实数。正如你在本章中看到的，浮点表示法扩展了数值的范围，但也有其潜在的不精确性。精确的算术结果需要对你的算法进行全面分析。需要考虑以下 5 点。

- 尝试缩放数据，以便可以使用整数算术。
- 使用双精度代替单精度以提高精确性，实际上可能还会提高执行速度。大多数 C 和 C++ 库函数都使用双精度类型作为参数，所以编译器在传递参数时，会将单精度转换成双精度，就像我们在清单 19-7 中调用 printf 时看到的那样。
- 尝试安排计算顺序，使大小相近的数相加或相减。
- 避免使用复杂的算术语句，因为有可能会掩盖不正确的中间结果。
- 选择对算法有压力的测试数据。如果你的程序处理小数，那么要加入没有等效二进制数值的数据。

好消息是，在 64 位计算机盛行的今天，整数的取值范围是 $-9\,223\,372\,036\,854\,775\,808 \leqslant N \leqslant +9\,223\,372\,036\,854\,775\,807$。许多编程语言中都提供了库函数，允许在程序中使用任意精度的算术。

我们已经讲解了使用浮点数时产生数值误差的主要原因。如果想对这一主题展开更严谨的数学处理，可以从 David Goldberg 的论文 "What Every Computer Scientist Should Know About Floating-Point Arithmetic"（ACM Computing Surveys, Vol 23, No 1, March 1991）着手。关于减少舍入误差的编程技术示例，可以参阅维基百科上 Kahan 求和算法的相关内容。

19.5　小结

小数值的二进制表示　二进制小数值等于 2 的倒数幂之和。

二进制定点　二进制点被假定位于两个特定位之间。

浮点数不是实数　相邻浮点数之间的间隙会根据指数变化。

浮点通常没有定点精确　舍入误差往往被浮点格式规范化所掩盖，并且可能通过多次计算而累积。

IEEE 754 计算机程序中表示浮点值的最常见标准。整数部分始终为 1。指数指定整数部分包含或不包含的位数。

SSE 浮点硬件 CPU 中独立的一组硬件，有自己的寄存器和指令集，用于处理浮点数。

到目前为止，我们已经讨论了按步执行指令的程序。但在某些情况下，指令无法对其操作数执行任何有意义的操作，例如，当除以 0 时。如前所述，这会触发程序执行顺序的异常。此外，我们可能希望允许外部事件（例如，在键盘上敲击按键）中断正在执行的程序。在第 20 章讨论了输入/输出之后，我们将在第 21 章介绍中断和异常。

第 **20** 章

输入/输出

我们将在本章讨论 I/O 子系统。程序通过 I/O 子系统与外界（CPU 和内存以外的设备）进行通信。大多数程序从一个或多个输入设备读取数据、处理数据，然后将结果写入一个或多个输出设备。

键盘和鼠标是典型的输入设备；显示屏和打印机是典型的输出设备。虽然大多数人并不这样认为，但磁盘、固态硬盘、U 盘等设备也属于 I/O 设备。

本章先介绍 I/O 设备的一些时序特征及其与内存的比较。然后来看看用于处理时序问题的 CPU 和 I/O 设备之间的接口。最后，我们将粗略地介绍一下如何对 I/O 设备进行编程。

20.1 时序考量

由于 CPU 通过相同的总线访问内存和 I/O（参见图 1-1），看起来程序可以像访问内存一样访问 I/O 设备。也就是说，通过使用 mov 指令在 CPU 和特定 I/O 设备之间传输数据字节来执行 I/O。这没问题，是可以做到的，但是为了使其能够正确工作，必须考虑其他问题。其中一个主要问题是内存和 I/O 之间的时序差异。在处理 I/O 时序之前，让我们考虑一下内存时序特征。

注意 正如我已经指出的，本书中给出的三总线描述展示了 CPU 和 I/O 之间的逻辑交互。大多数现代计算机采用多种类型的总线。CPU 连接到各种总线的方式由硬件处理。程序员通常只处理逻辑视图。

20.1.1 内存时序

内存的一个重要特征是其时序相对统一，不依赖于外部事件。这意味着内存时序可由硬件处理，无须程序员操心。我们只需使用 CPU 指令将数据移入或移出内存即可。

比较计算机中常用的两种内存，SRAM 的访问时间是 DRAM 的 5~10 倍，但前者成本更高，占用的物理空间也更多。从第 8 章可知，DRAM 多用于内存，SRAM 用于容量较小的缓存。SRAM 缓存与 DRAM 内存的结合很好地确保了 CPU 访问内存时的最小时间延迟。

这里值得注意的是，CPU 速度还是比内存快，尤其是 DRAM。访问内存（提取指令、加载数据、存储数据）通常是拖慢程序执行速度的最重要因素。有一些提高缓存性能的技术，能够改善内存访问时间。但是运用这种技术需要透彻理解所用系统的 CPU 和内存配置，这超出了本书的讨论范围。

20.1.2 I/O 设备时序

几乎所有的 I/O 设备都比内存慢得多。比如一种常见的输入设备：键盘。以每分钟 120 个单词的速度打字相当于每秒输入 10 个字符，或者每个字符之间有 100 毫秒的间隔。频率为 2 GHz 的 CPU 在此期间可以执行大约 2 亿条指令。更不用说击键之间的时间间隔很不一致，很多时候这个时间间隔会远长于 100 毫秒。

与内存相比，即使是固态硬盘也不快。例如，数据可以以大约 500 MB/s 的速度进出典型的 SSD。DDR4 内存（通常作为主存）的传输速率约为 20 GB/s，比固态硬盘大约快 40 倍。

除了速度慢得多，I/O 设备的时序差异也是千差万别。有人在键盘上打字飞快，有人则打字缓慢。磁盘上所需的数据可能刚刚到达读/写磁头，也可能刚刚经过，我们必须等待磁盘几乎旋转一整圈，才能再次到达读/写磁头。

在讨论如何处理 I/O 设备时序之前，先来看一些总线时序问题。

20.1.3 总线时序

虽然图 1-1 中 3 个主要子系统的总体视图只显示了连接子系统的 3 条总线，但是内存和各种 I/O 设备之间在时序上的巨大差异导致了访问内存和 I/O 设备的总线不同。每种总线设计都携带地址、数据和控制信息，但采用不同的协议和物理连接，使其能够更好地匹配所连接设备的速度。

大多数计算机使用层级化总线结构，允许内存和其他快速子系统通过高速总线连接到 CPU，同时通过慢速总线连接较慢的子系统。我们通过 2005 年前后个人计算机的常见配置来讨论这些概念，如图 20-1 所示。

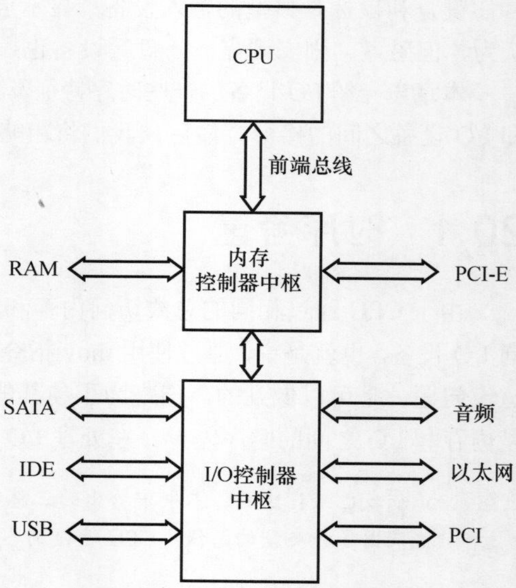

内存控制器中枢（memory controller hub）通常被称为北桥（northbridge）；它通过前端总线为 CPU 提供了一条快速通信路径。除了快速连接内存，内存控制器中枢还与快速 I/O 总线相连，如 PCI-E 总线。PCI-E 总线为显卡等设备提供了快速接口。I/O 控制

图 20-1 PC 内部的典型总线控制

器中枢通常称为南桥，连接较慢的 I/O 总线，如 SATA、USB 等。

随着芯片技术多年来的发展，制造商能够向 CPU 芯片添加更多的功能，从而降低成本，节省空间和功率。Intel 在 2008 年将内存控制器中枢的功能与 CPU 集成在同一块芯片上，AMD 在 2011 年也如法炮制。制造商们再接再厉，将总线控制硬件也和 CPU 放在了一起。

如今，Intel 和 AMD 都在销售片上系统（System on a Chip，SoC）设备，这种设备使用 x86-64 指令集，内存控制、I/O 控制以及 CPU 全都集成在同一块芯片上。当然，SoC 设备提供了一组固定的 I/O 总线。基本上，我们所有的移动设备都使用 SoC 来获得算力。

20.2　访问 I/O 设备

CPU 通过设备控制器使用 I/O 设备，设备控制器硬件负责控制 I/O 设备。例如，键盘控制器检测哪些键被按下，并将其转换为代表该键的位模式。它还会检测是否按下了修改键，如 SHIFT 或 CTRL，并设置相应的状态位。

设备控制器通过一组寄存器与 CPU 进行交互。一般而言，设备控制器提供了以下类型的 I/O 寄存器。

- **传输**：允许将数据写入输出设备。
- **接收**：允许从输入设备读取数据。
- **状态**：提供包括控制器自身在内的设备当前状态的信息。
- **控制**：允许程序向控制器发送命令，修改设备和控制器的设置。

一个设备控制器接口拥有多个相同类型的寄存器是很常见的，尤其是控制寄存器和状态寄存器。

向输出设备写入数据非常类似于在内存中存储数据：将数据从 CPU 移入设备控制器的传输寄存器。输出设备的不同之处在于时序。如前所述，内存时序由硬件负责，所以程序员向内存存储数据时不用考虑时序问题。但是，输出设备可能还没有准备好接受新数据，它可能正在处理以前写入的数据。这就是状态寄存器发挥作用的地方。程序需要检查设备控制器的状态寄存器，看它是否准备好接受新数据。

从输入设备读取数据就像从内存向 CPU 加载数据一样：从设备控制器的接收寄存器中移动数据。同样，不同之处在于输入设备可能没有新数据，因此程序需要检查输入设备控制器的状态寄存器，看它是否有新数据。

大多数 I/O 设备还需要通过向控制寄存器发送命令来告知其要做什么。例如，在等待输出设备控制器为新数据做好准备并且将数据移入传输寄存器之后，有些设备控制器要求你告诉它们将数据输出到实际设备。或者，如果你想从输入设备获取数据，有些设备控制器要求你向其发出请求，以获取输入。你可以向控制寄存器发送这样的命令。

CPU 有两种方法可以访问设备控制器的 I/O 寄存器：端口映射 I/O 和内存映射 I/O。x86-64 架构支持这两种技术。

20.2.1　端口映射 I/O

x86-64 架构包括一组 I/O 端口，编号从 0x0000 到 0xffff。该端口地址空间独立于内存地址空间。使用 I/O 端口进行输入和输出称为端口映射 I/O，或隔离 I/O（isolated I/O）。

特殊指令 in 和 out 可用于访问 I/O 地址空间。

in —— 读取端口

in 可以读取 I/O 端口。

in *reg, imm*　从编号为 *imm* 的 I/O 端口读取字节。*reg* 可以是 al、ax 或 eax。

in *reg*, dx　从 dx 指定的 I/O 端口读取字节。*reg* 可以是 al、ax 或 eax。

al 读取的字节数为 1，ax 读取的字节数为 2，eax 读取的字节数为 4。in 指令不影响 rflags 寄存器中的状态标志。

out —— 写入端口

out 可以写入 I/O 端口。

out *imm*, *reg*　向编号为 *imm* 的 I/O 端口写入字节。*reg* 可以是 al、ax 或 eax。

out dx, *reg*　向 dx 指定的 I/O 端口写入字节。*reg* 可以是 al、ax 或 eax。

al 写入的字节数为 1，ax 写入的字节数为 2，eax 写入的字节数为 4。out 指令不影响 rflags 寄存器中的状态标志。

当使用 in 和 out 指令时，CPU 将端口号置于地址总线，并向控制总线发出控制信号，选择端口地址空间而非内存地址空间。这将整个内存地址空间留给程序使用。不过，x86-64 架构的 64 位寻址空间为我们将部分地址用于 I/O 设备提供了充足的空间。

20.2.2　内存映射 I/O

如果我们懂得了 Linux 和大多数其他操作系统在执行程序时是如何管理内存的，那么理解内存映射 I/O 就更容易了。

程序在虚拟内存地址空间中运行，这是一种模拟大内存的技术，其连续寻址范围从 0 到某个最大值。你使用 gdb 时看到的就是虚拟内存地址，例如 rip 和 rsp 寄存器中的那些地址。虽然 x86-64 架构支持 64 位寻址，但是当前的 CPU 硬件实现其实只使用了 48 位地址。这允许的最大虚拟地址空间为 2^{48} 字节（256 TiB）。但是大多数计算机只配备了 4～16 GiB（或 GB）的物理内存（计算机中安装的实际 RAM），并且程序需要在物理内存中才能运行。

注意　我们通常使用基于 10 的幂次的公制命名规则来指定多字节的数量——kilobyte（KB）、megabyte（MB）、gigabyte（GB）等。国际电工委员会（International Electrotechnical Commission，IEC）也定义了基于 2 的幂次的命名规则——kibibyte（KiB）、mebibyte（MiB）、gibibyte（GiB）等。例如，kilobyte 为 1000 字节，kibibyte 为 1024 字节。有关命名规则的更多信息参见维基百科。

操作系统将每个程序分成页面（page），以此来管理程序在物理内存中的位置。典型的页面大小为 4 KB（或 KiB）。物理内存被分成大小相同的页帧（page frame）。包含 CPU 当前执行代码的程序页面从其存储位置（例如，磁盘、DVD、U 盘）被加载到物理内存的页帧中。

操作系统维护了一张页面映射表，指明了程序页面当前所在的物理内存位置。图 20-2 展示了使用页面映射表时的虚拟内存和物理内存之间的关系。

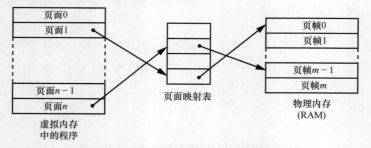

图 20-2　虚拟内存和物理内存之间的关系

CPU 配备了内存映射单元。当 CPU 需要访问内存中的数据项时，它使用该数据项的虚拟地址。内存映射单元使用虚拟地址作为页面映射表的索引来定位对应的物理内存页帧，从中查找数据项。如果所请求的页面当前没有被加载到物理内存中，则内存映射单元会产生页面故障异常，并调用操作系统函数来将页面载入物理内存，同时将页帧位置填入页面映射表（关于异常，参见第 21 章）。

类似于将虚拟内存映射到物理内存，虚拟内存地址也可以被映射到 I/O 端口，从而实现内存映射 I/O。一旦 I/O 端口与内存地址关联，访问内存的 CPU 指令就可以用来访问 I/O 端口。这种做法的一个优点是，你可以使用 C 语言之类的高级语言编写 I/O 函数。in 和 out 指令要求你使用汇编语言，因为编译器通常不会使用这些指令。

接下来，让我们看看如何进行 I/O 编程。

> **动手实践**
>
> 选择两个你编写过的程序。用 gdb 在不同的终端窗口中启动程序，在每个程序的起始附近设置一个断点，然后运行程序。当程序中断时，查看 rip 和 rsp 寄存器中的地址。这两个程序是否共享相同的内存空间？试作解释。

20.3　I/O 编程

I/O 设备在处理数据的数量和速度上有很大的不同。例如，键盘输入按照人类的打字速度计算为一字节，而从磁盘输入则为每秒数百兆字节。根据自身的固有特性，I/O 设备使用不同的技术与 CPU 进行通信，因此我们需要对每种设备进行编程。

20.3.1　轮询式 I/O

轮询（polling）是最简单的 I/O 方式，对于少量数据来说，这种方法足够了。我们首先检查 I/O 设备控制器的状态寄存器，以确定设备的状态。如果设备处于就绪状态，就可以从输入设备读取数据或向输出设备写入数据。轮询通常涉及迭代循环，在循环的每次迭代中检查设备的状态寄存器，直至设备处于就绪状态。这种执行 I/O 的方式被称为轮询式 I/O 或编程式 I/O。

轮询式 I/O 的缺点在于，在等待设备就绪期间 CPU 会被长时间占用。如果 CPU 只用于运行系统中的一个程序（例如，控制微波炉），这种情况也许是可以接受的。但在笔记本电脑和台式计算机的多程序环境中，这种情况是不可接受的。

20.3.2　中断驱动 I/O

如果 I/O 设备能告诉我们它何时准备好数据输入或输出，我们就可以让 CPU 先忙其他事情，从而提高 CPU 的工作量。许多 I/O 设备都包含一个中断控制器，当设备完成一项操作或准备进行另一项操作时，该控制器可以向 CPU 发送中断信号。

来自外部设备的中断会使 CPU 调用中断处理程序，这是操作系统用于处理中断设备的输入或输出的函数。我们将在第 21 章讨论允许 CPU 调用中断处理程序的各种特性。

20.3.3 直接内存访问

高速传输大量数据的 I/O 设备通常具备直接内存访问（Direct Memory Access，DMA）的能力。这类 I/O 设备包含 DMA 控制器，可以不通过 CPU 直接访问主存。例如，当读取磁盘时，DMA 控制器获取内存地址和磁盘读取命令。等到 DMA 控制器将数据从磁盘读入自己的缓冲区后，会将数据直接写入内存。控制器在 DMA 数据传输完成时向 CPU 发送中断，调用磁盘处理程序，通知操作系统数据现在已经在内存中了。

下面，我们来看几个轮询式 I/O 的实现例子。

20.4 轮询式 I/O 编程算法

操作系统对于计算机的 I/O 设备具有完全控制权，因此不允许我们编写直接访问 I/O 设备的程序。这里编写的程序仅仅是为了演示概念，没什么实用性。事实上，在操作系统中运行这些程序还会引发错误消息。

我们将研究一些简单的轮询算法，展示如何对通用异步接收器/发送器（Universal Asynchronous Receiver/Transmitter，UART）进行 I/O 编程。该设备执行"并行-串行"转换，一次一位地传输一字节的数据。UART 的输出只需要一条传输线路，处于两种电压电平之一。发送 UART（transmitting UART）通过以固定速率在两个电压电平之间切换来传输一连串的位。接收 UART（receiving UART）一次读取一位，并负责"串行-并行"转换，重组发送给它的字节。两个 UART 必须设置为相同的比特率。

在空闲状态下，发送 UART 将高电压置于传输线路。当程序向 UART 输出一字节时，发送 UART 将传输线路切换到低电压一段时间（时长与商定速率对应），从而发送起始位（start bit）。

UART 然后使用移位寄存器将字节一次移动一位，相应地设置输出线路上的电压。大多数 UART 从低位开始，发送完整个字节后，UART 将输出线路返回到空闲状态至少一比特时间，从而发送至少一个停止位（stop bit）。

图 20-3 展示了具有典型设置的 UART 如何发送以 ASCII 编码的两个字符 m 和 n。

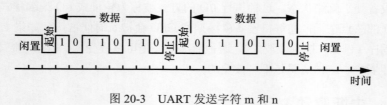

图 20-3　UART 发送字符 m 和 n

接收 UART 监视传输线路，寻找起始位。如果检测到起始位，就使用移位寄存器将各个位重组为一字节，作为输入提供给接收程序。

我们在编程示例中使用 16550 UART，这是一种常见的 UART 类型。16550 UART 提供了 12 个 8 位寄存器，如表 20-1 所示。

表 20-1 中的地址是 UART 基址的偏移量。你可能已经注意到，有些寄存器的偏移量是相同的。该地址指定了寄存器的端口。通过该端口访问的是哪个特定的寄存器取决于程序对该端口的

操作。例如，如果程序读取端口 000，就是从接收器缓冲寄存器（RBR）读取。如果程序写入端口 000，则是写入发送器保持寄存器（THR）。

表 20-1   16550 UART 的寄存器

名称	地址	DLAB	作用
RBR	000	0	接收器缓冲区——输入字节
THR	000	0	传送器缓冲区——输出字节
IER	001	0	允许中断——设置中断类型
IIR	010	x	中断识别——显示中断类型
FCR	010	x	FIFO 控制——设置 FIFO 参数
LCR	011	x	线路控制——设置通信格式
MCR	100	x	调制解调器控制——设置调制解调器接口
LSR	101	x	线路状态——显示数据传输状态
MSR	110	x	调制解调器状态——显示调制解调器状态
SCR	111	x	暂存
DLL	000	1	除数锁存器，低位字节
DLM	001	1	除数锁存器，高位字节

除数锁存器访问位（DLAB）是线路控制寄存器（LCR）中的第 7 位。当该位为 1 时，端口 000 连接到 16 位除数锁存值的低位字节，端口 001 连接到除数锁存值的高位字节。

16550 UART 可编程用于中断驱动 I/O 和直接内存访问。其发送器端口和接收器端口都配备了 16 字节先进先出（FIFO）缓冲区。此外，还可以通过编程来控制串行调制解调器。

老式 PC 通常将 UART 接入 COM 端口。过去，COM 端口多用于将打印机和调制解调器等设备连接到计算机，但如今的大多数 PC 都使用 USB 端口进行串行 I/O。我的台式计算机上的 16550 UART 有一组内部连接引脚，但没有外部连接端口。

假设 UART 安装在一台使用内存映射 I/O 的计算机上，以便我们使用 C 语言展示算法。为了简单起见，此处只做轮询式 I/O，这需要以下 3 个函数。

- **init_io**：初始化 UART。这包括设置硬件参数，如速度、通信协议等。
- **charin**：读取 UART 接收到的一个字符。
- **charout**：写入一个字符通过 UART 发送。

警告   我们在这里讨论的代码是不完整的，无法在任何已知的计算机上运行。仅仅只是为了说明一些基本概念。

20.4.1 使用 C 语言实现 UART 内存映射 I/O

我们仅探讨 UART 的一些特性。先来看一个文件，该文件提供了寄存器的符号名称以及我们将在示例程序中使用的一些数字，如清单 20-1 所示。

清单 20-1   16550 UART 的定义

```
/* UART_defs.h
 * Definitions for a 16550 UART.
```

```
    * WARNING: This code does not run on any known
    *          device. It is meant to sketch some
    *          general I/O concepts only.
    */
   #ifndef UART_DEFS_H
   #define UART_DEFS_H
❶ /* register offsets */
   #define RBR 0x00    /* receive buffer register   */
   #define THR 0x00    /* transmit holding register */
   #define IER 0x01    /* interrupt enable register */
   #define FCR 0x02    /* FIFO control register      */
   #define LCR 0x03    /* line control register      */
   #define LSR 0x05    /* line status register       */
   #define DLL 0x00    /* divisor latch LSB          */
   #define DLM 0x01    /* divisor latch MSB          */

   /* status bits */
   #define RxRDY 0x01  /* receiver ready */
   #define TxRDY 0x20  /* transmitter ready */

   /* commands */
   #define NOFIFO      0x00    /* don't use FIFO  */
   #define NOINTERRUPT 0x00    /* polling mode    */
   #define MSB38400    0x00    /* 2 bytes used to */
   #define LSB38400    0x03    /* set baud 38400  */
   #define NBITS       0x03    /* 8 bits          */
   #define STOPBIT     0x00    /* 1 stop bit      */
   #define NOPARITY    0x00
❷ #define SETCOM      NBITS | STOPBIT | NOPARITY
❸ #define SETBAUD     0x80 | SETCOM
   #endif
```

寄存器端口相对于 UART 映射内存基址的位置是固定的。UART 可能被用于另一台计算机，映射也许从其他基址开始，所以我们在这里只定义偏移量❶。这些偏移量以及状态和控制位设置取自 TL16C550D 数据表。你可以从互联网搜索下载。

来看看我是如何得到 SETCOM 控件值的❷。通过向线路状态寄存器写入一字节来设置通信参数。每个数据帧中的位数从 5 位到 8 位不等。从数据手册可知，将位 1 和 0 设置为 11 可以指定数据帧为 8 位。因此，我将 NBITS 设置为 0x03。将位 2 设为 0，指定停止位，因此 STOPBIT = 0x00。我们不打算使用奇偶校验（由位 3 指定），所以 NOPARITY = 0x00。对这 3 个值执行 OR 运算，创建出设置通信参数的字节。当然，那两个 0 值其实用不着，但是指定它们可以使我们的意图更加明确。

波特（baud）是通信速度的度量单位，定义为每秒的符号数。UART 仅使用两种电压电平进行通信，用符号表示为 0 或 1。因此，对于 UART，波特相当于每秒发送或接收的位数。我们需要将 DLAB 位设置为 1，从而使 UART 进入允许我们设置波特率的模式❸。

接下来，我们需要一个声明函数的头文件，如清单 20-2 所示。

清单 20-2　UART 函数的声明

```
/* UART_functions.h
 * Initialize, read, and write functions for an abstract UART.
 * WARNING: This code does not run on any known
 *          device. It is meant to sketch some
 *          general I/O concepts only.
 */
#ifndef UART_FUNCTIONS_H
#define UART_FUNCTIONS_H
void UART_init(unsigned char* UART);              /* initialize UART */
unsigned char UART_in(unsigned char* UART);                /* input  */
void UART_out(unsigned char* UART, unsigned char c);  /* output */
#endif
```

清单 20-2 中的头文件声明了使用 UART 需要的 3 个基本函数。本书不涉及 UART 更多的高级特性。

将这 3 个函数的定义放入同一个文件，如清单 20-3 所示，因为三者通常是一起使用的。

清单 20-3　C 语言中 UART 的内存映射 I/O 函数的定义

```
/* UART_functions.c
 * Initialize, read, and write functions for an abstract UART.
 * WARNING: This code does not run on any known
 *          device. It is meant to sketch some
 *          general I/O concepts only.
 */

#include "UART_defs.h"
#include "UART_functions.h"

/* UART_init initializes the UART. */
❶ void UART_init(unsigned char* UART)
{
  unsigned char* port = UART;

❷ *(port+IER) = NOINTERRUPT; /* no interrupts       */
  *(port+FCR) = NOFIFO;       /* no fifo             */
  *(port+LCR) = SETBAUD;      /* set frequency mode  */
  *(port+DLM) = MSB38400;     /* set to 38400 baud   */
  *(port+DLL) = LSB38400;     /* with 2 bytes        */
  *(port+LCR) = SETCOM;       /* communications mode */
}

/* UART_in waits until UART has a character then reads it */
unsigned char UART_in(unsigned char* UART)
{
  unsigned char* port = UART;
  unsigned char character;

❸ while ((*(port+LSR) & RxRDY) != 0)
```

```
  {
  }
  character = *(port+RBR);
  return character;
}

/* UART_out waits until UART is ready then writes a character */
void UART_out(unsigned char* UART, unsigned char character )
{
  unsigned char* port = UART;
  unsigned char status;
  while ((*(port+LSR) & TxRDY) != 0)
  {
  }
  *(port+THR) = character;
}
```

我们给清单 20-3 中的每个函数传递一个指向 UART 端口的指针❶。然后，通过距离该指针的偏移量来访问每个 UART 寄存器❷。输入和输出函数都会等到 UART 就绪才开始❸。这些函数说明了内存映射 I/O 的一个重要优势：可以使用高级语言编写。

通过查看编译器生成的汇编语言程序（如清单 20-4 所示），我们可以看到用高级语言编写这些函数的一些潜在不足。

清单 20-4　编译器为 UART 函数生成的汇编语言程序

```
        .file   "UART_functions.c"
        .intel_syntax noprefix
        .text
        .globl  UART_init
        .type   UART_init, @function
UART_init:
        push    rbp
        mov     rbp, rsp
        mov     QWORD PTR -24[rbp], rdi
        mov     rax, QWORD PTR -24[rbp] ## UART base address
        mov     QWORD PTR -8[rbp], rax
❶ mov     rax, QWORD PTR -8[rbp]  ## UART base address
        add     rax, 1                 ## IER offset
        mov     BYTE PTR [rax], 0      ## no interrupts
        mov     rax, QWORD PTR -8[rbp]
        add     rax, 2                 ## FCR offset
        mov     BYTE PTR [rax], 0      ## no FIFO
        mov     rax, QWORD PTR -8[rbp]
        add     rax, 3                 ## LCR offset
        mov     BYTE PTR [rax], -125   ## set baud mode
        mov     rax, QWORD PTR -8[rbp]
        add     rax, 1                 ## DLM offset
        mov     BYTE PTR [rax], 0      ## high byte
        mov     rax, QWORD PTR -8[rbp] ## DLL offset = 0
        mov     BYTE PTR [rax], 3      ## low byte
        mov     rax, QWORD PTR -8[rbp]
```

```
        add     rax, 3                  ## LCR offset
        mov     BYTE PTR [rax], 3       ## communications mode
        nop
        pop     rbp
        ret
        .size   UART_init, .-UART_init
        .globl  UART_in
        .type   UART_in, @function
UART_in:
        push    rbp
        mov     rbp, rsp
        mov     QWORD PTR -24[rbp], rdi
        mov     rax, QWORD PTR -24[rbp]
        mov     QWORD PTR -8[rbp], rax
        nop
.L3:
        mov     rax, QWORD PTR -8[rbp]   ## UART base address
        add     rax, 5                  ## LSR offset
        movzx   eax, BYTE PTR [rax]
        movzx   eax, al                 ## load LSR
        and     eax, 1                  ## (*(port+LSR) & RxRDY)
    ❷   test    eax, eax
        jne     .L3
        mov     rax, QWORD PTR -8[rbp]
        movzx   eax, BYTE PTR [rax]     ## input character
        mov     BYTE PTR -9[rbp], al
        movzx   eax, BYTE PTR -9[rbp]   ## return character
        pop     rbp
        ret
        .size   UART_in, .-UART_in
        .globl  UART_out
        .type   UART_out, @function
UART_out:
        push    rbp
        mov     rbp, rsp
        mov     QWORD PTR -24[rbp], rdi
        mov     eax, esi
        mov     BYTE PTR -28[rbp], al
        mov     rax, QWORD PTR -24[rbp]
        mov     QWORD PTR -8[rbp], rax
        nop
.L6:
        mov     rax, QWORD PTR -8[rbp]   ## UART base address
        add     rax, 5                  ## LSR offset
        movzx   eax, BYTE PTR [rax]
        movzx   eax, al                 ## load LSR
        and     eax, 32                 ## (*(port+LSR) & TxRDY)
        test    eax, eax
        jne     .L6
        mov     rax, QWORD PTR -8[rbp]
        lea     rdx, 7[rax]
```

```
        movzx   eax, BYTE PTR -28[rbp]  ## load character
        mov     BYTE PTR [rdx], al      ## output character
        nop
        pop     rbp
        ret
        .size   UART_out, .-UART_out
        .ident  "GCC: (Ubuntu 9.3.0-17ubuntu1~20.04) 9.3.0"
        .section        .note.GNU-stack,"",@progbits
```

从编译器生成的代码中可以发现一些低效之处。初始化函数 UART_init 向 UART 的控制寄存器发送了若干命令。编译器计算每个控制寄存器的有效地址❶，然后对每个命令重复此计算。

另一处低效表现在输入函数 UART_in。该算法使用 and 指令检查接收器就绪位。然后，编译器使用 test 指令来确定 and 指令的结果是否为 0❷。但是 test 指令执行 AND 运算来设置 rflags 寄存器中的状态标志，这些标志已经由 and 指令设置过了。换句话说，算法中的 test 指令是多余的。

我先前说过，我们不关心代码效率，在访问慢速 I/O 设备时，省下来几个 CPU 周期似乎并不重要。但是我们在这里看到的算法经常用于设备处理程序。其他 I/O 设备可能会中断当前正在执行的处理程序，从而导致延迟。因为无法知道外部设备的时序，所以应该尽量减少在设备处理程序中花费的时间。在编写设备处理程序时，我通常先用 C 语言，然后生成相应的汇编语言，检查其中是否存在效率低和不准确的地方。

更多的时候，我会直接用汇编语言编写设备处理程序。现在就来看看如何用汇编语言实现这些函数。

20.4.2　使用汇编语言实现 UART 内存映射 I/O

看过了编译器为这 3 个 UART I/O 函数生成的汇编语言程序之后，我们现在尝试直接用汇编语言更好地实现这些函数。从汇编语言函数要用到的符号名定义开始，如清单 20-5 所示。

清单 20-5　UART 函数使用的汇编语言符号名

```
# UART_defs
# Definitions for a 16550 UART.
# WARNING: This code does not run on any known
#          device. It is meant to sketch some
#          general I/O concepts only.


# register offsets
        .equ    RBR,0x00    # receive buffer register
        .equ    THR,0x00    # transmit holding register
        .equ    IER,0x01    # interrupt enable register
        .equ    FCR,0x02    # FIFO control register
        .equ    LCR,0x03    # line control register
        .equ    LSR,0x05    # line status register
        .equ    DLL,0x00    # divisor latch LSB
        .equ    DLM,0x01    # divisor latch MSB
```

```
# status bits
        .equ    RxRDY,0x01  # receiver ready
        .equ    TxRDY,0x20  # transmitter ready

# commands
        .equ    NOFIFO,0x00         # don't use FIFO
        .equ    NOINTERRUPT,0x00    # polling mode
        .equ    MSB38400,0x00       # 2 bytes used to
        .equ    LSB38400,0x03       # set baud 38400
        .equ    NBITS,0x03          # 8 bits
        .equ    STOPBIT,0x00        # 1 stop bit
        .equ    NOPARITY,0x00
        .equ    SETCOM,NBITS | STOPBIT | NOPARITY
        .equ    SETBAUD,0x80 | SETCOM
```

清单 20-6 展示了这 3 个 UART I/O 函数的汇编语言版本。

清单 20-6   UART I/O 函数的汇编语言版本

```
# UART_functions.s
# Initialize, read, and write functions for a 16550 UART.
# WARNING: This code does not run on any known
#          device. It is meant to sketch some
#          general I/O concepts only.
        .intel_syntax noprefix

        .include "UART_defs"


# Intialize the UART
# Calling sequence:
#   rdi <- base address of UART
        .text
        .globl UART_init
        .type  UART_init, @function
UART_init:
        push    rbp                     # save frame pointer
        mov     rbp, rsp                # set new frame pointer


    # no interrupts, don't use FIFO queue
  ❶ mov       byte ptr IER[rdi], NOINTERRUPT
    mov         byte ptr FCR[rdi], NOFIFO
    # set divisor latch access bit = 1 to set baud
    mov         byte ptr LCR[rdi], SETBAUD
    mov         byte ptr DLM[rdi], MSB38400
    mov         byte ptr DLL[rdi], LSB38400
    # divisor latch access bit = 0 for communications mode
    mov         byte ptr LCR[rdi], SETCOM

        mov     rsp, rbp                # yes, restore stack pointer
        pop     rbp                     # and caller frame pointer
```

```
        ret

# Input a single character
# Calling sequence:
#   rdi <- base address of UART
#   returns character in al register
        .globl  UART_in
        .type   UART_in, @function
UART_in:
        push    rbp                     # save frame pointer
        mov     rbp, rsp                # set new frame pointer

inWaitLoop:
❷and    byte ptr LSR[rdi], RxRDY # character available?
        jne     inWaitLoop              # no, wait
        movzx   eax, byte ptr RBR[rdi]  # yes, get it
        mov     rsp, rbp                # restore stack pointer
        pop     rbp                     # and caller frame pointer
        ret

# Output a single character in sil register
        .globl  UART_out
        .type   UART_out, @function
UART_out:
        push    rbp                     # save frame pointer
        mov     rbp, rsp                # set new frame pointer
outWaitLoop:
        and     byte ptr LSR[rdi], TxRDY # ready for character?
        jne     outWaitLoop             # no, wait
        mov     THR[rdi], sil           # yes, send it
        mov     rsp, rbp                # restore stack pointer
        pop     rbp                     # and caller frame pointer
        ret
```

这些函数通过指向 UART 基址的指针来调用，因此我们可以使用带有偏移量的寄存器间接（register-indirect-with-offset）寻址模式访问 UART 寄存器❶。编译器选择使用 add 指令为每次 UART 寄存器访问加入偏移量，这种方法效率较低。

我们这里使用的是内存映射 I/O，因此可以使用 and 指令来检查就绪状态，无须将 UART 状态寄存器的内容载入 CPU 的通用寄存器❷，而这正是编译器的做法。此处的汇编语言解决方案可能效率不高，因为在执行 and 指令之前，内容仍然必须加载到 CPU 中（使用隐藏寄存器）。

本章刚开始的时候，我说 I/O 编程很复杂，但是示例中给出的代码却相当简单。真正的复杂性出现在当 I/O 编程与负责管理所有系统资源的操作系统交互的时候。例如，我们可以同时运行多个程序，这些程序都使用同一个键盘。操作系统需要随时跟踪哪个程序从键盘获得输入。

我在这里展示的算法只是整个 I/O 主题的一小部分，不过应该能让你了解到其中所涉及的方方面面的问题。虽然内存映射 I/O 更为常见，但是 x86-64 也支持端口映射 I/O，我们将在 20.4.3 节中探讨这项技术。

动手实践

1. 使用-c 选项为清单 20-3 和清单 20-7 中的代码创建目标文件：

```
gcc -c -masm=intel -Wall -g UART_echo.c
gcc -c -masm=intel -Wall -g UART_functions.c
```

使用以下命令链接这两个目标文件：

```
ld -e myProg -o UART_echo UART_echo.o UART_functions.o
```

我在这个程序中给出的 UART 地址是随意的，如果你运行生成的程序，操作系统会报错。这个练习只是为了展示所有的函数是否能正确地组合在一起。

清单 20-7　UART I/O 函数检查程序（别运行这个程序）

```
/* UART_echo.c
 * Use a UART to echo a single character.
 * WARNING: This code does not run on any known
 *          device. It is meant to sketch some
 *          general I/O concepts only.
 */

#include "UART_functions.h"
#define UART0 (unsigned char *)0xfe200040 /* address of UART */

int myProg() {
  unsigned char aCharacter;

  UART_init(UART0);
  aCharacter = UART_in(UART0);
  UART_out(UART0, aCharacter);

  return 0;
}
```

2. 输入清单 20-5 和清单 20-6 中的代码。对代码进行汇编，将结果目标文件与上一个练习中的 UART_echo.o 目标文件链接，以此检查正确性。

20.4.3　UART 端口映射 I/O

与内存映射 I/O 不同，我们不能将 I/O 端口号视为内存地址。函数的参数是数字，不是指针，如清单 20-8 所示。

清单 20-8　C 语言中 UART 端口映射 I/O 函数的定义

```
/* UART_functions.c
 * Initialize, read, and write functions for a 16550 UART.
```

```
 * WARNING: This code does not run on any known
 *          device. It is meant to sketch some
 *          general I/O concepts only.
 */

#include <sys/io.h>
#include "UART_defs.h"
#include "UART_functions.h"

/* UART_init intializes the UART and enables it. */
void UART_init(unsigned short int UART)
{
❶ unsigned short int port = UART;

❷ outb(NOINTERRUPT, port+IER);  /* no interrupts        */
  outb(NOFIFO, port+FCR);       /* no fifo              */
  outb(SETBAUD, port+LCR);      /* set frequency mode   */
  outb(MSB38400, port+DLM);     /* set to 38400 baud    */
  outb(LSB38400, port+DLL);     /* 2 regs to set        */
  outb(SETCOM, port+LCR);       /* communications mode  */
}

/* UART_in waits until UART has a character then reads it */
unsigned char UART_in(unsigned short int UART)
{
  unsigned short int port = UART;
  unsigned char character;

  while ((inb(port+LSR) & RxRDY) != 0)
  {
  }
  character = inb(port+RBR);
  return character;
}

/* UART_out waits until UART is ready then writes a character */
void UART_out(unsigned short int UART, unsigned char character )
{
  unsigned short int port = UART;

  while ((inb(port+LSR) & TxRDY) != 0)
  {
  }
  outb(character, port+THR);
}
```

Linux 编程环境提供了一个头文件 io.h，包含了使用 I/O 端口的函数。我们的 UART 接受的是字节，所以我们使用 inb 和 outb。可以参阅这些函数的手册页（执行命令 man inb）。

端口映射 I/O 算法和内存映射 I/O 一样。但是我们使用的是端口号❶，而不是将端口作为内存地址来访问。我们需要调用适当的函数将字节传入或传出 UART❷。

当我尝试使用-masm=intel 选项编译清单 20-8 中的文件时，得到了以下错误消息：

```
$ gcc -c -masm=intel -Wall -g UART_functions.c
/usr/include/x86_64-linux-gnu/sys/io.h: Assembler messages:
/usr/include/x86_64-linux-gnu/sys/io.h:47: Error: operand type mismatch for
`in'
/usr/include/x86_64-linux-gnu/sys/io.h:98: Error: operand type mismatch for
`out'
```

我不知道怎么回事，所以决定将-c 选项改为-S，查看一下编译器生成的汇编语言程序。我不打算浏览整个文件，但让我们来看看编译器生成的汇编语言程序的第一部分，如清单 20-9 所示。

清单 20-9　编译器为清单 20-8 中的函数生成的部分汇编语言程序

```
        .file   "UART_functions.c"
        .intel_syntax noprefix
        .text
        .type   inb, @function
❶ inb:
        push    rbp
        mov     rbp, rsp
        mov     eax, edi
        mov     WORD PTR -20[rbp], ax
        movzx   eax, WORD PTR -20[rbp]
        mov     edx, eax
❷ #APP
# 47 "/usr/include/x86_64-linux-gnu/sys/io.h" 1
        inb dx,al
# 0 "" 2
#NO_APP
        mov     BYTE PTR -1[rbp], al
        movzx   eax, BYTE PTR -1[rbp]
        pop     rbp
        ret
        .size   inb, .-inb
        .type   outb, @function
outb:
        push    rbp
        mov     rbp, rsp
        mov     edx, edi
        mov     eax, esi
        mov     BYTE PTR -4[rbp], dl
        mov     WORD PTR -8[rbp], ax
        movzx   eax, BYTE PTR -4[rbp]
        movzx   edx, WORD PTR -8[rbp]
#APP
# 98 "/usr/include/x86_64-linux-gnu/sys/io.h" 1
        outb al,dx
# 0 "" 2
#NO_APP
        nop
        pop     rbp
```

```
        ret
        .size   outb, .-outb
        .globl  UART_init
        .type   UART_init, @function
UART_init:
        push    rbp
        mov     rbp, rsp
        sub     rsp, 24
        mov     eax, edi
        mov     WORD PTR -20[rbp], ax
        movzx   eax, WORD PTR -20[rbp]
        mov     WORD PTR -2[rbp], ax
        movzx   eax, WORD PTR -2[rbp]
        add     eax, 1
        movzx   eax, ax
        mov     esi, eax
        mov     edi, 0
        call    outb
        movzx   eax, WORD PTR -2[rbp]
        add     eax, 2
--snip--
```

首先要注意的是，编译器已经包含了 inb 和 outb 函数的汇编语言程序❶。这些函数不是 C 标准库的一部分，应该用于操作系统代码中，而不是应用程序中。它们专用于在 x86-64 计算机上运行的 Linux 内核。

接下来，我们看到实际的 in 和 out 指令是通过宏插入代码中的❷。宏使用 AT&T 语法插入这两条指令（参见第 10 章末尾的 AT&T 语法）：

```
inb     dx, al      ## at&t syntax
outb    al, dx
```

正如我们在本章先前所看到的，指令以 Intel 语法编写：

```
in      al, dx      ## intel syntax
out     dx, al
```

这里的问题是，Linux 内核中使用的汇编语言使用的是 AT&T 语法，而我们使用的汇编语言使用的是 Intel 语法。如果生成汇编语言程序时没有加入-masm=intel 选项，那么所有汇编语言都将采用 AT&T 语法。如果我们使用 io.h 中的 C 函数进行端口映射 I/O，则无法使用-masm=intel 编译器选项。

动手实践

重写清单 20-6 中的 UART I/O 函数，使用端口映射 I/O 代替内存映射 I/O，然后进行汇编。修改清单 20-7 中的 UART_echo.c 以使用端口映射 I/O 函数。大多数 PC 的基本端口号是 0x3f8。编译 UART_echo.c 并链接两个结果目标文件以检查正确性。

20.5　小结

内存时序　内存访问与 CPU 的时序同步。

I/O 时序　I/O 设备比 CPU 慢得多，并且具有广泛的特性，访问这些设备时需要进行编程。

总线时序　总线通常以层级化方式排列，以便更好地匹配各种 I/O 设备之间的时序差异。

端口映射 I/O　在这项技术中，I/O 端口有自己的地址空间。

内存映射 I/O　在这项技术中，I/O 端口占用了一部分内存地址空间。

轮询式 I/O　程序在循环中一直等待，直到 I/O 设备准备好传输数据。

中断驱动 I/O　当 I/O 设备准备好传输数据时，向 CPU 发出中断信号。

直接内存访问　I/O 设备可以在没有 CPU 参与的情况下将数据传入/传出内存。

在第 21 章中，你将学习到 CPU 的某些特性，这些特性允许 CPU 控制对 I/O 硬件的访问，防止程序绕过操作系统直接访问硬件。

第**21**章

中断与异常

到目前为止，我们都是视每个程序为独占使用计算机。但是像大多数操作系统一样，Linux 允许多个程序同时运行。操作系统以交错方式管理硬件，为每个程序和操作系统本身提供随时需要的硬件组件。

这里有两个问题。首先，对于执行管理任务的操作系统而言，需要控制程序和硬件之间的交互。这是通过 CPU 特权级系统来实现的，该系统允许操作系统控制程序和操作系统之间的通道（gateway）。其次，我们在第 20 章快结束时看到，当大多数 I/O 设备准备好输入或接受输出时，可以中断 CPU 正在进行的活动。CPU 提供了一种机制，通过此通道来引导 I/O 中断并调用操作系统控制下的函数，从而允许操作系统保持对 I/O 设备的控制。

我们先从 CPU 如何使用特权级施加控制开始。然后介绍 CPU 如何响应中断或异常，包括 I/O 设备或应用程序请求 CPU 服务的 3 种方式：外部中断、异常或软件中断。在本章的最后，我们将讨论程序如何通过使用软件中断直接调用操作系统的服务。

21.1　特权级

操作系统为了执行管理任务，需要控制程序和硬件之间的交互。这是通过 CPU 的特权级系统来实现的，操作系统使用其维护程序和硬件之间的通道。在任意时刻，CPU 处于 4 种可能的特权级之一。表 21-1 给出了从最高到最低的特权级。

表 21-1　　　　　　　　　　　　　　　　　　CPU 特权级

级别	用途
0	提供对所有硬件资源的直接访问。仅限于最低级别的操作系统功能，如 I/O 设备和内存管理
1	对硬件资源的访问受到一定限制。可能被一些控制 I/O 设备但不需要完全访问硬件的库函数和软件使用

级别	用途
2	对硬件资源的访问受到更多限制。可能由一些控制 I/O 设备但不需要小于 1 级访问权限的库函数和软件使用
3	不直接访问硬件资源。应用程序运行在此级别

　　大多数操作系统只使用特权级 0 和 3，通常分别称为监管模式和用户模式。操作系统（包括硬件设备驱动程序）运行在监管模式，应用程序（包括其调用的库函数）运行在用户模式。特权级 1 和特权级 2 很少使用。注意不要将 CPU 特权级与操作系统文件权限混淆，前者是硬件特性，后者是软件特性。

　　每当 CPU 访问内存时，都是通过门描述符（gate descriptor）来完成的。这个 16 字节的记录包括被访问的内存页面的特权级。CPU 只能访问特权级等于或小于自身当前特权级的内存。

　　操作系统首次启动时，分配给它的内存处于最高特权级 0，同时 CPU 运行在特权级 0。为 I/O 设备分配的内存也处于特权级 0。

　　操作系统加载一个应用程序时，它首先为程序分配最低特权级 3 的内存。应用程序加载后，操作系统将 CPU 的使用权交给应用程序，同时将 CPU 的特权级更改为 3。在 CPU 运行在最低特权级时，应用程序不能直接访问属于操作系统或 I/O 设备的任何内存。允许你直接更改特权级别的指令只能在特权级 0 执行。应用程序只能通过门描述符来访问操作系统服务。

　　接下来，我们将介绍中断或异常发生时的 CPU 操作，包括如何使用门描述符。

21.2　CPU 响应中断或异常

　　中断或异常是导致 CPU 暂停执行当前指令流并调用相关函数的事件，该函数称为中断处理程序、异常处理程序或简称处理程序（handler）。处理程序属于操作系统的一部分。在 Linux 中，它们既可以内置在内核中，也可以根据需要作为单独的模块加载。

　　这种控制的转移类似于函数调用，但是还有一些额外处理。除了在响应中断或异常时将 rip 寄存器的内容（返回地址）入栈，CPU 还会将 rflags 寄存器的内容入栈。处理程序几乎总是需要在高特权级执行（通常是表 21-1 中的级别 0），所以也包括一套将 CPU 置于相应特权级的机制。

　　操作系统将处理程序的调用地址和特权级以及其他信息存储在门描述符（也称为向量）中。中断和异常的门描述符存储在一个数组中，即中断描述符表（Interrupt Descriptor Table，IDT）或向量表（vector table）中，其位置与中断号相对应。x86-64 架构支持 256 种中断或异常，编号为 0～255。前 32 个（0～31）预分配给 CPU 硬件，用于特定用途。例如，中断描述符表中的第一个门描述符（位置 0）用于被零除异常。剩下的 224 个可供操作系统用于外部中断和软件中断。

　　除了将控制转移到处理程序调用地址，CPU 还要切换到该中断或异常的门描述符中指定的特权级。门描述符可以告诉操作系统使用不同于应用程序的栈。在某些情况下，CPU 还会将应用程序的栈指针压入操作系统的栈。然后，CPU 将中断处理程序的地址从门描述符放入 rip，从那里继续执行。

　　下面总结了 CPU 响应中断或异常时的操作。

　　（1）将 rflags 寄存器的内容压入栈。

　　（2）将 rip 寄存器的内容压入栈。根据异常的性质，处理程序在处理完异常之后可能返回也可能不返回当前程序。

（3）将 CPU 特权级设置为对应门描述符指定的特权级。

（4）将对应门描述符中的处理程序地址载入 rip 寄存器。

在处理程序末尾使用简单 ret 指令是不管用的。要改用另一个指令 iret，该指令首先恢复被中断的代码所使用的 rflags 寄存器、特权级以及栈指针（如果保存过），然后恢复 rip。

有时候，无法继续执行被中断的代码。在这种情况下，处理程序可能会显示错误消息，并将控制交由操作系统。在其他情况下，操作系统本身会停止运行。

对于中断和异常这两个术语该如何使用，目前没有统一的意见。我将按照 Intel 和 AMD 手册中的用法，描述 I/O 设备或应用程序需要操作系统服务时通知 CPU 的 3 种方式——外部中断、异常或软件中断。

21.2.1 外部中断

外部中断是由 CPU 之外的硬件引起的。中断信号通过控制总线发送到 CPU。外部中断与 CPU 时序不同步，可能会在 CPU 执行指令的过程中发生。

键盘输入就是一种外部中断。不可能准确知道用户何时会按下键盘上的键，或者下一个键隔多久会被按下。例如，假设在执行以下两条指令中的第一条指令时键被按下：

```
cmp     byte ptr [ebx], 0
je      allDone
```

操作系统需要 CPU 尽快从键盘读取字符，以防止该字符被下一次按键覆盖，但是 CPU 得先完成当前正在执行的指令。

CPU 只能在两条指令执行之间响应中断。在这个例子中，在执行完 cmp 指令之后，CPU 响应外部中断。从 9.1.2 节可知，当 CPU 执行 cmp 指令时，rip 寄存器内容会被更新为包含 je 指令的地址。该地址会被压入栈，以便在处理完中断之后，CPU 能够返回 je 指令。

CPU 调用键盘处理程序从键盘读取字符。处理程序几乎肯定会修改 rflags 寄存器。je 指令的操作依赖于 cmp 指令的结果，而不是处理程序中的 rflags 寄存器的内容。现在你知道为什么 CPU 在响应外部中断时需要保存 rflags 寄存器的副本了吧。

21.2.2 异常

我们要考虑的下一种中断 CPU 的方式是异常。异常一般是由于 CPU 碰到无法处理的数字所引发的。如除以 0、访问无效地址或试图执行无效指令。在一个完美的世界中，程序应该进行事无巨细的检查，避免出现这种错误。但现实情况是，没有哪个程序是完美的，错误在所难免。

当这类错误发生时，操作系统负责采取适当的措施。通常来说，操作系统的最佳处理方式就是退出应用程序并打印错误消息。例如，当我在自己的一个汇编语言程序中处理调用栈出错时，得到下面的消息：

```
Segmentation fault (core dumped)
```

像外部中断一样，需要调用操作系统的处理程序来处理异常。当异常发生时，处理程序对 CPU

的状态信息知道得越多，就越能准确地确定原因。所以有必要将 rip 和 rflags 寄存器的值传递给异常处理程序。当然，由于处理程序是操作系统的一部分，CPU 需要被置于最高特权级。

　　并非所有的异常都是由于程序错误造成的。例如，当程序引用了某个地址，而该地址对应的程序部分尚未载入内存时，就会导致页面故障异常。操作系统提供了相关的处理程序，负责将这部分程序从磁盘加载到内存中，然后继续正常的程序执行，用户甚至都不会意识到这件事。在这种情况下，当发生页面故障时，处理程序需要保存 rip 和 rflags 寄存器的值，以便在控制返回到程序时能够将其恢复。

21.2.3　软件中断

　　当我们使用指令让 CPU 表现得好像发生了外部中断或异常时，这就是软件中断。为什么程序员要故意中断程序？答案是请求操作系统的服务。

　　应用程序运行在最低特权级，无法直接调用操作系统函数。CPU 的中断/异常机制包括在调用函数时切换 CPU 特权级的方法。因此，软件中断允许运行在最低特权级 3 的应用程序调用操作系统内核函数，同时将 CPU 切换到操作系统的较高特权级。这种机制允许操作系统保持控制权。

　　中断和异常处理程序编程超出了本书的范围，但是我们可以了解如何在运行在最低特权级的应用程序中使用软件中断来调用运行在较高特权级的操作系统函数。

21.3　系统调用

　　系统调用（system call）通常也称为 syscall，允许应用程序直接调用 Linux 内核系统任务，如执行 I/O 函数。到目前为止，本书都是使用 C 标准库中的 C 包装函数（C wrapper function）（例如，write 和 read）来进行系统调用。这些 C 包装函数负责应用程序特权级和操作系统特权级之间的转换。在本节中，你会看到如何使用汇编语言在没有 C 运行时环境的情况下直接发起系统调用。

　　我们将介绍两种机制：int 0x80 和 syscall。int 0x80 指令发起的软件中断要用到中断描述符表。syscall 指令属于 64 位指令集的一部分，仅可用于 64 位模式。该指令会引发一系列略有不同的 CPU 操作，我们很快就会看到。

21.3.1　int 0x80 软件中断

　　我们可以使用 int 指令调用中断描述符表中已安装的任意中断处理程序。

int —— 调用中断处理程序

　　调用一个中断处理程序。

　　int *n* 调用中断处理程序 *n*。

　　n 可以是 0～255 范围内的任何数字。int 调用指定的中断处理程序的细节取决于 CPU 的状态，这已经超出了本书的范围，但总体结果和外部设备中断一样。

　　尽管我们不会在这里编写任何中断处理程序，但是你可能已经意识到，处理程序在返回之前需要执行多个操作来恢复 CPU 状态。所有这些都是通过 iret 指令完成的。

iret —— 中断返回

从中断处理程序返回。

iret 用于从中断处理程序返回。

iret 指令从栈中恢复 rflags 寄存器、rip 寄存器以及 CPU 特权级。

Linux 使用中断描述符表中的编号为 128_{10}（= 80_{16}）的中断描述符指定了一个处理程序，该处理程序会引导操作系统执行 300 多个函数中的某一个。特定的操作系统函数由 eax 寄存器中的数字指定。

大多数操作系统函数都有参数。我们使用寄存器将参数传递给 int 0x80 系统调用，如表 21-2 所示。注意，int 0x80 的寄存器用法不同于函数调用。

表 21-2 int 0x80 系统调用的寄存器用法

系统调用编号	参数 1	参数 2	参数 3	参数 4	参数 5	参数 6
eax	ebx	ecx	edx	esi	edi	ebp

系统调用编号在 Linux 文件 unistd_32.h 内列出。在我使用的 Ubuntu（20.04 LTS）系统中，该文件位于/usr/include/x86_64-linux-gnu/asm/unistd_32.h。表 21-3 展示了 3 个常用的系统调用编号以及所需的参数。

表 21-3 int 0x80 指令的部分 Linux 操作

操作	eax	ebx	ecx	edx
read	3	文件描述符	存储输入的地址	要读取的字节数
write	4	文件描述符	输出的第一字节的地址	要写入的字节数
exit	1			

很多系统调用都有 C 包装函数，允许你根据函数的手册页确定函数参数。如果回头翻看清单 13-2，你会发现使用 int 0x80 的 write 系统调用的参数和 C 包装函数 write 的参数是一样的。

清单 21-1 给出了一个使用 int 0x80 软件中断直接访问操作系统服务的例子。

清单 21-1 使用 int 0x80 软件中断的"Hello, World!"程序

```
# helloWorld-int80.s
# Hello World program
# ld -e myStart -o helloWorld3-int80 helloWorld3-int80.o

        .intel_syntax noprefix
# Useful constants
        .equ   STDOUT, 1          # screen
        .equ   WRITE, 4           # write system call
        .equ   EXIT, 1            # exit system call

        .text
        .section .rodata          # read-only data
message:
        .string "Hello, World!\n"
        .equ   msgLength, .-message-1
# Code
        .text                     # code
```

```
        .globl  myStart
❶ myStart:
    ❷ mov     edx, msgLength      # message length
      lea     ecx, message[rip]   # message address
      mov     ebx, STDOUT         # the screen
    ❸ mov     eax, WRITE          # write the message
      int     0x80                # tell OS to do it

      mov     eax, EXIT           # exit program
      int     0x80
```

C 运行时环境要求程序中的第一个函数命名为 main。如果你要编写的是一个不使用任何 C 库函数的独立程序，你可以自由选择想要的函数名称❶。但是你就不能再使用 gcc 链接程序了，而是需要显式地使用 ld，并使用-e 选项指定函数名。例如，使用以下命令汇编和链接清单 21-1 中的程序：

```
$ as --gstabs -o helloWorld_int80.o helloWorld-int80.s
$ ld -e myStart -o helloWorld-int80 helloWorld-int80.o
```

我们将 int 0x80 处理程序的 write 系统调用的编号传递给 eax 寄存器❸。write 系统调用的参数与我们在清单 13-2 中调用的 C 包装函数 write 的参数相同，但是需要将参数传递到表 21-2 中指定的寄存器❷。

你可能会注意到，在调用 int 0x80 处理程序时，我们只使用了寄存器的 32 位部分。因为这种机制是为 32 位环境设计的。虽然在我们的 64 位环境中也适用，但 x86 架构的 64 位增强加入了新的快速系统调用指令，这正是 21.3.2 节要讨论的主题。

21.3.2 syscall 指令

除了添加了更多的寄存器，x86 架构的 64 位增强还加入了一些新指令，快速系统调用指令 syscall 就是其中之一。该指令绕过了中断描述符表。这是在 64 位模式下进行系统调用的首选方法。

syscall —— 快速系统调用

　　syscall 将 rip 的内容移入 rcx，然后将 LSTAR 的内容移入 rip。将 rflags 的内容移入 r11。切换到特权级 0。

　　LSTAR 是一个特殊的 CPU 寄存器，操作系统在其中存储 syscall 处理程序的地址。

与 int 0x80 指令不同，syscall 不使用中断描述符表，也不在栈内保存信息，从而节省了多次内存访问。其所有操作都发生在 CPU 的寄存器中。这就是它被称为快速系统调用的原因。当然，这意味着 syscall 处理程序必须保存 rcx 和 r11 寄存器的内容（如果使用），然后在返回之前将它们恢复为初始值。

从 syscall 处理程序返回是通过 sysret 指令完成的，该指令将 r11 移入 rflags，将 rcx 移入 rip，并将 CPU 特权级设置为 3。

在 Linux 中，你必须通过寄存器将参数传递给 syscall 系统调用，如表 21-4 所示。注意，传递参数所用的寄存器与 int 0x80 系统调用是不同的。

表 21-4			syscall 系统调用指令的寄存器用法			
系统调用编号	参数 1	参数 2	参数 3	参数 4	参数 5	参数 6
rax	rdi	rsi	rdx	r10	r8	r9

syscall 的系统调用编号在 Linux 文件 unistd_64.h 内列出。在我使用的 Ubuntu（20.04 LTS）系统中，该文件位于/usr/include/x86_64-linux-gnu/asm/unistd_64.h。表 21-5 展示了 3 个常用的系统调用编号以及所需的参数。

表 21-5		syscall 指令的部分 Linux 操作		
操作	rax	rdi	rsi	rdx
read	0	文件描述符	存储输入的地址	要读取的字节数
write	1	文件描述符	输出的第一字节的地址	要写入的字节数
exit	60			

和 int 0x80 指令一样，你可以根据 C 包装函数的手册页确定大多数系统调用的参数。

清单 21-2 展示了使用 syscall 指令的"Hello, World!"程序。

清单 21-2　使用 syscall 指令的"Hello, World!"程序

```
# helloWorld-syscall.s
# Hello World program
# ld -e myStart -o helloWorld3_int80 helloWorld3_int80.o
        .intel_syntax noprefix
# Useful constants
        .equ    STDOUT, 1            # screen
❶ .equ    WRITE, 1            # write system call
        .equ    EXIT, 60            # exit system call

        .text
        .section .rodata            # read-only data
message:
        .string "Hello, World!\n"
        .equ    msgLength, .-message-1
# Code
        .text                       # code
        .globl  myStart
myStart:
❷ mov     rdx, msgLength      # message length
        lea     rsi, message[rip]   # message address
        mov     rdi, STDOUT         # the screen
        mov     rax, WRITE          # write the message
        syscall                     # tell OS to do it

        mov     rax, EXIT           # exit program
        syscall
```

汇编和链接该程序的命令如下：

```
$ as --gstabs -o helloWorld_syscall.o helloWorld-syscall.s
$ ld -e myStart -o helloWorld-syscall helloWorld-syscall.o
```

这个程序只执行了 write 和 exit 操作，考虑到可读性，在代码的开头为这些操作指定了符号名称❶。在执行 syscall 指令之前，将 write 操作的参数存储在正确的寄存器中❷。

动手实践
使用汇编语言编写一个程序，从键盘上一次读取一个字符，并在屏幕上回显该字符。你的程序应该持续回显字符，直到读取到换行符。你可能会看到你输入的文本显示了两次。如果是这样，为什么？

21.4 小结

特权级 操作系统通过在 CPU 的低特权级运行应用程序来保持对硬件的控制。

门描述符 一种记录，其中包含中断处理程序的地址和运行中断处理程序的 CPU 特权级设置。

中断描述符表 门描述符数组。中断或异常编号是该数组的索引。

外部中断 能够中断 CPU 正常执行周期的其他硬件设备。

异常 能够中断 CPU 正常执行周期的某些 CPU 状况。

软件中断 使 CPU 中断正常执行周期的特定指令。

中断处理程序 当中断或异常发生时，由 CPU 调用的操作系统函数。

int 0x80 在 Linux 系统中用于执行系统调用的软件中断。

syscall 在 64 位 Linux 系统中用于执行快速系统调用的指令。

这里简要地概述了中断和异常。具体细节非常复杂，需要全面了解所用 CPU 的具体型号。全书到此结束。我希望书中提供的工具能够帮助你进一步研究感兴趣的任何主题。